Tiefbohrwesen, Förderverfahren und Elektrotechnik in der Erdölindustrie

Von

Dipl.-Ing. L. Steiner
Berlin

Mit 223 Abbildungen

Berlin
Verlag von Julius Springer
1926

ISBN-13: 978-3-642-98196-8 e-ISBN-13: 978-3-642-99007-6
DOI: 10.1007/978-3-642-99007-6

Vorwort.

Der Inhalt dieses Buches stützt sich im wesentlichen auf meine früheren Veröffentlichungen in Fachzeitschriften[1]), durch die ich versucht habe, die Aufmerksamkeit der Fachkreise auf die Verwendung der Elektrizität in der Erdölindustrie zu lenken. Aus den zahlreichen Zuschriften, die ich von Interessenten erhielt, wie noch mehr aus der Tatsache, daß die Elektrisierung der Erdölindustrie auch in Gebieten, die sich bis dahin gegen sie verschlossen, begonnen und Fortschritte gemacht hat, konnte ich mit Genugtuung ersehen, daß meinen Bemühungen ein gewisser Erfolg beschieden wurde. Dieser gibt mir heute den Mut, mit einem den Gegenstand weiter umfassenden Werk vor die Öffentlichkeit zu treten. Dieses dürfte bei der erweiterten Behandlung auch dem mit der Sache vertrauten Betriebsleiter manches Neue bringen, da sich meine Ausführungen in der Hauptsache auf die in zahlreichen Betrieben gewonnenen Beobachtungen, Erfahrungen und die Wirtschaftlichkeit kennzeichnenden Zahlenwerte stützen. Dem jungen Ingenieur aber, der sich die Fachkenntnis auf diesem wichtigen Gebiete der Technik und der angewandten Elektrizität erst erwerben will, dürfte es als Handbuch willkommen sein. Die zahlreichen vergleichenden Wirtschaftlichkeitsberechnungen dürften auch dem in der Erdölindustrie tätigen Kaufmann einen gewissen Anreiz geben, sich mit dem Buch zu befassen. Diejenigen Kreise der Erdölindustrie aber, die bis jetzt der Einführung der elektrischen Antriebsart argwöhnisch gegenüberstanden, werden durch die Beschäftigung mit dem Inhalt vielleicht die Überzeugung gewinnen, daß ihre Bedenken und Befürchtungen zum großen Teil ohne Grund oder doch zum mindesten übertrieben waren. Sie werden erkennen, daß der Siegeslauf der Elektrizität sich auch in der Erdölindustrie nicht mehr aufhalten läßt. Dieses Ziel zu fördern, sei diesem Buche vergönnt.

Ich habe mich bei meinen Ausführungen hauptsächlich auf den gewinnungstechnischen Teil der Erdölindustrie beschränkt. Die bis jetzt bekannt gewordenen Verfahren zur Erleichterung der Auffindung der Erdölvorkommen habe ich nur der Vollständigkeit halber gestreift, die Geo-

[1]) Steiner, L.: Die elektrischen Antriebe in der Erdölindustrie. Zeitschrift „Petroleum“ Bd. XV, Heft 1—14, Jahrgang 1919, und andere Veröffentlichungen in verschiedenen Fachzeitschriften.

logie der Erdöllagerstätten in kurzen Ausführungen behandelt, da für meine Zwecke ein näheres Eingehen hierauf nicht erforderlich war.

Den rein chemischen Teil der Verarbeitung des Erdöls in Destillationsanlagen und Raffinerien habe ich außer acht gelassen, da er über den Rahmen dieses Buches hinausgeht. Wenn auch in diesen Anlagen die elektrische Antriebskraft allgemein Verwendung gefunden hat, so handelt es sich doch nur um Antriebe, die nicht so organisch mit dem Verfahren selbst zusammenhängen, wie bei dem bergbaulichen Teil.

Der Tiefbohr- und Fördertechnik habe ich einen größeren Raum gewidmet, da das Eindringen in diese Wissenszweige die Entscheidung über die Wahl der Antriebsmotoren für die Bohr- und Förderanlagen wesentlich erleichtert. Bei der Fülle des Stoffes und dem Vorhandensein zahlreicher Ausführungsarten für die Bohr- und Fördereinrichtungen mußte ich mir eine gewisse Beschränkung auferlegen. Die angeführten Verfahren und Vorrichtungen dürften aber die grundlegenden und wesentlichen Arten und Formen genügend ausführlich erfassen, um ein abgerundetes Wissen von der Materie zu vermitteln. Bei der Behandlung des Stoffes habe ich mich nicht auf eine katalogartige Aufzählung der Systeme und der Bauarten beschränkt, sondern suchte sie hinsichtlich ihrer Verwendbarkeit bei den vorkommenden örtlichen und wirtschaftlichen Verhältnissen, soweit es überhaupt möglich ist, kritisch zu beleuchten. Alle die aufgeführten Methoden und Konstruktionen sind in Wirklichkeit ausgeführt und größtenteils erprobt worden. Bei allen hat sich die elektrische Antriebsart bewährt. Infolgedessen nehmen den breitesten Raum die elektrischen Antriebe der Bohr- und Förderanlagen ein, auch im Vergleich mit den bisherigen Antriebsarten, sowohl in betriebstechnischer wie wirtschaftlicher Hinsicht.

In besonderen Abschnitten habe ich mich mit den elektrischen Problemen, soweit sie die Stromerzeuger und Stromverbraucher der Erdölindustrie betreffen, befaßt. Bei meinen auf die Anwendung der Elektrizität bezüglichen Ausführungen habe ich mich hauptsächlich auf die Bauarten der Siemens-Schuckertwerke gestützt, denen ich auch die Mehrzahl der Zeichnungen und Lichtbilder verdanke.

Das Lesen dieses Buches, soweit es elektrotechnische Fragen behandelt, setzt die Kenntnis der Grundzüge der Elektrotechnik, des Wesens der verschiedenen Stromarten, ihrer Erzeugung, der Konstruktion und Schaltung von Stromerzeugern, Motoren, Transformatoren und der zugehörigen Anlaß-, Regel- und Schaltapparate voraus. Es soll kein Lehrbuch der Elektrotechnik, auch nicht im engeren Sinne, sein, sondern eine zusammenfassende Darstellung ihrer Verwendungsmöglichkeiten in der Erdölindustrie bieten. Das Wesen des Stoffes erfordert es, daß die zwischen den mechanischen und elektrischen Vorgängen bestehende Wechselseitigkeit eingehend erörtert, und dadurch das Verständnis der Zusammenhänge gefördert wird. Die Elektrotechnik hat sich nicht allein auf den Ersatz längst bekannter Antriebsmaschinen durch Elektromotoren beschränkt, sondern hat unter Berücksichtigung der Eigenart der elektrischen Antriebe in betrieblicher und wirtschaftlicher Hinsicht auch befruchtend auf den Konstrukteur der Arbeitsmaschinen und ihrer Antriebsorgane eingewirkt. Hierin, nämlich in der Mitarbeit des Elektroingenieurs, liegt ein großer Vorteil für die weitere Entwicklung; sie bildet den Schlüssel der bisherigen mit elektrischen Antrieben erzielten Erfolge.

Bei der Bearbeitung des vorliegenden Stoffes waren mir außer den in der Erdölindustrie tätigen Kollegen verschiedene meiner Mitarbeiter bei den Siemens-Schuckertwerken behilflich. Mehrere Erdölgesellschaften und Maschinenfabriken haben mich durch freundliche Überlassung von Betriebsdaten, Zeichnungen und Lichtbildern unterstützt. Ihnen allen gebührt mein herzlicher Dank.

Berlin, im Januar 1926.

L. Steiner.

Inhaltsverzeichnis.

Erster Teil.

Einleitung.

Zweiter Teil.

Das Bohren.

Dritter Teil.

Das Fördern des Erdöles.

Vierter Teil.

Hilfs- und Nebenbetriebe.

Fünfter Teil.

Beleuchtungsanlagen.

Sechster Teil.

Erzeugung und Verteilung der elektrischen Energie.

Siebenter Teil.

Motoren und Apparate.

Anhang.

Erster Teil.

Einleitung.

Die gewaltigen Fortschritte der Technik in den letzten Jahrzehnten, besonders die ungeahnte Entwicklung der Verbrennungsmotoren aller Art, führten zu einem sich stets steigernden Verbrauch des Erdöls und der Erdölerzeugnisse. Es ist daher nicht zu verwundern, daß alle Nationen nach dem Besitz von Erdöllagerstätten drängen. Ernste wirtschaftliche und politische Streitigkeiten sind um den Besitz der Erdölgebiete entbrannt, da von dem gesicherten und uneingeschränkten Bezug von Erdöl die Entwicklung der gesamten Industrie, somit die Vermehrung des Wohlstandes und die Vorherrschaft eines Volkes auf dem Weltmarkte wesentlich abhängig sind. Im Weltkriege ist die Bedeutung des Erdöls besonders erkannt worden. Ohne Öl hätte er ebensowenig geführt werden können wie ohne Eisen oder Kohle. Ein großer Teil unserer heutigen Volkswirtschaft ist auf dem Erdöl aufgebaut. Es bildet den Urstoff für den Betrieb der Kraftwagen und Flugzeugmotoren, für alle Arten von Öl- und Benzinmotoren, die überall dort mit besonderem Vorteil verwendet werden, wo der Betriebsstoff mitgeführt werden muß, also bei ortsveränderlichen Maschinen. Der russische Staat übergab vor kurzem die ersten Diesel-Lokomotiven für die asiatischen Strecken dem Betrieb, um den durch die Kohle- und Wasserbeschaffung verursachten Schwierigkeiten zu entgehen. Als Heizöl wird das Erdöl in steigendem Umfange bei der Marine verwendet, da der Aktionsradius der Schiffe bei Ölfeuerung das Mehrfache desjenigen bei Kohlefeuerung beträgt.

In dem vor kurzem veröffentlichten Schiffsregister des Lloyds vom 30. Juni 1924 sind folgende Angaben über die Welttonnage enthalten:

Die Gesamttonnage der Dampf- und Motorschiffe der Handelsflotte der Welt beläuft sich auf 61514140 Tonnen.

Nach Art der Antriebsmaschinen verteilt sich die Tonnage in:

Schiffe mit Dampfmaschinen.	50742758 Tonnen
Schiffe mit Dampfturbinen	8795584 „
Schiffe mit Verbrennungsmotoren. . .	1975798 „

Nach der Feuerungsart verteilt sich die Welttonnage in:

Dampfschiffe mit Kohlefeuerung . . .	42384270 Tonnen
Dampfschiffe mit Ölfeuerung	17154072 „
Schiffe mit Verbrennungsmotoren. . .	1975798 „

Die immer mehr steigende Verwendung des Erdöles zur Feuerung der Schiffskessel sowie zum Antrieb der Verbrennungsmotoren in der

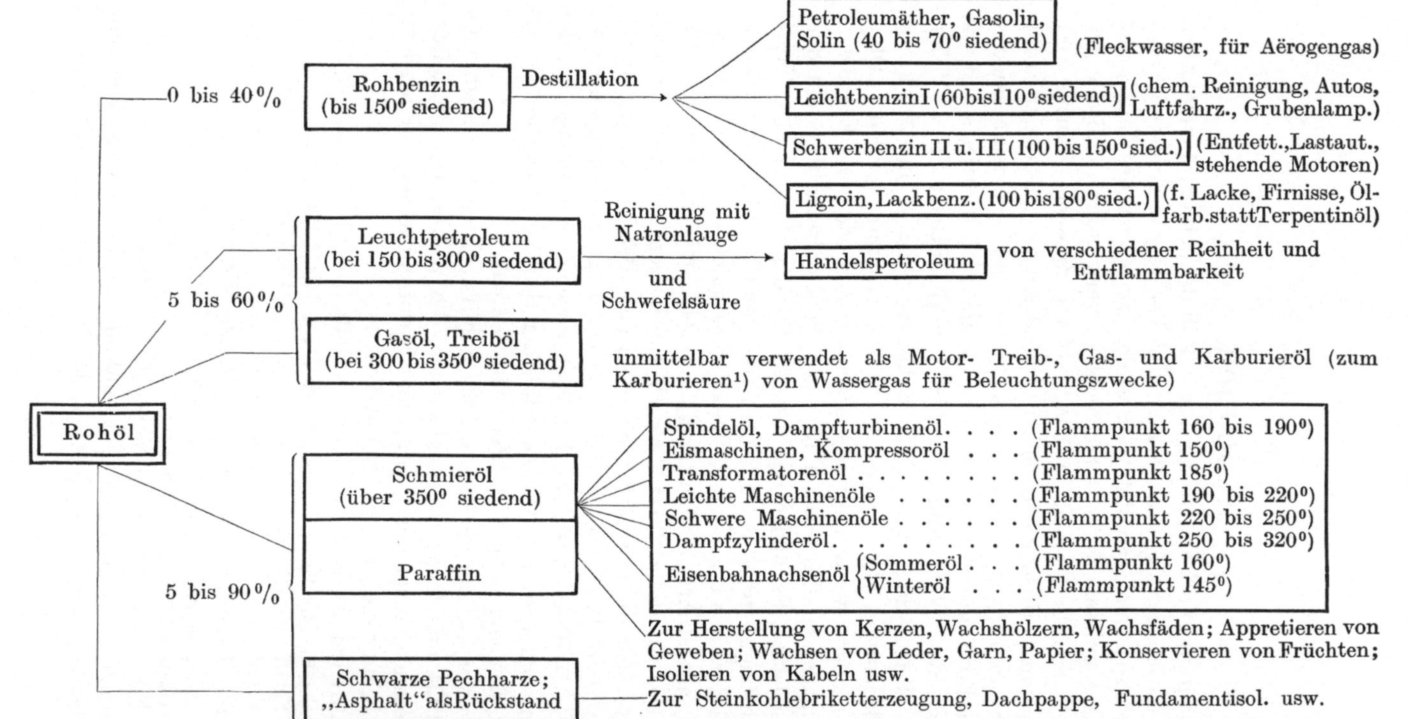

[1]) „Karburieren“ d. h. die Zuführung von kohlenstoffreichen Kohlenwasserstoffen (in diesem Falle Gasöl) erhöht die Leucht- und Heizfähigkeit des Wassergases, eines Gemisches von Kohlenoxyd und Wasserstoff. — Die festen Bestandteile des Erdöles — Ozokerit (von griech. ozein = riechen, keros = Wachs) oder Erdwachs — liefern in gereinigtem Zustande Kunstwachs (ceresin), das dem natürlichen Bienenwachs sehr ähnlich ist. Es dient als Bohnerwachs, Schuhcreme, Modellierwachs und zur Herstellung von Kerzen. — Ebenso ist das natürliche „Asphalt“ (griech. asphaltos = Judenpech, Erdharz) gleichsam (durch Aufnahme von Sauerstoff u. a. Vorgänge) verharztes Erdöl. Es dient zur Straßenpflasterung, als Rostschutz, zur Isolierung feuchter Fundamente, zur Auskleidung von Säuretürmen usw. („Kunstasphalt“ entsteht bei der Herstellung von Stein- und Braunkohlenteer.)

Handelsmarine ist augenscheinlich, wenn man den Zahlen von 1924 diejenigen von 1914 entgegenhält. Im Jahre 1914 waren in Betrieb:

Dampfschiffe mit Ölfeuerung . . . . . 1310209 Tonnen
Schiffe mit Verbrennungsmotoren . . . 234287 „

Ferner dient das Erdöl zur Herstellung der verschiedensten Schmieröle für alle Arten von Maschinen. Die vorstehende Tabelle[1]) gibt eine anschauliche Übersicht über die Verarbeitung des Rohöles.

Hiernach wird man erkennen, welche Zukunftsmöglichkeiten für die Verwendung des Erdöls bestehen, und welcher Verbrauchssteigerung des Erdöls wir entgegensehen müssen. Man wird daher auch den folgenden Ausspruch von William H. Booth, des Präsidenten der internationalen Handelskammer in New-York verstehen: „Das 19. Jahrhundert war durch die Suche nach Nahrungsmitteln und Rohstoffen, wie Baumwolle und Kupfer, charakterisiert. Ich glaube, daß das 20. Jahrhundert das Jahrhundert des Erdöls sein wird.“

Einige Zahlen mögen die Zunahme der Rohölgewinnung der letzten Jahrzehnte kennzeichnen; sie beruhen auf Angaben des Amerik. Petr.-Inst.:

Weltgewinnung von rohem Erdöl in Tausend Barrels[2]).

Jahr	Menge	Jahr	Menge	Jahr	Menge
1860	509	1913	385347	1919	555747
1870	5799	1914	407646	1920	696217
1880	30018	1915	432226	1921	766023
1890	76663	1916	457464	1922	854809
1900	149132	1917	502772	1923	1018900
1910	327865	1918	503328	1924	1013010

Auf die verschiedenen erdölfördernden Länder verteilt ergibt sich die Gewinnung von rohem Erdöl für die Jahre 1922—1924:

	Tausend Barrels			% der Weltgewinnung in 1924
	1922	1923	1924	
V. St. v. Amerika . . .	557531	732407	718000	71,5
Mexiko	182278	149585	145000	14,2
Rußland	32966	39156	49000	4,7
Persien	21909	28793	30000	2,9
Holl. Indien	16720	19868	15000	1,4
Rumänien	9843	10867	13000	1,2
Britisch Indien	7700	8320	7500	0,70
Peru	5314	5699	6500	0,60
Polen	5227	5373	5000	0,48
Saravak	2849	3940	4500	0,43
Venezuela	2201	4059	8200	0,79
Argentinien	3018	3400	3500	0,35
Trinidad	2445	3051	3500	0,35
Japan u. Formosa . . .	2042	1789	1500	0,15
Ägypten	1188	1054	1000	0,1
Sonstige Länder . . .	1588	1839	1810	0,15
Ges. Weltproduktion .	854809	1018900	1013010	100,00

[1]) Das Werk, Jg. IV, Nr. 11. 1925. [2]) 1 Barrel = 1,5898 hl = 133,33 kg.

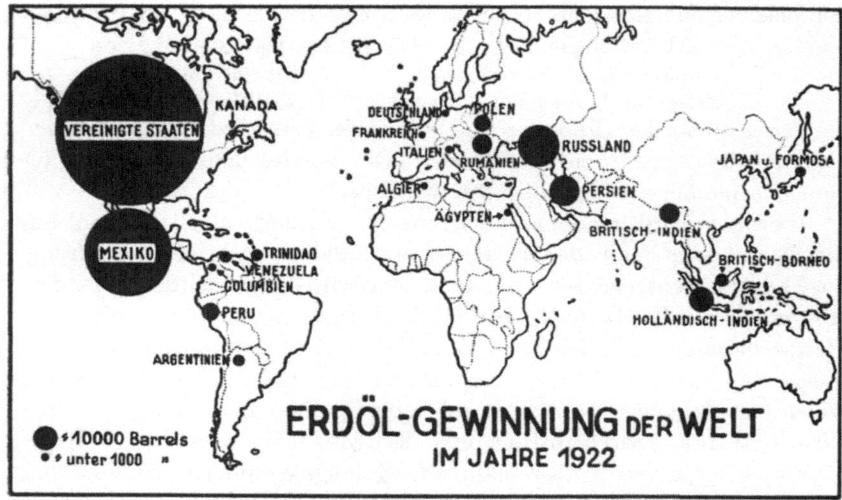

Abb. 1. Weltkarte der Erdölgewinnung.

Die Karte (Abb. 1) veranschaulicht die räumliche Verteilung der Erdölgewinnung der Welt nebst der Größe derselben, verteilt auf die verschiedenen Länder.

So bedeutend die gewonnenen Mengen an Erdöl sind, ist bei weitem noch nicht der Höhepunkt des Verbrauches erreicht. Es drängt sich infolgedessen die Frage auf, wie lange wir noch in der Lage sind, mit den bisherigen Gewinnungsmethoden diesen kostbaren Rohstoff zu fördern. Die folgenden Schätzungen über die vorhandenen Erdölmengen wurden zu Beginn des Jahres 1924 von dem amerikanischen Geologen David White veröffentlicht:

	Millionen Barrel	%
Vereinigte Staaten und Alaska	7000	16,3
Kanada	995	2,3
Mexiko	4525	10,5
Nördl. Südamerika mit Peru	5730	13,3
Südl. Südamerika mit Bolivien	3550	8,2
Algier und Ägypten	925	2,2
Persien und Mesopotamien	5820	13,6
Südost-Rußland, Südwestsibirien und Kaukasus	5830	13,6
Rumänien, Galizien und Westeuropa	1135	2,6
Nordrußland und Sachalin	925	2,2
Japan und Formosa	1235	2,9
China	1375	3,2
Vorderindien	995	2,3
Hinterindien	3015	7,0
Insgesamt	43055	100,0

Unter der Voraussetzung, daß die Ölgewinnung auf der Höhe des Jahres 1924 mit rund 1000 Millionen Faß weiter bestehen bleibt, ergibt sich, daß die Ölvorräte der ganzen Welt in etwa 43 Jahren erschöpft sind. Nach den statistischen Werten zu urteilen, ist aber mit einem jährlich steigenden Bedarf zu rechnen, was auf die fortschreitende Entwicklung der ölverbrauchenden Industrien zurückzuführen ist. Allein die neuzeitliche, auf Öl eingestellte Entwicklung des Verkehrswesens dürfte diesen Mehrverbrauch bewirken. Die folgende Tabelle[1]) gibt ein Bild der Zunahme der Zahl und des Betriebsstoffverbrauches der Kraftwagen in den Vereinigten Staaten während der Zeitdauer der letzten 5 Jahre:

Jahr	Zahl	Verbrauch in 1000 Barrel
1920	7596503	100000
1921	9211295	107500
1922	10448632	127500
1923	12357375	159000
1924	15232658	185500

Stellt man auf Grund dieser Überlegungen die Steigerung des Konsums als Dauerfaktor in Rechnung, so ergibt sich, daß die Erdölvorräte der Welt nach noch kürzerer Zeit verbraucht sind. Hoffentlich gelingt es, diese Feststellung durch die ölsparenden, bis ins äußerste verbesserten Gewinnungsverfahren, namentlich den Schachtbetrieb, und durch die Erschließung neuer Erdölfelder und tiefer gelegener Ölhorizonte zu entkräften. Es bleibt aber die Gefahr bestehen, daß die zunehmende Förderungsziffer durch den stets wachsenden Verbrauch der Erdölprodukte doch noch übertroffen wird.

Die natürliche Folge dieser Gefahr ist es daher, daß der menschliche Geist bereits jetzt nach Mitteln sucht, Rohöl auf andere Art zu gewinnen. Da sind es die reichen Vorkommen von Ölsand und Ölschiefer, welche schon jetzt für die Ölgewinnung herangezogen werden. Auch die Herstellung von Benzin und Öl aus Kohle wird in dieser Beziehung im Laufe der Zeit immer mehr an Bedeutung gewinnen, besonders in erdölarmen Ländern, die über eine bitumenreiche Kohle verfügen. Die Behandlung der Kohle mit Wasserstoff bei hohem Druck und hoher Temperatur, die sog. Hydrierung der Kohle, oder die Erzeugung eines synthetischen erdölähnlichen Brennstoffes ist über den Stand der Laboratoriumsversuche nicht weit hinausgekommen. Die industrielle Verwertung dieser an sich sicherlich interessanten Versuche scheiterte bis jetzt an technischen und wirtschaftlichen Schwierigkeiten.

Der Vollständigkeit halber wäre hier auch die Gasolingewinnung durch Kompression der Erdgase zu erwähnen, welche auch eine Möglichkeit der Herstellung flüssiger Brennstoffe bildet. (Siehe Tab. auf Seite 6.)

Der Weltkrieg und die mit ihm einhergehende Zerstörung der von ihm betroffenen, uns besonders interessierenden, europäischen Erdöl-

[1]) Z. Economist v. 7. II. 1925.

Gasolinerzeugung in Polen[1]).

Jahr	Zahl der Fabriken	Verarbeitete Gasmenge in Kubikmetern	Hieraus erzeugtes Gasolin in Kilogramm
1919	2	3585300	462700
1920	2	4683632	593060
1921	2	5265461	661358
1922	3	6950421	922261
1923	5	19076932	2075127

gebiete, namentlich in Rußland, Rumänien und Galizien, verursachte in diesen Ländern einen starken Rückgang der Bohrtätigkeit und somit der Förderung, wovon sie sich jetzt erst allmählich erholen. Es mögen einige Zahlen folgen:

Erdölproduktion Rumäniens in den Jahren 1913/1924[2]).

Jahr	Menge in Tonnen	Jahr	Menge in Tonnen
1913	1623623	1919	656478
1914	1572261	1920	859096
1915	1342351	1921	1163240
1916	737073	1922	1365765
1917	579927	1923	1509804
1918	678088	1924	1851255

Erdölproduktion Galiziens
vom Jahre 1909, dem Höhepunkt der galizischen Förderung, bis 1924[3]).

Jahr	Menge in Tonnen	Jahr	Menge in Tonnen
1909	2076740	1917	849730
1910	1766020	1918	822940
1911	1458000	1919	831700
1912	1186500	1920	765020
1913	1071040	1921	704870
1914	878020	1922	713000
1915	730090	1923	725000
1916	898700	1924	771500

Erdölproduktion Rußlands in den Jahren 1913, 1921—1924[4]) nach den Angaben des wissenschaftlich-ökonomischen Büros beim russischen Rat für Erdöl-Industrie der Union der Sowjetrepubliken.

Jahr	Menge in 1000 Pud[5])	Menge in Tonnen
1913	561848	9200000
1921	246427	4050000
1922	296513	4860000
1923	331798	5425000
1924	362808	5950000

[1]) Tägl. Berichte 1924, Nr. 107.
[2]) Petroleum 1923, Nr. 32; 1925, Nr. 11.
[3]) Petroleum 1924, Nr. 10.
[4]) Petroleum 1925, Nr. 5.
[5]) 1 Pud = 16,38 kg.

Die Gründe dieser auffallenden Produktionssteigerung der russischen Erdölfelder, namentlich auf der Halbinsel Apscheron unter Leitung der „Staatlichen Vereinigung der Aserbeidschanischen Naphthaindustrie", genannt „Asneft", soweit sie auf administrative oder organisatorische Maßnahmen zurückzuführen sind, sollen nicht untersucht werden. Zum hauptsächlichsten Teile dürften sie auf der Verbesserung der Gewinnungsverfahren und nicht zuletzt auf der weitgehenden Verwendung der elektrischen Antriebsart beruhen.

Den Beweis für die Produktionssteigerung durch die weitgehende Benutzung von Elektromotoren sollen folgende, angeblich von amtlicher Stelle gemachten Angaben erbringen[1]).

Die prozentuale Verteilung der Förderung der „Asneft" für 1923/24 nach den verschiedenen Förderverfahren war

durch	Schöpfen	58,0%
„	Pumpen	0,8%
„	Kompressoren	31,4%
„	Springeruptionen	6,8%
„	Schachtbetrieb u. a.	3,0%

Die Steigerung der Ausbeute ist, wie aus der Aufstellung ersichtlich, in der Hauptsache auf das Schöpfen und die Förderung durch Druckluft zurückzuführen, also auf Förderverfahren, die als Antriebskraft fast ausschließlich die Elektrizität benutzen.

Dies geht aus folgender Aufstellung hervor, in welcher die prozentuale Beteiligung verschiedener Antriebsarten bei der Ölgewinnung im Jahre 1923/24 für die „Asneft" aufgeführt ist:

Elektrische Motoren	mit	74,0%
Verbrennungsmotoren	„	9,2%
Dampfmaschinen	„	8,0%
Springeruptionen	„	6,8%
Förderung aus Schächten u. a. . . .	„	3,0%

Nach dem Arbeitsplan der „Asneft" ist für das Jahr 1924/25 etwa 87% der gesamten Jahresförderung mit Hilfe von Elektromotoren vorgesehen.

Dem steigenden Strombedarf wurde durch den Ausbau der Elektrizitätswerke Rechnung getragen. Die folgende Aufstellung gibt ein anschauliches Bild der Steigerung der Energieerzeugung dieser elektrischen Kraftanlagen:

1920/21	101530000 kWh,	in	Prozenten	100%
1921/22	152858000 „	„	„	150%
1922/23	214955000 „	„	„	212%
1923/24	267710000 „	„	„	264%

Man sieht hieraus, daß sich die Energieerzeugung in 4 Jahren angenähert verdreifacht hat, eine in der Industrie beispiellose Entwicklung.

[1]) Petroleum 1925. Nr. 5.

Der Brennstoffverbrauch betrug durchschnittlich 0,727 kg je Kilowattstunde, die elektrische Antriebsart gewährte eine Ersparnis von etwa 2000000 Pud Erdöl. Durch die steigende Ausnutzung des Erdgases für die Beheizung der Dampfkessel werden diese Ersparnisse weiter steigen.

Einige Zahlen für die zunehmende Bedeutung der elektrischen Antriebsart auf Erdölfeldern liegen noch aus den Erdölgebieten der Vereinigten Staaten von Amerika vor[1]). Die Entwicklung der elektrischen Antriebe begann in Kalifornien, dann folgte sie in Kansas, Texas und Oklahoma, wo schon bestehende große, öffentliche Wasser- und Dampfkraftanlagen die Versorgung der Erdölfelder mit elektrischer Energie übernahmen. Aus kleineren öffentlichen Kraftwerken wurden die Ölfelder von West-Virginia, Pennsylvania, Louisiana, Illinois und Wyoming versorgt. Die nordkalifornischen Ölfelder hatten Anfang 1921 einen Anschlußwert von 26000 kVA, in den südkalifornischen Ölfeldern hatten zur gleichen Zeit etwa 250 Sonden elektrischen Antrieb. In Kansas bezifferte sich der Energiebedarf auf etwa 12000 kVA, eine der namhaftesten Ölgesellschaften betrieb über 500 Ölpumpen und sämtliche Bohranlagen elektrisch. Außer den öffentlichen Kraftwerken sind eine große Zahl privater, im Besitze von Erdölgesellschaften befindlicher Kraftwerke vorhanden, deren Zahl und Größe seit 1921 sicherlich wesentlich zugenommen hat. Sie versorgen die eigenen Felder mit Energie und verkaufen sie an benachbarte Gesellschaften, die wohl über elektrische Antriebe, aber keine eigenen Kraftwerke verfügen.

Ähnliche Werte über Kraftbedarf und Energieerzeugung stehen auch aus anderen Erdölgebieten, so aus Rumänien und Galizien, zur Verfügung. Aus der zunehmenden Zahl der Motoren und ihrer Leistungen im rumänischen Erdölgebiet lassen sich Schlüsse auf die steigende Verwendung der elektrischen Antriebsart und im Zusammenhange mit den Produktionstabellen auf die dadurch gesteigerte Gewinnung schließen. Die folgende Tafel ist aus einem meiner früheren Aufsätze: „Die elektrischen Antriebe in der Erdölindustrie"[2]) entnommen und bezieht sich auf die Motorenlieferungen der Siemens-Schuckert-Werke allein.

Jahr	Zahl	Gesamtleistung in PS	Jahr	Zahl	Gesamtleistung in PS
1908	7	300	1914	679	31637
1909	18	975	1915	705	33142
1910	78	3545	1916	749	36878
1911	269	9591	1917	943	51678
1912	348	15108	1918	1078	60775
1913	461	22277			

[1]) Taylor, W. G.: Gen. El. Rev. Jg. XXIV, Nr. 6. 1921.
[2]) Petroleum 1919/20 Nr. 1—14.

Die Energieerzeugung hat mit dem steigenden Energieverbrauch Schritt gehalten. Vor dem Kriege waren in den lediglich die rumänischen Erdölgebiete mit Energie versorgenden Kraftwerken der „Electrica“ in Campina und der „Astra Romana“ in Moreni Stromerzeuger von insgesamt 26000 kVA aufgestellt, während die gleichen Gesellschaften im Jahre 1924 über 46000 kVA gesamte Maschinenleistung verfügten.

In Galizien haben der den Erdölindustriellen innewohnende Konservatismus und das Festhalten an althergebrachten Gewinnungsverfahren lange Zeit der Einführung der elektrischen Antriebsart Widerstand geleistet. Als erste hat die Erdölgesellschaft „Premier“, womit sie ihrem Namen Ehre machte, durch Errichtung eines elektrischen Kraftwerkes den Bann gebrochen und gleichzeitig die ersten elektrischen Förderanlagen errichtet, der bald andere elektrisch betriebene Bohr- und Förderanlagen, die ebenfalls an das Netz der „Premier“ angeschlossen wurden, folgten. Das von der „Premier“ in Tustanowice erstellte Kraftwerk hat eine Maschinenleistung von 6500 kVA. Anfänglich waren ihm 4 Ölförderanlagen von insgesamt 700 kW angeschlossen. Heute sind bereits 22 Förderanlagen im Betrieb bzw. in Aufstellung begriffen. Die Zahl der elektrisch betriebenen Bohranlagen nimmt nach den erzielten günstigen Ergebnissen auch immer mehr zu. Infolgedessen tragen sich auch andere namhafte Gesellschaften nach den guten Erfahrungen mit den elektrischen Antrieben mit der Absicht, eigene Kraftwerke zu errichten.

Die technischen und wirtschaftlichen Notwendigkeiten der Zeit fordern sozusagen die Verwendung der Elektrizität für alle im Erdölgebiet vorkommenden Antriebe. Man hat erkannt, daß die Vorräte der Erde an Erdöl und Erdgas nicht unermeßlich sind, und daß man ein Verbrechen an der Weltwirtschaft und dem Volksvermögen begeht, wenn man mit diesen Naturschätzen nicht haushälterisch umgeht. Die Technik unseres Zeitalters steht im Zeichen des Strebens nach höchstem Nutzeffekt, im besonderen die Technik der Erdölindustrie. Es muß aber auch festgestellt werden, daß die Erkenntnis des größtmöglichen Wirkungsgrades noch nicht in alle entlegenen Winkel unseres Erdballes, wo diese Naturschätze gewonnen werden, eingedrungen ist.

Die Energieerzeugung für ausgedehnte Gebiete mit hohem Energiebedarf geschieht um so wirtschaftlicher, je mehr sie zentralisiert wird. Diese Tatsache wird schließlich überall zur Errichtung von Elektrizitätswerken führen, deren Leitungsnetze weite Länderstrecken umspannen und die Energie von einem zentralen Punkte ausgehend den Verbrauchern zuleiten. Die erste und grundlegende Bedingung eines lebensfähigen Grubenbetriebes, nämlich die Wirtschaftlichkeit, ist durch die elektrische Energieversorgung gewährleistet. Außerdem werden durch die Anwendung der Elektrizität in der Erdölindustrie die weiteren wichtigen Forderungen nach Erhöhung der Sicherheit des Grubenbetriebes und Steigerung der Förderung erfüllt.

Die Zentralisierung der Energieerzeugung nebst der elektrischen Energieverteilung bietet gegenüber der vor Einführung der elektrischen Antriebsart üblichen dezentralisierten Energieerzeugung große betriebliche und wirtschaftliche Vorteile. Der Beweis hierfür kann leicht erbracht werden, wenn man zwei Gebiete, das eine mit, das andere ohne Stromversorgung, vergleicht. Der Unterschied springt direkt ins Auge, und ich werde den Eindruck nie vergessen, den ich beim Sichtbarwerden eines Grubengebietes, wo nur mit Dampf gearbeitet wurde, empfangen habe. Es war das galizische Erdölgebiet in und in der Umgebung von Boryslaw, das ich das erstemal im Jahre 1912 besucht habe. Die mit schwarzen Bohrtürmen dicht besäten Abhänge der Karpathen waren förmlich in eine Dampfwolke gehüllt, herrührend von den vielen einzelnen Dampfmaschinen, die den verbrauchten Dampf ins Freie auspufften. Man sagte sich, der Dampf kostet nichts, da das Gas wertlos ist, und trieb einen Raubbau mit der Energie, der heute in dieser krassen Form nach Erkenntnis der wirtschaftlichen Zusammenhänge schlechthin undenkbar wäre. Heute, wo auch in Boryslaw die Elektrizität das Feld erobert, hat man gelernt, mit den natürlichen Energiequellen wirtschaftlicher umzugehen, und wenn man heute nach 13 Jahren von der gleichen Stelle das Gebiet überschaut, wird man weit weniger Dampfwölkchen sehen, im großen ganzen aber nur an dem fernen Getöse der Bohrapparate den Pulsschlag der Arbeit hören.

Der Einführung der elektrischen Antriebsart namentlich in Rumänien und Galizien standen außer dem Festhalten der Bohrtechniker an dem Althergebrachten auch die bergbehördlichen Vorschriften entgegen. Anfänglich wurde die Gefahr der Verwendung der elektrischen Antriebsart für die Bohr- und Schöpfeinrichtungen von den Bergbehörden wesentlich überschätzt. Bei zweckmäßiger Ausbildung der elektrischen Einrichtungen wird niemals eine Explosion der im Erdölgebiete mitunter vorhandenen Gase erfolgen können. Dies wurde schließlich auch von den Bergbehörden anerkannt; sie sahen sich jedoch veranlaßt, Vorschriften für die Verwendung der Elektrizität für Kraft- und Beleuchtungszwecke zu erlassen, die Bauart der elektrischen Motoren und Apparate und deren Schaltung vorzuschreiben. Die diesbezüglichen Vorschriften der rumänischen Bergbehörde stammen aus dem Jahre 1913 und sind noch heute in Geltung. Die galizischen Bergbehörden erließen die ersten Vorschriften im Jahre 1913, welche später nach den mit den elektrischen Antrieben gesammelten Erfahrungen wesentlich gemildert und im Jahre 1924 neu herausgegeben wurden. Die rumänischen wie die galizischen Vorschriften, letztere in ihrer geänderten Form, dürften, da sie grundlegend die Verwendung der Elektrizität in Erdölbetrieben regeln, nicht ganz uninteressant sein, sie seien daher im Anhang zu diesem Buche auszugsweise wiedergegeben.

Geschichtliches.

Das Erdöl und die festen Bestandteile des Erdöles, namentlich das Asphalt, waren schon im grauen Altertum bekannt. In den ältesten Überlieferungen der Menschheit wird bereits von brennbaren Gasen und Flüssigkeiten berichtet, deren Ursprung und Wesen in ein göttliches Geheimnis gehüllt wurde. Das Asphalt wurde von den Assyriern und Babyloniern für Bau- und Feuerungszwecke, das Erdöl hingegen zur kriegerischen Abwehr und zum Angriff verwendet. Daß es auch zu Leuchtzwecken benutzt wurde, geht aus römischen Überlieferungen hervor. Im alten Ägypten wurden die Leichen mit Asphalt konserviert, den man von Toten Meere bezog, worüber griechische Geschichtsschreiber berichten. Bei Surakhany, an der äußersten Spitze der Apscheron-Halbinsel, steht noch heute ein alter Tempel der Feueranbeter, in welchem seit den ältesten Zeiten das heilige Feuer von Priestern gehütet wurde; man nährte es durch das den Spalten des Erdbodens entquellende natürliche Erdgas. In der Nähe von Baku wurde schon vor mehreren Jahrhunderten Öl gefunden und für Heilzwecke verwendet.

In Deutschland ist das Vorkommen von Erdöl zunächst von mehreren Stellen der Provinz Hannover bekannt. Aus den bis zum Jahre 1546 zurückreichenden Nachrichten haben bei Wietze und in anderen Orten der Umgebung von Celle die dortigen Bauern Jahrhunderte hindurch das in Wassertümpeln aufsteigende Erdöl gesammelt oder auch die in der Umgebung von „Teerkuhlen" auftretenden Ölsande ausgewaschen, um dann die so gewonnene Masse als Wagenschmiere oder auch als Arzeneimittel zu vertreiben. Auch im Gebiet von Pechelbronn im Unterelsaß soll die Verwendung des aus einer Quelle gesammelten Öles für die gleichen Zwecke wie in Wietze mehrere Jahrhunderte bis ins 16. Jahrhundert zurückreichen. Später begnügte man sich nicht damit, bloß das durch die Oberfläche der Erde sickernde Öl aufzufangen, sondern drang durch die Anlegung von Handschächten unter die Erdoberfläche, um das Erdöl an seiner Quelle zu erfassen. Noch sind nicht alle Spuren dieser Entwicklung verwischt. Die alten, schon vor Jahrhunderten gebräuchlichen Arten der Ölgewinnung durch Anlegung von Schächten sind noch in vielen Gegenden, namentlich in Mesopotamien, im Gebrauch. Aber auch in Gebieten, wo die Entwicklung schon sehr fortgeschritten ist (wie in Rußland und Rumänien), sieht man noch primitive Handschächte neben den mit neuzeitlichen Maschinen ausgerüsteten Bohrtürmen in Betrieb.

Die Abb. 2 zeigt die Einrichtung über Tage eines derartigen Handschachtes, wie man sie noch jetzt in Rumänien an einigen Stellen vorfindet. Die einfache Einrichtung, an Ort und Stelle aus Holz zusammengebaut, dient sowohl zur Beförderung des Arbeiters und des Erdmaterials, als auch nach Erreichung der ölführenden Schicht des Öles selbst unter Zuhilfenahme eines Eimers, der durch einen Pferdegöpel gehoben und herabgelassen wird. Wegen der häufig auftretenden Gase wird dem

Abb. 2. Handschacht in Rumänien.

Arbeiter im Schacht durch ein Blechrohr mittels Blasebalges oder eines von Hand angetriebenen Ventilators Luft zugeführt. Vor dem Jahre 1871 wurde auch in Rußland das Erdöl auf primitive Weise aus Handschächten gefördert. Die Tiefe solcher Schächte ging selten über 20 m hinaus. Das Erdöl wurde mittels Hammelfellsäcken aus dem Brunnen geschöpft. Diese einfache Art der Gewinnung wurde jedoch bald als ungenügend erkannt, da größere Teufen und tieferliegende Ölhorizonte nicht abgebaut werden konnten. Es wurde daher zu einem anderen System, dem jetzt allgemein ausgebildeten Sondenbetrieb, übergegangen.

Der Sondenbetrieb in Verbindung mit dem Seilbohrverfahren, wobei Meißel von etwa 100—200 kg an einem handgeflochtenen Bambusseil aufgehängt und mittels eines Schwungbaums in Tätigkeit gesetzt wurden, soll von den Chinesen schon lange vor Christi Geburt angewendet worden sein. Sie bohrten bis zu Tiefen von 1200 m Löcher von 12—15 cm Durchmesser, um aus diesen Wasser für die Bewässerung der Reisfelder, Salzwasser oder Erdgas zu gewinnen. Die Herstellung des Bohrloches in China erfolgt heute noch zum Teil auf die primitive Art und Weise, wie sie vor Jahrhunderten üblich war. Die Abb. 3 zeigt dieses Verfahren.

Abb. 3. Herstellung eines Bohrloches in China.

Die vor Jahrhunderten verwendeten Verfahren für das Fördern der Flüssigkeit aus den Bohrlöchern sind auch heute noch bei der Erdölförderung zum größten Teil in Verwendung, obwohl die fortschreitende Entwicklung der Technik auch in China Boden gefaßt hat und die althergebrachten Systeme z. T. durch neuzeitliche verdrängt worden sind. Die Förderung aus den Bohrlöchern erfolgt allgemein mit Wasser-Büffeln, welche die Fördertrommel mit senkrechter Achse antreiben. Abb. 4 zeigt einen derartigen von Büffeln angetriebenen Göpel. Die Bohrlöcher haben eine Tiefe von etwa 300—400 m. Die Schöpflöffel sind ganz aus Bambus hergestellt (Abb. 5). Die Förderseile sind aus Bambus-Segmenten gefertigte Flachsseile oder Rundseile aus Stahldrähten. Das

Abb. 4. Antrieb einer Fördertrommel in China durch Wasserbüffel.

Abb. 5. Schöpfbetrieb in China durch Bambusgefäße.

Seil wird über eine hölzerne Seilscheibe von etwa 1 m Durchmesser, die sich etwas über Mannshöhe über dem Bohrloch befindet, geführt und läuft von dort horizontal zu der abgebildeten roh zusammengezimmerten Trommel; diese wird durch 2 Büffel bewegt und hat etwa 4 m Durchmesser.

Neuerdings ist der Dampfbetrieb weitgehend eingeführt worden und es sind bereits eine größere Anzahl Dampfhaspel zur Aufstellung gekommen. Diese werden hauptsächlich bei denjenigen Bohrlöchern verwendet, die eine größere Tiefe besitzen und eine größere Ergiebigkeit haben. Beispielsweise beträgt die Bohrlochtiefe bei einem der verwendeten Dampfhaspel ca. 833 m. Der Bohrturm ist aus Rundhölzern hergestellt und hat eine Höhe von etwa 30 m. Der Schöpflöffel hat eine Länge von etwa 27 m und eine lichte Weite von 130 mm. Er ist an seinen beiden Enden in je 6 m Länge aus Bambus hergestellt. Das obere Ende wird an das Stahlförderseil angeschlossen, das untere erhält ein Fußventil aus Eisen mit Lederklappen. Der mittlere Teil in Länge von 15 m besteht aus verzinntem Blech, welches in 3 Lagen aufeinander gelötet und mit etwa 1 Zoll breiten Bändern aus dem gleichen Material versteift ist. Das Gewicht des Schöpflöffels beträgt etwa 180 kg, sein Inhalt etwa 360 Liter. Das Förderseil läuft vom Schöpflöffel auf die senkrecht über dem Bohrloch befindliche Seilscheibe von 600 mm Durchmesser, deren Welle 30 m über dem Bohrlochmund liegt. Von dort aus läuft es fast senkrecht wieder herunter über eine Leitrolle, etwa 300 mm über dem Boden und dann horizontal über eine Tragrolle zu der im Abstand von etwa 33 m vom Bohrloch aufgestellten Fördermaschine. Diese besitzt eine Trommel von 1600 mm Durchmesser und 480 mm Breite. Auf der Trommelwelle befinden sich 2 an die Trommel angenietete Bremsscheiben mit Bremsbändern, welche mit Handrädern und Schraubenspindeln angezogen werden. Die Trommelwelle trägt ferner eine Klauenkuppelung, welche durch Handhebel betätigt wird. Der Betrieb geht mit dem Dampfhaspel genau in der Weise vor sich, wie später gelegentlich der Schilderung der Förderung mit Schöpflöffel beschrieben wird.

Viele Jahrhunderte hat es gedauert, bis die Erkenntnisse der Chinesen auch bei uns und namentlich den Amerikanern, die dem Seilbohrverfahren heute noch den Vorzug geben, Eingang gefunden haben. Die ersten Bohrungen in den ölreichen Gebieten Rußlands wurden erst in den 70er Jahren des vorigen Jahrhunderts ausgeführt. Der Erfolg übertraf alle Erwartungen. Ungeahnte Mengen von Erdöl wurden entdeckt, die durch den Gasdruck hochgetrieben in Form von turmhohen Ölsäulen gegen den Himmel spritzten. Man wußte kaum, was man mit dem Rohöl anfangen sollte; sein Preis sank auf ein Achtel des früheren Preises.

Der eigentliche Aufschwung der Erdöl-Industrie in Rußland ist mit dem Namen Nobel unzertrennlich verknüpft. Die beiden schwedischen Ingenieure Robert und Ludwig Nobel gründeten im Jahre 1875 in Baku eine Erdölraffinerie und sorgten für den Absatz der Erdölprodukte, namentlich des Leuchtöls, zunächst in den größeren russischen Städten. In einigen Jahren wurde das Unternehmen der Brüder Nobel so groß, daß sie ungefähr die Hälfte des gesamten Weltbedarfs an Erdöl und Erdölprodukten aus eigenen Betrieben decken konnten. Sie legten zwischen den Gruben und den in der „schwarzen Stadt" gelegenen Raffinerien eine Rohrleitung, die erste dieser Art in Rußland, für das aus den Gruben kommende Rohöl an, sie bauten das erste Tankschiff für Beförderung des Öles auf dem Kaspischen Meer, die ersten Kesselwagen für die Eisenbahn und die Tankdampfer für die Wolga. Durch die Eröffnung der Eisenbahnlinie von Baku nach Batum und die Benutzung des offenen Seehafens wurde die Ausfuhr nach allen Ländern der Erde außerordentlich begünstigt.

Zur Entwicklung der Bohrtechnik hat die Vergebung der Bohrarbeiten seitens der Erdölindustrie an fremde, miteinander in Wettbewerb stehende Bohrunternehmungen auch wesentlich beigetragen. Die Bohrverfahren und die Bohrwerkzeuge wurden ständig verbessert, um in kürzester Zeit einen möglichst großen Bohrfortschritt zu erreichen. Zu Beginn des Jahres 1917 besaß die russische Erdölindustrie[1]) nur 200 Bohrmaschinen, während die Zahl dieser Maschinen bei den Bohrunternehmungen 750 betrug.

Eine ähnlich schnelle, mitunter auf wenige Jahre zusammengedrängte Entwicklung nahmen die Erdölindustrien in Galizien, Rumänien, den Vereinigten Staaten, in Mexiko und in anderen Ländern. Die Abb. 6, welche ein Grubenfeld in Rumänien darstellt, gibt ein anschauliches Bild der Intensität, mit der in der Gegenwart ein produktives Ölfeld abgebaut wird.

Merkwürdig und bezeichnend für den Gang, den der Fortschritt bisweilen nimmt, ist die Tatsache, daß man neuerdings wieder auf das alte, längst verlassene Schachtbauverfahren zurückgreift, natürlich unter Anwendung aller neuzeitlichen Hilfsmittel des Maschinenbaus und der Elektrotechnik. Im 19. Jahrhundert wurden die ersten Versuche durch das Schachtbauverfahren das Öl zu gewinnen in größerem Maßstabe in Pechelbronn durchgeführt, sie wurden jedoch bald wiederaufgegeben, da man der großen Gasmenge nicht Herr werden konnte. Erst viel später, und zwar während des Weltkrieges, sind die Versuche dortselbst wieder aufgenommen und mit Erfolg durchgeführt worden. Auch in Kalifornien hat man an manchen Stellen das Schachtbauverfahren versucht, wobei sich günstige Ergebnisse zeigten. Die ursprünglich für

[1]) Petroleum Bd. 21, Nr. 5. 1925.

Schurfzwecke vorgesehenen, am Südabhang des Schwefelgebirges gelegenen Stollen der „Union Oil Company of California“ wurden, als sie fertig waren, für die Ölförderung verwendet.

Das Fördern des Öles aus tieferen Sonden kann unter Umständen durch die Einführung der mit dem Elektromotor unmittelbar gekuppelten Senkpumpe eine große Umwälzung erfahren. Die ersten Versuche sind vielversprechend verlaufen.

Auch die Ausbildung der Bohrwerkzeuge aus den primitivsten Formen bis zu den verwickeltsten, und die Technik ihrer Herstellung weisen von den ersten Anfängen bis zu der heutigen Ausführung eine große Entwicklung auf. Diese war wieder nur durch die Fortschritte der Hütten- und Maschinenindustrie möglich.

Abb. 6. Ansicht des Ölfeldes von Bustenari in Rumänien.

Geologie.

Es gibt nur wenige Naturschätze, die sich der Mensch in dauerndem Ringen mit den elementaren Gewalten so schwer erkämpfen muß wie das Erdöl. Die Erdöllagerstätten befinden sich meistens in verwahrlosten Gegenden, die nur selten der Menschen Fuß betritt. Würde man in diesen Gebieten, in denen man das Vorhandensein reicher Öllager nur vermutet, jedoch durch die geologischen Hilfsmittel vorher nicht gründlich erforscht, sozusagen aufs Geratewohl eine großzügige Erdölindustrie anlegen, indem man das Land durch Aufwendung reicher Geldmittel urbar macht und mit allen Notwendigkeiten, Bauten, Wegen, Wasserleitungen usw. ausstattet, so würden bei jedem Fehlschlag riesige Summen aufs Spiel gesetzt. Wenn es auch in vielen Fällen gelungen ist, selbst ausgedehnte und nicht nur vereinzelte Erdölvorkommen durch Zufall, beispielsweise beim Bohren nach Wasser, zu entdecken und zu erschließen, so wäre es grundsätzlich falsch, dies als Regel anzusehen. In der Tat hat sich die Erdölindustrie dort zur höchsten Blüte entwickelt, wo sie mit der Geologie am innigsten zusammenarbeitet, beispielsweise in den Vereinigten Staaten von Amerika. Man kann daher mit Recht behaupten, daß die Geologie besonders in Verbindung mit Versuchsbohrungen und geophysikalischen Meßverfahren hinsichtlich des Auffindens erdölführender Schichten eine der wichtigsten Hilfswissenschaften der Erdölindustrie ist. Aber auch hinsichtlich der fortlaufenden Überwachung des Bohrbetriebes hat sie eine besondere Bedeutung[1]). Sie gestattet den richtigen Zeitpunkt zu erkennen, in dem die Weiterbohrung bei Anfahren von Öl eingestellt werden und zu welchem eine Wasserabsperrung erfolgen soll. Sie verhütet unnötige Kosten für Bohrarbeiten in erdölarmen oder vollständig erdölleeren Gesteinsschichten. Sie gibt Anhaltspunkte für das richtige Ansetzen der sog. Torpedierungen, zur Erleichterung und Vergrößerung des Zuflusses zur Sonde und läßt das Krummgehen von Bohrlöchern erkennen.

Wenn es auch nicht unmittelbar mit dem Zweck dieses Buches im Zusammenhang steht, so ist es doch notwendig, einiges über die Entstehung und die Aufsuchung des Erdöles zu sagen, da dadurch das Verständnis der in späteren Abschnitten zu behandelnden Gewinnungsarten erleichtert wird.

Das Vorkommen des Erdöles dürfte mit dem Ursprung desselben im Zusammenhang stehen. Über die Theorie der Entstehung des Erdöles, des Erdgases und Asphalts streiten sich noch heute die Gelehrten. Die Theorie des organischen Ursprungs hat die weiteste Verbreitung gefunden.

Diese Theorie nimmt als Ausgangsmaterial für das Erdöl, Erdgas und den Asphalt die Fettsubstanz animalischer und vegetabilischer Körper an, vor allem der Mikrolebewelt und Faulschlammbildungen.

[1]) Dr. Friedl: Über die Aufgabe der Geologie im Bohrbetriebe auf Erdöl. — Petroleum Bd. 21, Nr. 3. 1925.

Nach Höfer[1]) mußten die organischen Reste bald nach ihrer Ablagerung von der Luft abgeschlossen werden, nachdem zuvor durch einen Fäulnisprozeß die Eiweißkörper und Zellstoffe zersetzt wurden, so daß in erster Linie nur die Fettsubstanz und eventuell das Gerüst der Lebewesen zurückblieb. Soweit letzteres aus kohlensaurem Kalk bestand, wurde es durch die bei der Umwandlung der Fettkörper sich bildende Kohlensäure vielfach aufgelöst. Die einzelnen Phasen des Umwandlungsprozesses der Fettsubstanz in Erdöl sind noch wenig bekannt. Höchstwahrscheinlich haben bei diesem Vorgang isostatischer oder auch tektonischer Druck sowie Gärung und lange Bildungszeit eine nicht unerhebliche Rolle gespielt, so daß eine Umlagerung der Kohlenwasserstoffe zu Erdöl erfolgte, das in Form feinster Tröpfchen in den Gesteinsschichten eingebettet wurde. Naturgemäß können nach dieser Theorie das Erdöl und verwandte Bitumina sich nur in sedimentären Gesteinen gebildet haben. In der Tat finden sich Bitumina auch in allen Formationsstufen, in denen Lebewesen in größerer Zahl nachgewiesen worden sind. Besonders sind es die großen Vortiefen an den Rändern der Gebirge, die von mächtigen Sedimentmassen erfüllten Becken, in denen reichste Erdöllager gefunden werden. Sehr oft liegen in solchen Gebieten mehrere Erdöllager durch sterile Schichten getrennt übereinander. Gerade dieser Umstand ist für die organische Theorie bedeutsam, wenn man bedenkt, daß in diesen Gebieten Transgression des salzigen Meereswassers und Regression, allmähliches Einsinken des Beckengrundes und Auffüllung mit Sanden, Geröllen und Tonschlamm in buntem Wechsel aufeinanderfolgten, die reiche Mikrofauna und -flora der Seichtwasser und der von Süßwasser erfüllten Buchten in den weiten Uferzonen durch die Salzwasserüberflutungen plötzlich vernichtet und von den tonigen Sedimenten überdeckt wurden. Im Einklang damit liegen alle die großen Ölfelder der Gegenwart in alten Flachseegebieten und gewöhnlich in Regionen alter, heute verlandeter Golfe oder Binnenmeere. So sind die galizischen und rumänischen Öllagerstätten zur Tertiärzeit im Schwarzen Meere entstanden, das damals noch den Außenfuß der Karpathen bespülte, so die Ölhorizonte von Apscheron und die übrigen kaspischen Lagerstätten zu gleicher Zeit im damals noch viel ausgedehnteren Kaspischen Meere, so die Öllager von Mesopotamien im damals noch viel weiter nordwärts reichenden Persischen Golf, wie diejenigen von Birma im einst größeren Meerbusen von Pegu. Alle die Ölvorkommen, die den Meerbusen von Mexiko umsäumen, sind in diesem selbst entstanden, als er noch etwa doppelt so groß war wie heute; die reichen Ölvorräte des großen kalifornischen Tales bildeten sich, als dort noch ein Meerbusen bestand, gleich dem heutigen Golf von Kalifornien. Selbst die weiten Ölregionen im Innern des nordamerikanischen Kontinentes

[1]) Engler-Höfer: Erdöl Bd. 2.

liegen an Stelle uralter, an die Hudson-Bay erinnernder, einstiger Binnenmeere[1]).

Es muß aber hervorgehoben werden, daß man heute nur bei wenigen nutzbaren Erdöllagerstätten den primären Charakter der Lagerstätte feststellen kann. Die Eigenschaft des Erdöls in porösen Schichten, ähnlich den Grundwasserströmen zu fließen und zu wandern, erschwert es außerordentlich, die Ursprungslagerstätte festzustellen. Von manchen Forschern werden die bituminösen, ölreichen Schiefer als Quelle angegeben, aus denen die porösen Horizonte mit Erdöl gespeist worden sind. So sollen das pennsylvanische Öl dem oberdevonischen Ohio-Schiefer, das Öl Galiziens dem oligozänen Menilitschiefer, die Öle Kaliforniens dem eozänen Tejonschiefer bzw. dem miozänen Montereyschiefer entstammen. Über die Herkunft des Erdöls in Nordwestdeutschland besteht noch völlige Unklarheit. Für die Entwicklung der Erdölindustrie in diesem Gebiet ist die Feststellung von großer Bedeutung, ob das Erdöl den paläozoischen Schichten oder den mesozoischen Schichten entstammt.

Die bituminösen Schiefer sind zunächst noch eine stille Reserve, die erst herangezogen werden wird, wenn die freies Öl liefernden Lagerstätten erschöpft sind. Einige Ölschieferlager, z. B. der schottische Ölschiefer, der Posidonienschiefer in Süddeutschland und die Ölschiefer in Estland werden in Ermangelung besserer Lagerstätten schon jetzt ausgebeutet. Der Hauptanteil der Erdölgewinnung fällt aber auf die Ausbeutung des in Ölsanden und Ölkalken der verschiedensten geologischen Formationen vorkommenden Öles. So werden Ölsandlager im Kaukasus, Rumänien, Galizien, Kalifornien, Ölkalke z. B. in Mexiko, Texas, Louisiana, Ägypten ausgebeutet und aus ihnen durch die später zu beschreibenden Verfahren das Öl gewonnen.

Die Porosität bzw. Klüftigkeit sind die Hauptursache, die diese Gesteine zu besonders geeigneten Erdölträgern machen, wobei allerdings die Bedingung erfüllt sein muß, daß undurchlässige Schichten (Tone, Schiefer, Mergel) nach oben abschließend sich auflagern und sich solche Schichten auch unterhalb befinden. Infolge der geringeren Dichte des Erdöls gegenüber dem Wasser strebt das Öl nach oben und wandert in den porösen Gesteinshorizonten, durch Klüfte oder Bruchspalten, bis es auf undurchlässige Deckschichten stößt, sich dort staut und ansammelt. Wo diese Hüllschichten fehlen, entleeren die Ölsande ihren Inhalt an der Oberfläche, wo Erdgas und die leichteren Öle in die Atmosphäre übergehen, während die schwereren Bestandteile als Asphalt oder Erdwachs zurückbleiben. Entweicht das Öl aus Spalten, so kommt es häufig zur Bildung von Asphaltgängen. Die unter dem Schutz toniger Hüllschichten angesammelten Erdgas- und Erdölmengen stehen oft unter

[1]) Blumer: Die Erdöllagerstätten.

einem hohen Druck, der bei dem Anbohren der Lager Erdgas- und Öleruptionen bewirkt. Nach der Tiefe zu folgt als ständiger Begleiter des Erdöls Salzwasser, der ärgste Feind des Erdölbergmannes.

Die Ergiebigkeit eines Erdöllagers wird um so größer sein, je günstiger die Zufuhrbedingungen, je größer das Porenvolumen des Erdölhorizontes und je mächtiger dieser Horizont sind. Die Anreicherung des primär in feinster Verteilung in den Schichten aufgespeicherten Erdöls zu nutzbaren Lagern konnte erst stattfinden, nachdem diese Schichten durch tektonische Kräfte aus ihrer ursprünglich horizontalen Lage verworfen wurden und das Erdöl die Möglichkeit hatte, in den geneigten Schichten aufwärtszusteigen.

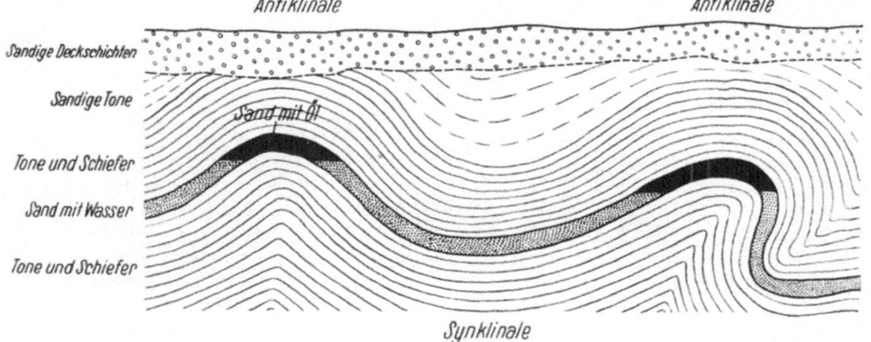

Abb. 7. Antiklinales Vorkommen der Öllagerstätten.

Es hat lange Zeit gedauert, bis man die Abhängigkeit der nutzbaren Erdöllagerstätten von der tektonischen Struktur erkannte. Diese Erkenntnis, die ihren Ausdruck besonders in der Antiklinaltheorie gefunden hat, wirkte außerordentlich befruchtend auf den Erdölbergbau. Nach dieser Theorie wanderte das Erdöl bei der Faltung der primären Erdöllager in den porösen Horizonten nach den höchsten Punkten der Faltensättel (Antiklinalen), während sich in den Mulden das Salzwasser ansammelte (Abb. 7). Selbst Neigungen der Schichten von wenigen Graden, wie solche bei den reichen Tafellagern im westlichen Teil der Vereinigten Staaten von Amerika festgestellt werden konnten, sind als Ursache der Erdölansammlung anzusprechen. Nur durch Bohrungen, die über dem Scheitel einer Antiklinale oder einer Kuppel angesetzt werden, sind daher die ergiebigsten Teile einer gefalteten Erdöllagerstätte zu erfassen.

Auch die an den Flanken von Salzstöcken auftretenden Erdöllagerstätten zeigen die große Bedeutung der tektonischen Verhältnisse für die Bildung dieser Lagerstätten. Die mit dem Aufpressen der Salzstöcke verbundene Steilstellung der benachbarten Schichten ermöglichte dem Erdöl das Wandern in höhere Horizonte und macht es verständlich, daß das Erdöl in ausbeutbaren Mengen in den Randgebieten der Salzstöcke gefunden wird (Abb. 8), z. B. in Nordwestdeutschland, Texas, Louisiana.

Für die Aufschließung der Erdöllagerstätten ist daher die Aufklärung der tektonischen Verhältnisse die wichtigste Vorarbeit.

Sehr mannigfaltig können die Erscheinungen sein, die ein Gebiet als Ölregion kennzeichnen, z. B. Erdgasbrunnen (ewige Feuer), Schlammsprudel, Ölquellen, die ihren Inhalt an Gewässer abgeben und diese mit irisierenden Häutchen überziehen, Asphalt- oder Pechseen, die als teerähnliche schwarze Masse oft große Flächen überdecken (Trinidad, Sachalin). Auch weniger auffällige Anzeichen, wie kleine entzündbare Gas-

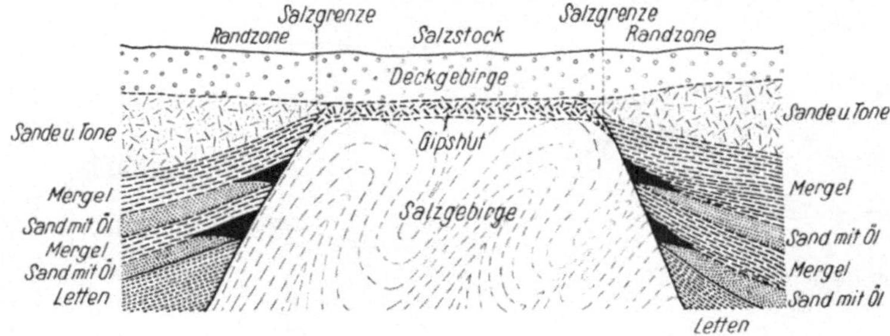

Abb. 8. Schematische Darstellung eines Salzstocks mit Ölführung in den Randzonen.

bläschen, schwachsickernde Ölausbisse, Ölspuren und Ölaugen sind wichtige Anhaltspunkte für das Vorhandensein einer Erdöllagerstätte.

Die Erkundung eines erdölverdächtigen Gebietes ist in erster Linie Aufgabe des Geologen und besteht nicht nur in der Aufsuchung der genannten Erdölanzeichen, sondern hat sich auch zu erstrecken auf die Begleiterscheinungen des Erdöls, z. B. Solquellen, jodhaltige und schwefelhaltige Wasser, auf die Feststellung der Schichtenverbände, in denen die Erdölanzeichen auftreten, auf die Ermittelung der stratigraphischen und vor allem der tektonischen Verhältnisse. Ergeben die geologischen Untersuchungen ein klares Bild über die Lagerungsverhältnisse, über das Streichen etwa vorhandener Antiklinalen, über die Lage von Kuppeln, über den Verlauf von Sprüngen und Verwerfungsspalten, in denen das Erdöl an die Oberfläche gebracht wird, bzw. in deren Bereich größere Erdölanhäufungen vermutet werden, über die Lage der Grenzen der Salzstöcke, die als Ursache für den Austritt des Erdöls erkannt sind, so werden sich mit gewisser Sicherheit die günstigsten Punkte für Erdölbohrungen bestimmen lassen.

Aber sehr oft ist diese Aufgabe rein geologisch nicht zu lösen, ganz besonders dann nicht, wenn die ölführenden Schichten von mächtigeren jüngeren Sedimenten überdeckt werden. Erst das Niederbringen von Versuchsbohrungen auf Grund unsicherer geologischer Vorstellungen oder gar aufs Geratewohl kann dann allmählich dazu führen, die Tektonik zu erkunden und die aussichtsreichsten Gebiete herauszufinden. So werden vielfach zahlreiche, kostspielige Tiefbohrungen niedergebracht und für den weiteren Aufschluß des wirklich guten Objektes stehen dann oft genug Kapitalien nicht mehr zur Verfügung. Dieses Risiko läßt sich herabmindern durch Anwendung der geophysikalischen Verfahren, die geeignet sind, die geologische Forschung wesentlich zu unterstützen, und die für die Förderung der Erdölgewinnung eine ähnliche Bedeutung versprechen, wie die Erkenntnis des Auftretens des Öles in den Antiklinalbögen.

Vor allem ist das gravitometrische Verfahren für diese Zwecke geeignet. Ergänzend können auch magnetische und seismische Untersuchungen zur Aufklärung beitragen. Die Eignung der gravitometrischen Untersuchung durch Verwendung der Drehwage ergibt sich aus der Eigenheit dieses sehr empfindlichen Instrumentes, die Richtung und Größe der Schwerkraftsänderung genauestens anzuzeigen. Die Drehwagemessungen liefern somit ein Bild von den Schwerestörungen, aus denen sich wieder Schlüsse ziehen lassen auf die tektonische Gestaltung des tieferen Untergrundes. Sie können Aufklärung geben über die für die Erschließung eines Erdölfeldes so wichtigen Fragen nach der Lage und dem Verlauf von Antiklinalen und nach der Lage der besonders ölhaltigen Kuppeln und Scheitelzonen. Sie ermöglichen die Auffindung und Verfolgung der Salzgrenzen etwa vorhandener Salzstöcke und die Feststellung von Bruchlinien.

Die Erfahrungen haben gelehrt, daß durch Drehwagenuntersuchungen die besten Grundlagen für die Ansatzpunkte für Erdölbohrungen geliefert werden. Die Exploration G. m. b. H., Berlin, die sich mit der Ausführung solcher Messungen befaßt, hat gute Erfolge bei der Untersuchung von Erdöllagerstätten besonders in Texas erzielt. Die auf Grund ihrer Untersuchungsergebnisse angesetzten Tiefbohrungen trafen auf sehr ergiebige Erdöllager. Auch auf Anregung von Dr. v. Böckh[1]) in der Tschechoslowakei ausgeführte Drehwagenuntersuchungen führten zur Auffindung von Antiklinalen, die durch Bohrungen bestätigt wurden und sich als erdgas- und erdölführend erwiesen[2]).

Die Brauchbarkeit dieser Methode zur Feststellung der oft ölhöffigen Randzonen der Salzstöcke sind durch die Meßergebnisse am Salzstock von Oldau-Hambühren, der wenige Kilometer östlich des Ölgebietes

---

[1]) v. Böckh: Der Nachweis von Brachyantiklinalen und Domen mittels der Drehwage. Petroleum Bd. 12, Nr. 16.

[2]) Laska: Eine Bestätigung der Ergebnisse der Drehwage durch direkte Bohrungen. Petroleum Bd. 19, Nr. 16.

von Wietze liegt, nachgewiesen worden. Von besonderem Interesse ist, daß nach diesen Meßergebnissen die Salzgrenze einen ganz anderen Verlauf hat, als er von den Geologen angenommen wurde, und daß infolgedessen verschiedene Bohrungen auf Erdöl in zu großer Entfernung vom Salzstock niedergebracht wurden. Weiter ist bemerkenswert, daß zur Aufsuchung der nördlichen Salzgrenze Bohrungen (von 100—500 m Tiefe) niedergebracht wurden. Einige Messungen mit der Drehwage hätten hier schnell Auskunft geben können, wo die Salzgrenze zu suchen ist[1]).

Magnetische Untersuchungen können nach theoretischen Überlegungen auch Anhaltspunkte für den Verlauf tektonischer Linien in Erdölgebieten liefern, wenn nur die am Aufbau der Antiklinale beteiligten Schichten einen genügenden Eisengehalt haben, der imstande ist, das erdmagnetische Feld zu beeinflussen. Da dies nur selten zutreffen wird und die magnetischen Messungen selbst weiter mannigfaltigen störenden Einflüssen ausgesetzt sind, die sich niemals ganz beseitigen lassen, so ist diese Methode von nur untergeordneter Bedeutung.

Das seismische Verfahren, das die Aufklärung der unterirdischen Lagerungsverhältnisse der Gesteinsschichten aus den Laufzeiten künstlich erzeugter Bebenwellen bezweckt, kann als Ergänzung der Drehwagemessungen gute Dienste leisten, da es die Feststellung der Mächtigkeit der Deckgebirgsschichten ermöglicht. Die Aufsuchung von Antiklinalen wird nach dieser Methode immerhin recht schwierig sein. Erfolge in dieser Hinsicht sind auch noch nicht bekannt geworden.

Die sachgemäße Anwendung der geophysikalischen Verfahren, speziell der Drehwage, sind Hauptbedingungen für den Erfolg. Wenn auch die Auffindung der Öllager selbst geophysikalisch noch nicht möglich ist, so steht doch hier dem Erdölinteressenten ein Mittel zur Verfügung, das Risiko der Erdölbohrung herabzumindern und das Verhältnis zwischen produktiven und Fehlbohrungen günstiger zu gestalten.

Erdölgewinnung.

Die Gewinnung des Erdöls geschieht in der Gegenwart mit ganz geringen Ausnahmen aus Bohrsonden, wie man die mit Rohren ausgekleideten Bohrlöcher allgemein zu bezeichnen pflegt. Über dem tiefsten Punkt der Bohrlöcher, der Bohrlochsohle, sammelt sich das Erdöl und wird mittels besonders ausgebildeter Vorrichtungen zutage gefördert. Der bergbauliche Betrieb der Erdölindustrie ist also durch zwei Vorgänge und zwar durch

[1]) Tuchel: Die Bedeutung der Drehwage für die Erforschung der Zechsteinsalzlagerstätten in der Norddeutschen Tiefebene. Pumpen, Brunnenbau u. Bohrtechnik 1924, Nr. 18.

die Herstellung der Bohrlöcher und
das Fördern des Erdöls aus den Bohrsonden
gekennzeichnet.

Beide Vorgänge könnten theoretisch als in sich abgeschlossene Arbeiten angesehen werden, doch in Wirklichkeit spielen sie ineinander, was schon äußerlich dadurch zum Ausdruck kommt, daß man nach Fündigwerden der Bohrung und auch während des Schöpfens die Bohreinrichtung meistens stehen läßt. Oft kommt es vor, daß die Sonde nach kurzer Zeit versandet und gereinigt werden muß, daß infolge Seilbruchs oder aus anderen Ursachen Fremdkörper in die Sonde fallen, die herausgeholt werden müssen; die geologischen Verhältnisse erfordern mitunter ein Nachbohren oder Vertiefen des Bohrlochs. Alle diese Arbeiten können nur durch Zuhilfenahme des Bohrapparates ausgeführt werden. Aus diesem Grunde entfernt man auch während der Ölförderung den Bohrturm nicht oder läßt für fahrbare Bohreinrichtungen, die bei seichten Sonden mit geringer Ölförderung verwendet werden, einen Dreibock mit Seilrolle stehen.

Damit die Gewinnung möglichst ergebnisreich verläuft, müssen gewisse Regeln oder, soweit sich Regeln nicht aufstellen lassen, Gesichtspunkte beachtet werden, die zum gewünschten Ziele führen sollen. Soweit das Bohren in Frage kommt, sind es die folgenden:

Anlegen des Bohrlochs an der geeignetsten Stelle,

genaue Beobachtung der geologischen Verhältnisse bei fortschreitender Bohrung,

Herstellung eines lotrechten Bohrloches,

Erreichung des Ölhorizontes mit Rohren von möglichst großem Durchmesser,

schneller Bohrfortschritt,

größte Sorgfalt beim Bohrbetrieb zwecks Vermeidung von Unfällen und Verringerung der Kosten der Bohrung, in Anbetracht dessen, daß das Bohren zu den unproduktiven Arbeiten der Erdölindustrie gehört.

Mit Rücksicht auf diese Bedingungen ist es von größter Wichtigkeit, die Wahl des Bohrsystems und der Antriebsart richtig zu treffen.

Ist die Bohrsonde fertig, der Ölhorizont erreicht und das Probeschöpfen durchgeführt, darf bis zum Beginn der betriebsmäßigen Ölförderung keine Zeit versäumt werden. Hat der Förderbetrieb begonnen, muß er ohne Unterbrechung bei Tag und Nacht durchgeführt werden, da sonst die Gefahr des Versickerns des Öles oder Versandung der Sonde hervorgerufen wird. Je nach den örtlichen geologischen und Zuflußverhältnissen wird man bei dem Ölfördern folgende Regeln beachten müssen:

zweckmäßige Wahl des Fördersystems mit Rücksicht auf die größtmögliche Fördermenge, zweckmäßige Wahl der Antriebsart mit Rücksicht auf Betriebssicherheit und Wirtschaftlichkeit,

sorgfältige Überwachung des Betriebes und Vermeidung von Stillständen.

Die Förderung des Öles darf nicht mit zu hohen Unkosten belastet werden, sonst steigen die anteiligen Unkosten je Tonne geförderten Öles. Man darf nicht vergessen, daß die beste und sicherste Antriebsart gerade gut genug ist, da die geringste Unterbrechung des Betriebes mit viel größeren Unkosten verbunden ist, als die Mehraufwendungen an Anlagekosten betragen.

Die Bohrsonde, einerlei nach welchem Verfahren sie hergestellt wurde oder welches Ölförderverfahren später gewählt wird, besteht in der Hauptsache aus einem System von Rohren, die teleskopartig ineinandergeschoben ins Bohrloch eingebracht werden. Die Einbringung der Rohrkolonnen, welche den größten Material- und Geldaufwand, der mit dem Bohren verknüpft ist, erfordert, ist notwendig, um den Nachfall des Gebirges aus den oberen Partien des Bohrloches, den Wassereinbruch und das Zusammengehen des Bohrlochs im Schwimmsand oder tonigen Schichten, die unter Umständen den Fortgang der Bohrung in Frage stellen können, zu verhindern. Ein weiterer Zweck der Verrohrung ist, das Erdöl vor der Verunreinigung oder Verdünnung durch nachfallenden Sand oder eindringendes Wasser zu bewahren.

Jede Kolonne, wie man die miteinander verbundenen Rohrstücke gleichen Durchmessers zu bezeichnen pflegt, wird für sich im Gelände festgesetzt, indem man das Loch allmählich bis auf den äußeren Durchmesser der nächstkleineren Kolonne verkleinert. Den Rohren von größerem Durchmesser wird dadurch eine Aufsatzfläche geschaffen. Die Teleskop-Verrohrung gestattet bis zu den größten bisher erreichten Tiefen zu gehen. Allerdings werden mitunter 10 Rohrkolonnen oder mehr ineinander geschoben. Den Nachteil, daß mit dem Einbau einer Rohrkolonne von kleinerem Durchmesser diejenigen von größerem Durchmesser überflüssig werden, muß man dabei in Kauf nehmen. Letztere können mitunter nach Beendigung der Bohrung wieder herausgezogen und nochmals verwendet werden. Der nach dem Herausziehen der Rohre entstehende Hohlraum wird durch das Einführen einer Zementmasse ausgefüllt. Es ist einleuchtend, wie wichtig es ist, den Querschnitt der Rohre möglichst lange beizubehalten, ehe man zu kleineren Querschnitten übergeht. Erstens spart man an Rohren selbst, zweitens können größere Gefäße, Pumpen oder Kolben für die Entfernung des Schlammes bzw. zur Förderung des Öles verwendet werden. Um dieses Ziel zu erreichen, sucht man nach Möglichkeit das Festklemmen der Rohre im Bohrloch zu vermeiden. Man erreicht dies dadurch, daß man die Rohrkolonne öfter hintereinander hebt und senkt, sie „bewegt“, wie der fachmännische Ausdruck heißt. Solange keine Hindernisse auftreten, genügt das eigene Gewicht der Rohrkolonne, um das Niedertreiben zu bewirken.

Die Rohrkolonnen haben eine Länge von normalerweise 100—150 m und nur wenn die Bohrung günstig verläuft und günstige geologische Verhältnisse vorliegen, werden größere Längen erreicht. Folgen Kolonnen verschiedenen Durchmessers dicht aufeinander, so ist anzunehmen, daß Gebirgsschwierigkeiten, gedrückte Rohre, schwierige oder wiederholte Wasserabsperrungen, nachträgliche Vertiefung der Sonde oder ähnliches die Veranlassung gewesen sind[1]). Die Schwierigkeiten, welche dem Niederbringen entgegenstehen, sind um so größer, je größer der Durchmesser der Rohre ist. In dem Maße, wie die Tiefe des Bohrloches zunimmt, wird die Rohrkolonne über dem Bohrloch durch Aufsetzen neuer Rohre verlängert. Bei einer günstig verlaufenen Bohrung in Rumänien bis 600 m Tiefe ergab sich ein Durchschnittsprofil für die einzelnen Rohrkolonnen wie folgt:

120 m	genietete	Blechrohre	von	24	Zoll	l. W.
200 m	„	„	„	22	„	„ „
300 m	nahtlose	Rohre	„	19	„	„ „
400 m	„	„	„	17	„	„ „
500 m	„	„	„	15	„	„ „
600 m	„	„	„	13	„	„ „

In Mraznica (Galizien), in einem Gebiete, wo die Schichten sehr steil verlaufen und dadurch einen starken Druck auf die Rohrwände ausüben, hat sich bei einer bereits in Produktion befindlichen Sonde bei der Bohrung mittels Dampfmaschine folgender Verrohrungsplan ergeben:

16 m	genietete	Blechrohre	von	20	Zoll	l. W.
30 m	„	„	„	18	„	„ „
154 m	nahtlose	Rohre	„	14	„	„ „
358 m	„	„	„	12	„	„ „
617 m	„	„	„	10	„	„ „
840 m	„	„	„	9	„	„ „
1285 m	„	„	„	7	„	„ „
1410 m	„	„	„	6	„	„ „

An dieser Sonde wird jedoch weiter gebohrt, damit die tieferen Schichten des öltragenden Eozensandsteines und hiermit eine höhere Ausbeute erreicht werden.

Im gleichen Gebiete, in unmittelbarer Nähe dieser Sonde wird zurzeit eine Sonde mit Hilfe eines Elektromotors abgebohrt. Es ist wohl anzunehmen, daß die geologischen Verhältnisse bei dieser Sonde die gleichen sind wie bei der erstgenannten, und es ergab sich folgender Verrohrungsplan:

[1]) Erkelenzer Bohr-Hilfsbuch.

15 m	genietete Blechrohre	von	20 Zoll l. W.
26 m	„ „	„	18 „ „ „
161 m	nahtlose Rohre	„	14 „ „ „
426 m	„ „	„	12 „ „ „
— m	„ „	„	10 „ „ „

Wie man aus dem Vergleich beider Verrohrungspläne ersieht, ist die Tiefe, die man bei der elektrischen Bohrung mit einem bestimmten Rohrdurchmesser, namentlich mit einem zwölfzölligen Rohr, erreichte, wesentlich höher als bei der Dampfbohrung. Dies liefert den Beweis für die Überlegenheit des elektrischen Antriebes, wo Betriebspausen, hervorgerufen durch Kesselreparatur, Wassermangel usw. nicht vorkommen. Die bei Dampfbetrieb unvermeidlichen Unterbrechungen des Bohrbetriebes bei abrutschenden Schichten haben zur Folge, daß das Erreichen einer bestimmten Tiefe mit entsprechend großem Rohrdurchmesser in Frage gestellt wird. Wenn die Schichten abrutschen, so müssen selbst kurze Betriebspausen vermieden und die Rohre immer weiter nachgelassen werden, damit das „Packen" oder das Zusammendrücken der Rohre vermieden wird.

Die Verbindung der Bohrrohre geschieht entweder durch Vernieten oder Verschrauben. Die Rohre selbst sind je nach der Verbindung in der Längsnaht genietete, geschweißte oder gezogene Rohre. Man ververwendet hiervon meistens die genieteten Rohre für große, die geschweißten oder nahtlos gezogenen Rohre für kleine Durchmesser. Die Länge der Rohre richtet sich nach dem Durchmesser. Sie beträgt im allgemeinen 3—5 m, übersteigt jedoch 7 m nicht, da sich sonst die Rohre im Bohrturm schwer handhaben lassen. Ihr lichter Durchmesser schwankt in der Praxis zwischen 24 und 4 Zoll.

Die Wandstärke der Rohre richtet sich nach dem jeweiligen Gebirgsdruck. Sie muß derart bemessen sein, daß die Rohre nicht eingedrückt oder eingebeult werden, da die nächst kleinere Rohrkolonne in solchen Fällen nicht eingebracht werden kann. Bei dem mit der Bohrung schritthaltenden Einbau der Verrohrung und Festsetzung jeder Rohrkolonne für sich in einer Tonschicht werden gleichzeitig die wasserführenden Schichten abgesperrt. Der Zweck der Wasserabsperrung ist, ein Durchsickern des Wassers aus den wasserführenden Schichten in die ölführende Schicht längs der Rohre zu verhindern. Die Wasserabsperrung erfolgt auch durch Zementation, auf deren Wesen hier nicht näher eingegangen werden soll. Sie ist oft mit großen Schwierigkeiten verbunden. In vielen Ölgebieten ist ein Weiterbohren erst nach behördlich geprüfter Wasserabsperrung gestattet.

Zweiter Teil.

Das Bohren.

Unter Bohren im Erdölbergbau versteht man eine Reihe von Arbeitsvorgängen, welche in ihrer Gesamtheit die Herstellung eines Bohrloches oder die Vertiefung eines bestehenden Bohrloches bezwecken. Hierbei unterscheidet man je nach der vom Bohrwerkzeug (Meißel oder Bohrer) ausgeführten Bewegung zwei Hauptarten des Bohrens:

das stoßende Bohren,

das drehende Bohren.

Die Bewegung des Bohrers erfolgt stets von über Tage derart, daß seine Antriebsorgane, Stangen oder Seile, die Bewegung mitmachen müssen. Mit fortschreitender Bohrung und entsprechend wachsender Tiefe wird das Gewicht der Antriebsorgane und somit die für ihre Bewegung erforderliche Energie stets größer und ihre Widerstandsfähigkeit geringer, worin der grundsätzliche Nachteil aller bisherigen Bohrverfahren liegt. Man bemüht sich daher, Verfahren zu finden, welche diese Nachteile durch unmittelbaren Antrieb der Bohrwerkzeuge mittels einer geeigneten Antriebsmaschine ausschalten, jedoch gelang es bis jetzt nicht, hierfür eine befriedigende Lösung zu finden.

Welches Verfahren, das stoßende oder das drehende, gewählt werden soll, hängt von der Härte der zu durchschlagenden Schichten, der Art ihrer Lagerung, ihrer Mächtigkeit, der Bohrtiefe und den Wasserverhältnissen ab.

Sowohl für das Stoß- wie für das Drehbohrverfahren kommt in der Erdölindustrie fast ausschließlich maschineller Antrieb in Frage. Gerade der Erdölbergbau zeichnet sich dadurch aus, daß das Öl in tiefen Schichten aufgesucht werden muß und Flachbohrungen, als welche man Bohrungen bis höchstens 200 m Tiefe zu bezeichnen pflegt, und die zur Not von Hand, ohne Zuhilfenahme des maschinellen Antriebes, ausgeführt werden können, im Erdölbergbau der Gegenwart zu Seltenheiten gehören. Aus diesem Grunde soll hier auf die Flachbohrungen auch nicht näher eingegangen, sondern es sollen lediglich die maschinell ausgeführten Tiefbohrungen behandelt werden.

Für die Ausführung der Bohrung sind verschiedene vorbereitende Arbeiten erforderlich, die sich nach den örtlichen Verhältnissen richten, unbekümmert dessen, welches Bohrverfahren für die Herstellung des Bohrloches gewählt wird. Vor Beginn der eigentlichen Bohrung wird eine kleine Grube ausgehoben, mit Holz ausgezimmert oder auch ausgemauert. Sodann werden die hölzernen oder mit Holz verkleideten eisernen Bohrtürme von 16—30 m Höhe und die Bohrhütten zur Aufnahme der Antriebsmaschinen errichtet und mit der maschinellen Bohrung begonnen. Als Antriebsmaschinen für die Bohrapparate können Dampfmaschinen, Verbrennungsmotoren und Elektromotoren verwendet werden. Letztere treten immer mehr in den Vordergrund, besonders in Gebieten, die bereits mit elektrischer Energie versorgt sind.

I. Das stoßende Bohren.

Das Wesen des stoßenden Bohrens besteht darin, daß auf die Bohrlochsohle ein Schlag durch ein entsprechend ausgebildetes, frei fallendes Werkzeug ausgeübt wird. Dieses hat fast durchweg die Form eines Meißels, der von der Bohrlochsohle abgehoben und dann auf diese wieder fallengelassen wird. Um den Meißel bewegen zu können, ist er bei dem Gestängebohren an einem Gestänge oder beim Seilbohren an einem Seil befestigt. Gestänge und Seil dienen gleichzeitig auch dazu, den Meißel nach jedem Schlage umzusetzen, d. h. die Schneide um einen bestimmten Winkel zu verdrehen. Der Umsetzwinkel ist von der Härte des zu durchschlagenden Gesteins abhängig und beträgt im allgemeinen 10—30 Grad. Das Umsetzen wird bei Gestängebohren von Hand durch den Krückelführer von über Tage vorgenommen, beim Seilbohren erfolgt das Umsetzen meistens selbsttätig durch das Auf- und Zudrehen des Seiles. Das Umsetzen ist wesentlich, da nur dadurch das Bohrloch rund erhalten wird.

Das nach jedem Schlag losgelöste Gestein, Schmand oder Bohrgut genannt, muß aus dem Bohrloch entfernt werden, damit der Meißel auf möglichst reiner Bohrlochsohle arbeitet und in seinem freien Fall nicht gehemmt wird. Erreicht wird dies bei der Trockenbohrung durch Zuhilfenahme des sog. Schmand- oder Schlammlöffels. Es ist ein aus schmiedeeisernen Blechen genieteter oder geschweißter Zylinder, dessen unterer Abschluß ein oder mehrere Ventile erhält. Oben ist am Zylinder ein Bügel angebracht, mit welchem er an das Seil oder Gestänge befestigt wird. Da die Bohrlochsohle fast ausnahmslos etwas Grundwasser enthält, so ist der Schmand stets eine mehr oder weniger breiige Masse. Bevor gelöffelt wird, muß selbstverständlich der Meißel am Seil oder Gestänge hochgezogen werden, ein Vorgang, welcher besonders bei Gestängebohren und bei großen Teufen viel Zeit beansprucht. Wie oft gelöffelt werden muß, bestimmt der Krückelführer nach dem Gefühl; ganz allgemein kann man annehmen, daß gelöffelt wird, wenn das Bohrloch um 0,5—1 m tiefer geworden ist, je nach der Beschaffenheit des Gebirges.

Eine andere Art des stoßenden Bohrens ist die Spülbohrung, nach dem Erfinder derselben auch Fauvelle'sches Bohrverfahren genannt. Sie wurde das erstemal um das Jahr 1845 in Frankreich angewendet, und ihr kennzeichnendes Merkmal besteht in einer ständigen Bespülung der Bohrlochsohle mit einem Wasserstrom. Normalerweise wird der Spülwasserstrom durch das hohle Gestänge bis auf die Bohrlochsohle geleitet, wo es sich mit dem Bohrschmand vermischt und mit diesem im Bohrloch nach oben steigt (normale oder direkte Spülung). In Ausnahmefällen wird die Spülflüssigkeit im Bohrloch nach unten geleitet, um dann wieder im Gestänge nach oben zu steigen (indirekte oder Verkehrtspülung). Bei der Spülbohrung wird der Schmand dauernd von der Bohrlochsohle entfernt, wodurch der Bohrer nicht, wie beim Trockenbohren, erst ein Schlammpolster zu durchschlagen hat; die Schlagwirkung wird hierdurch eine größere. Auch die Zeit, welche bei der Trockenbohrung für das Schmanden, das Aus- und Einbauen des Meißels notwendig ist, kann bei der Spülbohrung für das Bohren selbst verwendet werden.

Trotz dieser nicht zu verkennenden Vorteile wird die Spülbohrung in Verbindung mit dem stoßenden Bohren bei Erdölbohrungen verhältnismäßig selten verwendet. Grund hierfür ist vor allem die Befürchtung, daß die ölführenden Schichten verwässert werden könnten. Wenn auch dieses Bedenken nach Ansicht anerkannter Bohrfachleute nicht begründet ist, so bohrt man in der Regel doch nur bis zu einer Tiefe von etwa 20—30 m über dem Ölhorizont mit Spülbohrung und wendet für den letzten Teil die Trockenbohrung an. Voraussetzung ist hierbei eine genaue Kenntnis des geologischen Aufbaues des Gebirges. In unbekanntem Terrain ist daher eine Spülbohrung nicht zu empfehlen. In stark zerklüfteten Formationen ist die Spülbohrung zu verwerfen, da die Spülung sich in den Klüften und Spalten des Gebirges verliert. Selbstverständlich kann die Spülbohrung nur bei Gestängebohren verwendet werden, da die Herstellung brauchbarer Hohlseile bis jetzt noch nicht gelungen ist. Ein Nachteil der Spülbohrung ist der, daß die Anlagen nicht mehr so einfach sind wie beim Trockenbohren, da man Spülpumpen nebst ihrem Antrieb, Druckleitungen, Wasserableitungen und Kläranlagen benötigt. Überdies muß Spülwasser in genügender Menge vorhanden sein, dessen Beschaffung in vielen Erdölgebieten Schwierigkeiten bereitet.

Als Abart des Stoßbohrens wird in den letzten Jahrzehnten noch das Schnellschlagbohren verwendet. Es kann als Trocken- oder Spülbohrung ausgeführt werden. Meistens ist die zweite Art im Gebrauch.

Man unterscheidet daher bei stoßendem Bohren folgende Systeme:

Gestängebohren in seinen beiden Abarten, Trocken- und Spülbohren,

Seilbohren,

Schnellschlagbohren.

A. Gestängebohren.

Das Anheben des am Gestänge angebrachten Meißels erfolgt bei diesem Bohrsystem in der heutigen Ausführungsart durch einen Schwengel oder Balancier. Dies ist ein an einem Stütz- bzw. Drehpunkt gelagerter Hebel, an dessen einem Ende das Gestänge durch besondere Vorrichtungen befestigt ist und der am anderen Ende eine Kurbelstange für den Antrieb trägt. Der Hebelarm, an welchem der Antrieb angreift, hat bei maschinellem Antrieb gewöhnlich eine etwas größere Länge als der Arm, an welchem das Gestänge befestigt ist. Das Verhältnis schwankt zwischen 1 : 1 bis 1 : 2.

Das am Meißel unmittelbar befestigte Gestänge erleidet beim Aufstoßen des Meißels auf der Bohrlochsohle eine Stauchung, die bei zunehmender Teufe und dementsprechend langem Gestänge einen Bruch desselben herbeiführen würde. Um solche Gestängebrüche zu vermeiden, werden sog. Zwischenglieder zwischen Meißel und Gestänge eingeschaltet. Zwei Arten sind in der Praxis bekannt, die Rutschscheren und die Freifallapparate. Beide bewirken, daß der Meißel gegenüber dem Gestänge eine Bewegung ausführen kann, das Gestänge daher nur auf Zug beansprucht wird, wodurch Stauchungen und dementsprechend auch Gestängebrüche vermieden werden.

Die Rutschscheren, von welchen es mehrere konstruktive Durchbildungen gibt, und deren erste brauchbare von Berghauptmann von Oeynhausen 1834 stammt, bestehen im Prinzip aus zwei Stücken, die sich wie zwei Kettenglieder ineinanderschieben lassen. Am unteren Scherenstück ist das Untergestänge, bestehend aus Meißel und Schwerstange, am oberen Stück das Obergestänge befestigt. Schlägt der Meißel auf der Bohrlochsohle auf, so kann, obwohl das Untergestänge stehenbleibt, das Obergestänge um den Hub der Schere noch weiter nach unten gehen, ohne eine Stauchung zu erleiden. Der Hub der Scheren beträgt im allgemeinen 300 mm. Die Rutschscheren können nur bei Trockenbohrungen verwendet werden, da ihr Einbau die Führung des Spülwassers bis unterhalb des Meißels nicht gestattet.

Bei den Freifallapparaten, welche sowohl beim Trocken- als auch Spülbohren verwendet werden können, fällt das Untergestänge unabhängig vom Obergestänge im Bohrloch frei herab, sobald die höchste Stellung des Obergestänges beim Aufwärtsgange erreicht ist. Das letztere geht dann langsam nach, faßt das Untergestänge und hebt es wieder hoch. Die Freifallapparate müssen daher für den gleichen Hub gebaut sein, mit welchem jeweils gebohrt wird.

Das kanadische Bohrverfahren.

Das bekannteste Gestängebohrsystem ist das kanadische. Seinen Namen verdankt es dem Umstand, daß es in den Ölgebieten von Kanada zuerst angewendet wurde und dort auch heute noch viel benutzt wird. In Europa hat es bald Eingang gefunden, wurde aber von anderen Systemen zum Teil wieder verdrängt, und wird mit Ausnahme von Galizien und Rumänien, wo es noch immer eine führende Rolle spielt, wenig angewendet. Es ist ein Trockenbohren unter Verwendung des Schwengels und der Rutschschere.

Der kanadische Bohrkran (Abb. 9) besteht aus dem Bohrapparat, der hochgelagerten Fördereinrichtung und dem Antrieb. Die Bohr- und Fördereinrichtung sind in einer Hütte untergebracht, welche an dem viereckigen Bohrturm angebaut ist, die Antriebsmaschine in einem an diese angrenzenden, besonderen Häuschen. Im Bohrturm, der gewöhnlich 20—25 m hoch ist, sind die Turmrollen angeordnet.

Der wesentlichste Teil der Bohreinrichtung ist der vorher erwähnte Schwengel. Die Befestigung des Gestänges am Schwengelkopf erfolgt unter Benutzung des Kopfwirbels und der Nachlaßkette. Diese läuft über den am Schwengelkopf befindlichen Friktionszylinder längs des Schwengels zu einer kleinen Winde, die am Schwengel selbst über dessen Unterstützungs- und Drehpunkt gelagert ist. In dem Maße, als die Bohrung fortschreitet,

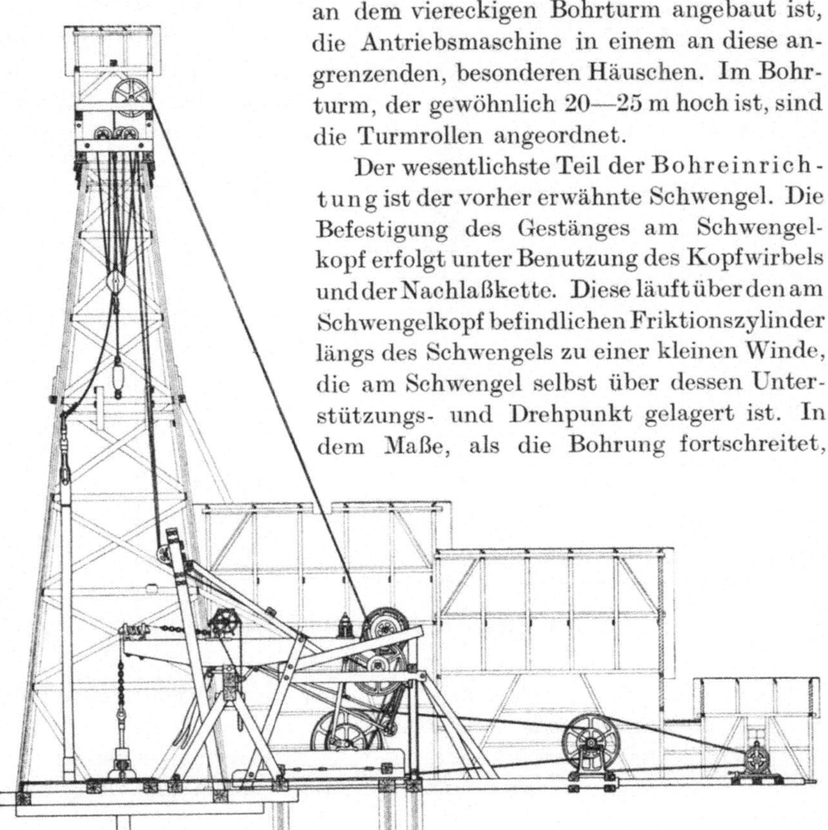

Abb. 9. Kanadischer Bohrkran für elektrischen Antrieb.

wird das Ablaufen der Nachlaßkette durch Lüften des Sperrades der kleinen Winde freigegeben. Der Antrieb des Schwengels erfolgt durch einen Kurbeltrieb. Dadurch, daß mehrere Kurbelzapfen mit verschiedenen Kurbelradien vorhanden sind, oder daß der Kurbelzapfen verschiebbar und in verschiedenen Lagen feststellbar ist, kann der Hub des Meißels eingestellt werden. Die Höhe des Hubes beträgt gewöhnlich 50—75 cm.

Dem freien Fall des Meißels, wodurch die eigentliche Schlagwirkung erzielt werden soll, stehen die Bewegungsverhältnisse des Kurbelantriebes entgegen. Wie aus der schematischen Darstellung in Abb. 10 zu ersehen ist, würde der Meißel theoretisch unter Voraussetzung eines unelastischen Gestänges beim Aufstoßen auf die Bohrlochsohle die Geschwindigkeit Null haben statt der zur Erzielung der Schlagwirkung erwünschten größten Fallgeschwindigkeit. Die Zwischenschaltung der beim kanadischen Bohrverfahren verwendeten Rutschschere — immer noch unter der theoretischen Voraussetzung eines unelastischen Gestänges — würde bei entsprechender Einstellung ihres Hubes nur eine der Umfangsgeschwindigkeit des Kurbelzapfens angenähert gleiche Fallgeschwindigkeit ermöglichen. Diese ist jedoch bei den üblichen Kurbeldrehzahlen und Durchmessern, sowie einem Verhältnis der

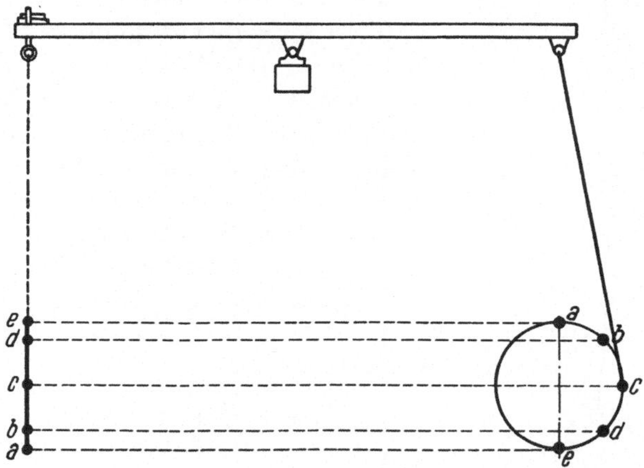

Abb. 10. Bewegungsverhältnisse des Kurbelantriebes.

Hebelarme des Schwengels von 1 : 1 kleiner als die dem freien Fall des Meißels entsprechende Geschwindigkeit.

In Wirklichkeit treten infolge der mit der Tiefe zunehmenden Elastizität des Gestänges elastische Dehnungen in diesem auf. Die vom Eigengewicht des Gestänges herrührende, während der ganzen Bewegung gleichbleibende Dehnung übt keinen Einfluß auf die Schlagwirkung aus. Diese wird jedoch durch die folgenden beiden Arten von Dehnungen bzw. Spannungen im Gestänge wesentlich gefördert. Zur ersteren Art gehören jene periodisch auftretenden Streckungen und Kürzungen des Gestänges, welche durch die Massendruck-Kräfte hervorgerufen werden. Die zweite Art der periodisch verlaufenden Spannungen im Gestänge tritt auf, wenn die Umdrehungszahl des Antriebes gleich der Eigenschwingungszahl des Gestänges wird. Bei diesem Zustand der Resonanz ergeben sich am Meißel die für den Bohrfortschritt günstigsten Schlagwirkungen. Aus diesem Grunde ist man bestrebt, die diese Wirkung auslösende Drehzahl der Antriebsmaschine der fortschreitenden Bohrtiefe entsprechend einzustellen.

Die beiden genannten, im Takte des Antriebes verlaufenden Spannungen des Gestänges bewirken demnach, daß der Ausschlag des Meißels an der Bohrlochsohle größer ist als die Hubhöhe des Schwengelkopfes und daß der Schlag des Meißels der Bewegung des Schwengelkopfes zeitlich nacheilt. Diese durch die Elastizität des Gestänges hervorgerufene höhere Schlagwirkung kann auch durch die Rutschschere, falls sie richtig eingestellt ist, nicht unwirksam gemacht werden. Die Rutschschere dient lediglich als Sicherheitsvorrichtung gegen eine schädliche Stauchung des Gestänges. Die Abb. 11 zeigt in Form eines absichtlich etwas verzerrt gezeichneten Diagrammes, in welchem als Abszisse die Zeit, als Ordinate die Wege aufgetragen sind, das gegen-

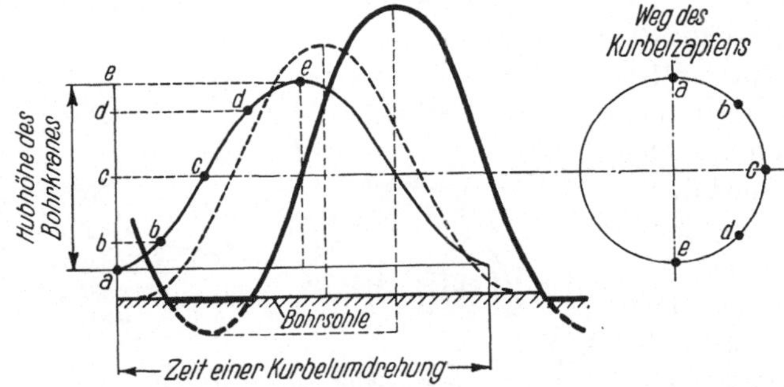

Abb. 11. Zeitwegkurve des Schwengelkopfes, des Gestänges und des Meißels beim kanadischen Bohrkran.

seitige Spiel des Schwengelkopfes, des Schwerpunktes des Obergestänges und des Meißels während einer Kurbelumdrehung. Das Diagramm zeigt, daß die Bewegungen des Gestänges (gestrichelte Linie) und des Meißels (dicke Linie) derjenigen des Schwengelkopfes (dünne Linie) zeitlich nacheilen, ferner das Gestänge, und in noch höherem Maße der Meißel, einen größeren Weg zurücklegen, als er dem Hub des Schwengelkopfes entsprechen würde. Das Ausschwingen des Meißels nach unten wird durch die Bohrlochsohle begrenzt, andernfalls würde es im Sinne der gestrichelten Ergänzungslinie der Meißelkurve verlaufen.

Da die Kurbelwelle gleichzeitig als Hauptwelle des Bohrkranes ausgeführt ist, so muß bei allen anderen Arbeiten, die durch die Fördereinrichtung ausgeführt werden, wie Löffeln, Rohreziehen oder -bewegen, Instrumentieren, die Kurbelstange ausgehängt werden, damit der Schwengel bei diesen Vorgängen stillsteht.

Die Fördereinrichtung, bestehend aus einer über der Kurbelwelle in Höhe des Schwengels gelagerten Trommel, auch Förder-Schöpf- oder Ziehtrommel genannt, wird durch Riemen von der Kurbelwelle aus angetrieben. Der Riemen liegt normalerweise lose auf der Scheibe der Trommel und wird vom Bohrmeister von seinem Stande aus beim Ziehen des Gestänges oder Heben des Löffels mittels einer Riemenspannrolle angespannt. Beim Senken des Löffels oder Einlassen des Gestänges wird die Spannrolle nur so weit an den Riemen gedrückt, daß die Antriebsscheibe der Trommel sich noch unter dem stillstehenden Riemen bewegen kann. Hierdurch wirkt der Riemen als Bandbremse.

Das auf der Trommel aufzuwickelnde Seil läuft über eine Führungsrolle zur Turmrolle und von da zum Bohrloch. Bei größeren Tiefen und dementsprechend schwerer Verrohrung werden für das Rohrebewegen Flaschenzüge verwendet und dadurch, allerdings auf Kosten der Zeit, an Kraft gespart. Um nicht fortwährend verschiedenen Zwecken dienende Seile auf der Fördertrommel auf- und abwickeln zu müssen, wendet man oft zwei voneinander unabhängige Trommeln, von denen jede ihren eigenen Antrieb durch Riemen von der Hauptwelle erhält, an. Die eine Trommel dient dem Ein- und Ausbauen des Gestänges, die andere dem Einlassen und Hochziehen des Löffels.

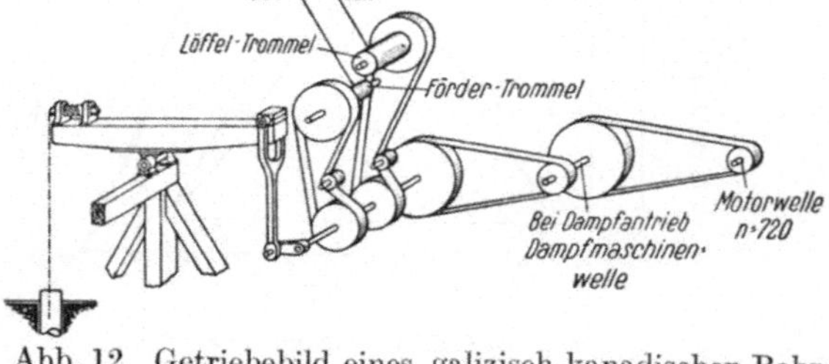

Abb. 12. Getriebebild eines galizisch-kanadischen Bohrkrans mit Antrieb beider Trommeln von der Hauptwelle.

Da das Abbremsen mit der Riemenspannrolle bei großen Gewichten schwierig und unzuverlässig ist, können beide Trommeln mit eigenen, vom Bohrmeisterstande aus durch Gestänge zu betätigende Bandbremsen versehen werden. Diese Ausführung ist in Galizien überall angewendet und wird als galizisch-kanadischer Bohrkran bezeichnet.

Auf der Hauptwelle befinden sich die Antriebsscheibe, durch welche die ganze Bohreinrichtung die Bewegung von der Antriebsmaschine erhält, und die Riemenscheiben, welche zum Antriebe der Trommeln dienen. Die Abb. 12 zeigt das Getriebe eines derartigen galizisch-kananadischen Bohrkranes, bei welchem alle Bewegungen von der Hauptwelle abgenommen werden. Die Welle muß daher sehr kräftig ausgeführt werden. Eine andere Ausführungsart, bei welcher der Antrieb der Löffeltrommel von der schnellaufenden Zwischen- oder Dampfmaschinenwelle erfolgt, zeigt Abb. 13. Hierdurch kann die Hauptwelle kürzer und leichter ausgebildet werden und das Heben des Löffels mit größerer Geschwindigkeit, daher in kürzerer Zeit, erfolgen. Bei der in Abb. 14 dargestellten Anordnung erfolgt die

Kraftübertragung vom Motor zur Hauptwelle durch eine doppelte Übersetzung, die einmal als Zahnradgetriebe, das andere Mal als Riemenübertragung ausgeführt ist. Der Motor ist mittels einer elastischen, nichtausrückbaren, aber leicht lösbaren Kupplung mit dem aus Pfeilzahnrädern bestehenden Getriebe verbunden. Die Räder laufen in Öl und sind in einem horizontal geteilten Räderkasten eingeschlossen. Auf der Welle des großen Zahnrades ist eine Riemenscheibe aufgekeilt, welche die Scheibe der Hauptantriebswelle antreibt. Diese Art der Kraftübertragung beansprucht weniger Raum als ein doppeltes Riemen-

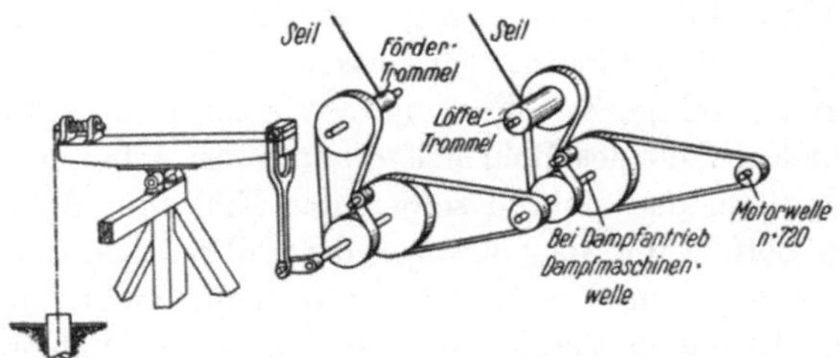

Abb. 13. Getriebebild eines galizisch-kanadischen Bohrkrans mit Antrieb der Löffeltrommle von der Zwischenwelle.

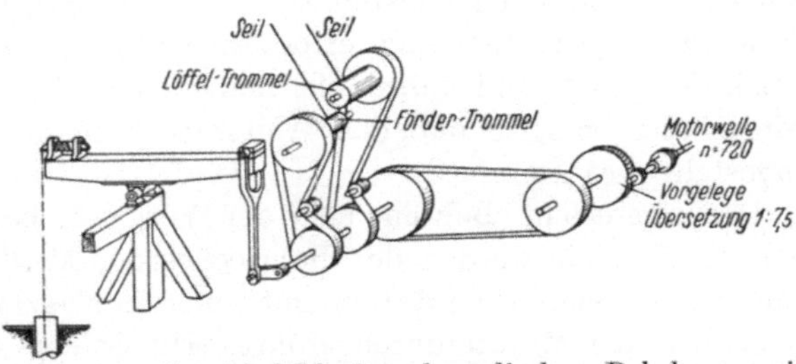

Abb. 14. Getriebebild eines kanadischen Bohrkrans mit Zahnradvorgelege.

Abb. 15. Ansicht des Motors eines kanadischen Bohrkrans mit Zahnradvorgelege.

vorgelege. Motor und Zahnradvorgelege bilden sozusagen eine Einheit. (Abb. 15).

Die Arbeitsvorgänge, welche mit dem kanadischen Bohrkran ausgeführt werden müssen, lassen sich in vier Hauptvorgänge einteilen, deren jeweilige Zeitdauer und Aufeinanderfolge wesentlich von der Geschicklichkeit des Bohrmeisters und der Arbeiter abhängt. Es sind dies vor allem das Bohren selbst, das Ein- und Ausbauen des Gestänges, das Löffeln und das Bewegen der Rohre. Ein fünfter Vorgang, welcher bei einer normal verlaufenden Bohrung nicht vorkommen soll, ist das sog. Instrumentieren, worunter man alle Fangarbeiten versteht, die notwendig sind, um die in das Bohrloch, sei es durch Unfälle, Unachtsamkeit oder Böswilligkeit hineingekommenen Fremdkörper zu entfernen. Sie sind in den meisten Fällen die schwierigsten Arbeiten, dauern oft wochen-, ja monatelang, erfordern stets eine ganz außerordentliche Geschicklichkeit und führen in manchen Fällen auch dann noch zu keinem Ergebnis, so daß das Weiterarbeiten an solchen Bohrlöchern eingestellt werden muß.

Das eigentliche Bohren, also der Vorgang, bei welchem das fortschreitende Tieferwerden des Bohrloches der Meißel bewirkt, wird bei dem kanadischen Bohrsystem mit einer Schlagzahl von 40 bis höchstens 80 in der Minute durchgeführt. Die Schlagzahl ist abhängig von der Gesteinsart, welche jeweils durchgeschlagen wird. Bei hartem Gestein kann flotter, d. h. mit größerer Schlagzahl gebohrt werden als bei klebrigen Schichten (plastischer Ton, Mergel u. dgl.). Von weiterem wesentlichen Einfluß ist noch die Tiefe, in welcher gebohrt wird; bei geringer Tiefe wird mit höherer Schlagzahl als bei größeren Tiefen gebohrt. Da der Schwengel von der Hauptantriebswelle durch die Kurbel angetrieben wird, ist eine Veränderung der Drehzahl dieser Welle in den üblichen Grenzen von 40—80 Umdrehungen in der Minute notwendig.

Um das Bohrloch nachträglich vollkommen rund zu machen, muß man öfter zu den Nachbohrern greifen. Dies sind Bohrer mit seitlich angebrachten Meißeln. Beim Nachbohren wird gewöhnlich mit noch kleineren Drehzahlen, etwa 30 Umdr./min, gearbeitet. Dieser Vorgang dauert jedoch gewöhnlich nur kurze Zeit.

Die Zeit, welche für das Bohren selbst verwendet wird, ist sehr verschieden. Es wird je nach den Verhältnissen von 1 bis zu 8 Stunden ohne Unterbrechung gebohrt. Die Zeitdauer ist von der jeweilig bearbeiteten Gesteinsart und der Tiefe abhängig. Der Kraftbedarf beim Bohren ist verhältnismäßig klein und ohne nennenswerte Spitzen. Er schwankt zwischen 10 und 20 PS in Abhängigkeit von der Tiefe. Da bei Beginn und Beendigung des eigentlichen Bohrens die Kurbelstange ein- bzw. ausgehängt werden muß, ist es notwendig, die Antriebsmaschine jeweils stillzusetzen. Bei Einleitung aller anderen Vorgänge ist ein Abstellen der Antriebsmaschine nicht erforderlich.

Das Ein- und Ausbauen des Gestänges, das Löffeln und Rohrebewegen werden beim kanadischen Bohrkran lediglich durch Betätigung der Spannrollen durchgeführt, wobei das Einlassen immer durch Abbremsen erfolgt. Alle genannten drei Vorgänge unterbrechen das Bohren, weshalb man sie so rasch wie möglich durchzuführen trachtet. Aus dieser Erwägung läßt man die Antriebsmaschine mit ihrer größten Drehzahl laufen, und es entstand die in Abb. 13 dargestellte Getriebeanordnung. Mit Ausnahme des Rohrebewegens handelt es sich um eintrümiges Fördern, wobei große Spitzenleistungen auftreten. Das Rohrebewegen erfordert im allgemeinen den größten Kraftaufwand trotz Zwischenschaltung eines Flaschenzuges.

In Abb. 16 ist die zeitliche Verteilung der vier Arbeitsvorgänge innerhalb 24 Stunden in verschiedenen Tiefen, wie sie bei Herstellung eines Bohrloches in Galizien beobachtet wurde, als Abszisse dargestellt und gleichzeitig der jeweilige Kraftbedarf als Ordinate aufgetragen[1]).

Entsprechend den geschilderten Arbeitsvorgängen und den vorliegenden örtlichen Verhältnissen (Wasser- und Brennstoffbeschaffung, Vorhandensein von elektrischem Strom) muß die Wahl der Antriebsmaschine erfolgen.

Die heute in den Ölfeldern zum Bohren verwendete Antriebsmaschine ist vielfach noch die Dampfmaschine. Dies ist darauf zurückzuführen, daß es in früherer Zeit überhaupt keine andere Kraftmaschine gab und die Bohrleute von dem Althergebrachten schwer abzubringen sind, obwohl in den letzten Jahrzehnten die Überlegenheit des Elektromotors auch bei Erdölbohrungen praktisch bewiesen wurde. Die Leistung der Maschinen hängt von der zu erbohrenden Tiefe ab und beträgt gewöhnlich je nach der Tiefe 10—35 PS. Die Drehzahl der Maschinen schwankt zwischen 120 und 180 Umdr./min. Es sind durchweg mit Auspuff arbeitende Einzylindermaschinen für 8—10 atü. Dampfdruck. Die Drehzahlregelung erfolgt durch ein mit Seilzug zu betätigendes Drosselventil. Trotzdem es beim kanadischen Bohren nicht notwendig ist, sind die Maschinen gewöhnlich mit Umsteuerung versehen. Vermöge ihrer großen Überlastbarkeit sind sie in der Lage, auch die großen Leistungen beim Löffeln, Gestängeein- und ausbauen und Rohrebewegen, wenn auch bei stark verminderter Drehzahl, zu vollbringen, da Dampfmaschinen bei sinkender Drehzahl mit steigendem Drehmoment, d. h. mit fast gleichbleibender Leistung, beansprucht werden können. Die Verwendung der Dampfmaschine setzt das Vorhandensein von zur Kesselspeisung geeignetem Wasser in genügender Menge voraus.

---

[1]) Gutmann: Die Elektrotechnik im galizischen Erdölgebiete. Sonderheft „Polen“ der Zeitschrift „Petroleum“. 1924.

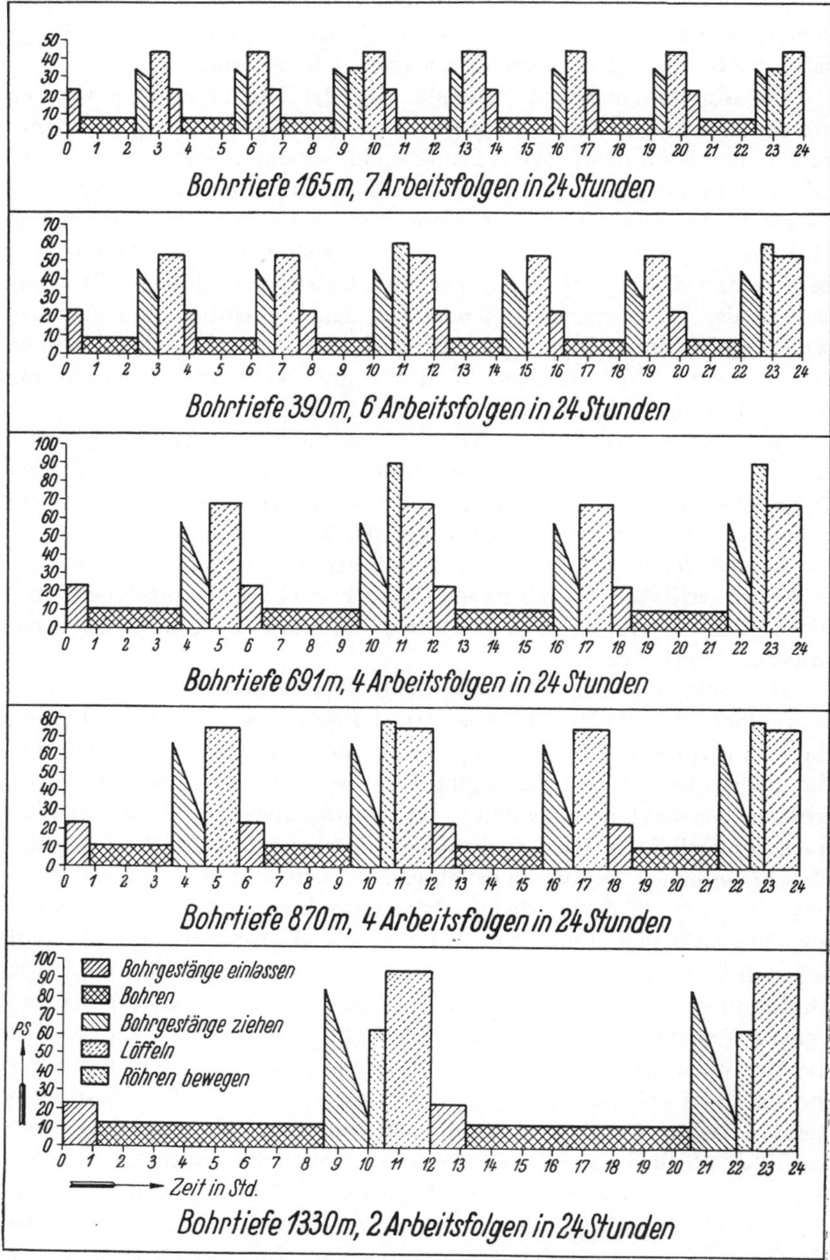

Abb. 16. Arbeitsverteilung beim Bohren bei verschiedenen Bohrtiefen.

Die Verbrennungsmotoren, namentlich Rohöl- oder Gasmaschinen, konnten, da sie nicht feuer- und explosionssicher sind, bei

Ölbohrungen erst angewendet werden, nachdem man am Glühkopf besondere Sicherungen gegen Zündung nach außen anbrachte. Außerdem müssen sie in einem vom Bohrturm getrennten Häuschen aufgestellt werden. Sie sind normal für 200 Umdr./min oder mehr ausgeführt, weshalb sie meistens über ein Riemenvorgelege auf die Hauptantriebswelle arbeiten müssen. Da die Verbrennungsmotoren nicht überlastbar sind, muß man sie so groß wählen, daß sie den größten auftretenden Belastungen genügen. Die Normalleistung des Verbrennungsmotors muß daher wesentlich höher als diejenige einer gleichwertigen Dampfmaschine sein. Die Verbrennungsmotoren haben nur einen begrenzten Regelbereich, sind meistens nicht umsteuerbar und benötigen etwa 25 l Kühlwasser je PS-Stunde von einer Temperatur von 12—15° C. Besonders die Beschaffung des Wassers bietet sehr oft große Schwierigkeiten, somit einen weiteren Grund dafür, daß die Verbrennungsmotoren als Antriebsmaschinen nur selten verwendet werden.

Der Elektromotor gewinnt als Antriebsmaschine immer mehr Bedeutung. Man verwendet in der Regel einen Drehstrom-Asynchronmotor. Alle anderen Arten, wie Gleichstrommotor, Drehstromkollektormotor, treten bei dem Bohren gegenüber dem Drehstrom-Asynchronmotor zurück, obwohl unter ganz besonderen Verhältnissen sich auch diese Motoren bewährt haben. Das Wesen des Elektromotors fordert die Verwendung von höheren Drehzahlen als alle anderen Antriebsmaschinen. Er arbeitet daher stets über ein doppeltes Vorgelege auf die Hauptantriebswelle. Die bei allen vorkommenden Belastungen und kurzgeschlossenen Läuferwiderständen praktisch gleichbleibende Drehzahl des Drehstrom-Asynchronmotors trägt wesentlich dazu bei, die Nebenoperationen beim Bohren, das Löffeln, Gestängeziehen, Rohrebewegen, rascher durchführen zu können, als mit der Dampfmaschine. Dies ist ein Vorteil des Elektromotors, da bei seiner Verwendung unter sonst gleichen Verhältnissen der Bohrfortschritt größer wird. Ein weiterer Vorteil des Elektromotors gegenüber der Dampfmaschine ist, daß er in jeder Stellung des Läufers anläuft und niemals von einem toten Punkte, wie mitunter die einzylindrige Kolbenmaschine, abgeschwungen werden muß. Da der Drehstrom-Asynchronmotor nicht die ausgesprochene Seriencharakteristik der Dampfmachine, die durch die praktisch gleichbleibende Leistung bei jeder Drehzahl gekennzeichnet ist, besitzt, muß bei der Bestimmung der Leistung des Elektromotors von anderen Gesichtspunkten ausgegangen werden.

1. Berechnung der Motorleistung eines kanadischen Bohrkrans.

Die nachstehende kurze Berechnung der Motorleistung soll als Anhalt für die Wahl des Motors dienen. Vorausgesetzt sei, daß eine Bohrung bis höchstens 1000 m niedergebracht werden soll und das Getriebe nach Abb. 12 angeordnet ist. Als Antriebsmotor soll ein Drehstrom-Asynchronmotor von 750 synchronen Umdrehungen in der Minute (730 asynchron) dienen. Die Abmessungen der Riemenscheiben und der Trommeln sind entsprechend der Abb. 17 gewählt.

Die Berechnung der Motorleistung des kanadischen Bohrkrans hat sich auf folgende Berechnungen zu erstrecken:

a) Berechnung der Motorleistung für das Ziehen des Schmandlöffels,

b) Berechnung der Motorleistung für das Gestängeziehen,

c) Berechnung der Motorleistung für das Bewegen bzw. Ziehen der Verrohrung.

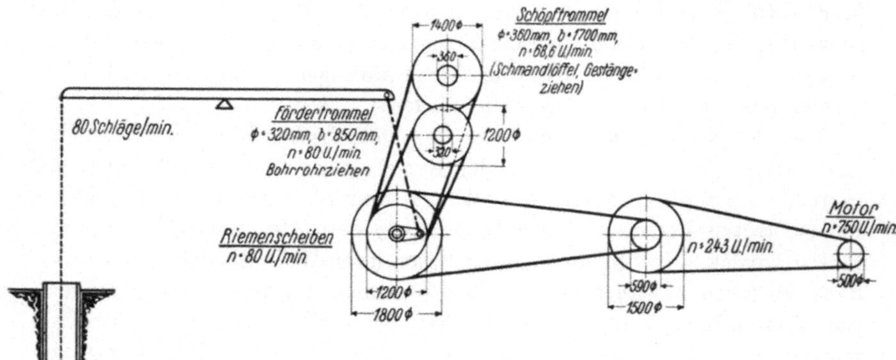

Abb. 17. Antriebsschema eines kanadischen Bohrkrans.

Zur Ausführung dieser Berechnungen sind die beim Bohren tatsächlich vorhandenen Verhältnisse bzw. gewisse Annahmen zugrunde zu legen, die in folgendem zusammengestellt sind.

Durchmesser der Schöpf- oder Schmandtrommel .	$D_s =$ 360 mm
Breite der Schöpf- oder Schmandtrommel	$b_s =$ 1700 mm
Förderseil-Durchmesser	$d_s =$ 24 mm
Förderseilgewicht.	2,0 kg/m
Gewicht des Schmandlöffels.	150 kg
Inhalt des Schmandlöffels	650 kg
Gewicht der Schwerstange und Rutschschere	400 kg

a) Berechnung der Motorleistung für das Ziehen des Schmandlöffels. Der Gang der Berechnung, welcher sich auf die Bestimmung der Lagenzahl des auf die Trommel aufgewickelten Seiles, des Geschwindigkeits-Diagrammes, des Drehmoments- und Leistungs-Diagrammes erstreckt, geschieht in gleicher Weise, wie später bei der Berechnung der Motorleistung für einen galizischen Schöpfhaspel durchgeführt werden wird. Demnach ergibt sich:

Windungszahl je Lage . . . . $n = \frac{1700}{24} - 2 = 69$

Lagenzahl . . . . $e = 9$

Enddurchmesser . . . . $D_e = 0{,}716$ m

Anfangsdurchmesser . . . . $D_a = 0{,}384$ m

Mittlerer Durchmesser . . . . $D_m = \frac{0{,}384 + 0{,}716}{2} = 0{,}550$ m

Höchste Drehzahl der Kurbelwelle . . . $n_k = 80$ Umdr./min

Drehzahl der Schmandtrommel . . . . $n_s = \frac{80 \,.\, 1200}{1400} = 68{,}6$ Umdr./min

Übersetzungsverhältnis zwischen Motor und Schmandtrommel . . . . $ü = \frac{730}{68{,}6} = 10{,}7$

Anfangsgeschwindigkeit . . . . $v_a = \frac{0{,}384 \,.\, \pi \,.\, 68{,}6}{60} = 1{,}38$ m/s

Endgeschwindigkeit . . . . $v_e = \frac{0{,}716 \,.\, \pi \,.\, 68{,}6}{60} = 2{,}56$ m/s

Mittlere Fördergeschwindigkeit . . . . $v_m = \frac{0{,}550 \,.\, \pi \,.\, 68{,}6}{60} = 1{,}97$ m/s

Die Beschleunigung und die Verzögerung bei Beginn bzw. Ende der Hubperiode sollen zu $p_a = p_e = 0{,}5$ m/s² angenommen werden.

Dann ergeben sich:

Anfahrzeit . . . . $t_a = \frac{1{,}38}{0{,}5} = 2{,}8$ s

Anfahrweg . . . . $s_a = \frac{1{,}38 \,.\, 2{,}8}{2} = 2$ m

Verzögerungszeit . . . . $t_e = \frac{2{,}56}{0{,}5} = 5{,}2$ s

Verzögerungsweg . . . . $s_e = \frac{2{,}56 \,.\, 5{,}2}{2} = 6{,}5$ m

Mittlere Förderzeit . . . . $t_m = \frac{1000 - 2 - 6{,}5}{1{,}97} = 507$ s

Diese Werte sind im Geschwindigkeits-Diagramm (Abb. 18) aufgetragen.

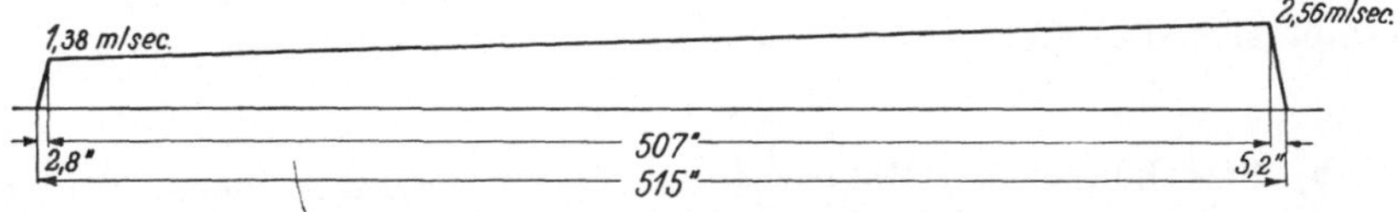

Abb. 18. Geschwindigkeitsdiagramm für das Ziehen des Schmandlöffels.

Die Drehmomente ergeben sich aus der Summe der Werte der Beschleunigungsmomente, Reibungsmomente und statischen Momente zu Beginn bzw. Ende der Beschleunigungs- und Verzögerungsperiode, wobei jedoch im Gegensatz zu der genannten, später auszuführenden Berechnung die Schwungmomente des Motors und der Hauptwelle des Bohrkrans nebst Riemenscheibe nicht berücksichtigt zu werden brauchen, da diese stets in einem Sinne durchlaufen und nur durch die Betätigung der Riemenspannrolle die Bewegung der Fördertrommel hervorgerufen wird. Für die Berechnung der Massen kommen also nur das Gewicht des Schmandlöffels, der Inhalt des Schmandlöffels, das Gewicht der Schwerstange nebst Rutschschere, das Gewicht von 1000 m Seil und das auf den Trommelumfang reduzierte Gewicht der Trommel, welches mit 2800 kg in die Rechnung eingesetzt wird, in Frage.

Demnach ergeben sich für:

die insgesamt bewegten Massen . . . . m = 613 Masseneinheiten.
Das Beschleunigungsmoment beim Beginn des Hubes wird zu . . . . M_a = 59 mkg,
das Verzögerungsmoment bei Beendigung des Hubes zu . . . . M_e = 110 mkg,
das Reibungsmoment unter Annahme eines dreifachen Riemenvorgeleges mit einem Wirkungsgrad von zus. $\eta_r = 0{,}88$ und eines Schachtwirkungsgrades von $\eta_s = 0{,}86$, demnach eines Gesamtwirkungsgrades von $\eta = 0{,}76$ zu . . . . M_r = 185 mkg
errechnet.

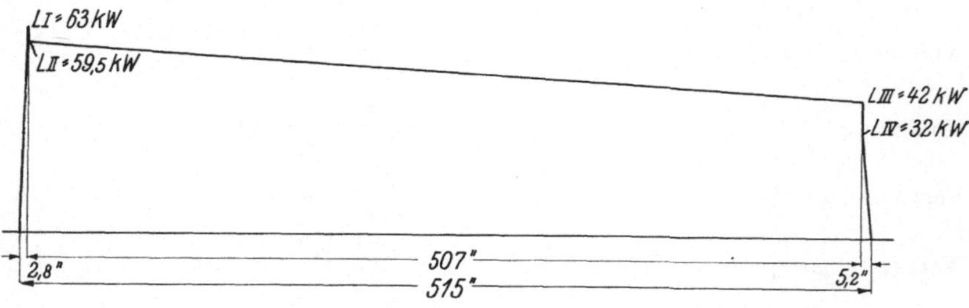

Abb. 19. Leistungsdiagramm für das Ziehen des Schmandlöffels.

Nach Ermittlung der statischen Momente kann nunmehr das Drehmomenten-Diagramm und sodann das Leistungs-Diagramm für den Motor (Abb. 19) aufgezeichnet werden. Aus dem Leistungs-Diagramm ergibt sich die effektive Dauerleistung des Motors zu

$$L_{Ms} = 51 \text{ kW}.$$

b) Berechnung der Motorleistung für das Gestängeziehen. Unter Beibehaltung der vorhergenannten Unterlagen sind noch folgende Daten der Berechnung zugrunde zu legen:

Gewicht des Gestänges . . . . 3,2 kg/m
Gewicht des Meißels, der Rutschschere und der Schwerstange zusammen . . . . 800 kg

Die Bestimmung der Motorleistung kann in diesem Falle, da es sich nur um eine kurzzeitige Arbeit handelt, welche zum Hochziehen eines Gestängezuges erforderlich ist, einfach nach der Formel

$$L_{Mg} = \frac{P \cdot v_g \cdot 0{,}736}{75 \cdot \eta_g} \quad \ldots\ldots\ldots \text{kW}$$

erfolgen. Hierbei bedeutet:

P das gesamte zu ziehende Gewicht,

v_g die Geschwindigkeit, mit welcher das Ziehen erfolgt und

η_g den Gesamtwirkungsgrad aus Vorgelege- und Schachtwirkungsgrad.

Nach Annahme von $v_g = 2{,}5$ m/s und $\eta_g = 0{,}80$ ergibt sich für das Gestängeziehen eine Motorleistung von

$$L_{Mg} = \frac{4000 \cdot 2{,}5 \cdot 0{,}736}{75 \cdot 0{,}80} = 123 \text{ kW}.$$

Das Gestänge wird immer nur um etwa 20 m gehoben und dann auseinandergeschraubt. Für das Abschrauben und die damit zusammenhängenden sonstigen Bewegungen soll je Gestängezug 1 Minute gerechnet werden. Mit Rücksicht auf das Anfahren wird zur theoretischen Hubzeit ein Zuschlag von $10^0/_0$ gemacht, und es ergibt sich somit für die Gesamtzeit für das Gestängeziehen ein Wert von etwa 1 Stunde. Diese Zeit läßt sich wahrscheinlich bei geübten und aufmerksamen Bedienungsmannschaften noch kürzen. Die Leistung beim Gestängeziehen nimmt von Anfang bis zum Ende linear ab.

c) Berechnung der Motorleistung für das Bewegen bzw. Ziehen der Verrohrung. Der Ausführung dieser Berechnung wird der folgende Rohrplan zugrunde gelegt:

Durchmesser der Verrohrung	Tiefe	Rohrgewicht je lfd. m	Gesamtgewicht der Rohrkolonne
Zoll	m	kg/m	kg
14	90	76,6	6900
12	250	59,0	14800
10	450	47,0	21000
9	800	40,5	32500
7	1000	34,0	34000

Für die Berechnung wird das Gewicht der schwersten Rohrkolonne, also 34000 kg, angenommen. Diese Rohrkolonne soll mit einem 12rolligen Flaschenzug, bestehend aus 6 festen und 6 beweglichen Rollen, gehoben werden. Das Gewicht der 6 beweglichen Rollen des Flaschenzuges einschließlich Haken und Seil soll 800 kg betragen, der Wirkungsgrad des Flaschenzuges 0,64. Der Gesamtwirkungsgrad wird mit Rücksicht darauf, daß der Schachtwirkungsgrad wesentlich niedriger liegt als im Fall a) und b), und mit $\eta_s = 0{,}6$ angenommen wird, zu $\eta_f = 0{,}34$ errechnet. Es wird angenommen, daß der Durchmesser der Flaschenzugtrommel $D_f = 0{,}320$ m beträgt und die Trommeldrehzahl unter Berücksichtigung des Übersetzungsverhältnisses von Motor zur Trommel

$n_f = 80$ Umdr./min. Hieraus ergibt sich die Geschwindigkeit des auf die Trommel auflaufenden Seiles zu

$$v = \frac{D_f \cdot \pi \cdot n_f}{60} = 1{,}33 \text{ m/s}$$

Die Leistung errechnet sich nach der unter b) angegebenen Formel zu

$$L_{Mf} = \frac{34800 \cdot 1{,}33 \cdot 0{,}736}{75 \cdot 0{,}34 \cdot 12} = 112 \text{ kW}$$

Zusammengefaßt ergeben sich für die drei beim kanadischen Bohren verfolgten Arbeitsvorgänge folgende Belastungen für den Motor:

a) . . . . $L_{Ms} = 51$ kW
b) . . . . $L_{Mg} = 123$ kW
c) . . . . $L_{Mf} = 112$ kW

Da beim Gestängeausbauen unter b) die zu hebende Last mit jedem Zug abnimmt, sowie auch beim Rohrebewegen unter c) die Zugdauer selbst sehr klein ist, kann der Motor für eine geringere Dauerleistung bemessen werden und für diese Vorgänge von seiner bedeutenden stoßweisen Überlastbarkeit Gebrauch gemacht werden. Die größte Beanspruchung tritt im vorliegenden Falle beim Gestängeziehen aus 1000 m Tiefe auf, welche für die Wahl der Motorgröße zugrunde gelegt wird. Da der Motor kurzzeitig das Doppelte seiner normalen Dauerleistung, ohne hierbei Schaden zu leiden, abgeben kann, ergibt sich eine Motortype von rund 60 kW. Um eine kleine Reserve zu haben, ist es zweckmäßig, die nächstgrößere Type zu wählen.

Nach Festlegung der Motortype ist zu untersuchen, ob diese bei einer auf 30—35% herabgeregelten Drehzahl, wie sie beim eigentlichen Bohren unter Umständen erforderlich ist, eine Leistung von im Mittel 15 PS während der Dauer von höchstens 4 Stunden ohne unzulässige Erwärmung abgeben kann. Diesen Regelbedingungen haben auch die Widerstände im Läuferstromkreis zu genügen, wobei gleichzeitig auf die Erwärmungsbedingungen Rücksicht zu nehmen ist. Im allgemeinen wird die nach den obigen Gesichtspunkten errechnete Motortype die zum Bohren notwendige verhältnismäßig kleine Leistung auch bei den weit herabgeregelten Drehzahlen abgeben können.

2. Elektrische Ausrüstung.

Die elektrische Ausrüstung eines mit Drehstrom-Asynchronmotor angetriebenen kanadischen Bohrkranes besteht aus dem Motor, seinem Anlaß- und Regelapparat, den hierzu gehörigen, getrennt angeordneten Widerständen, den Schaltapparaten und den Verbindungsleitungen. Der Motor und alle Apparate sind in einem eigenen, getrennt angeordneten Anbau, dem sog. Motorhäuschen, untergebracht. Die Betätigung des Anlaß- und Regelapparates, der entweder als eine unter

Öl liegende Steuerwalze oder als Steuerschalter mit Kontakten unter Öl ausgebildet ist und zum Ein- und Ausschalten der Regelwiderstände dient, erfolgt vom Stande des Bohrmeisters, entweder durch Gestänge und Zahnrad oder durch Kette und Seil. Die Abb. 20 gibt den Grundriß eines rumänischen Motorhäuschens wieder. Die Abb. 21 zeigt die Innenansicht des Motorraumes einer galizischen Bohranlage mit Zahnradvorgelege. Die Aufnahme gibt die Größenverhältnisse leider verzerrt wieder. Im Vordergrunde befindet sich der Steuerschalter, links davon sind die Regelwiderstände, rechts der Schaltkasten und ein Stern-Dreieckumschalter aufgestellt.

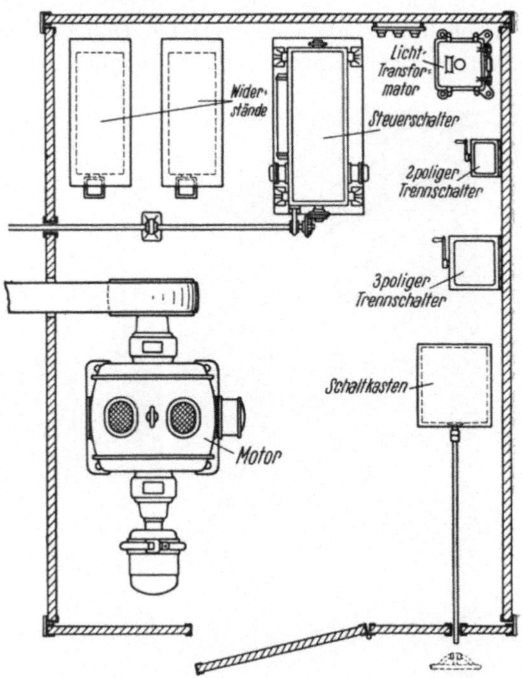

Abb. 20. Grundriß des Motorhäuschens und der elektrischen Ausrüstung eines kanadischen Bohrkrans in Rumänien.

Die Regelwiderstände sind entsprechend der Motorleistung sowie dem verlangten Regelbereich von 100% auf 35% und der bei der kleinsten Drehzahl erlangten Leistung zu bemessen. Sie besitzen Temperaturkontakte, welche bei unzulässiger Erwärmung der Widerstände in Wirksamkeit treten. Die Betätigung der Schaltapparate erfolgt im Motorhäuschen oder von außen.

Das Motorhäuschen ist dauernd verschlossen und nur dem hierzu berufenen Personal zugänglich. Es kann, wie auch der Riemen, dauernd in einem sauberen Zustand gehalten werden, Unfälle durch möglicherweise eintretende Dampfrohrbrüche im Bohrturm oder in der angebauten Bohrhütte sind bei elektrischem Betrieb unmöglich. Die elektrische Anlage verhütet die Schäden, die bei Dampfantrieb durch den Einfluß der sich niederschlagenden Wasserdämpfe an einzelnen Teilen hervorgerufen werden, und verringert die Abnutzung dieser Teile.

Alle Teile der Motoren und Apparate, an welchen betriebsmäßig Funken auftreten können, sind, falls es vorgeschrieben ist, explosionssicher gekapselt oder liegen unter Öl.

Als Motoren werden in der Regel Schleifringläufermotoren mit dauernd aufliegenden Bürsten verwendet. Diese Motoren gestatten einen Anlauf mit einem Drehmoment bis zum 2,5fachen des normalen, wie es bei Beginn des Bohrens und bei den Nebenoperationen erforderlich ist, ferner lassen sie durch Einschalten von Läuferwiderständen eine weitgehende Regelung der Drehzahl beim Bohren zu. Vermöge der Eigenart des Drehstrom-Asynchronmotors kann er auch bei plötzlichen Entlastungen im Falle eines Gestängebruchs oder Reißens des Förderseiles keine höhere als seine normale Drehzahl annehmen; ein Durchgehen, wie es bei Dampfmaschinen möglich ist, kann nie vorkommen.

Abb. 21. Innenansicht des Motorraumes einer galizischen Bohranlage.

Die Antriebsmotoren werden allgemein für eine synchrone Drehzahl von 750 Umdr./min ausgeführt. Sie müssen die an sie gestellten Forderungen sowohl in elektrischer wie mechanischer Hinsicht in jeder Weise erfüllen. Sie besitzen eine sehr bedeutende Überlastbarkeit, ein mindestens zweifaches Anzugsmoment, ihre mechanische Ausführung ist bei kleinstmöglichem Gewicht doch derart, daß sie den durch die schwierigen Transport- und Montageverhältnisse geschaffenen schweren Beanspruchungen standhalten. Besonders bei Bohrungen, welche fast allgemein an nicht gut ausgebauten Zufahrtswegen liegen, spielt die leichte Transportmöglichkeit eine große Rolle. Die schweren, oft unhandlichen und leicht zerbrechlichen Stücke einer Dampfmaschine verursachen langwierige und teure Transporte. Sie benötigen aber auch am Aufstellungsplatze selbst große und schwere Fundamente, welche für Elektromotoren nicht notwendig sind. Im Notfalle genügt für den Elektromotor ein aus Balken zusammengesetzter Trägerrost. Die Aufstellung eines Motors ist auch wesentlich einfacher und kann von ungeübtem Personal ausgeführt werden.

Es wurden vorhin bei der Schilderung des kanadischen Bohrvorganges an Hand eines Zeit-Weg-Diagramms die Bewegungsverhältnisse des Bohrschwengels, des Gestänges und des Meißels zeichnerisch dargestellt und erläutert. Es wurde festgestellt, daß beim Senken des Schwengelkopfes die Antriebsmaschine entlastet, beim Heben belastet wird. Diesen Belastungsverhältnissen folgt die Dampfmaschine selbsttätig und hat das Bestreben, im ersten Falle vor-, im zweiten Falle nachzueilen. Dies wird gewöhnlich als ein Vorteil der Dampfmaschine ausgelegt, weil der Antrieb den Bohrvorgang unterstützt. Die gleichen Vorteile wie die Dampfmaschine hat jedoch auch in genügendem Maße der Drehstrom-Asynchronmotor, der die Eigenschaft besitzt, daß seine asynchrone Drehzahl bei stärkerer Belastung, besonders wenn der Widerstand des Läuferstromkreises genügend groß gewählt ist, abnimmt, im umgekehrten Falle zunimmt. Der Verlauf des Schlupfes in Abhängigkeit von der Belastung ist durch das Diagramm (Abb. 22), in welchem der Schlupf als Ordinate, die Belastung als Abszisse eingetragen ist, dargestellt. Man sieht also, daß der Drehstrom-Asynchronmotor genau wie die Dampfmaschine den Vorgängen beim Bohren folgt und dieselben durch seine besonderen Eigenschaften unterstützt.

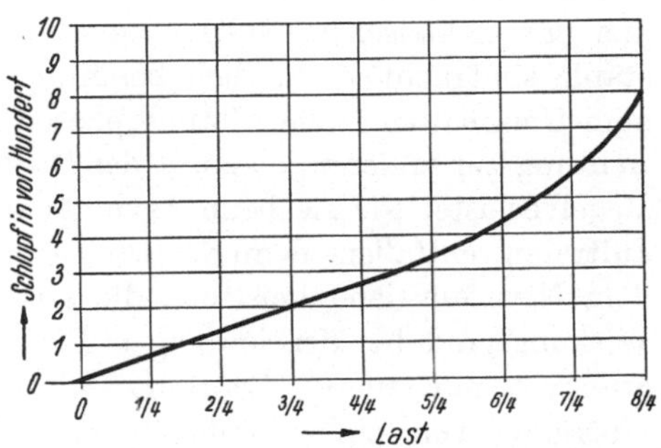

Abb. 22. Verlauf des Schlupfes in Abhängigkeit von der Belastung eines Drehstrom-Asynchronmotors.

Der Vollständigkeit halber sei noch der Antrieb durch **Gleichstrom-Nebenschluß- und Drehstrom-Reihenschlußmotor** erwähnt. Die Verwendung solcher Motoren kommt nur dort in Frage, wo keine explosiblen Gase auftreten oder besondere Vorkehrungen getroffen werden, um die Explosionsgefahr zu vermeiden.

Durch die Verwendung des Gleichstrom-Nebenschlußmotors bei unmittelbarem Anschluß an ein Gleichstromnetz und Widerstandsregelung im Erregerkreis oder bei Anschluß an einen Umformer in Leonardschaltung und Regelung durch Feldänderung der Steuerdynamo werden die hohen Anlaß- und Regelverluste, die bei den Drehstrom-Asynchronmotoren auftreten, verringert. Da die Regelung in Kreisen geringer Stromstärken erfolgt, sind die Steuerapparate kleiner und erfordern geringere Verstellkräfte. Die Steuerung ist eindeutig, d. h. jeder Steuerhebelstellung entspricht eine bestimmte Motordrehzahl, die praktisch unabhängig von der Größe der Last ist. Durch vielfache Unterteilung des Regelwiderstandes läßt sich eine große Feinstufigkeit der Steuerung erreichen. Den guten betriebstechnischen Eigenschaften des Leonardantriebes stehen die hohen Anschaffungskosten und der verhältnismäßig geringe Wirkungsgrad, verursacht durch die Umformerverluste, entgegen.

Der Drehstrom-Reihenschlußmotor besitzt die einfachste Steuerung, denn das Anlassen und auch die Einstellung einer bestimmten Drehzahl erfolgt lediglich durch Drehung der verschiebbaren Bürstenbrücke aus der elektrischen Nullage heraus. Anlaßwalzen und Regelwiderstände sind nicht erforderlich, benötigt wird lediglich eine Umschaltwalze zum Umschalten zweier Ständerphasen beim Übergang von einer Drehrichtung zur anderen, da sonst der Motor gegen sein Feld laufen würde. Regelverluste, wie sie beim Asynchronmotor in den Regelwiderständen auftreten, entfallen, denn der Drehstrom-Reihenschlußmotor entnimmt dem Netz nur jene Leistung, die seiner Leistungsabgabe und seinem Wirkungsgrad bei der jeweiligen Drehzahl entspricht. Die Steuerung erfordert nur wenig Kraftaufwand und gestattet einen stufenlosen Übergang von einer Drehzahl auf die andere. Der Anschluß des Motors erfolgt bei Spannungen bis 550 V direkt an das Netz, bei höherer Spannung unter Zwischenschaltung eines Vordertransformators. Gegenüber dem Leonardantrieb spricht für den Drehstrom-Reihenschlußmotor der geringere Anschaffungspreis sowie der höhere Wirkungsgrad und der geringe Platzbedarf infolge Fortfalls des Umformers.

3. Elektrische Schaltung.

Die Schaltung der elektrischen Ausrüstung eines kanadischen Bohrkrans mit Drehstrom-Asynchronmotor läßt das Schaltbild Abb. 23 erkennen. Die Energiezufuhr erfolgt durch ein eisenbandarmiertes Bleikabel von einem der Motorleistung entsprechenden Kupferquerschnitt und allgemein einer der doppelten Betriebsspannung entsprechenden Isolation. Durch Trennschalter kann der Schaltapparat zur Vornahme von Reparaturen und gründlichen Revisionen spannungslos gemacht werden. Die letzteren werden zweckmäßig zwei- bis dreimal im Jahre gelegentlich einer Instandsetzung des mechanischen Teiles durchgeführt. Hinter den Trennschaltern ist der Hauptölschalter angeordnet; er dient gleichzeitig durch seine auf ihn einwirkenden Höchststromzeitauslöser zur Sicherung des Motors gegen zu große, langandauernde Überlastungen. Er ist überdies noch mit einem Spannungsrückgangsauslöser versehen, welcher den Schalter bei Rückgang oder plötzlichem Ausbleiben

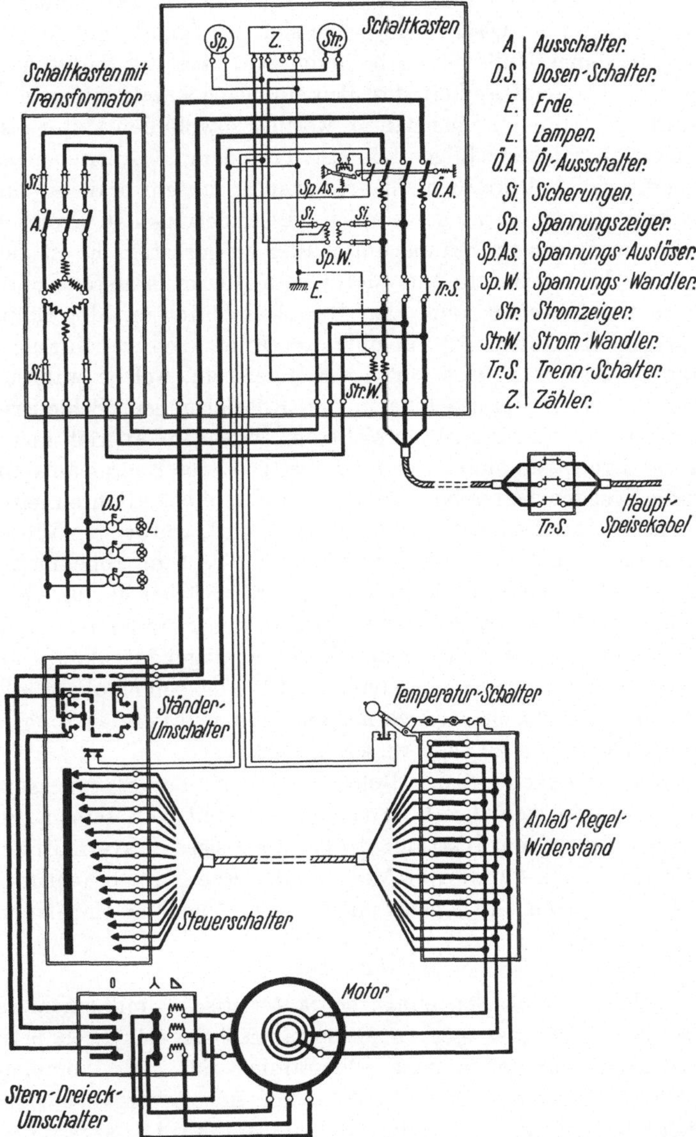

Abb. 23. Schaltung der elektrischen Ausrüstung eines kanadischen Bohrkrans.

der Spannung oder Überschreitung der für die Regelwiderstände zulässigen Erwärmung durch Ansprechen der Temperaturkontakte zum Ausschalten bringt.

Der im Läuferstromkreis des Antriebsmotors liegende Anlaß- und Regelapparat ist mit einem Hilfskontakt versehen, welcher ebenfalls im Stromkreis des Spannungsauslösers liegt. Der Hilfskontakt verhindert ein Einlegen des Ölschalters, wenn sich der Anlaß- und Regelapparat nicht in seiner Nullstellung befindet, und verhütet dadurch, unabhängig von der Achtsamkeit des Bedienungspersonals, einen anormal großen Stromstoß beim Einschalten, welcher sowohl den Motor als auch den Schaltapparat beschädigen könnte. Trotzdem die Antriebsmaschine des kanadischen Bohrkrans nicht umsteuerbar zu sein braucht, sind der Anlaß- und Regelapparat gewöhnlich für Änderung der Drehrichtung mit einem zweiphasigen Ständerumschalter ausgerüstet. Es ist dadurch möglich, die Energiezufuhr zum Motor vom Bohrmeisterstand aus zweiphasig zu unterbrechen, ohne den Hauptölschalter im Motorhäuschen zu betätigen. Hierdurch ist ein nutzloser Energieverbrauch auch während kurzer Betriebspausen vermieden. Verluste, welche während des Stillstandes der Dampfmaschine in den Rohrleitungen, Schiebern und Ventilen auftreten, kommen bei elektromotorischem Antrieb nicht vor.

Da der Drehstrommotor auch für die, größeren Energieaufwand erfordernden Nebenarbeiten bemessen sein muß und beim Bohren selbst nur mit einem Bruchteil seiner Leistung belastet wird, würden der Wirkungsgrad und Leistungsfaktor, die bei sinkender Belastung abnehmen, beim Bohren verhältnismäßig schlecht werden. Mit Rücksicht auf die damit verbundenen erhöhten Stromkosten wird in den Ständerstromkreis des Antriebsmotors ein Stern-Dreieckumschalter eingebaut, der es ermöglicht, den normal in Dreieck geschalteten Ständer beim Bohren in Stern umzuschalten. Dadurch wird vermieden, daß sich der Leistungsfaktor bei kleiner Belastung zu sehr verschlechtert.

Für die Überwachung des Bohrbetriebes ist ein Stromzeiger vorgesehen, wodurch sich der Bohrmeister jederzeit von seinem Stande durch Ablesung an dem Instrument über die Belastungsverhältnisse des Motors unterrichten kann. Zur Messung des Energieverbrauches ist im Motorhäuschen noch ein Drehstrom-Wattstundenzähler eingebaut.

4. Meßergebnisse.

Die Abb. 24—28 stellen einige charakteristische, mit einem selbstschreibenden Leistungszeiger an einer galizischen, elektrisch betriebenen Erdölsonde aufgenommene Diagramme dar. Es kommen bei ihnen alle Einzelheiten der verschiedenen Arbeitsvorgänge sehr anschaulich zur Geltung. Es wurde mit dem in Abb. 14 dargestellten, in Galizien meist gebräuchlichen kanadischen Bohrapparat gebohrt. Die Aufnahmen wurden bei einer Tiefe von 420 m gemacht, wobei eine Verrohrung von 12″ vorhanden war. Die elektrische Ausrüstung bestand aus einem Drehstrom-Asynchronmotor mit Schleifringläufer für 3000 V, für eine normale Dauerleistung von 64 kW und 730 Umdr./min.

Die Abb. 24 stellt die dem Netz entnommene Energie während des eigentlichen Bohrens dar. Die Schaulinie weist keine besonders her-

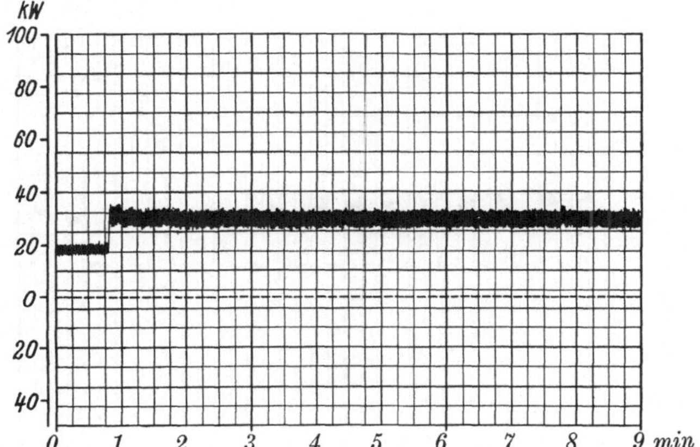

Abb. 24. Leistungsschaulinie eines kanadischen Bohrkrans beim Bohren.

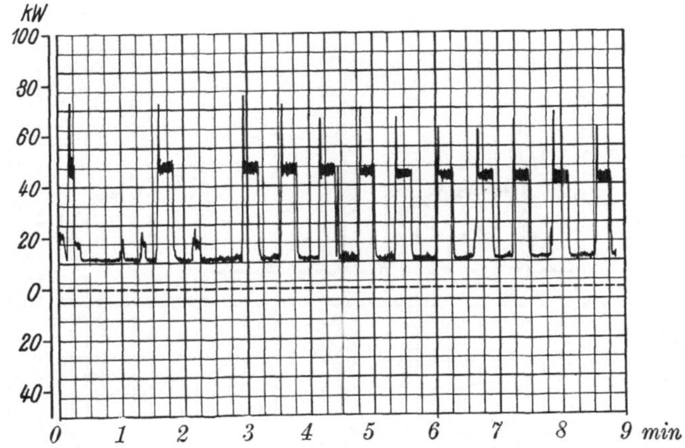

Abb. 25. Teil 1. Leistungsschaulinie eines kanadischen Bohrkrans beim Gestängeausbau.

vortretende Leistungsspitzen auf, die Leistung pendelt bei einem mittleren Wert von etwa 30 kW nur in einem Bereich von etwa 7,5 kW vollkommen übereinstimmend mit der Schlagzahl von 54 in der Minute. Aus dem Diagramm kann die Schlagzahl festgestellt werden. Der Hub war auf 45 cm eingestellt. Unter Berücksichtigung der Drehzahlregelung auf $67^0/_0$ und eines Motorwirkungsgrades hierbei von ca. $56^0/_0$ ergibt sich die vom Motor an den Kurbelantrieb des Bohrschwengels abgegebene Leistung zu ca. 15 kW.

In Abb. 25 sind zwei Teile des Diagramms während des Gestängeausbaues dargestellt. Besonders deutlich tritt der abnehmende

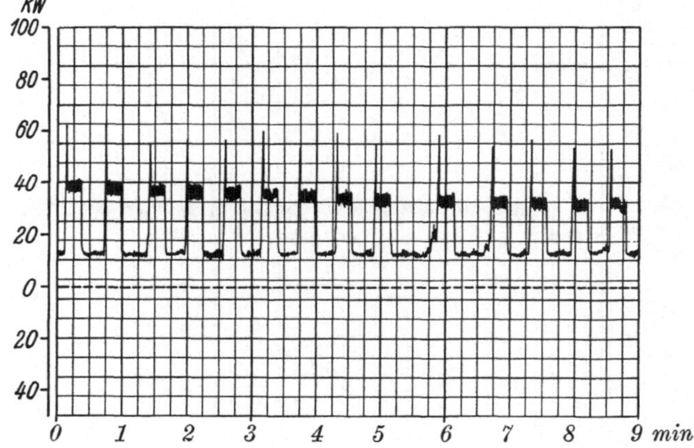

Abb. 25. Teil 2. Leistungsschaulinie eines kanadischen Bohrkrans beim Gestängeausbau.

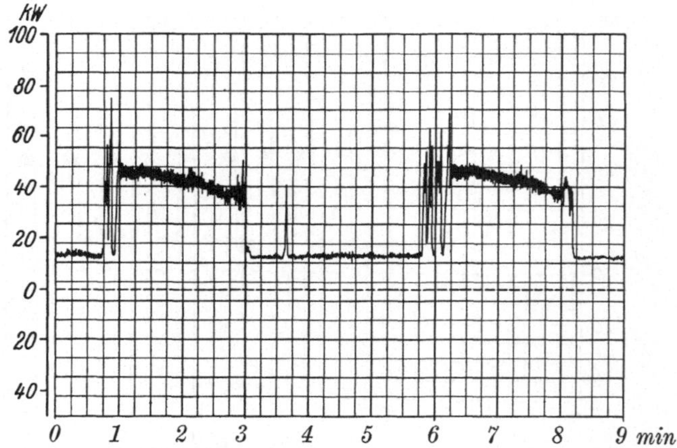

Abb. 26. Leistungsschaulinie eines kanadischen Bohrkrans beim Schmanden.

Leistungsbedarf mit fortschreitendem Gestängeausbau in Erscheinung. Das Diagramm läßt ferner erkennen, daß nach erfolgtem Fördern des ersten Gestängezuges das Hilfspersonal noch nicht mit der nötigen Schnelligkeit arbeitete, da das Abstellen, Abschrauben, Befestigen des Wirbels am Gestänge etwa 1 Minute gegenüber sonst etwa einer halben Minute dauerte.

Die Abb. 26 stellt das Schmanden dar. Man erkennt sofort, daß der Schmandlöffel zum Füllen beim ersten Zug einmal, beim zweiten Zug zweimal angehoben und gesenkt wurde. Nach Beschleunigung der Massen (Anfahrspitze) nimmt die Leistung entsprechend der Verringe-

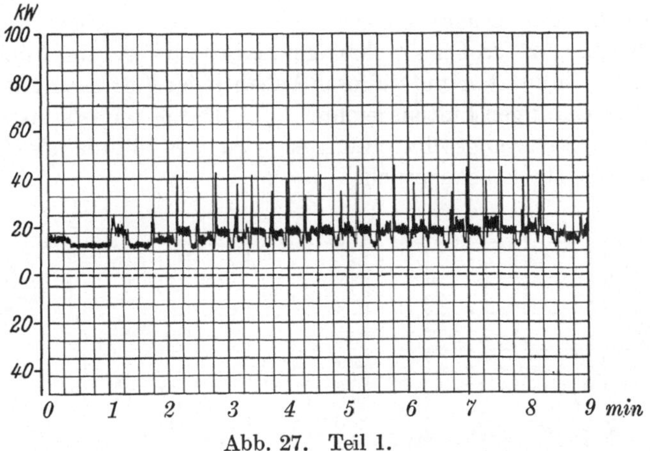

Abb. 27. Teil 1.

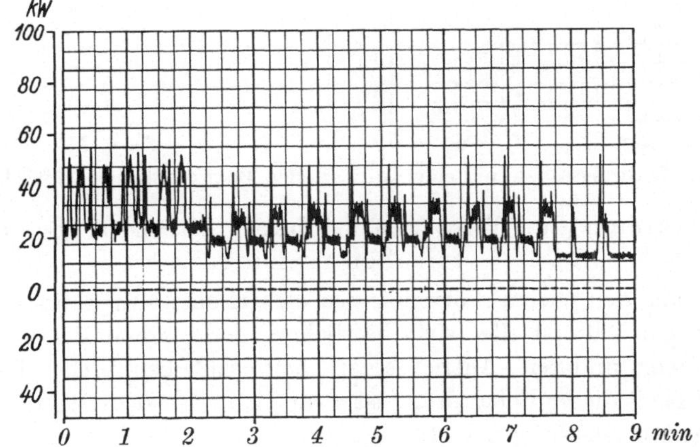

Abb. 27. Teil 2. Leistungsschaulinie eines kanadischen Bohrkrans beim Gestängeeinbau.

rung der toten Last stetig ab. Die kleinen Unregelmäßigkeiten rühren von den unvermeidlichen Schwingungen der Spannrolle her. Gegen Ende der Hubperiode ist deutlich eine mehr oder weniger große Spitze zu sehen. Diese rührt vom Manövrieren mit der Spannrolle her. Deutlich erkennbar ist nach erfolgtem Fördern des Löffels das Absetzen, Entleeren und Einbringen desselben in das Bohrloch.

Die Teile der Abb. 27 geben den Verlauf der Belastung beim Einbau des Gestänges wieder. Auch hier erkennt man deutlich das Anheben einer Stange, die Zeit für das Zusammenschrauben, das Anheben des bereits eingehängten Gestänges und das nachfolgende Einlassen.

Der vierte Arbeitsvorgang, das Rohrebewegen, ist aus Abb. 28 ersichtlich. Das Diagramm zeigt, daß zum erstmaligen Bewegen der Verrohrung ein großer ruckartiger Kraftaufwand erforderlich war, während beim zweiten und weiteren Anheben der Verrohrung das Bewegen infolge des häufigen Lüftens leichter ging. Durch die oft hintereinander folgenden Belastungsschwankungen wird der Motor elektrisch und mechanisch stark beansprucht.

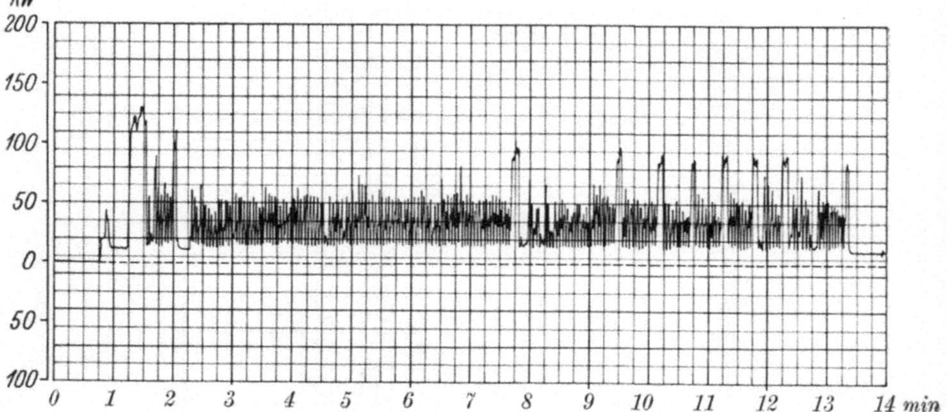

Abb. 28. Leistungsschaulinie eines kanadischen Bohrkrans beim Rohrebewegen.

5. Vergleich der Wirtschaftlichkeit des Dampf- und elektrischen Antriebes.

Außer den vielen Vorteilen des elektrischen Antriebes in betrieblicher Hinsicht ist die wirtschaftliche Überlegenheit dieses Antriebes gegenüber anderen Antriebsarten hervorzuheben. Der Beweis der Richtigkeit dieser Behauptung ist zwar nicht immer durch wissenschaftlich genaue Messungen zu führen, doch die aus der Praxis gewonnenen, aus dem galizischen Erdölgebiet herrührenden Zahlen geben immerhin ein annehmbares Vergleichsbild. Beim Vergleich mit Dampfantrieb sind es vier Momente, welche die Wirtschaftlichkeit hauptsächlich beeinflussen und bei verschiedenen Antriebsarten einander gegenübergestellt werden sollen. Dabei sollen je nach der Art der Dampferzeugung zwei Fälle unterschieden werden. Der für den Betrieb mehrerer Bohranlagen benötigte Dampf kann entweder in einer zentral gelegenen Kesselanlage, bestehend aus einem oder mehreren Kesseln, oder für jede Bohranlage in je einem Lokomobilkessel erzeugt werden.

a) **Brennstoffverbrauch.** Der Dampfverbrauch einer durch Dampfmaschine betriebenen Bohranlage im Mraznica-Gebiet von Galizien[1]) betrug bei etwa 390 m Tiefe

bei zentraler Kesselanlage. . . . 325000 kg/Monat bzw. 450 kg/Stunde
bei einzelnen Lokomobilkesseln . 378000 kg/Monat bzw. 525 kg/Stunde

bei einer Speisewassertemperatur von 20° C und einem Kesseldruck von 10 atü in beiden Fällen. Der Wärmeinhalt von 1 kg dieses Dampfes ohne Überhitzung beträgt 667 WE. Der Wirkungsgrad der Kessel ist

bei zentraler Kesselanlage 55%
bei einzelnen Lokomobilkesseln . . . . 45%.

Demnach müssen aufgewendet werden

bei zentraler Kesselanlage. . . . . $\frac{667-20}{0,55} = 1175$ WE/kg Dampf

bei einzelnen Lokomobilkesseln . . $\frac{667-20}{0,45} = 1440$ WE/kg Dampf,

oder auf den stündlichen Dampfverbrauch bezogen

bei zentraler Kesselanlage. . . . . $450 \times 1175 = 530000$ WE/Stunde
bei einzelnen Lokomobilkesseln . . $525 \times 1440 = 755000$ WE/Stunde

Bei einem unter gleichen Verhältnissen arbeitenden, elektrisch angetriebenen Bohrkran ergab sich ein Energieverbrauch, an den Klemmen des Motors gemessen, von

7400 kWh/Monat bzw. 10,3 kWh/Stunde.

Berücksichtigt man den Übertragungsverlust von 10% von den Klemmen des Turbogenerators bis zu den Motorklemmen, so ergibt sich ein Energieverbrauch von

11,4 kWh/Stunde.

In einem neuzeitlichen Kraftwerk mit einer Kesselanlage von 20 atü Kesseldruck und 400° C Dampftemperatur, Turbosätzen von Leistungen über 3000 kW, stellt sich der Dampfverbrauch im Jahresmittel bei 60—70% durchschnittlicher Belastung auf etwa 7 kg/kWh. Demnach beträgt der Dampfverbrauch für eine Bohrsonde bei elektrischem Antrieb

$$11,4 \times 7 = 80 \text{ kg/Stunde.}$$

Bei einem mittleren Kesselwirkungsgrad von 68% und einer Speisewassertemperatur von 100° C sind somit für die Erzeugung dieser Dampfmenge

$$\frac{(774-100) \times 80}{0,68} = 78000 \text{ WE/Stunde}$$

erforderlich.

[1]) Ing. Adam Kowalski: Wärmewirtschaft im Boryslawer Naphtharayon im Jahre 1922.

Wird sowohl beim Antrieb mit Dampfmaschine als auch durch Elektromotor zur Energieerzeugung Gas oder Rohöl von einem Heizwert von 10000 WE/m³ bzw. kg verwendet, so ergibt sich folgender stündlicher Gas- bzw. Rohölverbrauch je Bohrsonde bei Antrieb durch

Dampfmaschine und zentrale Kesselanlage . .	53,0 kg bzw. m³
Dampfmaschine und Lokomobilkessel	75,5 kg bzw. m³
Elektromotor	7,8 kg bzw. m³.

Die stündliche Brennstoffersparnis bei Elektromotor-Antrieb beträgt demnach gegenüber Dampfmaschinenantrieb in Verbindung

mit einer zentralen Kesselanlage . .	rund 45 kg bzw. m³ oder 85%
mit einem Lokomobilkessel	rund 68 kg bzw. m³ oder 90%.

b) Wasserverbrauch. Der Wasserverbrauch der mit Auspuff arbeitenden Antriebsdampfmaschinen ist gleich dem Dampfverbrauch. Bei elektrischem Antrieb und Energieerzeugung in einem Kraftwerk sind wohl auch Zusatzwassermengen notwendig, diese sind aber sehr gering. Für Kesselspeisung kann man im Mittel mit 8% des Dampfverbrauches der Turbine, für die Kondensationsanlage bei Verwendung von Rückkühlwerken mit 2% der Kühlwassermenge als Zusatzwasser rechnen. Bei einem Dampfverbrauch von 80 kg/Stunde je Bohrsonde ergibt sich bei 60facher Kühlwassermenge ein gesamter Wasserbedarf von

$$80 \times 0{,}08 + 80 \times 0{,}02 \times 60 = 102{,}4 \text{ kg/Stunde.}$$

Es ergibt sich daher folgender stündlicher Wasserverbrauch je Bohrsonde bei Antrieb durch

Dampfmaschine und zentrale Kesselanlage. . . .	450 kg
Dampfmaschine und Lokomobilkessel	525 kg
Elektromotor rund	102 kg.

Mithin beträgt die stündliche Wasserersparnis bei Elektromotorantrieb gegenüber Dampfmaschinenantrieb

mit einer zentralen Kesselanlage . . .	348 kg oder 77%
mit einem Lokomobilkessel	423 kg oder 81%.

c) Schmiermittelverbrauch. Der durchschnittliche Verbrauch an Schmieröl für eine Dampfmaschine beträgt ca. 220 kg/Monat. Selbst unter Berücksichtigung des Schmierölverbrauches der Turboaggregate in der Zentrale beträgt der Schmierölverbrauch des Elektromotors höchstens 2% des Schmierölverbrauches der Dampfmaschine oder rund 5 kg. Es können also bei motorischem Antrieb monatlich 215 kg Schmieröl gespart werden.

d) Bedienung. Die Ersparnis an Betriebspersonal läßt sich zahlenmäßig nicht ausdrücken. Es ist aber feststehend, daß sich bei größeren, mit Energie zentral versorgten Ölfeldern große Ersparnisse bei elektrischem Antrieb machen lassen. Durch Wegfall der über das Gebiet verteilten kleinen Kesselanlagen wird eine große Anzahl Heizer überflüssig. Das für die dauernden Reparaturen der Dampfleitungen notwendige Personal kann je nach Umfang des Gebietes durch einen oder zwei Elektromonteure ersetzt werden. Der Personalstand in den Werkstätten verringert sich, da Reparaturen von Rohrleitungen, deren Unterstützungskonstruktionen, Dampfarmaturen usw. bei elektrischem Antrieb nicht vorkommen.

e) **Jährliche Gesamtersparnis.** Bei der Feststellung der im Laufe eines Jahres erzielbaren geldlichen Ersparnisse an einer elektrisch angetriebenen Bohranlage ist auf die jeweilig in Betracht kommenden Marktpreise für Öl, Gas, Elektrizität usw. und auf die Art der Verrechnung Rücksicht zu nehmen. Es gibt Unternehmungen, welche eigene Kraftwerke im Grubengebiet oder in unmittelbarer Nähe desselben besitzen und das eigene Grubengebiet mit elektrischer Energie versorgen. In solchen Fällen bilden der Grubenbetrieb und die Kraftzentrale einen einheitlichen Wirtschaftskörper mit gemeinsamer Verrechnung. Je nach der Art des verwendeten Brennstoffes sollen zwei Fälle untersucht werden, und zwar

α) die Beheizung der Kesselanlage im eigenen Kraftwerk erfolgt durch Rohöl,

β) die Beheizung der Kesselanlage im eigenen Kraftwerk erfolgt durch Gas.

Es gibt aber auch Unternehmungen, die über kein eigenes Kraftwerk verfügen und die elektrische Energie aus einem fremden Kraftwerk beziehen. Hierbei ergibt sich der Fall

γ) die Beheizung der Kesselanlage im Überlandkraftwerk erfolgt durch Gas, welches das Kraftwerk von der Grube kauft. Die Grube bezieht die elektrische Energie aus dem fremden Kraftwerk.

Für alle diese Fälle können zahlenmäßig nur die unter a—c angeführten Werte erfaßt werden unter gewissen Annahmen für den Preis des Rohöls, des Gases, des Wassers und der elektrischen Energie. Diese den galizischen Verhältnissen entsprechenden Annahmen sind:

Preis einer kWh am Verbrauchsort	12 Pf.
Preis eines kg Rohöls im Kraftwerk	8 Pf.
Preis eines m³ Gases im Kraftwerk	4 Pf.
Preis eines m³ Wassers am Verbrauchsort	40 Pf.
Preis eines kg Schmieröls am Verbrauchsort . . .	10 Pf.

α) Unter der Annahme, daß die Kessel im Kraftwerk mit Rohöl beheizt und für die Beschaffung von 1 m³ Wasser 5 kg Rohöl aufgewendet werden, errechnet sich die Rohölersparnis an einem elektrisch angetriebenen Bohrkran im Laufe eines Jahres zu 7200 Arbeitsstunden gegenüber einer mit Dampfmaschine angetriebenen Bohranlage wie folgt:

	bei zentraler Kesselanlage	bei Lokomobilkessel
Aus dem Brennstoffverbrauch	$45 \times 7200 = 324000$ kg	$68 \times 7200 = 489600$ kg
Aus dem Wasserverbrauch.	$\frac{348}{1000} \times 7200 \times 5 = 12500$ kg	$\frac{423}{1000} \times 7200 \times 5 = 15200$ kg
Aus dem Schmiermittelverbrauch	$215 \times 12 = 2580$ kg	$215 \times 12 = 2580$ kg
In Summa mit . . .	339080 kg	507380 kg

Das jährlich ersparte Rohöl bei einem mit Elektromotor angetriebenen Bohrkran gegenüber einer mit Dampfmaschine angetriebenen entspricht, das kg mit 8 Pf. gerechnet, einem Wert von

M. 27126,— bzw. M. 40590,—.

β) unter der Annahme einer durch Gas beheizten Kesselanlage im Kraftwerk errechnet sich die Gasersparnis an einer Bohrsonde mit elektrisch angetriebenem Bohrkran gegenüber einem mit Dampfmaschine angetriebenen im Laufe eines Jahres zu 7200 Arbeitsstunden wie folgt:

	bei zentraler Kesselanlage	bei Lokomobilkessel
Aus dem Brennstoffverbrauch .	$45 \times 7200 = 324000\ m^3$	$68 \times 7200 = 489600\ m^3$
Aus dem Wasserverbrauch . . .	$\frac{348}{1000} \times 7200 \times \frac{0{,}4}{0{,}04} = 25056\ m^3$	$\frac{423}{1000} \times 7200 \times \frac{0{,}4}{0{,}04} = 30456\ m^3$
Aus dem Schmiermittelverbrauch	$215 \times 12 \times \frac{0{,}1}{0{,}04} = 6450\ m^3$	$215 \times 12 \times \frac{0{,}1}{0{,}04} = 6450\ m^3$
In Summa mit	$355506\ m^3$	$526506\ m^3$

Diese jährliche Gasersparnis würde beim Verkauf zu 4 Pf./m^3 einem Erlös von

M. 14220,— bzw. M. 21060,—

entsprechen.

Bei den unter α) und β) errechneten Beträgen sind die Ersparnisse an Betriebspersonal und an Reparaturen, welche bei elektrischem Antrieb einen verhältnismäßig hohen Wert annehmen würden, nicht berücksichtigt worden; die Ersparnisse sind trotzdem als erheblich zu bezeichnen.

γ) Aber auch in dem Falle, daß das gewonnene Gas verkauft und die elektrische Energie gekauft wird, ergeben sich bei elektrischem Antrieb beträchtliche Ersparnisse an Betriebskosten. Hierbei erspart der Grubenbetrieb die gesamten Kosten der Wasser- und einen Teil, etwa 80 %, der Schmierölbeschaffung. Die Kosten der Wasser- und Schmierölbeschaffung für das Kraftwerk sind im Verkaufspreis der elektrischen Energie enthalten. Unter dieser Voraussetzung errechnet sich die jährliche Ersparnis des elektrischen Antriebs eines Bohrkrans gegenüber Dampfantrieb

	bei zentraler Kesselanlage	bei Lokomobilkessel
Aus dem Brennstoffverbrauch . . .	53 × 7200 × 0,04—10,3 × 7200 × 0,12 = M. 6400.—	75,5 × 7200 × 0,04—10,3 × 7200 × 0,12 = M. 12800.—
Aus dem Wasserverbrauch	0,450 × 7200 × 0,4 = M. 1290.—	0,525 × 7200 × 0,4 = M. 1510,—
Aus dem Schmiermittel verbrauch .	215 × 12 × 0,10 × 0,8 = M. 206,—	215 × 12 × 0,10 × 0,8 = M. 206,—
In Summa eine jährliche Ersparnis von	M. 7896,—	M. 14516,—

Die Gegenüberstellung der unter β) und γ) gefundenen Werte ergibt, daß es für die Gruben wirtschaftlicher sein dürfte, den Gasreichtum ihrer Sonden zur Erzeugung der elektrischen Energie in eigenen Kraftwerken zu benutzen, statt den Strom aus fremden Kraftwerken zu beziehen. Auf die sonstigen damit verknüpften Vorteile soll hier nicht näher eingegangen werden.

B. Seilbohren.

Das Seilbohren unterscheidet sich vom Gestängebohren dadurch, daß der Meißel an einem Seil statt an einem Gestänge befestigt ist. Auch bei diesem Bohrsystem wird der Meißel durch einen Schwengel bewegt, dessen Antrieb in gleicher Weise wie bei dem Gestängebohren durch eine Kurbel erfolgt. Ein wesentlicher Vorteil des Seilbohrens gegenüber dem Gestängebohren besteht darin, daß besonders bei großen Tiefen viel Zeit bei dem Einlassen und Aufholen des Meißels gespart wird. Das Seil wird einfach aufgewickelt und es entfällt das langwierige Ein- und Ausbauen des Gestänges. Infolgedessen kann man öfter löffeln und dadurch die Bohrlochsohle von Schmand reinhalten, ohne damit einen beträchtlichen Zeitverlust in Kauf nehmen zu müssen. Hingegen hat das Seilbohren gegenüber dem Gestängebohren den Nachteil, daß das Seil nicht in dem Maße wie das Gestänge dem Krückelführer durch Gehör und Gefühl über die Wirkungen des Bohrens Aufschluß gibt und er über die unsichtbaren Vorkommnisse nicht so gut unterrichtet ist wie beim Gestängebohren. Die mitunter vorkommenden Fangarbeiten erfordern ein stetes Bereithalten von steifen Gestängen, denn nur mit diesen sind sie auszuführen.

Der Meißel ist auch beim Seilbohren, besonders wenn in größeren Tiefen gebohrt wird, nicht unmittelbar am Seil befestigt, sondern es ist eine Schwerstange, in vielen Fällen sogar noch eine Rutschschere oder ein Freifall-Apparat, zwischen Seil und Meißel geschaltet. Beim Seilbohrverfahren verwendet man zweierlei Arten Bohrseile, die sog.

Torsionsseile und die gestreckten Seile. Die Torsionsseile besitzen einen Drall und dadurch die Eigenschaft, sich im belasteten Zustande auf- und im unbelasteten Zustande zuzudrehen. Diese Eigenschaft wird benutzt, um ein selbsttätiges Umsetzen des Meißels zu erhalten. Schlägt der Meißel auf der Bohrlochsohle auf, so wird das Seil entlastet und dreht sich zu. Hierdurch wird der Wirbel, an dem das Seil befestigt ist, ebenfalls gedreht. Beim Anheben des Meißels wird das Seil belastet, dreht sich auf und setzt gleichzeitig den Meißel um. Die gestreckten Seile besitzen keinen Drall. Das Umsetzen des Meißels muß der Krückelführer am Bohrloch von Hand ausführen. Da alle Seilbohrungen Trockenbohrungen sind, muß der Schmand mit dem Löffel gehoben werden. Zu diesem Zwecke ist eine Schmandtrommel erforderlich. Eine zweite Trommel mit dem Bohrseil dient zum Hochziehen und Herablassen des Meißels. Für Seilbohrkrane ist seit der Verwendung des Seilbohrverfahrens eine große Anzahl verschiedener Ausführungsarten ausgebildet worden, doch kein Seilbohrverfahren hat eine so große Verbreitung und Anwendung gefunden wie das pennsylvanische. Mindestens

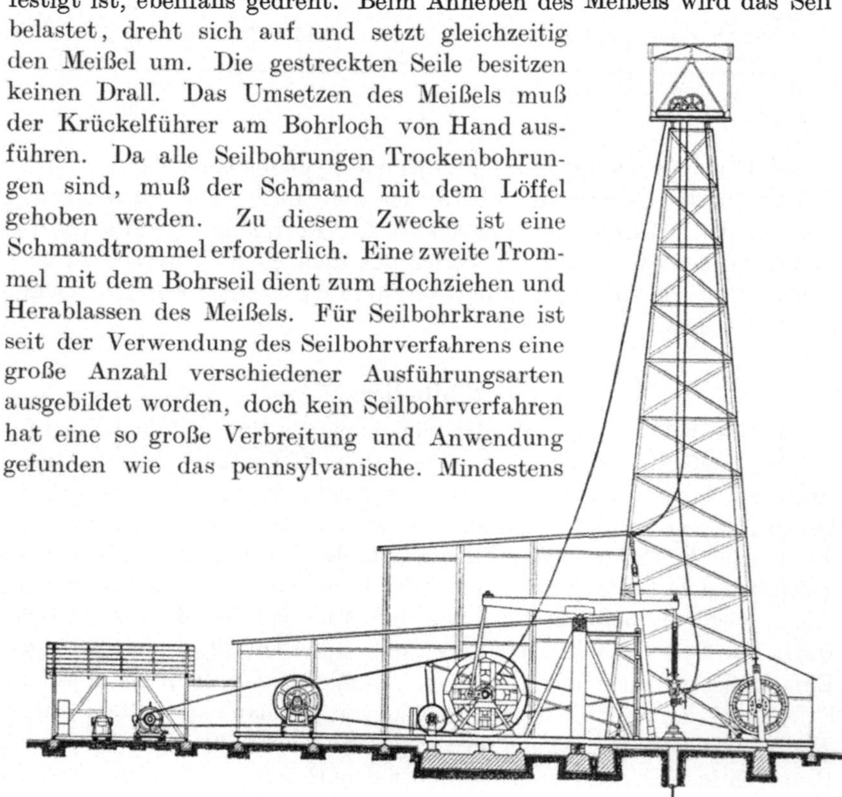

Abb. 29. Pennsylvanischer Bohrkran für elektrischen Antrieb.

ein Drittel der der bisherigen Weltförderung dienenden Sonden ist mit dem pennsylvanischen Kran erbohrt worden und heute noch wird er fast ausschließlich auf den Ölfeldern von Pennsylvanien verwendet.

Das pennsylvanische Seilbohrverfahren.

Das pennsylvanische oder amerikanische Seilbohren ist ein Schwengelbohren mit gestrecktem Seil und Rutschschere. Die Abb. 29, welche einen normalen pennsylvanischen Bohrkran darstellt, läßt seine wichtigsten Teile, nämlich den Schwengel mit dem Kurbelantrieb, die durch

Reibungsräder von der Hauptwelle angetriebene Schöpf- oder Schmandtrommel, die Trommel zur Aufnahme des Bohrseiles und die Antriebsmaschine erkennen. Beim Bohren ist das Bohrseil in einer Stellschraube eingeklemmt und diese am Schwengelkopf befestigt. Die Stellschraube besitzt einen Krückel zum Umsetzen und dient entsprechend dem Bohrfortschritt gleichzeitig zum Nachlassen des Bohrseiles. Das Bohrseil bildet oberhalb der Stellschraube eine Schleife und ist dann über die Turmrolle zum Haspel geführt. Als Bohrseil wird bestes Manila- oder Aloehanfseil verwendet, welches zum Schutz gegen Fäulnis mit einer Masse getränkt wird.

Die typischen Kennzeichen eines pennsylvanischen Bohrkrans sind die verschiebbar angeordnete und durch Reibungsräder angetriebene Schmandtrommel, die Lage der Seilfördertrommel zum Schwengel und der Antrieb dieser Trommel von der Hauptwelle. Auch beim pennsylvanischen Bohrkran haben sich im Laufe der Zeit gewisse Unterschiede in der konstruktiven Durchbildung von Einzelheiten ergeben, die eine bessere Anpassung der Bohreinrichtung an die jeweiligen örtlichen Verhältnisse bezwecken.

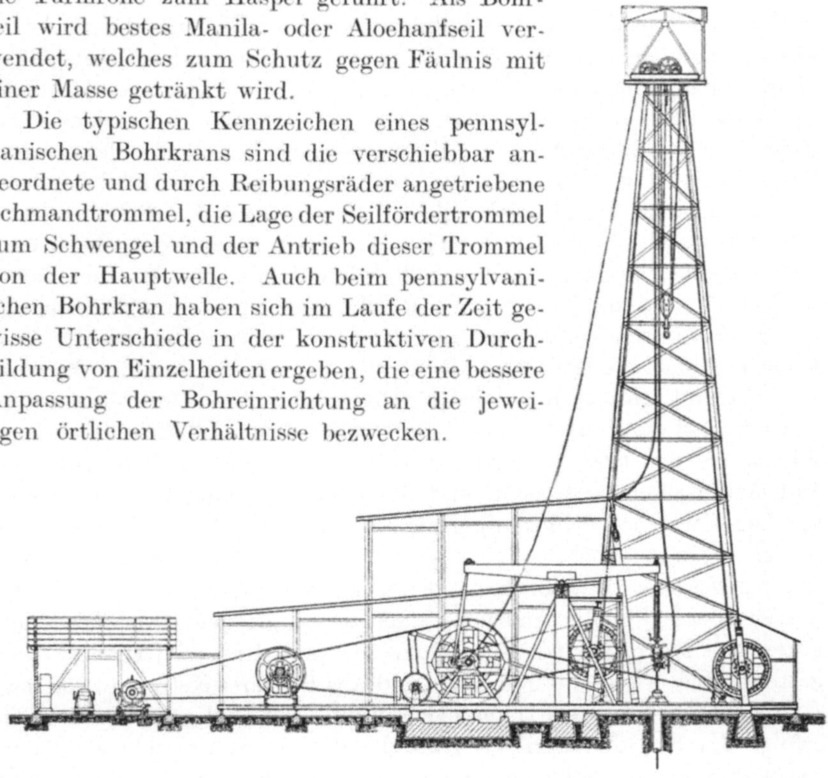

Abb. 30. Pennsylvanischer Bohrkran mit besonderer Flaschenzugtrommel.

Die Abb. 30 zeigt eine Anordnung, wo ähnlich wie beim kanadischen Bohrkran eine besondere Flaschenzugtrommel für das Rohrebewegen vorgesehen ist. Fehlt diese Trommel, so wird für das Rohrebewegen die Schmandtrommel benutzt.

Durch die bei größeren Schlagzahlen auftretenden dynamischen Einflüsse sowie durch die Wirkung der viel größeren Elastizität des Seiles gegenüber dem steifen Gestänge treten beim pennsylvanischen Bohren die in Abb. 11 dargestellten Bewegungsverhältnisse des kanadischen Bohrkrans in noch stärkerem Maße in Erscheinung. Wesentlich für die Durchführung des pennsylvanischen Bohrens sind der Hub und die Schlagzahl, da diese bei richtiger Wahl eine gewisse Resonanzschwingung des Meißels, Seiles und Schwengelkopfes hervorrufen, wodurch der freie Fall des Meißels beinahe erreicht und seine Fallhöhe bedeutend größer wird, als sie sonst dem Hub des Schwengelkopfes entsprechen würde. Hierdurch findet auch die größere Schlagwirkung dieses Systems gegenüber dem kanadischen Bohrverfahren ihre Erklärung.

Die zur Ausführung der Seilbohrung erforderlichen Arbeitsvorgänge, nämlich das eigentliche Bohren, das Ein- und Ausbauen des Meißels, das Schmanden und das Rohrebewegen erfolgen grundsätzlich in gleicher Weise wie beim kanadischen Bohrkran. Unterschiede ergeben sich nur in der Art der Bedienung. Nach Beendigung des eigentlichen Bohrens wird die Antriebsmaschine stillgesetzt, die Kurbelstange ausgehängt und ein Antriebsseil auf die während des Bohrens festgebremste Seilfördertrommel aufgelegt. Nach Lösen der Schelle der Stellschraube, in welcher das Bohrseil während des Bohrens festgeklemmt war, und Hochheben des Schwengelkopfes wird die Bremse der Seilfördertrommel gelüftet und der Meißel durch Anlassen der Antriebsmaschine hochgezogen. Nach erfolgtem Hochziehen des Meißels wird die Antriebsmaschine wieder stillgesetzt und das Antriebsseil abgeworfen. Hierauf erfolgt das Einlassen des Schmandlöffels durch Zuhilfenahme der Bremse. Zum Aufholen des Schmandlöffels wird die Antriebsmaschine angelassen und die Schmandtrommel, von welcher ein Lager in einer Schlittenführung verschiebbar ist, durch eine Zugstange gegen das Bohrloch bewegt und mittels Reibungsräder in Bewegung gesetzt. Das Bremsen der Schmandtrommel erfolgt mittels der Zugstange, durch Andrücken der Reibungsscheibe der Trommel gegen einen Bremsklotz. Zum Rohrebewegen wird in der Regel eine getrennt angeordnete, durch Kette und ausrückbares Kettenrad von der Hauptwelle angetriebene Trommel benutzt. Das Einlassen des Meißels erfolgt durch Abbremsen bei stillstehender Antriebsmaschine. Nach Festklemmen des Bohrseils in der Stellschraube und Einhängen der Kurbelstange erfolgt ein neuerliches Anlassen der Antriebsmaschine zum Bohren. Die Antriebsmaschine des pennsylvanischen Kranes muß daher viel öfter angelassen und stillgesetzt werden als beim kanadischen Bohren. Überdies erfolgt das Fördern des schweren Meißels und Bohrseiles aus der Ruhe und nicht bei durchlaufender Maschine. Die Beanspruchung der Antriebsmaschine ist daher viel größer, und die Notwendigkeit des Anlaufens aus jeder Stellung gewinnt eine größere Bedeutung als beim kanadischen Bohrkran.

Die zeitliche Verteilung der vier Arbeitsvorgänge innerhalb 24 Stunden bei Herstellung eines Bohrloches verläuft ähnlich wie beim kanadischen Bohrkran (Abb. 16). Durch das schnelle Ein- und Ausbauen des Meißels wird jedoch für das Bohren selbst mehr Zeit zur Verfügung stehen und ein öfteres Schmanden ermöglicht. Infolgedessen wird der Bohrfortschritt meistens größer als beim kanadischen Bohren.

Als Antriebsmaschinen werden auch hier die Dampfmaschine und der Elektromotor, seltener der Verbrennungsmotor verwendet. Der Kraftbedarf eines pennsylvanischen Bohrkranes ist bei sonst gleichen Verhältnissen ungefähr dem eines kanadischen gleich. Auch hier benötigt das eigentliche Bohren die verhältnismäßig kleinste und bei einer bestimmten Tiefe annähernd gleichbleibende Leistung. Die Drehzahlregelung ist ebenfalls notwendig, um die Schlagzahl in weiten Grenzen ändern zu können. Die Schlagzahl ist abhängig von der Tiefe und dem zu durchschlagenden Gestein. Die Dampfmaschine arbeitet über ein einfaches, der Verbrennungsmotor gewöhnlich über ein doppeltes Riemenvorgelege auf die Hauptantriebswelle. Der Elektromotor, der fast ausschließlich in der Abart eines Drehstrom-Asynchronmotors als Antriebsmaschine Verwendung findet, arbeitet infolge seiner hohen Drehzahl ebenfalls über ein doppeltes Riemenvorgelege auf die Hauptwelle. Seine Bemessung erfolgt entsprechend der höchsten vorkommenden Belastung. Die folgende kurze Berechnung soll als Anleitung für die Wahl der Motorleistung dienen.

1. Berechnung der Motorleistung eines pennsylvanischen Bohrkrans.

Grundsätzlich unterscheidet sich diese Berechnung von derjenigen, die bei dem kanadischen Bohrkran durchgeführt wurde, nicht. Der Unterschied besteht nur darin, daß anstelle des Gestängeziehens das Ziehen des Bohrseiles tritt und daß beim Übergang von einem Arbeitsvorgang zum andern der Motor stillgesetzt und neu angelassen wird, im Gegensatz zu dem kanadischen Bohren, wo der Motor bei allen Vorgängen dauernd durchläuft. Die Arbeitsvorgänge, für die der Motor bemessen werden muß, bleiben im wesentlichen die gleichen wie beim kanadischen Bohrkran. Demnach erstreckt sich die Berechnung auf folgende Vorgänge:

a) Ziehen des Schmandlöffels mittels der Schmandtrommel,

b) Ziehen des Bohrseiles mittels der Bohrseiltrommel,

c) Bewegen bzw. Ziehen der Verrohrung mittels der Flaschenzugtrommel.

Die Anordnung des Antriebes, die Durchmesser der Riemen-, Seilscheiben und Trommeln gehen aus der Abb. 31 hervor. Die Tiefe, bis zu welcher gebohrt wird, soll 1200 m betragen. Als Antriebsmotor für den Bohrkran soll auch hier ein Drehstrom-Asynchronmotor von 750 synchronen Umdr./min (735 asynchron) dienen.

a) Ziehen des Schmandlöffels:

Durchmesser der Schmandtrommel	$D_s = 300$ mm
Breite der Schmandtrommel	$b_s = 750$ mm
Förderseildurchmesser	$d_s = 16$ mm
Förderseilgewicht	1,1 kg/m
Gewicht des Schmandlöffels bei 6zölliger Verrohrung	120 kg
Inhalt des Schmandlöffels	500 kg
Gewicht der Schwerstange und Rutschschere	400 kg

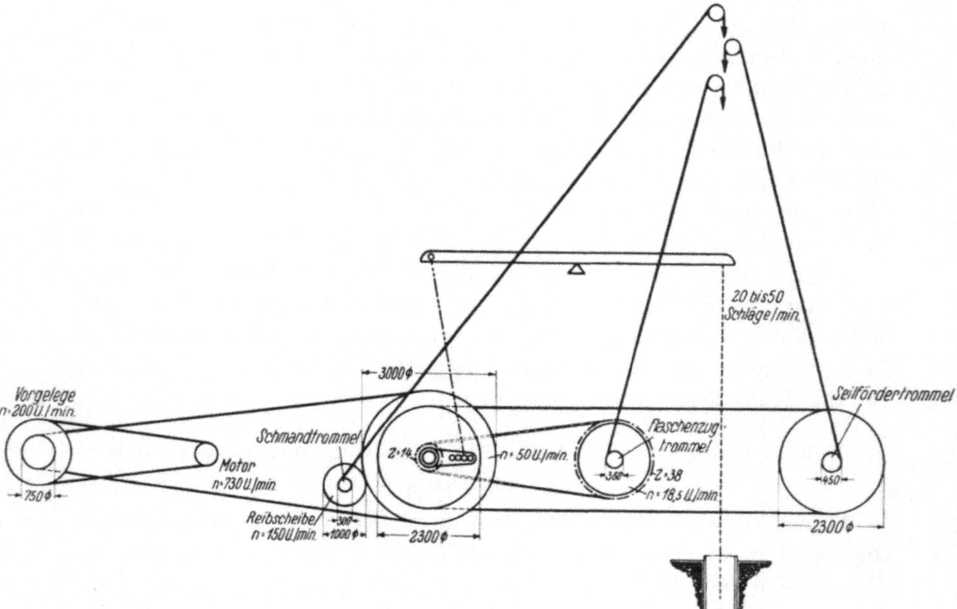

Abb. 31. Antriebsschema eines pennsylvanischen Bohrkrans.

Es errechnen sich in gleicher Weise wie beim kanadischen Kran:

Windungszahl je Lage	n	$= \frac{750}{16} - 2 = 45$
Lagenzahl	e	$= 17$
Enddurchmesser	D_e	$= 0{,}756$ m
Anfangsdurchmesser	D_a	$= 0{,}316$ m
Mittlerer Trommeldurchmesser	D_m	$= \frac{0{,}316 + 0{,}756}{2} = 0{,}536$ m
Höchste Drehzahl der Kurbelwelle	n_k	$= 60$ Umdr./min
Drehzahl der Schmandtrommel	n_s	$= \frac{60 \,.\, 3000}{1000} = 180$ Umdr./min
Übersetzungsverhältnis zwischen Motor und Schmandtrommel	$ü$	$= \frac{735}{180} = 4{,}08$

Anfangsgeschwindigkeit . . . . $v_a = \frac{0{,}316 \cdot \pi \cdot 180}{60} = 2{,}98$ m/s

Endgeschwindigkeit . . . . $v_e = \frac{0{,}756 \cdot \pi \cdot 180}{60} = 7{,}15$ m/s

Nach Annahme von $p_a = p_e = 0{,}5$ m/s² werden die Werte für t_a und s_a bzw. t_e und s_e errechnet und es kann das Geschwindigkeitsdiagramm (Abb. 32) aufgezeichnet werden.

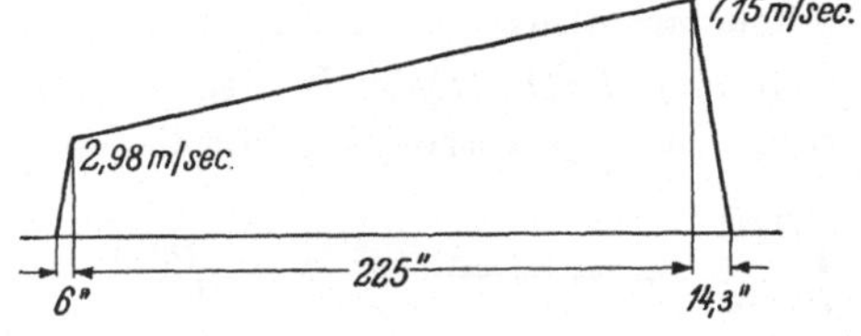

Abb. 32. Geschwindigkeitsdiagramm beim Ziehen des Schmandlöffels eines pennsylvanischen Bohrkrans.

Zur Ermittlung des Drehmomenten-Diagrammes und des sich hieraus ergebenden Leistungs-Diagrammes werden die Werte der Beschleunigungs-, Reibungs- und statischen Momente zu Beginn bzw. Ende der Beschleunigungs- und Verzögerungsperiode wie bei der Leistungsermittlung des kanadischen Bohrkranes errechnet. Bei der Bestimmung der Massen ist jedoch außer dem Gewicht des Schmandlöffels, seines Inhaltes, der Schwerstange mit Rutschschere und dem Gewichte von 1200 m Seil von zusammen 2460 kg, das auf den Trommelumfang reduzierte Schwunggewicht des ganzen Getriebes einschließlich Trommel, sowie des Läufers des Motors zu berücksichtigen. Das auf den Trommelumfang reduzierte Schwunggewicht des Getriebes und der Trommel selbst beträgt 5060 kg.

Was den Motor betrifft, so wird vorerst das Schwungmoment des Läufers einer Type angenommen, welche den Verhältnissen entsprechen könnte, und nach endgültiger Festlegung der Type die Berechnung mit dem tatsächlichen Werte durchgeführt. In dem vorliegenden Falle wird mit einer Motortype von 100 kW gerechnet, bei welcher der Läufer ein Schwunggewicht von 43 kgm² besitzt. Dementsprechend ist das auf die Trommel reduzierte Gewicht des Läufers

$$\frac{43 \cdot 4{,}08^2}{0{,}536^2} = 2500 \text{ kg}.$$

Demnach ergeben sich für die insgesamt bewegten Massen

$$m = \frac{2460 + 5060 + 2500}{9{,}81} = 1020 \text{ Masseneinheiten}.$$

Aus dem sich nun ergebenden Leistungsdiagramm Abb. 33 errechnet sich die Dauerleistung des Motors zu $L_{Ms} = 102$ kW.

b) Ziehen des Bohrseiles.

Durchmesser der Bohrseiltrommel . . . . $D_b = 450$ mm

Breite der Bohrseiltrommel . . . . $b_b = 1200$ mm

Bohrseil-Durchmesser . . . . $d_b = 22,3$ mm
Gewicht des Bohrseiles . . . . 2 kg/m
Gewicht des Meißels, Rutschschere und Schwerstange . . . . . 700 kg

Es berechnet sich hieraus:

Windungszahl pro Lage . . . . $n = \frac{1200}{22,3} - 3 = 51$

Lagenzahl . . . . $e = 12$
Enddurchmesser . . . . $D_e = 0,897$ m

Bei einer Drehzahl der Bohrseiltrommel von $n_b = n_k = 60$ Umdr./min beträgt das Übersetzungsverhältnis von Motor zur Trommel

$$\ddot{u} = \frac{735}{60} = 12,25.$$

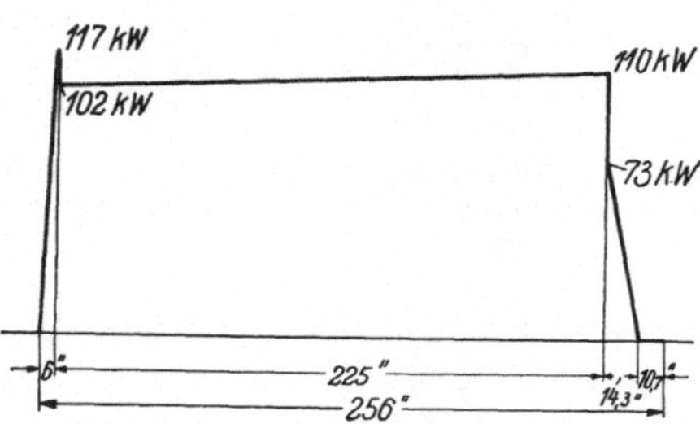

Abb. 33. Leistungsdiagramm beim Ziehen des Schmandlöffels eines pennsylvanischen Bohrkrans.

Die Aufzeichnung des Geschwindigkeits-, Drehmomenten- und Leistungsdiagrammes erfolgt in gleicher Weise wie beim Löffelziehen. Auch hier sind bei der Bestimmung der Massen die ganzen Getriebe, sowie die Läufermasse des Motors auf die Trommelwelle bezogen zu berücksichtigen. Die Auswertung des Leistungsdiagrammes ergibt eine mittlere Leistung $L_{Mb} = 49$ kW.

c) Bewegen bzw. Ziehen der Verrohrung.

Der nachstehende, vorher festgesetzte Rohrplan soll der Berechnung zugrunde gelegt werden:

Durchmesser der Verrohrung Zoll	Tiefe m	Rohrgewicht je lfd. m kg	Gesamtgewicht der Kolonne kg
16	500	111,83	56000
14	600	93,27	56000
12	700	86,71	60700
10	850	65,92	56030
8	950	47,57	45200
$6^{3}/_{4}$	1000	29,7	29700
6	1200	28,4	34080

Das Ziehen der Rohre soll mit einem 12rolligen Flaschenzug, bestehend aus 6 festen und 6 losen Rollen durchgeführt werden. Das Übersetzungsverhältnis von Kurbelwelle zur Flaschenzugtrommel beträgt entsprechend der Zähnezahl der Kettenräder $\frac{14}{38}$, demnach die Drehzahl dieser Trommel

$$n_f = 60 \cdot \frac{14}{38} = 22 \text{ Umdr./min}$$

Da der Durchmesser der Trommel $D_f = 0{,}360$ m, der Seildurchmesser $d_f = 15$ mm beträgt, ist die Geschwindigkeit des auflaufenden Seiltrums

$$v_a = \frac{0{,}375 \cdot \pi \cdot 22}{60} = 4{,}32 \text{ m/s}$$

Die Berechnung der Leistung kann nun in gleicher Weise wie beim Ziehen des Schmandlöffels durchgeführt werden. Sie kann aber auch bedeutend vereinfacht nach der Formel

$$L_{Mf} = \frac{P \cdot v_a \cdot 0{,}736}{75 \cdot \eta} \text{ kW}$$

vorgenommen werden, ohne eine zu große Ungenauigkeit zu erhalten. Im allgemeinen wird beim Rohreziehen das auflaufende Seiltrum bei Anlauf des Motors noch schlaff sein, der Motor, das Getriebe und die Trommel werden daher schon eine gewisse Geschwindigkeit besitzen, bevor das Lastmoment an der Trommel wirkt. Die Leistung beim Rohreziehen errechnet sich daher unter Zugrundelegung der schwersten Rohrtour von 60700 kg, eines Gesamtwirkungsgrades einschließlich desjenigen des 12rolligen Flaschenzuges von $\eta_g = 34\%$ zu

$$L_{Mf} = \frac{60700 \cdot 4{,}32 \cdot 0{,}736}{12 \cdot 75 \cdot 0{,}34} = 63 \text{ kW}.$$

Zusammengefaßt ergeben sich folgende Belastungen für den Motor:

a) . . . . $L_{Ms} = 102$ kW
b) . . . . $L_{Mb} = 49$ kW
c) . . . . $L_{Mf} = 63$ kW

Entgegen den beim kanadischen Bohrkran ermittelten Werten der Belastung des Motors bei den verschiedenen Arbeitsvorgängen ergibt sich beim pennsylvanischen Bohrkran die größte Belastung beim Ziehen des Schmandlöffels, da dies mit einer wesentlich höheren Geschwindigkeit als beim kanadischen erfolgt. Die Motorleistung muß daher im vorliegenden Fall nach dem Kraftbedarf beim Löffelziehen bemessen werden.

2. Elektrische Ausrüstung.

Die am häufigsten zur Anwendung kommenden elektrischen Ausrüstungen sollen im nachstehenden erläutert werden.

Die einfachste elektrische Ausrüstung eines mit Drehstrom-Asynchronmotor angetriebenen Bohrkranes ist ähnlich derjenigen, wie für den kanadischen Bohrkran in Abb. 20 dargestellt. Sie besteht aus dem Motor, seinem Anlaß- und Regelapparat, den zugehörigen getrennten

Widerständen, den Schaltapparaten und Verbindungsleitungen. Alle elektrischen Teile sind in einem Motorhäuschen untergebracht, die Bedienung erfolgt in gleicher Weise wie beim kanadischen Kran von außen. Die bezüglich der Ausführung der Schaltung und der Vorteile des elektrischen Antriebes beim kanadischen Kran gemachten Angaben gelten auch sinngemäß für den Antrieb des pennsylvanischen Seilbohrkranes.

Die Forderung nach kleinen Schlagzahlen beim Bohren und dementsprechend kleinen Drehzahlen des Motors bei gleichzeitig verringertem Kraftbedarf kann beim Antrieb mit normalem Drehstromschleifringmotor nur durch Einschalten von Widerständen in den Läuferstromkreis erreicht werden. Dadurch werden besonders bei weit herabgeregelten Drehzahlen der Wirkungsgrad und Leistungsfaktor des Motors ungünstig. Eine verlustlose elektrische Drehzahlregelung durch Zuhilfenahme von Gleichstrom-Nebenschluß- und Drehstrom-Reihenschlußmotoren ähnlich wie beim kanadischen Bohrapparat ist auch hier durchführbar. Es gibt jedoch noch eine andere Möglichkeit, die Verluste bei der Regelung zu verringern, und zwar durch die Verwendung von polumschaltbaren Motoren.

Die bei dem pennsylvanischen Bohrkran verwendeten polumschaltbaren Motoren besitzen zwei Grundzahlen, die sich wie 1 : 2 verhalten. Der Betrieb mit diesen Motoren gestaltet sich derart, daß zunächst auf die eine oder andere Drehzahl geschaltet und von diesen Grunddrehzahlen ausgehend je nach Bedarf die gewünschte Drehzahl durch Abwärtsregelung eingestellt wird. Das Drehmoment des Motors ist bei beiden Grunddrehzahlen das gleiche, die Leistung bei der kleinen Drehzahl annähernd die Hälfte der Leistung bei der hohen Drehzahl. Das Bohren wird mit der kleinen Grunddrehzahl vorgenommen, die übrigen Arbeiten werden mit der hohen ausgeführt. Dies entspricht den Arbeitsbedingungen auch insofern, als beim Bohren die geringeren Drehzahlen erwünschter sind als bei den sonstigen Arbeiten, die mit dem Bohren zusammenhängen. Der Vorteil des polumschaltbaren Motors liegt hauptsächlich darin, daß derselbe Motor mit zwei Grunddrehzahlen bei gleich hohem Wirkungsgrad und Leistungsfaktor betrieben werden kann. In Deutschland und anderen Ländern, mit Ausnahme der Vereinigten Staaten, werden polumschaltbare Motoren selten benutzt. Die Ursache dürfte wohl darin zu suchen sein, daß die Gestehungskosten dieser Maschinen bei uns viel höher als in Amerika sind, wo die Herstellung dieser Sonderbauart scheinbar in Serienfabrikation erfolgt.

Die Umschaltung der Polzahl erfolgt durch einen vom Bohrmeisterstand aus bedienbaren Polumschalter. Die Betätigung des Umschalters kann während des Betriebes erfolgen. Unabhängig vom Polumschalter können die beiden Grunddrehzahlen durch die Einschaltung von Widerständen in den Läuferstromkreis herabgeregelt werden. Die Widerstände sind aber in diesem Falle nur für eine Herabregelung der höheren Drehzahl auf etwa 45% zu bemessen. Die Abb. 34 zeigt die Ansicht eines in Amerika gebräuchlichen Antriebes mit polumschaltbarem Motor nebst Polumschalter, Anlaß- und Regelapparaten, Widerständen und Schaltapparaten.

Abb. 34. Ansicht des Antriebes eines pennsylvanischen Bohrkans mit polumschaltbarem Motor.

C. Schnellschlagbohren.

Die im letzten Jahrzehnt ausgebildeten Schnellschlagbohrapparate bedeuten einen großen Fortschritt im Bau der Bohrapparate. Ihre Anwendung bezweckt die Erzielung eines schnellen Bohrfortschritts, dementsprechend die Ausführung der Bohrung in kürzester Zeit. Allerdings ist ihre Verwendbarkeit durch gewisse Voraussetzungen geologischer Art begrenzt, außerdem muß, da bei diesem Bohrverfahren meistens mit Spülung gearbeitet wird, genügend Wasser zur Verfügung stehen.

Die Schnellschlagbohrapparate lassen sich in zwei Gruppen, nämlich Schwengelapparate und Seilschlagbohrapparate einteilen. Charakteristisch für beide sind die hohe Schlagzahl, welche bei den Schwengelapparaten bis zu 250/min bei einem Hub von 50—150 mm beträgt, und die Verwendung von steifem Gestänge ohne Rutschschere oder Freifallapparat selbst bis zu den größten Tiefen. Trotz Fortfalls dieser Vorrichtungen treten die so gefürchteten Gestängebrüche nicht auf, was der besonderen Einstellung des Gestänges und der entsprechend durchgebildeten Bauart zu verdanken ist. Bei stillstehendem Bohrkran berührt der Meißel in seiner tiefsten Lage die Bohrlochsohle nicht. Bei den dem System eigentümlichen hohen Schlagzahlen machen sich aber die dynamischen Einflüsse, sowie die Elastizität in viel stärkerem Maße als bei dem kanadischen oder pennsylvanischen Bohrkran geltend. Der Meißel wird daher im normalen Betriebe auf die Bohrlochsohle einen Schlag ausüben. Das Stauchen des Gestänges wird durch Federvorrichtungen oder andere elastische Glieder, die am Schwengellager, Kurbeltrieb oder an sonstigen Getriebeteilen angebracht sind, verhindert. Die Federn oder die elastischen Glieder werden so eingestellt, daß das Gestänge beim Aufstoßen des Meißels plötzlich hochgehoben wird. Der Schlag „sitzt" daher nicht, wie bei den anderen Stoßbohrsystemen, sondern der Meißel „tippt" nur auf die Bohrlochsohle. Da, wie vorhin erwähnt, beim Schnellschlagbohren fast ausnahmslos mit Spülung, sei es mit direkter oder verkehrter Spülung, gearbeitet wird, wird der Meißel bei seinem Schlag die von Schmand reingehaltene Bohrlochsohle treffen, wodurch die Schlagwirkung günstig beeinflußt wird.

1. Schwengelapparate.

Einer der ältesten Schwengel-Schnellschlagbohrapparate stammt von Anton Raky. Seine Arbeitsweise ist in der Abb. 35 schematisch dargestellt.[1]) Die typischen Kennzeichen dieses Apparates sind der Antrieb und die Lagerung des Schwengels. Die Wirkungsweise des Rakyschen Bohrverfahrens ist kurz die folgende: Die auf der Hauptwelle des Kranes sitzende Riemenscheibe c wird durch den Riemen f von der Antriebsmaschine b angetrieben. Der Riemen wird von einer auf einem zweiarmigen Hebel h gelagerten Riemenspannrolle g gespannt. Durch Verschieben des Gegengewichtes i am anderen Hebelarm kann mittels der Riemenspannrolle der Riemen nach Bedarf angespannt werden. Auf der Riemenscheibe c ist ein verstellbarer Anschlag k, der bei jeder Umdrehung die Spannrolle nach unten drückt. Hierdurch wird der Riemen schlaff und das Gestänge mit Meißel kann frei fallen. Durch die Verschiebung und entsprechende Ausbildung des Anschlages können der Zeitpunkt des Beginnes und auch die Höhe des freien Falles genau eingestellt werden. Gestängestauchungen können nicht eintreten, da die unter dem Schwengel a eingebaute Federbatterie alle Erschütterungen

---

[1]) Bansen: Das Tiefbohrwesen. Berlin: Julius Springer 1912.

aufnimmt. Das Ein- und Ausbauen des Gestänges sowie das Rohrebewegen erfolgen durch Zuhilfenahme der in die Wangen des Bohrkranes eingebauten Fördertrommeln. Sie werden durch ausrückbare Zahnräder von der Hauptwelle aus angetrieben. Das Nachlassen des Gestänges geschieht entweder durch eine Gestängenachlaßschraube oder durch einen Springschlüssel ohne Unterbrechung des Bohrbetriebes.

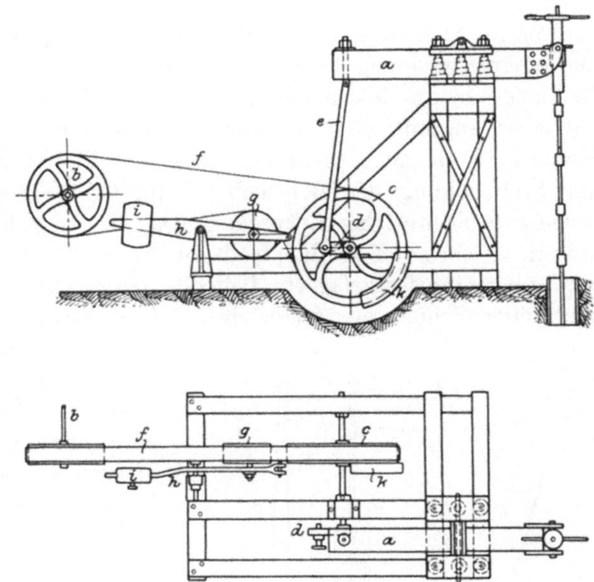

Abb. 35. Schematische Darstellung des Schwengel-Schnellschlagbohrapparates, System Raky.

Der *Antrieb des Bohrapparates* durch einen Drehstrom-Asynchronmotor erfolgt über ein doppeltes Riemenvorgelege. Der Motor muß zwecks Einstellung der jeweils richtigen Schlagzahl, welche bis 200/min beträgt, regelbar sein. Die Motorleistung ist abhängig von der zu erbohrenden Tiefe und dem beim Gestängeziehen und Rohrebewegen auftretenden Kraftbedarf. Der *Antrieb der Spülpumpen*, welcher gleichfalls durch einen Drehstrom-Asynchronmotor über ein einfaches Riemenvorgelege erfolgt, muß ebenfalls regelbar sein. Die Leistung dieses Motors ist abhängig von der verwendeten Spülung, der notwendigen größten Fördermenge und dem höchsten manometrischen Druck der Spülung.

Ein anderer verbreiteter Schnellschlagbohrapparat ist der von *Albert Fauck* durchgebildete „*Expreß*“-Bohrkran. Er ist ebenfalls ein Schwengelapparat, jedoch erfolgt das Nachlassen des Gestänges mittels Seiles. Seine Schlagzahl beträgt bis 250/min. Die Fördereinrichtungen sind bei dieser Bauart vom eigentlichen Bohrkran getrennt und derart ausgebildet, daß der Apparat nach Fündigwerden des Bohrlochs auch zur Ölförderung gebraucht werden kann. Dieser Vorteil tritt besonders bei Verwendung in entlegenen Gegenden in Erscheinung. Der Expreß-Bohrkran wurde wegen seiner besonderen Vorzüge vielfach in dem argentinischen Erdölgebiet von Comodoro Rivadavia verwendet.

Der in Abb. 36 schematisch dargestellte Expreß-Bohrkran besteht aus einem um einen festen Auflagepunkt drehbaren Schwengel oder Balancier *B*, an dessen einem Ende die Pleuelstange *P* des Kurbelantriebes angreift und an dessen anderem Ende eine verschiebbare Kopfscheibe *K* angebracht ist. Das Verschieben der Kopfscheibe ist zur Freimachung des Bohrloches beim Gestängeein- und -ausbauen, sowie zum Rohreziehen notwendig. Das Gestänge hängt an dem Nachlaßseil, welches von der Kopfrolle zur Nachlaßvorrichtung *N* läuft. Es wird über eine festgelagerte Leitrolle geführt. Die durch ein selbstsperrendes Schneckengetriebe bis auf Millimeter genau einstellbare Nachlaßvorrichtung gestattet, das schwere Gestänge auch während des Bohrens zu heben, hierdurch das Gestänge immer in Spannung zu halten und Gestängebrüche zu vermeiden. Die Federn *F*, welche durch ein Handrad *H* entsprechend dem Gewichte des Gestänges mehr oder weniger gespannt werden, unterstützen den Antrieb beim Heben des Gestänges, ohne die Schlagwirkung des Meißels zu beeinträchtigen. Die Anordnung des Nachlaßseiles bewirkt, daß der Hub des Meißels doppelt so groß wie der Hub des Schwengels ist, wodurch sich auch trotz des verhältnismäßig kleinen Hubs eine große Schlagwirkung ergibt.

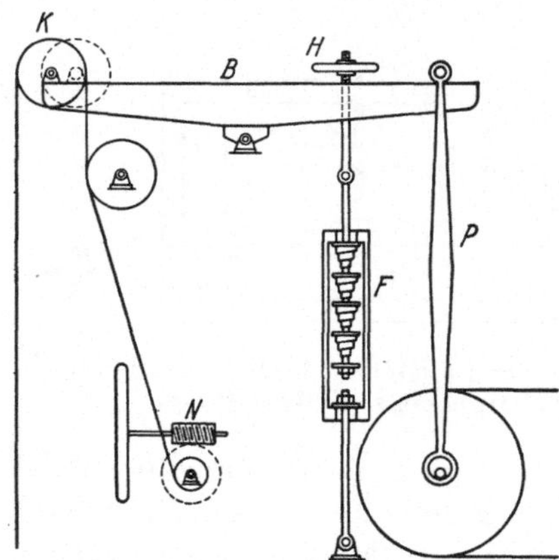

Abb. 36. Schematische Darstellung des Expreßbohrkrans, System Fauck.

Die vollständige Bohr-, Förder- und Schöpfeinrichtung eines für große Tiefen hergestellten Bohrapparates nebst dem Antrieb des Bohrapparates durch einen Drehstrom-Asynchronmotor ist in Abb. 37 dargestellt. Sie besteht aus vier durch ausrückbare Zahnräder angetriebenen Trommeln. Die Trommel *S* wird ausschließlich als Schöpftrommel nach Fündigwerden der Sonde, die Trommel *R* zum Rohrebewegen unter Zwischenschaltung eines Flaschenzuges und die Trommeln L_1 und L_2 zum Gestängeziehen und für Fangarbeiten verwendet. Der Antrieb des eigentlichen Bohrkranes erfolgt von der Vorgelegewelle der Fördertrommeln *R* bzw. L_1 und L_2 aus durch Seil. Hierbei ist das dem Antriebe dieser Trommeln dienende Zahnrad ausgerückt. Wird andererseits die Schöpftrommel *S* betätigt, so ist sowohl der Antrieb der Trommeln *R*, L_1 und L_2 als auch der Bohrkran durch die Riemenspannrolle außer Betrieb gesetzt. Die Drehzahl des Motors wird für das Bohren durch ein doppeltes Vorgelege herabgesetzt, während für das Schöpfen, wobei man höhere Geschwindigkeiten als beim Fördern benötigt, die Bewegung des Elek-

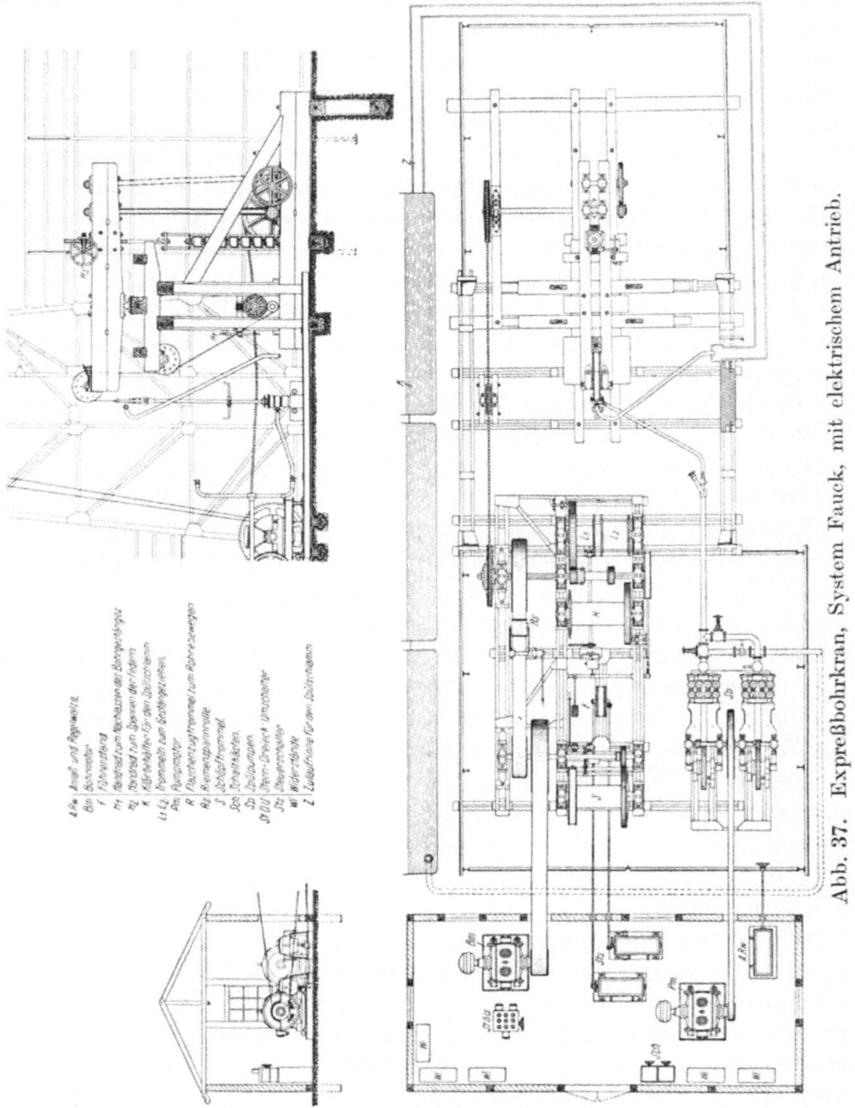

Abb. 37. Expreßbohrkran, System Fauck, mit elektrischem Antrieb.

tromotors durch ein einfaches Vorgelege übertragen wird. Die Bedienung erfolgt vom Führerstand F, von wo aus sämtliche Bremsen, Regelorgane, die Ein- und Ausrückvorrichtungen und der Antriebsmotor betätigt werden.

Für die Bemessung der Motorleistung beim Bohren sind auch hier die größten auftretenden Belastungen, welche von der zu erreichenden Tiefe abhängig sind, maßgebend. Soll jedoch der Motor auch nach Fündigwerden für das Schöpfen verwendet werden, so muß seine Leistung dem diesem Vorgange entsprechenden Kraftbedarf angepaßt werden. Die Motorleistung für das Schöpfen läßt sich, wie in einem späteren Abschnitt gezeigt werden soll, rechnerisch ermitteln. Da der Kraftbedarf beim Schöpfen denjenigen beim Bohren stets bedeutend überwiegt, bietet die Verwendung eines Stern-Dreieckschalters zur Verbesserung des Wirkungsgrades und Leistungsfaktors besondere Vorteile. Der Motor wird mit Hilfe dieses Apparates beim Bohren in Stern, sonst in Dreieck geschaltet. Das Anlassen des Motors und die Drehzahlregelung, die durch Ein- bzw. Ausschalten von Widerständen in den Läuferstromkreis erfolgt, werden in gleicher Art wie beim kanadischen oder pennsylvanischen Bohrkran durch den Anlaß- und Regelapparat vorgenommen.

Da der Kraftbedarf und dementsprechend die Leistung des Motors beim Bohren auch bei diesem System bedeutend geringer sind als diejenigen für das Rohrebewegen und Gestängeziehen, genügen im allgemeinen die Widerstände, welche für das Anlassen des Motors unter Vollast erforderlich sind, auch für die Drehzahlregelung. Sie sind so bemessen, daß bei 30% des normalen Drehmomentes ein dauerndes Herabregeln der Drehzahl auf 30% der normalen möglich ist. Die mitunter gestellte Forderung, die eingestellte Schlagzahl ganz wenig ändern zu können, hat insofern eine Berechtigung, als gerade bei diesem Bohrsystem die Einhaltung ganz bestimmter Schlagzahlen von wesentlichem Einfluß auf den Bohrfortschritt ist. Zu diesem Zweck muß die Abstufung der Widerstände der einzelnen Stellungen des Regelapparates viel feiner ausgeführt werden, als es sonst der Fall ist. Für die Erfüllung der doppelten Forderung nach einem großen Regelbereich und einer feinen Einstellbarkeit innerhalb der einzelnen Stufen würde ein Regelapparat zu groß ausfallen und könnte kaum mehr von Hand aus bedient werden. Um diesen Nachteil zu vermeiden, verwendet man zwei Regelapparate, wobei jeder besonders abgestufte Widerstände erhält. Der eine Apparat regelt die Drehzahl in groben Stufen, während durch den zweiten Apparat innerhalb dieser die feinstufige Regelung erfolgt. Die Betätigung der beiden Regelapparate erfolgt vom Führerstand aus durch getrennte Fernübertragungen. Da beim Gestängeziehen oder Rohrebewegen eine feinstufige Regelung nicht notwendig ist, werden die Widerstände des zweiten Regelapparates kurz geschlossen.

Die Abb. 38 zeigt die Schaltung der elektrischen Ausrüstung mit nur einem Regelapparat. Die Aufstellung und richtige Verbindung der einzelnen Teile untereinander wird dadurch sehr vereinfacht, daß die Klemmen jedes einzelnen Apparates, der Widerstände und des Motors in übereinstimmender Weise bezeichnet sind.

Getrennt von dem Antrieb des Bohrkranes ist der Antrieb der Spülpumpen, von denen gewöhnlich zwei für eine Anlage zur Aufstellung gelangen, um eine volle Reserve zu haben. Da der Expreß-

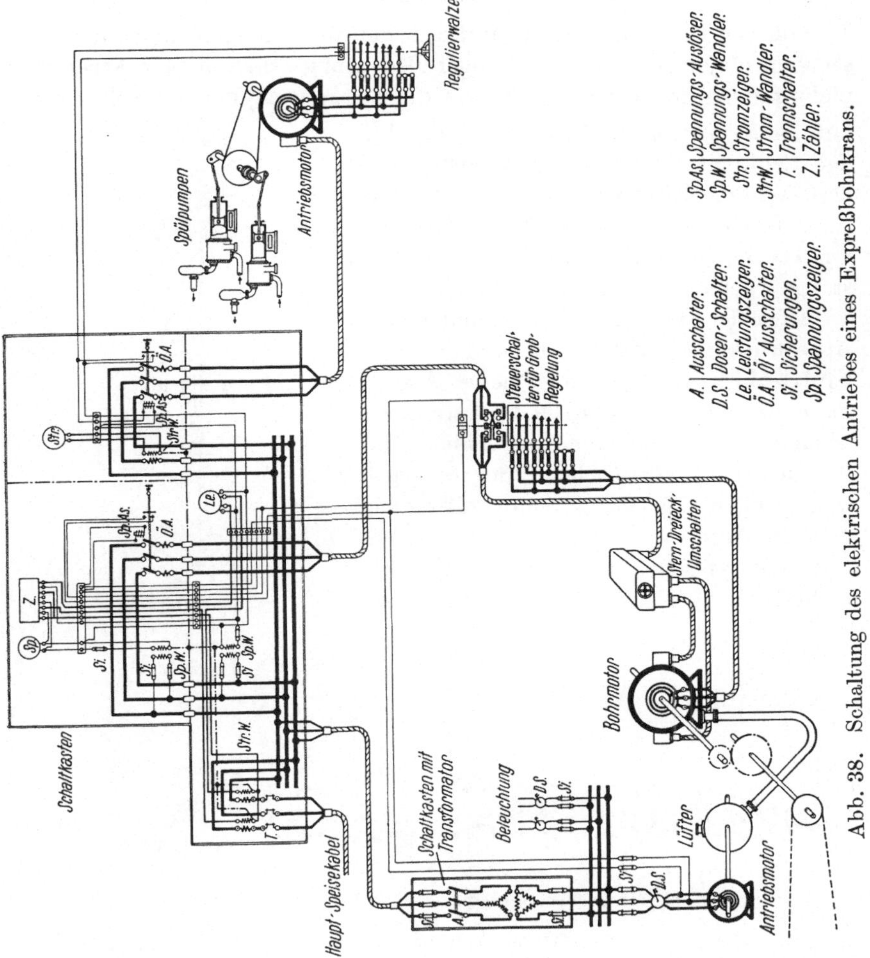

Abb. 38. Schaltung des elektrischen Antriebes eines Expreßbohrkrans.

bohrkran sowohl mit direkter als auch indirekter Spülung arbeiten kann, und der Kraftbedarf sowie die Drehzahl der Pumpen ziemlich stark je nach der Spülart schwanken, muß auch dieser Antrieb entsprechend durchgebildet sein. Der Motor muß für die höchste auftretende Dauerleistung bemessen werden, wobei aber auch die Leistung bei der kleinsten Drehzahl wegen der schlechteren Abkühlung berücksichtigt werden muß. Da mit dem Regelapparat des Pumpenmotors bedeutend weniger Schaltungen als mit dem Regelapparat des Antriebsmotors des Bohrkranes ausgeführt werden, kann er leichter ausgeführt werden. In der Abb. 37 ist auch der Antrieb der Spülpumpen dargestellt.

2. Seilschlagbohrapparate.

Von den Seilschlagbohrapparaten haben für Erdölbohrungen hauptsächlich diejenigen ohne Schwengel Bedeutung erhalten. Sie arbeiten nicht mit so hoher Schlagzahl wie die Schwengelapparate, wohl aber mit etwas größerem Hub. Statt der bei den Schwengelapparaten verwendeten Federn wird die Elastizität des Seiles, an welchem das Gestänge befestigt ist, benützt, um das Stauchen des Gestänges, somit Gestängebrüche zu verhüten.

Einer der am häufigsten vorkommenden Apparate dieses Systems ist der indische Spülbohrkran. Die allgemeine Anordnung desselben, in Abb. 39 dargestellt, ist bezüglich Lage der Bohrseiltrommel ähnlich dem pennsylvanischen Kran, hingegen zeigen die hochgelagerte Schmandtrommel und ihr Antrieb durch eine Riemenspannrolle die typischen Kennzeichen eines kanadischen Bohrkranes. Die Schmandtrommel dient zum Gestängeein- und -ausbauen und zum Ziehen des Schmandlöffels, falls mit dem Kran trocken gebohrt wird. Das Bewegen der Verrohrung erfolgt durch die Bohrseiltrommel unter Zwischenschaltung eines Flaschenzuges. Zum Bohren selbst wird das Gestänge an einer losen Rolle, dem sog. Hampelmann, angebracht und dieser an dem Bohrseil aufgehängt. Das Bohrseil, einerseits im Turm befestigt, läuft über den Hampelmann und eine Turmrolle zur Bohrseiltrommel. Das Nachlassen erfolgt von Zeit zu Zeit durch geringes Lüften der

Abb. 39. Indischer Spülbohrkan für elektrischen Antrieb.

Bremse dieser Trommel. Hierbei ist darauf zu achten, daß das Gestänge stets in gespanntem Zustande ist, damit Stauchungen und Gestängebrüche vermieden werden. Beim Bohren wird das Bohrseil kniehebelartig von der Kurbel durch ein Hubseil angezogen und das Gestänge gehoben. Beim Kurbelrückgang wird das Hubseil durch das nach abwärts fallende Gestänge wieder straff gezogen. Das Gestänge und der Meißel werden ähnliche Bewegungen, wie in Abb. 11 dargestellt, ausführen, mit dem Unterschied, daß der Meißel wegen Fehlens der Rutschschere und infolge der ganzen Einstellung des Gestänges nur auf die Bohrlochsohle tippt. Die Schlagzahl beträgt gewöhnlich 60 bis 70 in der Minute.

Der Antrieb des Bohrkranes erfolgt von einer Hauptwelle, auf welcher die für verschiedene Hubhöhen einstellbare Kurbel befestigt ist. Die Bohrseiltrommel wird durch einen gekreuzten Kettenantrieb von der Hauptwelle aus angetrieben. Der Antrieb der Hauptwelle erfolgt durch einfaches Riemenvorgelege mittels einer umsteuerbaren Dampfmaschine oder durch doppeltes Riemenvorgelege mittels eines Elektromotors.

Bei Verwendung von Drehstrom-Asynchronmotoren als Antriebsmaschinen kommen für die Bemessung der Leistung die beim kanadischen Bohrkran erörterten Gesichtspunkte in Betracht. Die Drehzahlregelung braucht weder in so feinen Stufen zu erfolgen wie beim Expreß-Bohrkran, noch in so weiten Grenzen wie beim kanadischen Bohren. Es genügen daher kleiner bemessene Regelwiderstände in Verbindung mit nur einem Anlaß- und Regelapparat.

Für den Antrieb der Spülpumpen, von welchen normal in gleicher Weise wie beim Expreß-Bohrkran zwei von einem Drehstrommotor angetriebene Einheiten zur Aufstellung kommen, gelten die gleichen Bemerkungen wie bei diesem Bohrsystem.

Außer den beiden vorbeschriebenen Schnellschlagbohrsystemen gibt es noch eine große Anzahl anderer Ausführungsarten. Für Erdölbohrungen haben sie aber nur eine untergeordnete Bedeutung, weshalb darauf nicht näher eingegangen werden soll. Es würde auch über den Rahmen dieses Buches hinausgehen, wenn alle angewendeten und versuchten Bohrapparate besprochen würden.

II. Das drehende Bohren.

Das Wesen des drehenden Bohrens besteht darin, daß ein entsprechend ausgebildetes Werkzeug auf der Bohrlochsohle in eine drehende Bewegung versetzt und gleichzeitig zwecks Erzielung des Bohrfortschritts mit dem Werkzeug ein Druck auf die Bohrlochsohle ausgeübt wird. Das Werkzeug bleibt daher, im Gegensatz zum Schlagbohren, während des Bohrens mit der Bohrlochsohle dauernd in Berührung. Es ist an einem

Gestänge befestigt, da nur durch dieses von über Tage die drehende Bewegung auf das Bohrwerkzeug übertragen werden kann. Der je nach der Art des Drehbohrsystems und den jeweiligen Gebirgsverhältnissen notwendige Druck des Werkzeuges auf die Bohrlochsohle wird durch das Gewicht des Gestänges ausgeübt. Das drehende Bohren ist mit Ausnahme einiger weniger Systeme immer ein Spülbohren, wobei sowohl direkte als auch verkehrte Spülung angewendet werden. Der Bohrfortschritt beim drehenden Bohren kann durch eine schleifende oder schneidende Wirkung des Werkzeuges erzielt werden. Ersteres wird in festem, letzteres in mildem Gebirge verwendet. Dementsprechend kann auch das drehende Bohrverfahren eingeteilt werden in

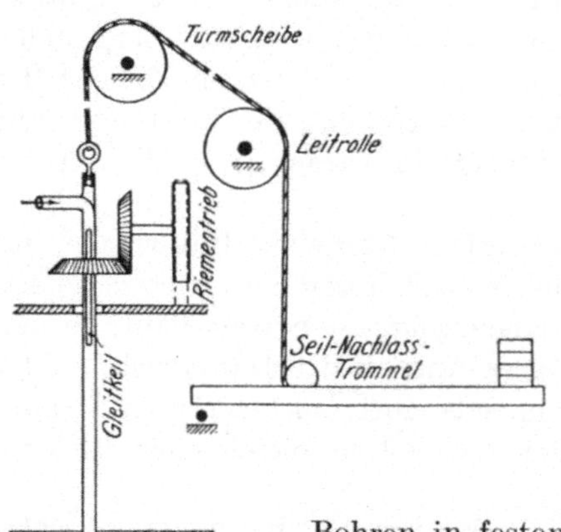

Abb. 40. Schematische Darstellung der Diamantbohrung.

Bohren in festem Gebirge, (schleifendes Bohren),

Bohren in mildem Gebirge, (schneidendes Bohren),

Für beide Bohrverfahren wurden eine große Anzahl von Apparaten durchgebildet. Für Erdölbohrungen haben aber nur eine sehr beschränkte Anzahl Bedeutung gewonnen.

A. Bohren in festem Gebirge.

Das drehende Bohren in festem Gebirge wird fast ausnahmslos als Diamantbohrung ausgeführt. Der von dem Schweizer Rudolf Leschot um 1864 das erste Mal angewendete Diamantbohrapparat ist schematisch in Abb. 40 dargestellt[1]). Sein kennzeichnendes Merkmal ist eine an einem Hohlgestänge angebrachte Bohrkrone, in welcher die Bohrdiamanten eingesetzt werden. Die Bohrkrone ist ein ringförmiger Körper, der in drehende Bewegung versetzt und mit einem in den Grenzen von 200—400 kg gleichbleibenden Druck auf die Bohrlochsohle gedrückt wird.[2]). Durch die schleifende Wirkung der Diamanten wird das Gestein zermahlen und ein den Abmessungen der Bohrkrone entsprechender ringförmiger Hohlraum gebildet. Das hierbei erzeugte

[1]) Stein: Verfahren und Einrichtungen zum Tiefbohren. Berlin: Julius Springer 1913.

[2]) Bansen: Das Tiefbohrwesen. Berlin: Julius Springer 1921.

Bohrmehl wird durch die Spülung zutage gefördert. Der im Innern der Bohrkrone bei fortschreitender Bohrung sich bildende Kern wird in einem über der Bohrkrone angeordneten Kernrohre aufgefangen und bei Ausbauen der Krone und des Gestänges hochgezogen. Das Ausbauen der Krone muß, sofern keine weiteren Gründe zum Auswechseln vorliegen, so oft geschehen, als das Kernrohr mit Bohrkernen angefüllt ist, da sonst ein Unterbrechen der Spülung und eine unzulässige Erwärmung der Bohrkrone erfolgen würden. Wegen dieser Gefahr darf auch die Spülung nicht unterbrochen werden. Sollte dies aber aus irgendeinem Grunde doch erforderlich werden, so muß auch gleichzeitig das Bohren eingestellt werden. Da bei zunehmender Tiefe das Gewicht des Bohrgestänges zu groß wird, muß die Bohrkrone durch Gegengewichte oder andere Vorrichtungen entlastet werden.

Das Hohlgestänge wird durch ein großes Kegelrad in drehende Bewegung gesetzt. Dieses ist nicht fest aufgekeilt, sondern gleitet über dem Gestänge, in dem Maße als das Bohren fortschreitet, also um den Wert des Vorschubs. Zwecks Übertragung der Drehbewegung des Kegelrades auf das Hohlgestänge ist der die Bewegung vermittelnde Teil des Gestänges vierkantig ausgebildet und auch die Nabe des Kegelrads vierkantig gebohrt. Mitunter wird in das Hohlgestänge eine lange Keilnut geschnitten und zwischen der Nabe des Kegelrades und dem Gestänge ein langer Gleitkeil angeordnet.

Der Antrieb des Bohrapparates erfolgt, wenn elektrischer Antrieb gewählt wird, durch einen Drehstrom-Asynchronmotor über ein Vorgelege. Der Kraftbedarf beim Bohren schwankt je nach der zu durchbohrenden Gesteinsart und der Tiefe zwischen 2 und 25 PS. Er ist infolge der ununterbrochenen Drehbewegung und der gleichmäßigen Belastung geringer als beim Stoßbohren, wo die auf- und niedergehenden Massen jedesmal beschleunigt werden müssen. Die Umdrehungszahl des Gestänges schwankt zwischen 200 und 300/min, wodurch es unter Umständen möglich ist, mit einer einfachen Übersetzung zwischen Motor und Gestängeantrieb auszukommen.

Für das Hochziehen und Herablassen des Gestänges und der Bohrkrone ist stets eine eigene Fördereinrichtung notwendig. Nach dem Kraftbedarf der Fördereinrichtung, der mit zunehmender Tiefe wächst und den Kraftbedarf der Bohreinrichtung wesentlich übersteigt, wird die Motorleistung bestimmt. Für das Rohrebewegen, welches bei größeren Tiefen stets unter Zwischenschaltung eines Flaschenzuges in gleicher Weise wie beim Gestängebohren erfolgt, ist die dem Kraftbedarf der Fördereinrichtung entsprechende Motorleistung ausreichend.

Die beim Diamantbohren besonders wichtigen Spülpumpen, von welchen gewöhnlich zwei voneinander unabhängige Einheiten aufgestellt werden, können in gleicher Weise wie beim Gestängebohren durch Drehstrom-Asynchronmotoren angetrieben werden. Wesentlich ist aber der bedeutend größere Wasserverbrauch und dementsprechend größere Kraftbedarf, da die Spülflüssigkeit gleichzeitig zur Kühlung der Bohrkrone dient.

B. Bohren in mildem Gebirge.

Das für das Bohren in mildem Gebirge verwendete Drehbohrverfahren ist verhältnismäßig neu. Das erste Mal in Amerika angewendet, hat es auch in Europa an vielen Stellen Eingang gefunden. Das von den Amerikanern mit Rotarybohren bezeichnete Verfahren ist ein drehendes Bohren mit dem Fischschwanzmeißel. Der Meißel übt nicht, wie beim Diamantbohren, eine schleifende, sondern schneidende Wirkung aus. Das Rotarysystem wird nicht nur in mildem Gebirge allein verwendet, auch in mittleren Gebirgen kann es noch mit Vorteil benutzt werden, trotzdem der Bohrfortschritt in diesen Schichten erheblich hinter solchen in weichem Gestein zurückbleibt. Von großem Einfluß ist bei diesem System noch das Streichen der Gebirgsschichten. Ein möglichst horizontales Streichen ist für Rotary-Bohrungen günstig, während stark einfallende und oft wechselnde Formationen eine große Aufmerksamkeit beim Bohren erfordern und nur vorzüglich ausgebildete Bohrleute einwandfreie Bohrungen durchführen können. Das Rotarybohren ist stets ein Spülbohren mit direkter Spülung. Der Kraftverbrauch ist im allgemeinen größer als beim Schlagbohren, auch der Bedarf an Bedienungspersonal ist größer. Trotzdem behauptet es sich gegenüber diesen Bohrsystemen infolge seines bei günstigen Verhältnissen erzielbaren großen Bohrfortschrittes.

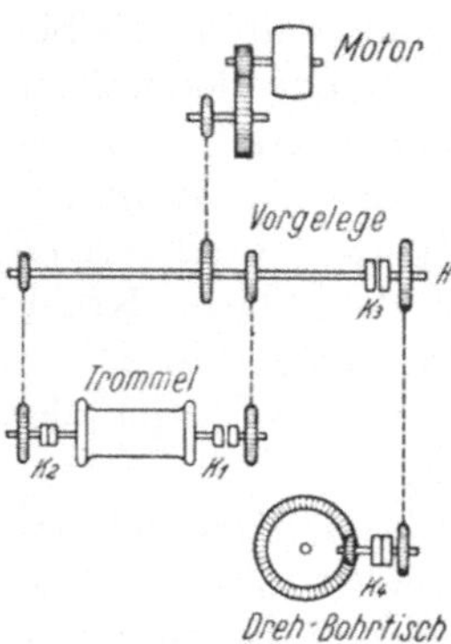

Abb. 41. Schematische Darstellung des Rotarybohrkrans.

Der Rotarybohrkran, in Abb. 41 schematisch dargestellt, besteht aus dem Bohrtisch, der Fördereinrichtung und dem Antriebsmotor. Der Antrieb des Bohrtisches, sowie der Fördereinrichtung erfolgt vom Motor aus durch Zahnräder, Kettenräder und durch ausrückbare Klauenkupplungen. Die Antriebsmaschine überträgt ihre Kraft auf eine Hauptwelle H, von welcher aus alle Bewegungen der Trommel und des Tisches abgenommen werden. Durch Betätigung der Kupplungen K_1 oder K_2 kann der Fördertrommel eine größere oder kleinere Geschwindigkeit erteilt werden. Durch die Einschaltung der Kupplungen K_3 und K_4 wird der Bohrtisch in drehende Bewegung versetzt. Die Hauptwelle und die Fördertrommel sind, wie Abb. 42 zeigt, auf Eichenpfosten gelagert, welche mit der Bohrturmkonstruktion

Abb. 42. Ansicht eines Rotarybohrkrans.

fest verbunden sind. Zum Festhalten der Last ist die Fördertrommel mit einer vom Bohrmeisterstand bedienbaren Bandbremse ausgerüstet.

Die starkwandigen Bohrrohre, an welchen der Meißel befestigt ist, sind mit einander verschraubt, gewöhnlich in Längen von je 8 m, wovon drei jeweils einen Gestängezug bilden. Die Bohrtürme der Rotarykrane sind daher, da ein Gestängezug in ihm aufgeholt und abgestellt werden muß, höher als bei den Schlagbohrsystemen, im allgemeinen 30—35 m hoch. Die Bohrrohre werden wegen ihres großen Gewichtes, 40—50 kg/m, ausnahmslos durch Zwischenschaltung von Flaschenzügen gehoben. An dem obersten Rohrstück ist der im Flaschenzug hängende Spülkopf angeschraubt. Durch das als Vierkant ausgebildete oberste Rohrstück wird die drehende Bewegung des Tisches auf die Bohrrohre und den Meißel übertragen. Der Druck des Meißels auf die Bohrlochsohle wird durch das Eigengewicht der Bohrrohre erzeugt und seine Größe kann durch Anziehen bzw. Lüften der Trommelbremse zwischen Null und einem zulässigen Höchstwerte geregelt werden. Das Arbeiten des Rotary-Bohrkranes und der damit erzielbare Bohrfortschritt ist also fast allein von dem Gefühl und der Geschicklichkeit des Bohrmeisters abhängig.

Die beim Bohren in Betracht kommenden Drehzahlen schwanken nach dem zu durchbohrenden Gestein von 90—15 Umdr./min, und da zwischen Bohrtisch und Antriebsmaschine ein festes Übersetzungsverhältnis besteht, ist eine weitgehende Drehzahlregelung für die Antriebsmaschine notwendig. Aber nicht allein ein großer Regelbereich, sondern ganz besonders eine rasche Umkehrung der Drehrichtung und eine sehr große Überlastbarkeit sind Forderungen, welchen die Antriebsmaschine entsprechen muß. Besonders die rasche Umkehrung der Drehrichtung ist von besonderer Wichtigkeit, da hierdurch der Bohrer vor Beschädigung oder Brüchen durch Festklemmen geschützt wird. Nach Umkehr der Drehrichtung wird der Bohrer etwas hochgezogen und dann vorsichtig mit dem Bohren wieder begonnen.

1. Antrieb des Rotary-Bohrkrans durch Drehstrom-Asynchronmotor.

Bei dem Antrieb des Rotary-Bohrkrans durch Drehstrom-Asynchronmotor mit Schleifringläufer erfolgt die Drehzahländerung des Motors durch Ein- und Ausschalten von Widerständen im Läuferstromkreis. Da beim Bohren mitunter ein sehr großer Regelbereich verlangt wird, würde die Drehzahlregelung durch einen einzigen Regelapparat zu grobstufig werden. Man verwendet daher in diesem Falle

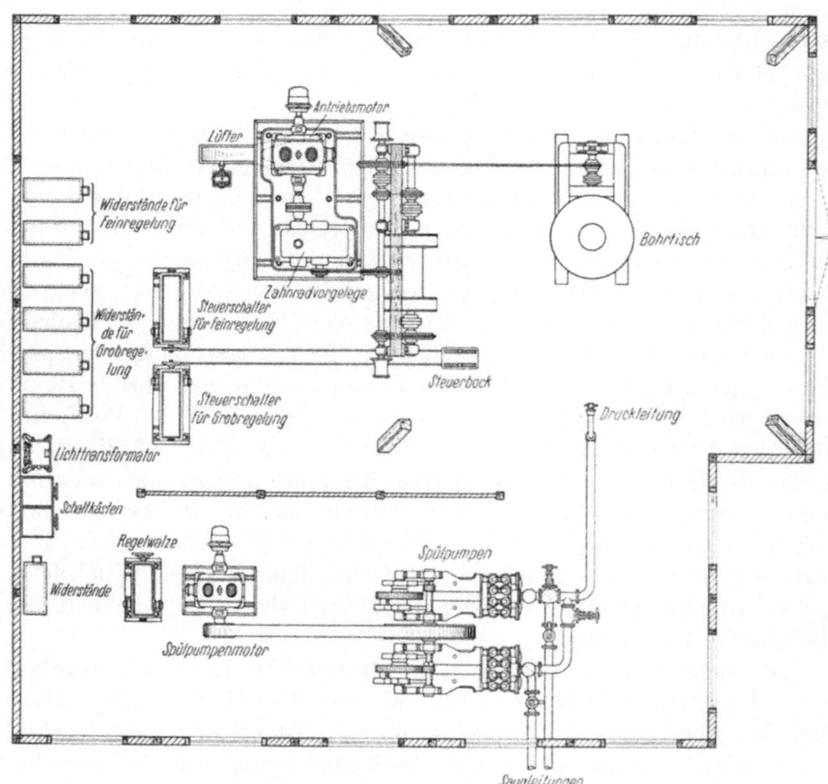

Abb. 43. Disposition eines durch Drehstrom-Asynchronmotor angetriebenen Rotarybohrkrans.

zwei Apparate in gleicher Weise wie beim Schnellschlagbohren beschrieben. Ist ein großer Regelbereich erforderlich, so wird der Motor durch einen Ventilator belüftet, um dadurch mit einem kleineren Motormodell auszukommen.

Bei der Bemessung der Motorleistung ist die Tiefe von maßgebendem Einfluß, da das mit der Tiefe wachsende Gewicht der Bohrrohre

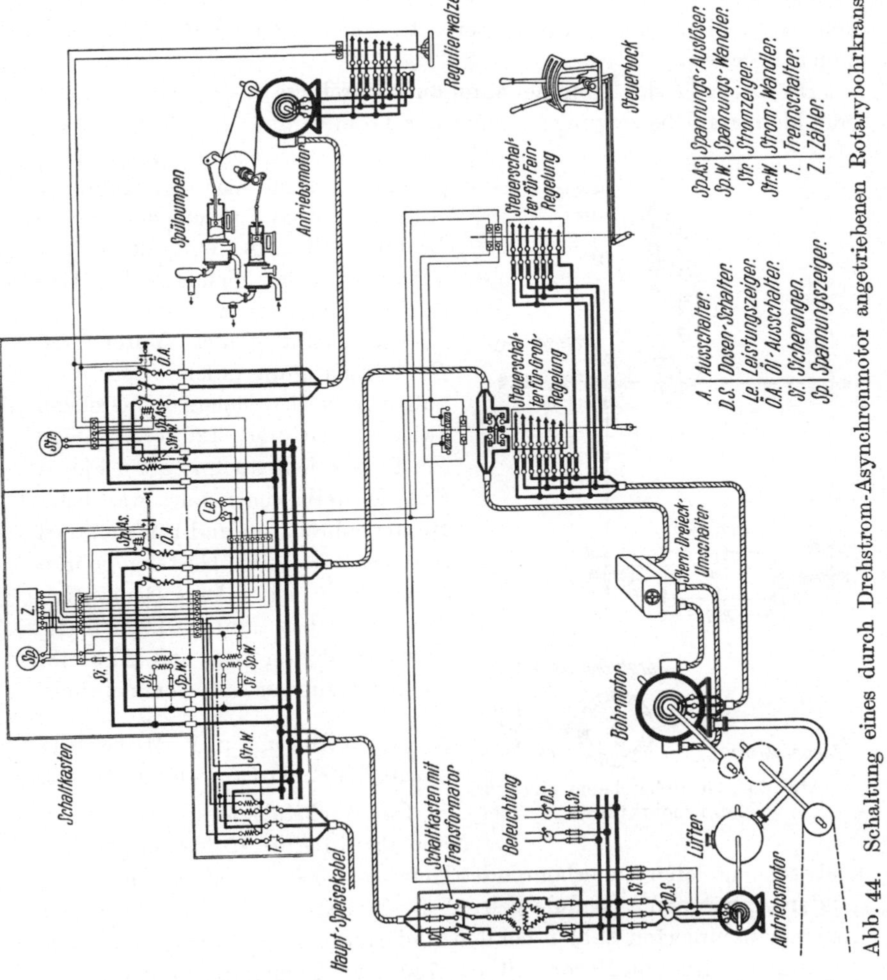

Abb. 44. Schaltung eines durch Drehstrom-Asynchronmotor angetriebenen Rotarybohrkrans.

und das Bewegen der Verrohrung, deren Gewicht ebenfalls mit der Tiefe zunimmt, die höchsten auftretenden Belastungen des Motors erzeugen. Um die Motorleistung nicht zu groß werden zu lassen, werden, wie bereits erwähnt, das Bohrgestänge und auch die Verrohrung an einem Flaschenzug aufgehängt. Trotz des Flaschenzuges ergeben sich immer noch hohe Motorleistungen. Der Flaschenzug erhält nur wenig Rollen mit Rücksicht darauf, daß die Zeit zum Ein- und Ausbau der Bohrrohre und zum Bewegen der Verrohrung für das eigentliche Bohren verloren ist. Ein Flaschenzug mit wenig Rollen gestattet diese Vorgänge mit verhältnismäßig großer Geschwindigkeit auszuführen. In der Regel wird man zu Beginn der Bohrung mit 6- oder 8-rolligen Flaschenzügen und erst mit fortschreitender Tiefe und größer werdenden Gewichten der Bohrrohre mit 10- oder mehrrolligen Flaschenzügen arbeiten.

Die Drehzahl der Trommel kann auch durch die Wahl einer größeren oder kleineren Übersetzung zwischen der Trommel und dem Motor verändert werden. Hierdurch können bei gleicher asynchroner Drehzahl des Antriebsmotors verschieden große Lasten mit ein und demselben Flaschenzug bei gleichem Kraftbedarf gehoben werden.

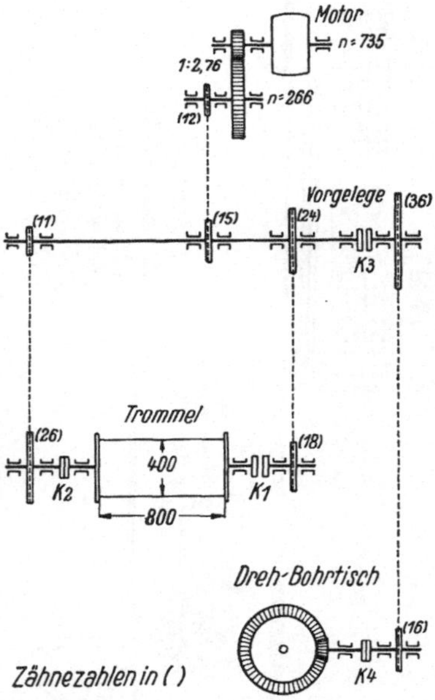

Abb. 45. Getriebeschema eines Rotarybohrkrans.

Die Leistung des Motors bei Berücksichtigung aller dieser Verhältnisse bewegt sich in den Grenzen zwischen 75 und 120 kW. Diese Leistung reicht auch in allen Fällen zum Rohrebewegen aus, was beim Rotarybohren an und für sich viel seltener als beim Gestängebohren erforderlich ist. Die Disposition des Antriebes durch Drehstrom-Asynchronmotor ist aus Abb. 43, die Schaltung aus Abb. 44 ersichtlich.

2. Berechnung der Motorleistung eines Rotary-Bohrkrans.

Der nachstehenden Berechnung sind das in Abb. 45 festgelegte Getriebeschema, eine zu erbohrende Tiefe von 600 m und die noch folgenden Annahmen zugrunde gelegt. In dem Getriebeschema bedeuten die eingeklammerten Zahlen bei den Rädern die Anzahl der Zähne. Angenommen wird ein Motor mit ca. 735 asynchronen Umdr./min, wodurch sich eine Trommeldrehzahl von 284 Umdr./min bei Benutzung der Kupplung K_1, von 90 Umdr./min bei Benutzung der Kupplung K_2 und eine höchste Drehzahl des Bohrtisches von 88 Umdr./min ergibt. Für das Bohrrohreziehen sowie Bewegen der Verrohrung wird ein zehnrolliger Flaschenzug (fünf feste und fünf lose Rollen) verwendet.

a) Bohrrohreziehen.

Durchmesser der Trommel	D = 400 mm
Breite der Trommel	b = 800 mm
Seildurchmesser	d = 24 mm
Gewicht des Seiles	1,5 kg/m
Gewicht der Bohrrohre	44,5 kg/m
Gewicht des Meißels, Flaschenzuges mit Seil zusammen .	1000 kg
Länge eines Gestängezuges	24 m

Mit Rücksicht auf den 10rolligen Flaschenzug müssen je Gestängezug auf der Trommel 10 × 24 = 240 m Seil aufgewickelt werden. Hieraus errechnet sich die

Windungszahl je Lage	$n = \frac{800}{24} - 2 = 31$
Lagenzahl	$e = 5$
Enddurchmesser	$D_e = 0{,}600$ m
Anfangsdurchmesser	$D_a = 0{,}424$ m
Mittlerer Durchmesser	$D_m = 0{,}512$ m

Unter Zugrundelegung einer Trommeldrehzahl von $n_1 = 90$ Umdr./min ergibt sich eine mittlere Geschwindigkeit des auflaufenden Seiltrums von

$$v_m = \frac{0{,}512 \cdot \pi \cdot 90}{60} = 2{,}41 \text{ m/s}.$$

Unter Annahme von $p_a = p_e = 0{,}4$ m/s² ergibt sich das in Abb. 46 dargestellte Geschwindigkeits-Diagramm. Die Zeit für das Hochziehen eines Gestängezuges beträgt $T = 106$ s.

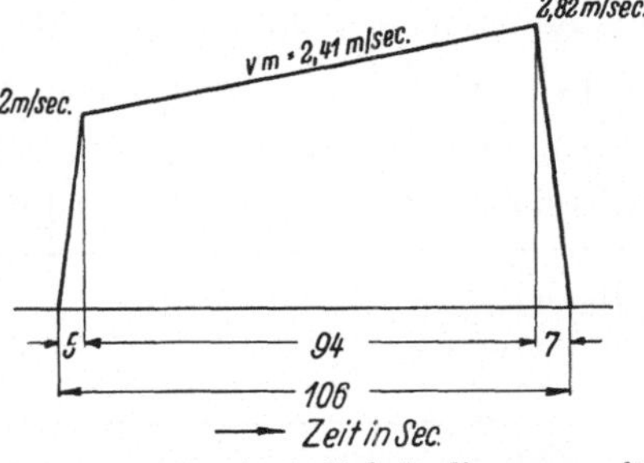

Abb. 46. Geschwindigkeitsdiagramm für Bohrrohrziehen bei einem Rotarybohrkran.

Für die Ermittlung der Antriebsleistung bietet die Formel

$$L_M = \frac{P \cdot v_m \cdot 0{,}736}{75 \cdot \eta} \text{ kW}$$

eine hinreichende Genauigkeit. Hierbei bedeutet P das gesamte zu ziehende Gewicht, das sich aus dem Gewicht der Bohrrohre von $600 \cdot 44{,}5 = 26\,700$ kg, dem Gewicht des Meißels, des Flaschenzuges und Seiles = 1000 kg, in Summa 27700 kg, zusammensetzt. Aus dem Wirkungsgrad des Flaschenzuges von 0,6 und des Getriebes von 0,85 ergibt sich der Gesamtwirkungsgrad $\eta = 0{,}51$. Demnach beträgt die Leistung bei 600 m Tiefe und einem 10rolligen Flaschenzug

$$L_{Mr} = \frac{27\,700 \cdot 2{,}41 \cdot 0{,}736}{10 \cdot 0{,}51 \cdot 75} = 128 \text{ kW}.$$

Da diese Leistung nur beim Ziehen der Bohrrohre aus der größten Tiefe auftritt und mit Fortschreiten des Ausbaues der Bohrrohre sich verkleinert, kann von der kurzzeitigen Überlastbarkeit des Motors Gebrauch gemacht und ein 100 kW-Motor gewählt werden.

Wesentlich für das Ausbauen der Bohrrohre ist noch die Feststellung, von welcher Tiefe ab die Hubgeschwindigkeit durch Benutzung der Kupplung K_2 vergrößert und dadurch die Zugzeit verkürzt werden kann. Hierzu wird der umgekehrte Rechnungsvorgang benutzt und man geht von der höchsten zugelassenen Überlastung aus. Als solche sei 150 kW angenommen, woraus sich bei $n_2 = 284$ Trommelumdrehungen i. d. Minute und dementsprechend einer mittleren Geschwindigkeit

$$v_m = \frac{0{,}512 \cdot \pi \cdot 284}{60} = 7{,}6 \text{ m/s}$$

eine Gesamtlast von

$$P = \frac{150 \cdot 10 \cdot 0{,}51 \cdot 75}{7{,}6 \cdot 0{,}736} = 10250 \text{ kg}$$

und nach Abzug von 1000 kg für Meißel, Flaschenzug und Seil eine Tiefe von

$$H = \frac{9\,250}{44{,}5} = 208 \text{ m}$$

ergibt. Es kann also beim Ausbauen der Bohrrohre von 208 m Tiefe an mit der großen Trommeldrehzahl gearbeitet werden.

b) Bewegen bzw. Ziehen der Verrohrung.

Zur Verrohrung seien mit Rücksicht auf den Gebirgsdruck besonders dickwandige Rohre gemäß dem folgenden Verrohrungsplan gewählt:

Durchmesser der Verrohrung Zoll	Tiefe m	Rohrgewicht je lfd. m kg	Gesamtgewicht der Kolonne kg
20	300	126	37800
14	400	85	34000
8	600	42	25200

Der Berechnung muß die schwerste Rohrtour, also die 20zöllige Kolonne mit 37800 kg Gewicht zugrunde gelegt werden.

Bei einer Trommeldrehzahl von $n_1 = 90$ Umdr./min
und einem Anfangsdurchmesser von $D_a = 0{,}424$ m
errechnet sich die Geschwindigkeit des auflaufenden Seiles zu

$$v = \frac{0{,}424 \cdot \pi \cdot 90}{60} = 2{,}0 \text{ m/s}$$

und die Motorleistung unter Annahme eines 10rolligen Flaschenzuges zu

$$L_{Mf} = \frac{37\,800 \cdot 2 \cdot 0{,}736}{10 \cdot 0{,}51 \cdot 75} = 145 \text{ kW}.$$

Da der Motor von 100 kW Normalleistung kurzzeitig das zweifache dieser Leistung entwickeln kann, ist für die Überwindung der Reibung zwischen der Verrohrung und dem Gestein noch eine reichliche Reserve vorhanden.

Der beim eigentlichen Bohren auftretende Kraftbedarf ist im allgemeinen kleiner als für das Bohrrohreziehen oder das Ziehen der Verrohrung und hängt bei diesem Bohrsystem weniger von der Tiefe als von der Art der zu durchbohrenden Gesteinsschicht ab. In weichem Gebirge (Ton, Mergel, reinen Sandsteinen) ist sie verhältnismäßig klein. Es kann daher beim Bohren in solchen Schichten der Motor zur Verbesserung seines Wirkungsgrades und Leistungsfaktors durch Benutzung eines Sterndreieckschalters in Stern geschaltet werden. Sind aber feste Schichten, insbesondere Konglomerate, zu durchbohren, so steigt die benötigte Antriebsleistung sehr stark. Um den Bohrmeister rechtzeitig aufmerksam zu machen, daß der in Stern geschaltete Motor in Dreieck umgeschaltet und dementsprechend zu größerer Leistungsabgabe herangezogen werden muß, wird an einer vom Führerstand aus gut sichtbaren Stelle außer einem Stromzeiger eine rote, von einem Relais beeinflußte Signallampe angebracht.

3. Antrieb des Rotarybohrkranes durch Drehstromkommutatormotor.

Die weitgehende Herabregelung der Drehzahl des Bohrtisches im Verhältnis 1 : 3 und die Forderung, unter der normalen liegende Betriebsdrehzahlen auf beliebig lange Zeit einzustellen, gestalten den Betrieb mit dem Drehstrom-Asynchronmotor insofern unwirtschaftlich, als ein erheblicher Teil der dem Ständer zugeführten Leistung als Stromwärme in den Regelwiderständen abgeführt werden muß, somit verloren geht. Es liegt daher der Gedanke nahe, für den Antrieb einen Motor zu verwenden, welcher eine verlustlose Drehzahlregelung gestattet. Diese Bedingung wird vom Drehstrom-Reihenschlußmotor erfüllt.

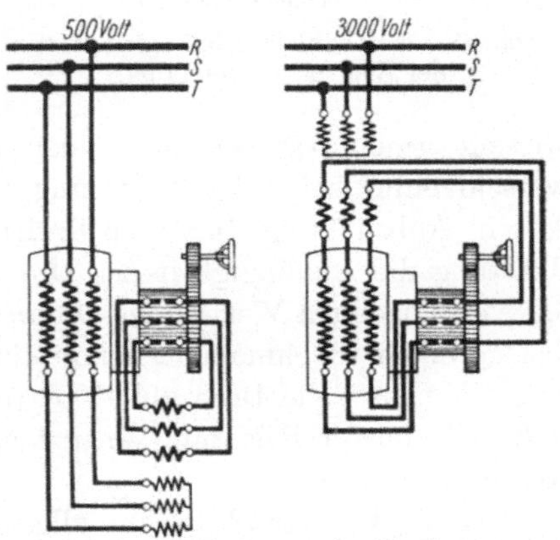

Abb. 47. Schaltung des Drehstrom-Reihenschlußmotors.

Der Drehstrom-Reihenschlußmotor, dessen Schaltung Abb. 47 zeigt, besitzt im Ständer eine normale Drehstromwicklung, die einerseits an das Netz angeschlossen, andererseits mit dem Läufer in Reihe geschaltet ist. Der Läufer trägt eine Gleichstromwicklung mit Kommutator. Den Stromübergang vom Ständer zum Läufer vermitteln die auf dem Kommutator verstellbar angeordneten Bürstensätze. Bei der in den Ölgebieten zur Kraftübertragung verwendeten Spannung von über 1000 V wird der Ständer des Motors mit Rücksicht auf die am Kommutator zulässige Spannung über einen Transformator an das Netz gelegt. Beträgt jedoch die Netzspannung nicht mehr als 500 V, dann kann der Anschluß des Ständers an das Netz direkt erfolgen, zwischen Ständer und Läufer ist dann ein Zwischentransformator erforderlich, der aber nur für ca. 50—60 $^0/_0$ der Motorleistung bemessen zu sein braucht. Der Kollektor besitzt einen doppelten Bürstensatz, wovon einer feststeht und der andere verstellt werden kann. Die Drehzahlregelung geschieht allein durch Verstellung des beweglichen Bürstensatzes. Die Richtung der Bürstenverschiebung aus der Nullage heraus bestimmt die Drehrichtung des Motors. Der Drehrichtungswechsel wird daher lediglich durch Verschieben der Bürsten nach der entgegengesetzten Richtung bewirkt. Da jedoch hierbei der Motor gegen sein Feld liefe, so ist es zur Verbesserung der Kommutierung notwendig, gleichzeitig auch zwei Netzanschlüsse zu vertauschen, was durch einen besonderen Ständerumschalter erfolgt.

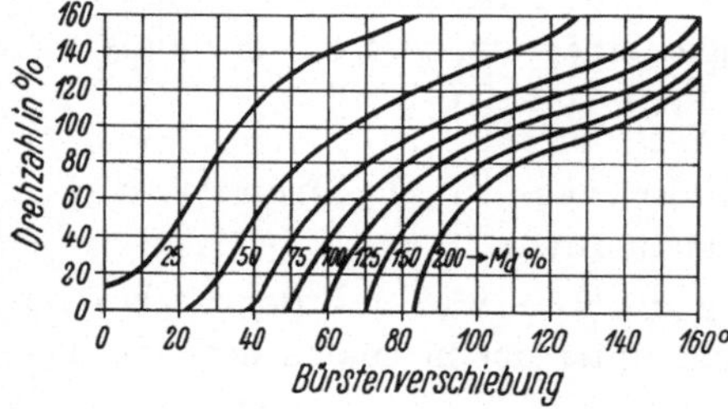

Abb. 48. Drehzahl in Abhängigkeit von der Bürstenverschiebung.

Bei unveränderter Bürstenstellung verhält sich dieser Motor ganz ähnlich wie der Gleichstrom-Reihenschlußmotor. Sein wesentlicher Unterschied diesem gegenüber besteht jedoch darin, daß man durch Bürstenverschiebung bei jeder Belastung jede beliebige Drehzahl einstellen kann. Abb. 48 zeigt für einen Drehstrom-Reihenschlußmotor mittlerer Leistung die Abhängigkeit der Drehzahl von der Bürstenverschiebung bei verschiedenen Werten des Drehmomentes. Man ersieht daraus, daß bei geringem Drehmoment schon eine kleine Bürstenverschiebung genügt, um die volle Drehzahl (100 $^0/_0$) zu erreichen. Um die volle Drehzahl bei höherer Belastung einzustellen, muß die Bürstenbrücke weiter ausgelegt werden.

Der Wirkungsgrad ist im allgemeinen bei Normallast und voller Drehzahl um ca. 5 $^0/_0$ geringer als der eines entsprechenden Asynchronmotors. Bei Herabregelung der Drehzahlen wird der Wirkungsgrad des Reihenschlußmotors gegenüber dem des Asynchronmotors mit Widerstandsregelung ganz erheblich höher. Der Leistungsfaktor nähert sich bei der obersten Drehzahl dem Wert 1 und nimmt bei tieferen Drehzahlen ab. Abb. 49 zeigt Wirkungsgrad und Leistungsfaktor in Abhängigkeit von der Drehzahl bei 100 $^0/_0$ und 50 $^0/_0$ des normalen Betriebsdrehmomentes.

Der Motor entnimmt infolge seiner verlustlosen Regelung nur diejenige Leistung dem Netz, die seiner Belastung entspricht, er läuft demgemäß auch bei hohem Anzugsmoment nur mit geringem Anlaufstrom an.

Die Schaltung des Rotaryantriebes mit Drehstrom-Reihenschlußmotor für Spannungen über 500 V zeigt das Schaltbild Abb. 50.

Der Motor ist über den Transformator an das Hochspannungsnetz angeschlossen und kann durch den Ölschaltkasten vom Netz getrennt werden. Am Transformator ist sekundär eine Anzapfung vorgesehen, um die Ständerwicklung durch den Umschalter U bedarfsweise im stromlosen Zustand an 100 Volt oder 70 Volt legen zu können. Die Spannung von 70 Volt wird gewählt, wenn der Motor nur mit einem Bruchteil seiner Nennleistung beansprucht wird, wie es beim Bohren in weichem Gestein der Fall ist. Es werden durch die Umschaltung auf eine Teilspannung bei geringeren Belastungen höhere Werte für Wirkungsgrad und Leistungsfaktor erreicht. Ein Stromzeiger in der Ständerzuleitung ermöglicht eine ausreichend genaue Kontrolle der Leistung beim Bohren da sich die Stromaufnahme nahezu direkt proportional mit der Belastung ändert.

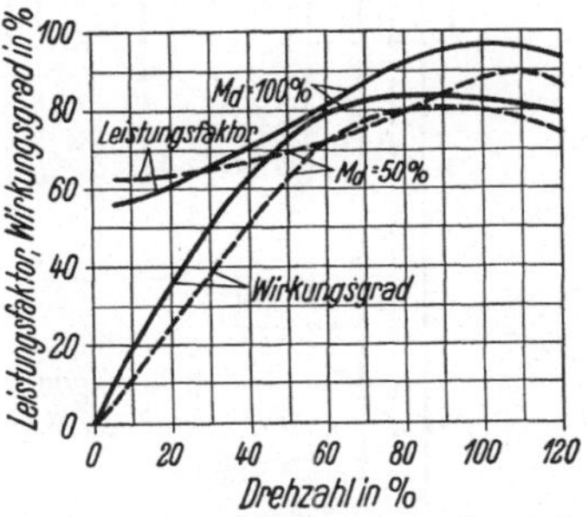

Abb. 49. Wirkungsgrad und Leistungsfaktor in Abhängigkeit von der Drehzahl.

Das Anlassen und die Drehzahlregelung des Bohrmotors erfolgt mechanisch durch Verstellung der Bürsten von einem Steuerbock aus. Da der Bohrmotor neben dem reinen Bohrbetrieb auch für das Heben und Senken der Verrohrung und der Bohrrohre dient, muß er auch in seiner Drehrichtung umschaltbar sein. Die Umschaltung erfolgt, wie erwähnt, durch entgegengesetzte Auslage der Bürsten bei gleichzeitiger Umtauschung zweier Ständeranschlüsse. Zum Ein- und Umschalten des Motors dienen die Schützen *St. Sch. 1* und *2*, und zwar wird während des Hebens bzw. beim rechtsgängigen Bohren das Schütz *St. Sch. 1*, während des Senkens bzw. bei linksgängiger Bewegung des Bohrers das Schütz *St. Sch. 2* eingeschaltet. Wenn der Drehstrom-Reihenschlußmotor gegen sein Drehmoment angetrieben wird, dann arbeitet er als Generator unter Abgabe von Energie an das Netz. Diese Eigenschaft läßt sich bei den Nebenarbeiten des Bohrbetriebes, z. B. beim Einbauen der Bohrrohre, gut ausnutzen, und es kann die sinkende Last ohne besondere mechanische Bremse lediglich durch den Motor abgebremst werden. Da diese Bremsung bei jeder Motordrehzahl wirksam ist, so läßt sich die Last auch mit ganz geringer Geschwindigkeit senken und bedarfsweise durch den Motor allein in einer bestimmten Lage festhalten. Dies ist ein nicht zu unterschätzender Vorteil beim Einbauen der Ver-

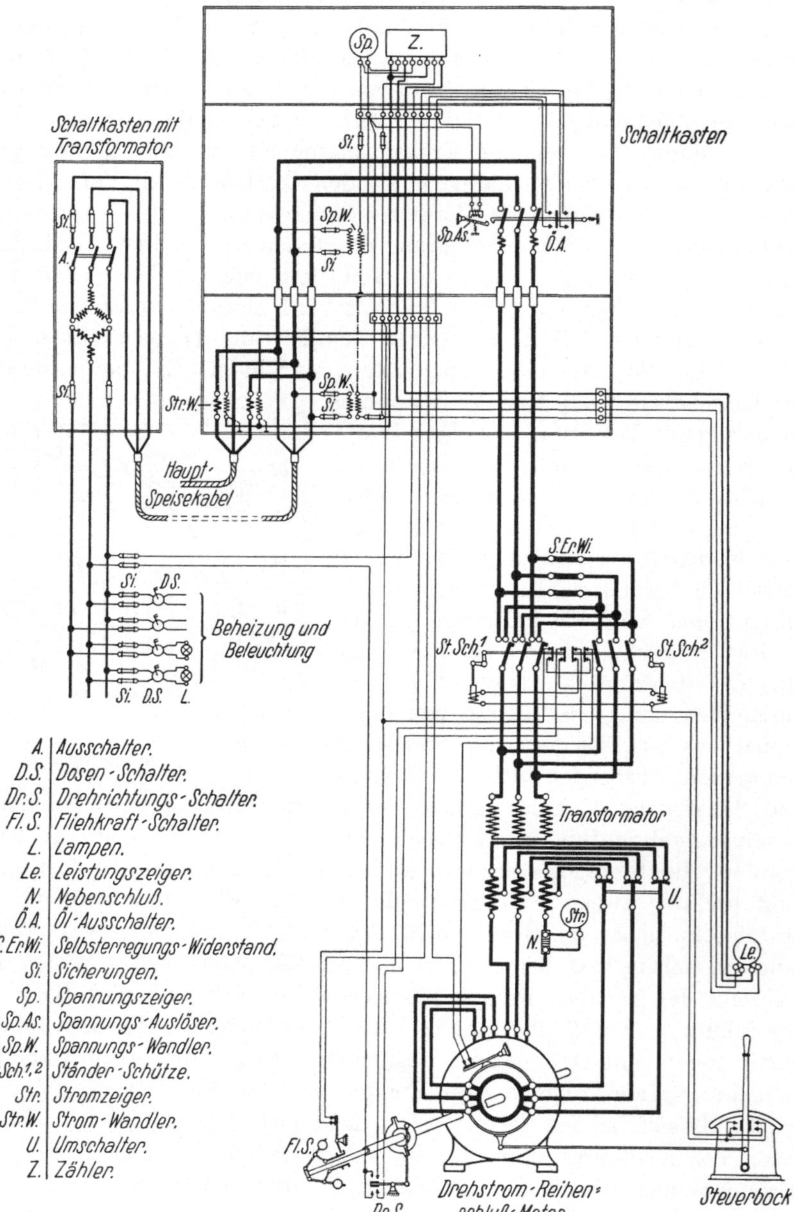

Abb. 50. Schaltung eines durch Drehstrom-Reihenschlußmotor angetriebenen Rotarybohrkrans.

rohrung des Bohrloches. Vor dem Motor liegt der Widerstand *S. Er. Wi.*, welcher dazu dient, während des Senkens mit elektrischer Bremsung das Auftreten der Selbsterregung zu verhindern.

Gleichzeitig mit der Verschiebung des Steuerhebels aus der Mittelstellung heraus werden die Schützen durch Hilfskontakte eingeschaltet, welche entweder in den Steuerbock eingebaut oder aber getrennt aufgestellt und mit dem Steuerhebel gekuppelt werden können. Durch die Schützen wird das Drehfeld des Motors beim Übergang vom Heben zum Senken umgeschaltet. Der Drehsinn des Motors ist jedoch lediglich durch den Sinn der Bürstenauslage bestimmt. Da nun der Motor bei Steuerhebelauslage im Hubsinn sowohl im Hubsinne als auch im Senksinne (Senken mit elektrischer Bremsung) laufen kann, ist auf der Vorgelegewelle der Drehrichtungsschalter *Dr. S.* angeordnet, welcher die richtige Schaltung der Schützen in Abhängigkeit von der tatsächlichen Drehrichtung des Motors unabhängig von dem Sinn der Steuerhebelauslage gewährleistet.

Für die Sicherheit der Anlage sind folgende Vorkehrungen getroffen:

Der Spannungsauslöser *Sp. As.* im Ölschaltkasten ist mit den beiden Ständerschützen und mit einem Kontakt am Motor derart verriegelt, daß der Hauptschalter nur eingelegt werden kann, wenn beide Schützen ausgeschaltet haben und wenn sich die Bürsten, und damit auch der Steuerhebel am Steuerbock, in der Nullage befinden. Im Stromkreis des Spannungsauslösers liegt ferner ein Fliehkraftschalter, welcher bei Überschreiten einer einstellbaren Drehzahl die Anlage vom Netz abschaltet.

Die Stromspulen der beiden Schützen sind kreuzweise über Hilfskontakte der zugehörigen Schalter geführt. Diese Hilfskontakte sind nur in der Ausschaltstellung ihrer Schalter geschlossen, so daß das Ansprechen eines Schützes erst dann möglich ist, wenn der zweite abgeschaltet hat.

Die für die Spannung der Schützen erforderliche Niederspannung wird einem kleinen Hilfstransformator entnommen. Dieser liefert bedarfsweise auch den beim Bohrbetrieb erforderlichen Licht- und Heizstrom.

Im Hauptschaltkasten ist der für die Messung des Gesamtverbrauches notwendige Drehstromzähler mit den für seinen Anschluß an die Hochspannung erforderlichen Strom- und Spannungswandlern untergebracht.

Die Disposition der Anlage erfolgt nach den gleichen Gesichtspunkten wie bei Anlagen mit Drehstrom-Asynchronmotor, der Platzbedarf ist jedoch gegenüber diesen geringer, da die Regelwiderstände fortfallen. Der Drehstrom-Reihenschlußmotor besitzt einen Kommutator und kann aus diesem Grunde nicht explosionssicher gebaut werden. Bei Schächten, welche schon beim Erbohren Erdgas liefern bzw. in gasreichen Gebieten liegen, muß daher die Aufstellung dieses Motors in einem abgeschlossenen Motorhäuschen erfolgen. Die Schaltapparate sind durchweg mit Kontakten unter Öl ausgeführt.

4. Rotary-Bohren System Hild.

Beim Rotarybohren schwankt der Druck des Meißels auf die Bohrlochsohle zwischen Null und einem zulässigen Höchstwert. Der Druck

Abb. 51. Ansicht eines Rotaryantriebes, System Hild.

ist gleich Null, wenn der Meißel sich frei geschnitten hat, und am größten im Augenblick, in welchem die Senkbewegung der Bohrrohre durch das Festziehen der Bremse unterbrochen wird. Der Bohrfortschritt wird daher in einem bestimmten Zeitraum nur annähernd die Hälfte desjenigen sein, der erreicht würde, wenn der Meißel dauernd den zulässigen höchsten Druck auf die Bohrlochsohle ausübt. Ein Antrieb, bei welchem auf die Schneide des Meißels selbsttätig ein dauernder, der zu durchbohrenden Gesteinsart entsprechender Druck ausgeübt wird, wurde von dem Amerikaner Waldorf Hild entwickelt und unter dem Namen „Hild Differential Drive“ bekannt. Das Wesen dieses Antriebes besteht darin, daß auf ein Differentialgetriebe zwei Motoren arbeiten, von welchen der eine beim Bohren die Drehbewegung des Tisches, der zweite die Regelung der Bewegungsvorgänge bewirkt (Abb. 51).

Wie aus der schematischen Darstellung Abb. 52 zu ersehen ist, arbeitet der Motor M_1 über das Zahnradgetriebe Z_1 und Z_2 auf die Hohlwelle W_1 und durch das auf dieser aufgekeilte Kegelrad auf das Differentialgetriebe D. Mit dem Zahnrad Z_2 steht das Rad Z_3 in Eingriff, so daß der Motor M_1 gleichzeitig über die Kettenräder R_2, R_3 und R_4 bei eingeschalteter Kupplung K_1 den Bohrtisch T antreibt. Der Motor M_2 arbeitet über das Zahnradgetriebe Z_4 und Z_5 auf die Hohlwelle W_2 und durch das auf dieser aufgekeilte Kegelrad auf das Differentialgetriebe D. Von der Vollwelle W des Differentialgetriebes werden die Bewegungen durch die Kettenräder R_1 und R_5 auf die Hauptwelle H des Bohrkrans übertragen, von wo, je nachdem die Kupplung K_2 oder K_3 eingeschaltet ist, die Trommel über die Räder R_6, R_7, oder R_8, R_9 angetrieben wird.

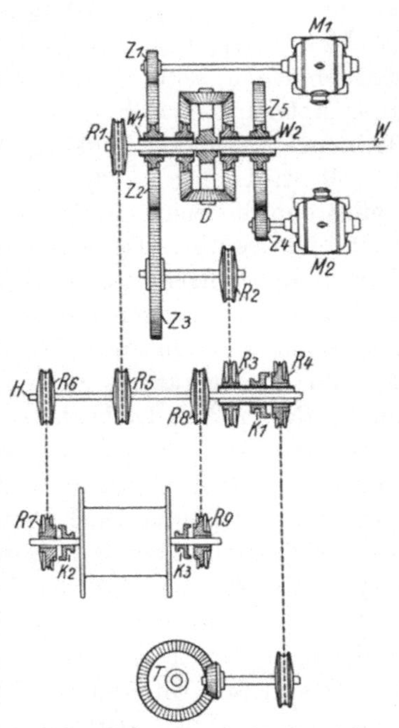

Abb. 52. Schematische Darstellung des Rotarybohrens, System Hild.

Beim Bohren arbeiten die beiden Motoren stets in entgegengesetzter Drehrichtung und zwar derart, daß der Motor M_1 das Bestreben hat, die Bohrrohre und den Meißel zu senken, während der Motor M_2 sie zu heben sucht. Betrachtet man vorerst die Bewegungsverhältnisse des Differentialantriebes und der beiden Motoren allein, ohne den eigentlichen Bohrkran, so wird bei entgegengesetzter Drehrichtung und gleicher Drehzahl der beiden Motoren die Welle W keine Bewegung ausführen. Ist jedoch die Drehzahl der beiden Motoren verschieden, so wird die Welle W sich mit der halben Differenz der Drehzahlen der beiden Motoren und zwar in jener Richtung bewegen, welche derjenigen des Motors mit der größeren Drehzahl entspricht. Die selbsttätige Einstellung der verschiedenen Drehzahlen beim Bohren wird dadurch erzielt, daß von der Serien-Charakteristik der Drehstrom-Schleifringmotoren, in deren Läuferstromkreis dauernd Widerstände eingeschaltet sind, Gebrauch gemacht wird. Dadurch, daß die Belastungen der Motoren M_1 und M_2 sich ändern, werden auch ihre Drehzahlen höher oder niedriger. Durch die Unterschiede in den Drehzahlen der Motoren wird über das Differentialgetriebe die entsprechende Bewegung der Welle W hervorgerufen.

Betrachtet man nun den Antrieb in Verbindung mit dem Bohrkran, so wird nach dem Lösen der Trommelbremse, da die Schneide des Meißels noch nicht die Bohrlochsohle berührt, das Gesamtgewicht der Bohrrohre und des Meißels auf die Trommel wirken und ein Drehmoment auf das Differentialgetriebe ausgeübt werden, welches mit der Bewegung des Motors M_1 gleichgerichtet ist. Der Motor M_1 treibt aber gleichzeitig den Drehtisch, seine Belastung ergibt sich daher aus der Differenz der zum Antrieb des Bohrtisches erforderlichen Energie und der an der Trommel wirkenden Zugkraft der Bohrrohre. Die Belastung des Motors M_1 wird daher am kleinsten, gleichzeitig seine Drehzahl am größten sein, wenn die Schneide des sich drehenden Bohrers die Bohrlochsohle noch nicht berührt. Da der Motor M_2 andererseits das Bestreben hat, die Bohrrohre zu heben, so wird seine Belastung am größten und seine Drehzahl am kleinsten sein, wenn der Bohrer mit der Bohrlochsohle noch nicht in Berührung gekommen ist. Die Drehzahldifferenz zwischen M_1 und M_2 bewirkt das Senken der Bohrrohre, welches in dieser Phase infolge des größten Drehzahlunterschiedes am schnellsten vor sich geht.

Kommt nun die Schneide des Meißels mit der Bohrlochsohle in Berührung, so steigt sofort die vom Drehtisch herrührende Belastung des Motors M_1, wodurch seine Drehzahl sinkt. Gleichzeitig wird aber ein Teil des Gewichtes der Bohrrohre als Druck auf die Bohrlochsohle übertragen, der Zug des von der Trommel ablaufenden Seiles verkleinert und eine teilweise Entlastung des Motors M_2 mit entsprechender Drehzahlsteigerung hervorgerufen. Die Drehzahlen der beiden Motoren nähern sich, ihre Differenz, und hiermit auch der Vorschub des Meißels, wird kleiner. Sinkt der Arbeitswiderstand des Bohrers, so wird der Motor M_1 entlastet, seine Drehzahl gesteigert. Gleichzeitig erhöht sich die Belastung des Motors M_2, wodurch seine Drehzahl sinkt. Der Vorschub des Meißels wird also größer. Die Belastung des Motors M_2 ist nur von dem Seilzug des von der Trommel ablaufenden Seiles abhängig, sie gibt daher einen meßbaren Wert für den von der Schneide des Meißels auf die Bohrlochsohle ausgeübten Druck. Der Motor M_2 überwacht und regelt also allein und selbsttätig den ganzen Bohrvorgang.

Bei Durchbohren einer bestimmten gleichartigen Gesteinsschicht wird in kurzer Zeit der Antrieb selbsttätig mit einem gleichbleibenden Vorschub des Meißels arbeiten. Ändert sich die zu durchbohrende Gesteinsschicht, und damit auch der Arbeitswiderstand des Meißels, so wird sein Vorschub sich dementsprechend selbsttätig einstellen. Ist die Aufeinanderfolge der einzelnen Gesteinsschichten bekannt, so braucht man nur die Einstellung der Drehzahlen der beiden Motoren entsprechend der härtesten Schicht zu ermitteln und den Antrieb hierfür einzustellen. Der Vorschub des Meißels wird dann bei allen anderen Schichten größer sein.

Zum Ausbauen des Meißels und Heben der schweren Bohrrohre können beide Motoren benutzt werden. Sie arbeiten hierbei mit gleicher Drehzahl und Drehrichtung über das Differentialgetriebe auf die Trommel bei stillstehendem Drehtisch.

Die Betätigung der Anlaß- und Regelapparate jedes Motors erfolgt durch Handräder und Seile. In der Abb. 53 sind die Handräder ersicht-

Abb. 53. Handräder zur Betätigung der Anlaß- und Regelapparate.

lich. Sie sind unmittelbar nebeneinander angeordnet und können sowohl einzeln wie gemeinsam betätigt werden. Entsprechend angebrachte Kennmarken der beiden Handräder ermöglichen, die beim Bohren einmal als zweckmäßig erkannte Einstellung jederzeit wieder vornehmen zu können. In der Abb. 54 ist die Ansicht eines Rotary-Bohrkrans mit Antrieb System Hild, in der Abb. 55 die Disposition eines in Amerika gebräuchlichen Hildantriebes dargestellt. Hierbei ist außer der Rotary-Einrichtung noch ein pennsylvanischer Kran, welcher einen besonderen Antrieb erhält, zum Durchstoßen sehr harter Schichten eingebaut.

Der pennsylvanische Kran bleibt in der Regel auch nach beendigter Bohrung stehen. Er dient dann zum Antrieb der Tiefpumpen für Ölförderung, zur Reinigung der Sonde und zu sonstigen Nebenarbeiten. Im vorliegenden Fall treibt der Motor den Bohrkran mittels eines Zahnradvorgeleges an.

Der Vorteil des Hild-Systemes außer dem allgemeinen Vorteil des Rotary-Systems, nämlich, daß bei günstigen Schichtungsverhältnissen in gleicher Zeit größere Bohrfortschritte als bei anderen Bohrmethoden

Abb. 54. Ansicht eines Rotarybohrkrans mit Antrieb, System Hild.

erzielt werden können, ist noch im besonderen der einer selbsttätigen Regelung des Bohrfortschrittes und damit eine größere Schonung der Bohrrohre und des ganzen Bohrkranes.

5. Kombiniertes Dreh- und Stoßbohren.

Da das Durchbohren sehr harter Gesteinsschichten mit dem Rotary-Bohrkran sehr langsam fortschreitet und von einfachen Stoßbohreinrichtungen schneller durchgeführt werden kann, wird bei Verwendung einer Rotarybohreinrichtung meistens noch ein pennsylvanischer Bohrkran im gleichen Bohrturm aufgestellt. Beim Aufstoßen auf eine für das Rotarybohren ungünstige Gesteinsschicht wird dann die Bohrung mit dem pennsylvanischen Kran fortgesetzt. Selbstverständlich muß der Übergang von einem Bohrsystem auf das andere genau überlegt werden, da das Ausschöpfen des Bohrloches, Nachführen der Verrohrung, die Betriebsbereitmachung des pennsylvanischen Bohrkrans und nach Durchstoßen der festen Schicht die Umstellung auf Rotarybohrung auch

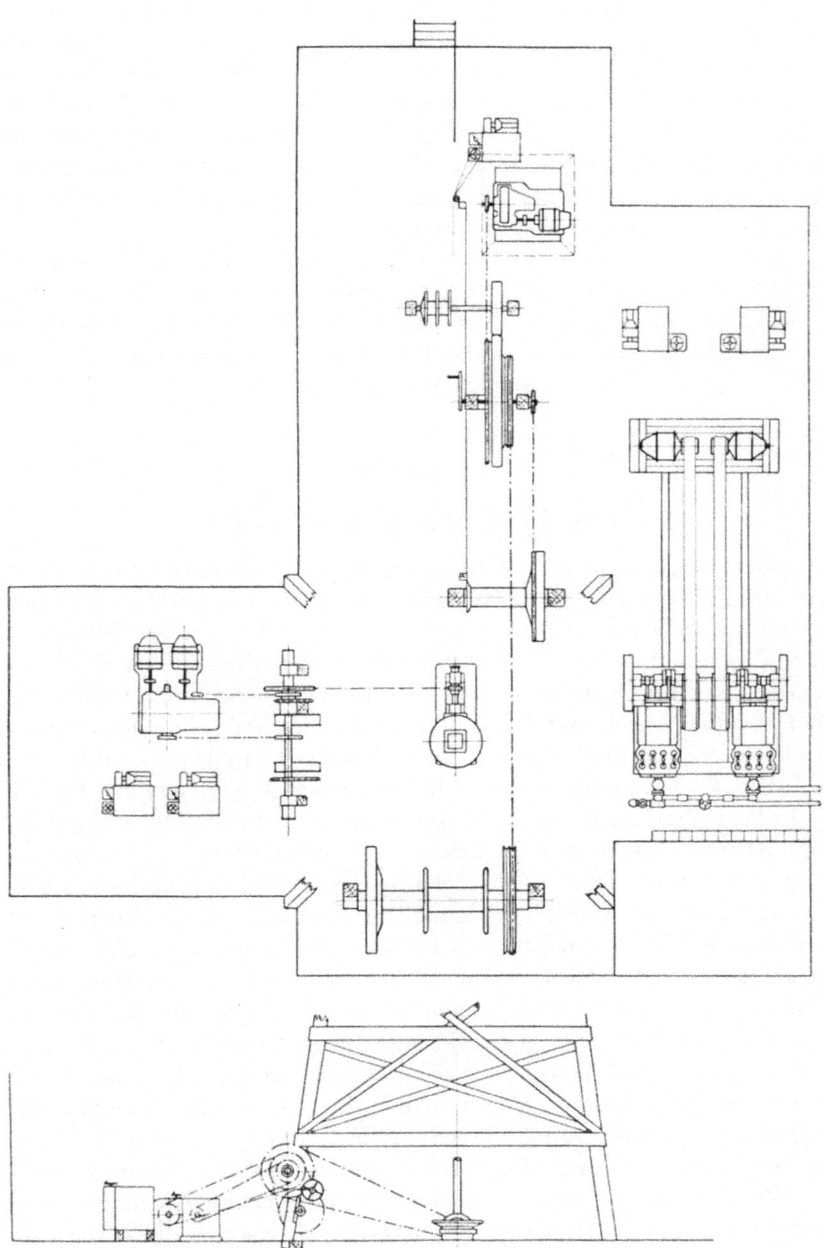

Abb. 55. Disposition einer kombinierten Drehbohranlage, System Hild, und eines pennsylvanischen Bohrkrans.

viel Zeit beansprucht, wodurch der Zeitgewinn durch den rascheren Bohrfortschritt beim Stoßbohren illusorisch werden kann. Der Antrieb des pennsylvanischen Bohrkranes erfolgt in gleicher Art, wie er im entsprechenden Abschnitt erläutert wurde. Um hierbei einen besonderen Motor zu sparen, kann für den Antrieb des pennsylvanischen Kranes unter Umständen das auf dem freien Wellenende des den Rotarybohrkran antreibenden Motors aufgekeilte Kettenrad gegen eine entsprechende Riemenscheibe ausgetauscht werden.

Die für das Rotarybohren notwendigen Spülpumpen, von welchen stets zwei aufgestellt werden, um eine volle Reserve zu haben, erhalten gewöhnlich einen gemeinsamen Antriebsmotor. Für die Bemessung seiner Leistung und die Drehzahlregelung gelten sinngemäß die beim Schnellschlagbohren aufgeführten Gesichtspunkte.

Dritter Teil.

Das Fördern des Erdöles.

So mannigfaltig wie die Verfahren für das Bohren sind auch diejenigen für das Fördern des Öles. Während die Wahl der ersteren lediglich durch die Gebirgsverhältnisse, die Lagerung und Härte der Schichten, den Wasserzufluß und die Bohrtiefe bestimmt wird, ist die Wahl des Förderverfahrens außerdem noch von der Ergiebigkeit der Sonde, den Zuflußverhältnissen und der Beschaffenheit des Erdöles, seinem Gehalt an leicht erstarrendem Paraffin, flüchtigen Bestandteilen u. a. abhängig. In allen Fällen spielen sowohl wirtschaftliche Gesichtspunkte, für die sich allgemeine Regeln von vornherein nicht aufstellen lassen, als auch die Antriebsverhältnisse mit, die ihrerseits auch den örtlichen Bedingungen angepaßt werden müssen. Die elektrische Antriebsart in Verbindung mit der zentralen Energieerzeugung und Übertragung der Energie auf beliebige Entfernungen läßt sich bei allen Förderverfahren mit Vorteil anwenden. Gegen die Verwendung der elektrischen Antriebsart beim Bohren werden immer noch, wenn auch unberechtigte Einwände seitens der Bohrtechniker laut; gegen die elektrische Antriebsart der Fördervorrichtungen wird jedoch kein Widerstand erhoben, auch nicht von seiten der Bergbehörden, die anfänglich die elektrischen Einrichtungen wegen der angeblich durch sie verursachten Zündungsgefahr der Gase in der Umgebung der Erdölgewinnungsstätten nicht zulassen wollten.

Wenn das Erdöl, wie es bei glücklich verlaufenen Bohrungen mitunter vorkommt, nicht durch den natürlichen Gasdruck über Tage befördert wird — ein Vorgang, den man allgemein mit Eruption zu bezeichnen pflegt — (Abb. 56), so sammelt es sich im Bohrloche und bildet eine Flüssigkeitssäule von einer Höhe, welche dem in der ölhaltenden Schicht vorhandenen Gegendruck das Gleichgewicht hält. In diesem Falle muß das Öl künstlich gehoben werden. Die üblichen Förderverfahren kann man in fünf Hauptgruppen einteilen, nämlich in

Abb. 56. Eruptivsonde in Rumänien.

I. das Fördern mittels Schöpflöffel und durch Kolben,
II. das Fördern durch Tiefpumpen,
III. das Fördern mittels Druckluft,
IV. das Fördern durch Senkpumpen,
V. das Fördern im Schachtbetrieb.

Bei den Förderverfahren von I bis IV ist darauf zu achten, daß die Entnahme des Öles aus dem Bohrloch möglichst gleichmäßig und stetig erfolgt, und daß aus dem Bohrloch nicht mehr und nicht weniger Öl gefördert wird, als seine dauernde Ergiebigkeit, die gleich dem stetigen Zuflusse aus der ölführenden Schicht ist, beträgt. Eine über den stetigen Zufluß gesteigerte Ölentnahme stört das erwähnte Gleichgewichtsverhältnis und führt zur Verstopfung der Poren des ölführenden Gebirges oder zu der Versandung des Bohrloches. In beiden Fällen wird die Ausbeute vermindert. Eine ungenügende Förderung hingegen vergrößert die Förderkosten und ist gleichbedeutend mit einem Verzicht auf die für die Ausbeutung verfügbaren Ölmengen. Von diesen Gesichtspunkten ausgehend wird die Wahl des Fördersystems zu treffen sein.

Die Förderverfahren durch Tiefpumpen und Fördergefäße weisen viele Abarten auf von den ältesten Ausführungen bis zu den neuesten, bei welchen alle neuzeitlichen Errungenschaften der Fördertechnik Anwendung finden. Das Fördern mittels Senkpumpen, Druckluft und Schachtbetrieb sind später eingeführt worden, versprechen jedoch eine zunehmende Verbreitung. Sowohl die Pumpen wie auch die Fördermaschinen und deren Antriebe erfuhren wesentliche Verbesserungen, letztere besonders durch die Verwendung der elektrischen Energie, deren betriebliche und wirtschaftliche Vorteile immer mehr erkannt wurden und sogar zum Umbau anderer Antriebsarten in elektrische führten.

I. Das Fördern mittels Schöpflöffels und Kolbens.

Die Gewinnung des Öles aus den Bohrlöchern erfolgt bei großer und in der Menge wechselnder Ergiebigkeit sowie schwerem und durch Wasser verunreinigtem Öl durch Löffel oder Kolben, falls auch Sand im Öl enthalten, durch Löffel allein. Durch diese Art der Förderung wird dem Bohrloche nicht mehr Öl entnommen, als seiner dauernden Ergiebigkeit entspricht. Es kann nämlich die Höhe der Flüssigkeitssäule und ihre Veränderung mühelos aus dem bei besonderer Achtsamkeit hörbaren Aufschlagen des Förderorgans auf die Oberfläche der Flüssigkeit beim Einlassen erkannt werden, beim Löffeln überdies noch aus der Veränderung der Geschwindigkeit beim Aufholen, sobald der Löffel die Flüssigkeit verläßt und in den leeren Teil des Bohrloches eintritt. Bei diesem Übergang tritt eine bedeutende Lastveränderung auf, welche durch Veränderung der Umdrehungszahlen der Maschine und durch ein Rucken des Förderseiles in Erscheinung tritt[1]). Die Ent-

[1]) Sorge, Richard: Tiefbohrtechnische Studien. Berlin: Verlag für Fachliteratur 1908.

nahme kann dem Zufluß durch Wahl verschieden großer Löffel, durch Vergrößerung und Verminderung der Eintauchtiefe beim Kolben, durch die Zahl der stündlichen Züge, durch Einschaltung längerer oder kürzerer Arbeitspausen, seltener durch Veränderung der Hubgeschwindigkeit angepaßt werden. Es ist jedoch einleuchtend, daß die Wirtschaftlichkeit des Förderns mittels Löffel oder Kolben verschlechtert wird, wenn der Flüssigkeitsstand im Bohrloche niedrig ist, so daß der Löffel nicht ganz gefüllt werden kann bzw. die Ölsäule über dem Kolben nur eine geringe Höhe hat.

Der Grad der Füllung des Löffels oder die Flüssigkeitsmenge über dem Kolben ist jedoch nicht nur vom Flüssigkeitsstand, sondern auch von dem Gasgehalt der Flüssigkeit und von dem Zustand des Löffels oder Kolbens abhängig. Je gashaltiger die Flüssigkeit ist, je undichter die Ventile, desto weniger wird gehoben.

Der Einfluß des Gasgehaltes macht sich besonders in Sonden bemerkbar, welche reines Rohöl ergeben. In Sonden, welche einen Wasserzufluß aufweisen, kommt die Flüssigkeit weniger gasreich vor, da infolge der geringen Viskosität der Flüssigkeit die Gasbläschen leichter und rascher ausscheiden können und die Gase in die Oberfläche der Ölsäule verdrängt werden. Dies macht sich durch eine Schaumbildung bemerkbar.

In der Praxis versucht man bei Sonden, welche reines Öl enthalten, eine solche Schöpftiefe zu finden, aus welcher der Löffel oder Kolben ein möglichst gasarmes Öl fördern kann. Diese günstige Tiefe befindet sich normalerweise etwa 6—30 m unter der Öloberfläche.

Die Art des Förderbetriebes durch Schöpflöffel oder Kolben paßt sich der Eigenart des Bohrloches gut, jedenfalls besser als der Pumpbetrieb an und macht sie besonders für den Beginn der Förderung geeignet beim unmittelbaren Übergang vom Bohrbetrieb zum Schöpfbetrieb. Dieser Übergang wird beim Fördern durch den Schöpflöffel oder Kolben noch besonders dadurch begünstigt, daß der dem Bohren dienende Bohrkran durch Zuhilfenahme der Seiltrommel sofort nach beendigter Bohrung zum Fördern bereitgemacht werden kann.

Aber nicht nur für den Zustand der wechselnden Anfangsergiebigkeit ist dieses Förderverfahren geeignet, sondern auch für den Zustand der gleichbleibenden Dauerergiebigkeit, wenn die eingangs erwähnten Verhältnisse vorherrschen und es sich um große Teufen handelt, die mit dem Pumpbetrieb nicht gut beherrscht werden können.

Das Fördern des Öles durch Löffel oder Kolben ist eine eintrümige Förderung im Gegensatz zu der sonst im Bergbau meist angewandten doppeltrümigen Förderung. Es liegt im Wesen der eintrümigen Förderung, daß das Seilgewicht und das Gewicht des Fördermittels nicht ausgeglichen sind. Es sind also beim Heben nicht nur ihre Massen nebst der Nutzlast zu beschleunigen und die Hubarbeit für die Nutzlast zu leisten, sondern es sind auch die toten Lasten des Seiles und des Fördermittels selbst zu heben, wodurch eine bedeutend größere Energie als beim doppeltrümigen Betriebe aufzuwenden ist. Der Energieaufwand wird um so größer, je ungünstiger das Verhältnis zwischen den toten Lasten und der Nutzlast ist. Außerdem muß mit den in der hohen Beanspruchung der Bremsen gelegenen Nachteilen gerechnet werden.

Das Fördern mittels Schöpflöffel und Kolben hat weitere Nachteile, auf die im folgenden hingewiesen werden soll.

Da die zu fördernde Flüssigkeit infolge des Aufstoßens des Löffels oder Kolbens an der Sohle der Sonde häufig mit Sand und Schlamm vermengt wird, werden die Ventilsitze verunreinigt, dadurch die Ventile undicht, und es fließt während des Hochziehens des Löffels oder Kolbens eine erhebliche Flüssigkeitsmenge in die Sonde zurück. Dieser Übelstand macht sich mit zunehmender Tiefe besonders bemerkbar. Bei gasreichen Sonden und Löffelförderung schäumt ein Teil des geförderten Öles über. Die wertvollsten Bestandteile des Rohöles verdunsten. Da das Löffeln oder Kolben meistens aus offenen Sonden erfolgt, so ist beim gasreichen Öl dieses Verdunsten unter Umständen ganz beträchtlich. In Amerika betrug der Gasverlust, auch Gasfaktor genannt, in einem bestimmten Fall 35 cbm je 100 kg des geförderten Rohöles. Die Verluste an Ausbeute waren also recht erheblich. Bei den Versuchen, gasreiche Sonden namentlich beim Löffelbetrieb abzuschließen, das Seil abzudichten und das Gas durch geeignete Gasfänger aufzufangen, ergaben sich verschiedene Betriebsschwierigkeiten durch die Erschwerung der Bedienung beim Heben und der Löffelentleerung, da der Schöpfmaschinist den aus der Mündung der Sonde gehobenen Löffel nicht beobachten kann.

Beim Senken des Fördermittels ist bei großen Maschinen zur Einleitung der Bewegung mitunter nur ein Impuls von Seiten der Antriebsmaschine notwendig, mitunter erfolgt das Senken ohne Impuls durch das Eigengewicht des Gefäßes, wobei die Massen beschleunigt und die Reibung der Ruhe überwunden werden. Die in Bewegung gekommenen Massen werden durch das ständig zunehmende Eigengewicht des sich abwickelnden Seiles sowie durch das Gewicht des Fördermittels in Bewegung gehalten, indem die in der Sonde sich nach abwärts bewegenden Massen bestrebt sind, eine dem freien Fall nahekommende Geschwindigkeit anzunehmen. Die Geschwindigkeit der sich nach abwärts bewegenden Massen würde ständig anwachsen, da nur ein kleiner Teil der Bewegungsenergie in den Reibungswiderständen der einzelnen Maschinenelemente, welche an der Bewegung beteiligt sind, verzehrt wird.

Die Begrenzung der Senkgeschwindigkeit auf den Wert, welcher mit Rücksicht auf die Trommelkonstruktion und die Verhältnisse im Bohrloch noch zulässig ist, geschah bisher bei den üblichen Haspelantrieben durch mechanische Abbremsung. Ob hierbei Backen- oder Bandbremsen oder, wie es auch häufig geschah, die Dampfmaschine selbst als Kompressor bei der Senkbewegung benutzt wurde, immer ist die in Form von Wärme erscheinende Bremsarbeit unverwertet geblieben. Es war nicht möglich, für die beim Senken der toten Last freiwerdende Energie ein entsprechendes Äquivalent in technisch verwertbarer Form zu erhalten. Die hohen Verbrauchszahlen an Betriebsstoff für die geförderte Tonne Rohöl sind nicht in letzter Linie diesem ungünstigen Umstand zuzuschreiben. Ganz anders gestalten sich aber die Verhältnisse, wenn der Antrieb des Schöpfhaspels elektrisch erfolgt, denn hier läßt sich durch das Verhalten des die Bewegungsenergie aufzehrenden, als Asynchrongenerator laufenden Motors zugleich eine kräftige Abbremsung der Bewegungsenergie und ihre Rückgewinnung in Form von elektrischer Energie erreichen.

A. Das Fördern mittels Schöpflöffels.

Das Fördern geschieht durch Herablassen eines leeren Fördergefäßes oder Löffels in das Bohrloch, durch Eintauchen des Löffels in die im Bohrloch befindliche Flüssigkeit, Heraufholen und Entleeren des gefüllten Gefäßes. Zwischen den einzelnen Füllungen vergeht eine gewisse Zeit, welche sich aus den Zeiten für das Ziehen des Löffels, dem Abschwenken von dem Bohrloch, dem Aufsetzen auf eine Abflußrinne, dem Entleeren, dem Anheben und dem Zuführen des Löffels zum Bohrloch, dem Einlassen in die Sonde und dem Eintauchen in die Flüssigkeit zusammensetzen. Da diese mit der Tiefe z. T. zunehmenden Zeiten, welche für die Ausbeute als Verlust zu betrachten sind, nicht ganz beseitigt werden können, so muß wenigstens die möglichste Verkürzung der Zeitabschnitte angestrebt werden.

Vom Standpunkt der Wirtschaftlichkeit wäre es wünschenswert, eine gegebene stündliche Fördermenge mit möglichst wenig Zügen zu heben und damit die durch das jeweilige Mitheben der toten Lasten entstehenden Energieverluste auf ein Mindestmaß zu beschränken. In manchen Fällen wird man diese wirtschaftliche Forderung erfüllen können, in anderen Fällen wird man sich jedoch nach den bergbaulichen Gesichtspunkten richten müssen, die die Entnahme von kleinen Mengen, jedoch recht oft hintereinander, d. h. ein Schöpfen mit kleinem Löffel und möglichst großer Geschwindigkeit erfordern. Dabei ergibt sich allerdings ein stärkerer Verschleiß der Seile und infolge des Pendelns des Löffels eine starke Abnutzung des Löffels und der Verrohrung. Außerdem kann bei gasreichen Sonden als Folge der

Reibung durch auftretende Funken ein Brand verursacht werden. Diese Nachteile müssen jedoch bei der Löffelförderung in Kauf genommen werden.

Der Schöpflöffel besteht aus einem dünnwandigen Rohr von 2,5—4 mm Wandstärke bis 15 m Länge und einem dem Bohrlochdurchmesser angepaßten Durchmesser. Es hat sich in der Praxis ergeben, daß der äußere Durchmesser des Löffels nicht mehr als 0,7 des Durchmessers des Bohrloches betragen soll. Die Vergrößerung des Durchmessers hat eine Erhöhung der Reibungswiderstände zur Folge. Der Schöpflöffel trägt am oberen Ende einen zur Befestigung des Seiles dienenden Bügel, am unteren Ende ein eingeschraubtes oder angenietetes Fußventil, welches sich beim Aufschlagen auf das Öl öffnet und den Öleintritt in den Löffel ermöglicht. Das gleiche Ventil dient durch Aufsetzen auf die Förderrinne dem Entleeren des Löffels. Die Länge des Löffels muß der Höhe des Bohrturmes angepaßt werden. Zwischen der Seilscheibe im Turm und dem heraufgezogenen Löffel muß ein Spielraum von einigen Metern übrigbleiben, damit der Löffel bei sehr schnellem Aufholen nicht an die Seilscheibe anschlägt. Ein derartiger Unfall, der gewöhnlich zu einer Betriebsunterbrechung von mehreren Stunden führen kann und unstreitig zu den Nachteilen des Schöpfbetriebes gehört, ist beim elektrischen Antrieb leichter zu verhüten als beim Dampfmaschinenantrieb, da sich die Elektromotoren genauer und sicherer steuern lassen als die Dampfmaschinen.

Das Heben und Senken des Schöpflöffels kann durch zwei verschiedene Mittel geschehen: durch Verwendung des Bohrkrans als Schöpfkran oder eines besonderen Schöpfhaspels. Die mit dem Bohrkran verbundenen Schöpfvorrichtungen können sich an Zweckmäßigkeit nicht mit denjenigen Haspeln messen, welche eigens für den Förderbetrieb gebaut sind. Dies ist begreiflich, wenn man bedenkt, daß die beim Bohrkran vorgesehene Schöpftrommel ihrem ursprünglichen Zweck entsprechend zum Heben und Senken des Schlammlöffels dient. Der Schöpfhaspel setzt dem schnellen Einlassen des Löffels viel weniger Widerstand entgegen als die zum Bohrkran gehörige Schöpftrommel. Beim kanadischen Bohrkran liegt auf der Riemenscheibe der sich drehenden Trommel der breite Riemen, welcher der Kraftübertragung auf die Trommel dient, lose auf, wodurch er in eine Flatterbewegung gerät, die Riemenscheibe der Schöpftrommel abbremst und die Abwärtsbewegung des daranhängenden Löffels verlangsamt. Infolge der durch den Riemen verursachten Erschütterungen wird die Holzkonstruktion des Turmes in Mitleidenschaft gezogen, der teure Riemen einem starken Verschleiß ausgesetzt.

Messungen, die in Rumänien ausgeführt wurden, haben ergeben, daß der Löffel, falls er mit dem Schöpfhaspel eingelassen wurde, mit etwa 8—10 m/s Geschwindigkeit ins Bohrloch niederging, während der mit dem kanadischen Bohrkran eingelassene Löffel unter sonst gleichen Umständen nur 5 m/s Geschwindigkeit annahm. Die eigens für den Schöpfbetrieb gebauten Haspel lassen auch eine wesentlich höhere Geschwindigkeit beim Heben zu als die mit dem kanadischen Bohrkran vereinigten Schöpftrommeln. Die Hubgeschwindigkeit des Schöpfhaspels beträgt 2,5—5 m/s oder darüber, während bei der Schöpftrommel des kanadischen Bohrkrans keine höhere Geschwindigkeit als etwa 2 m/s zulässig ist. Die Leerlaufsverluste beim Senken des Löffels mit durchlaufendem Elektromotor, verursacht durch das Getriebe des

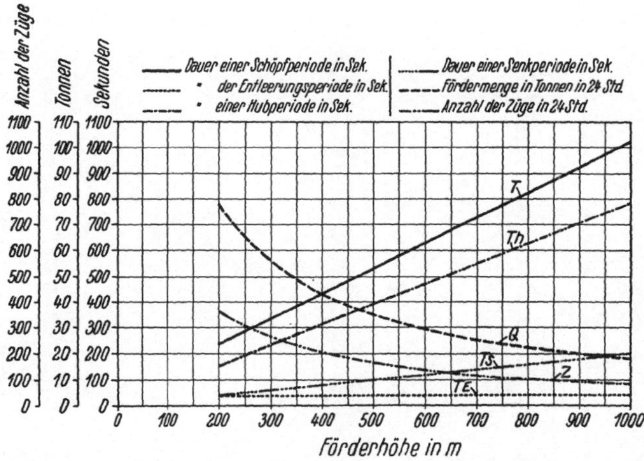

Abb. 57. Schaulinien des Schöpfbetriebes mittels kanadischen Bohrkrans.

kanadischen Bohrkrans, betragen etwa 30—35 % der Antriebsleistung, während sie sich beim Schöpfhaspel in Anbetracht der wesentlich geringeren Reibungsverluste zu etwa 10 % beziffern. Auch dieser Umstand spricht also für die Verwendung eines besonderen Schöpfhaspels.

Die in der Abb. 57 dargestellten Schaulinien der Fördermenge Q während 24 Stunden und der Förderzeit T für ein volles Spiel, bestehend aus der Zeit für das Heben T_h, die Entleerung des Löffels T_e und das Senken T_s in Abhängigkeit von der Förderhöhe zeigen, wie ungünstig es ist, den Schöpfbetrieb mit Hilfe des kanadischen Bohrkrans durchzuführen, besonders wenn aus großen Tiefen gefördert werden soll. Der Darstellung sind folgende Verhältnisse zugrundegelegt.

Löffelinhalt	250 l
Hubgeschwindigkeit	1,3 m/s
Senkgeschwindigkeit	5,0 m/s
Pause zwischen Heben und Senken	40 s
Leistung des Antriebsmotors	52 PS

Die Zahl der Hübe Z in 24 Stunden nimmt ebenso wie die Fördermenge mit der Tiefe schnell ab.

Das Löffeln mit dem kanadischen Bohrkran kann nur als Notbehelf angesehen werden, solange das Löffeln als sog. Probelöffeln während des Bohrens oder unmittelbar nach dem vollendeten Bohren stattfindet.

Die Schöpfhaspel werden je nach der Größe der Nutzlast, d. h. des Löffelinhaltes, der Hubgeschwindigkeit und der Teufe in verschiedenen Größen hergestellt. Die besonders in Rumänien verbreiteten

Abb. 58. Schöpfhaspel der Steaua Romana.

Schöpfhaspel bestehen in der Hauptsache aus einem kräftigen, aus Holz oder Eisen hergestellten Grundrahmen, auf welchem eine mit einer Bandbremse ausgerüstete Trommel zur Aufnahme des Schöpfseiles, eine Kupplung zum Ein- und Ausschalten des Antriebsorganes beim Heben oder Senken, in der Regel einer Riemenscheibe, die auch durch ein Zahnrad ersetzt werden kann, und das Antriebsorgan selbst aufgebaut sind. Der Antrieb durch eine Riemenscheibe ist der verbreitetere. Die Riemenscheibe wird meistens mit einer Reibungskupplung vereinigt, es gibt aber auch einfachere Ausführungsarten, beispielsweise bei der Steaua Romana (Abb. 58), wo die Kupplung getrennt angeordnet ist. Die Trommel nebst Kupplung und die hölzerne Riemenscheibe laufen hier in kräftigen Lagern, die auf gußeisernen Böcken aufgebaut sind. Eine bessere Ausführungsart stellt der bei der Astra Romana verwendete Schöpfhaspel dar, bei welchem ein Lager gespart ist und die Kupplung sich innerhalb der Riemenscheibe befindet (Abb. 59). Zur Betätigung des Haspels dienen zwei Hebel, ein Kupplungs- und ein Bremshebel. Die Kupplung wird nur beim Heben des Löffels eingeschaltet, sonst ist sie ausgeschaltet.

Der Antriebsmotor läuft stets in einem Sinne, das Herablassen des Löffels erfolgt selbsttätig ohne Aufwand von Energie durch das Gewicht des Löffels. Damit dieser gegen Ende der Fahrt keine zu große Geschwindigkeit annehmen kann, wird mittels des Bremshebels die Bandbremse angezogen. Diese dient auch zum Manövrieren beim

Abb. 59. Schöpfhaspel der Astra Romana.

Hochziehen, Aufsetzen des Löffels auf das Abflußgefäß und Einführung desselben in die Bohrlochmündung.

Durch Anwendung aller bei den elektrischen Schachtfördermaschinen bekannten Sicherheitsvorrichtungen können die durch Unachtsamkeit des Maschinisten verursachten Schäden vermieden werden, was zur Zulassung höherer Fördergeschwindigkeiten und dadurch zur Erhöhung der Ausbeute führt.

Bei den beschriebenen Schöpfhaspeln wird auf die Anbringung besonderer Sicherheitsvorrichtungen gegen Zuhochfahren usw. verzichtet und es wird der Aufmerksamkeit des Fördermaschinisten vertraut. Die in Galizien allerdings unter schwierigeren Verhältnissen gesammelten günstigen Erfahrungen mit den kombinierten mechanischen und elektrischen Sicherheitsvorrichtungen haben aber auch die rumänischen Erdölinteressenten bewogen, sich mit dem Problem der Erhöhung der Sicherheit des Förderbetriebes zu beschäftigen, besonders in Anbetracht dessen, daß man auch in Rumänien allmählich zum Aufsuchen tiefergelegener Öllagerstätten gezwungen ist und die Teufen, die Förder-

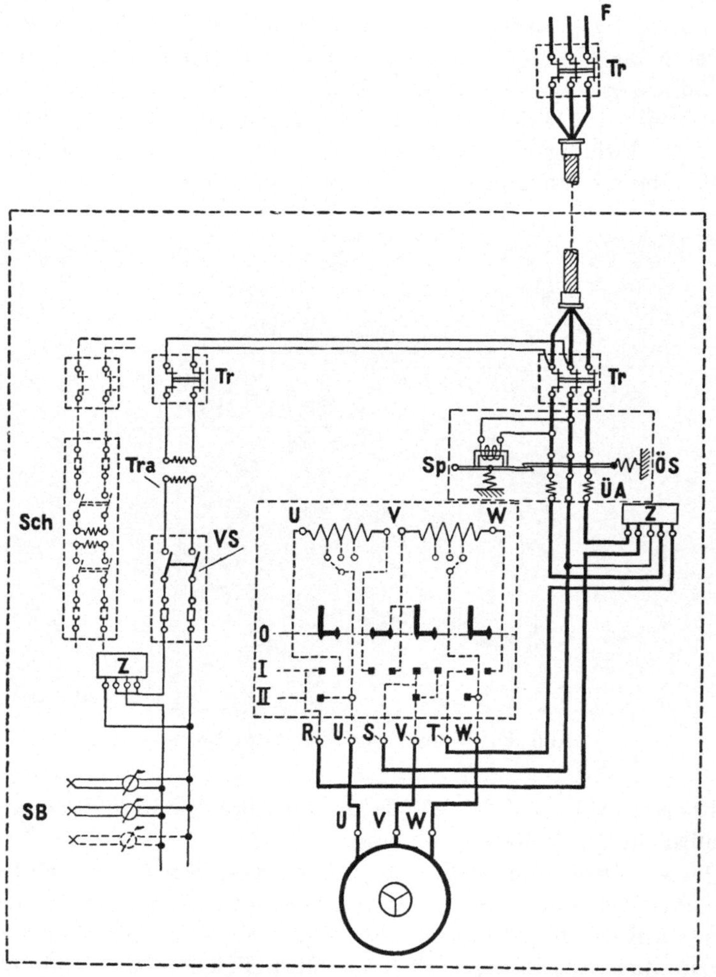

Abb. 60. Schaltung eines Drehstrom-Asynchronmotors mit Kurzschlußläufer und Anlaßtransformator.
F = Freileitung, Tr = Trennschalter, Sp = Spannungsauslöser, ÖS = Ölschaltkasten, ÜA = Überstrom-Ausschalter, Z = Zähler, Tra = Transformator, VS = Verriegelbarer Sicherungsschalter, Sch = Schaltkasten mit Transformator, SB = Sonden-Beleuchtung.

maschinen und ihre Antriebsmotoren immer größer werden. Die oben beschriebenen, bei der Astra Romana verwendeten, vorhandenen Förderhaspel lassen sich wohl nachträglich mit Sicherheitsvorrichtungen ausrüsten, doch ist von Fall zu Fall zu untersuchen, ob bei Verwendung der schneller wirkenden Sicherheitsbremse die an die Festigkeit des

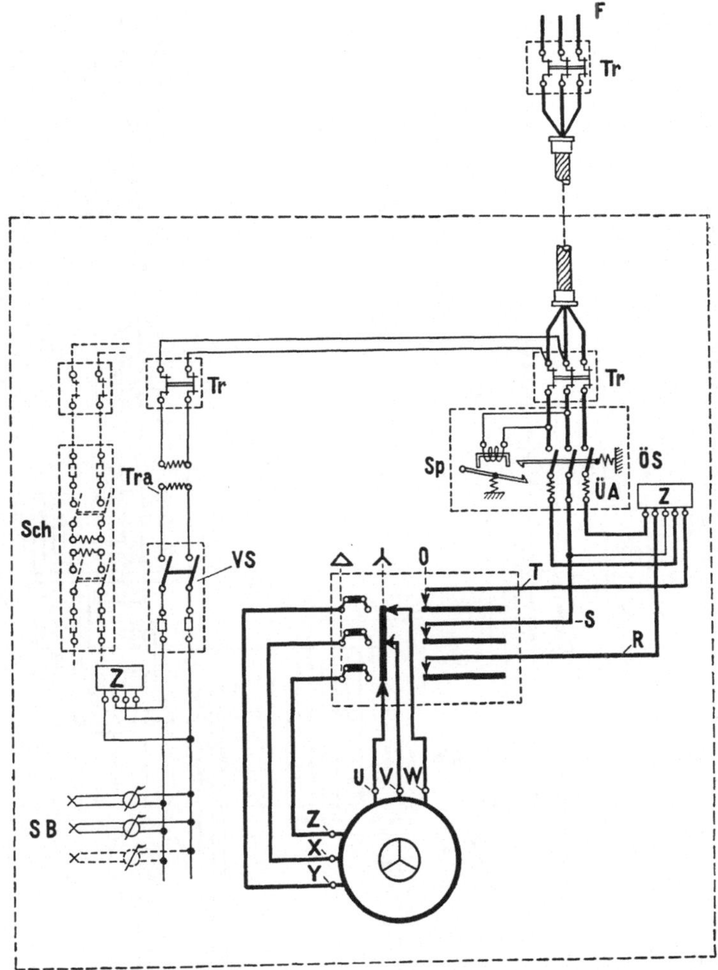

Abb. 61. Schaltung eines Drehstrom-Asynchronmotors mit Kurzschlußläufer und Stern-Dreieckschalter.

F = Freileitung, Tr = Trennschalter, Sp = Spannungsauslöser, ÖS = Ölschaltkasten, ÜA = Überstrom-Auslöser, Z = Zähler, Tra = Transformator, VS = Verriegelbarer Sicherungsschalter, SB = Sonden-Beleuchtung, Sch = Schaltkasten mit Transformator.

mechanischen Teiles gestellten gesteigerten Anforderungen erfüllt werden. Bei Übergang auf größere Teufen und höhere Geschwindigkeiten empfiehlt sich jedenfalls statt des Umbaus vorhandener Einrichtungen neue aufzustellen in der Ausführungsform, wie sie in Galizien verwendet und später beschrieben werden.

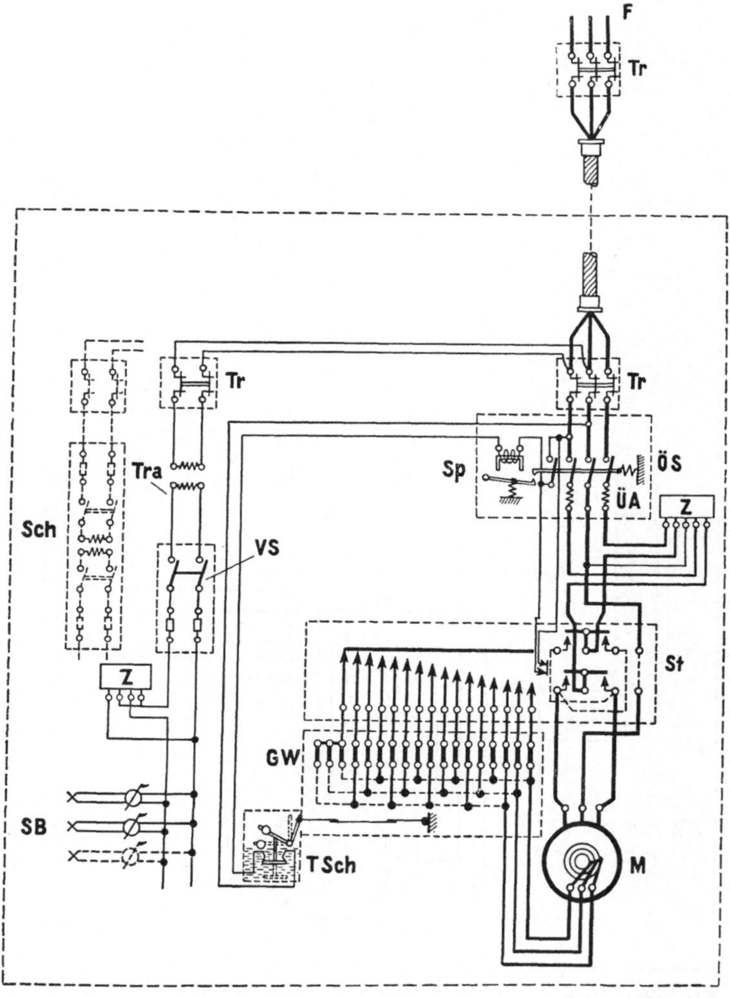

Abb. 62. Schaltung eines Drehstrom-Asynchronmotors mit Schleifringläufer. F = Freileitung, Tr = Trennschalter, ÖS = Ölschaltkasten, ÜA = Überstromauslöser, Sp = Spannungs-Auslöser, St = Steuerschalter, GW = Gußeisen-Widerstand, TSch = Temperatur-Schalter, VS = Verriegelbarer Schalter, Tra = Transformator, SB = Sonden-Beleuchtung, Sch = Schaltkasten mit Transformator.

Da der Elektromotor bei dem Schöpfvorgang, wie erwähnt, dauernd durchläuft und weder umgekehrt noch in der Drehzahl geregelt zu werden braucht, können Drehstrom-Asynchronmotoren mit Kurzschlußläufer für den Antrieb verwendet werden. Ihre Schaltung ist denkbar

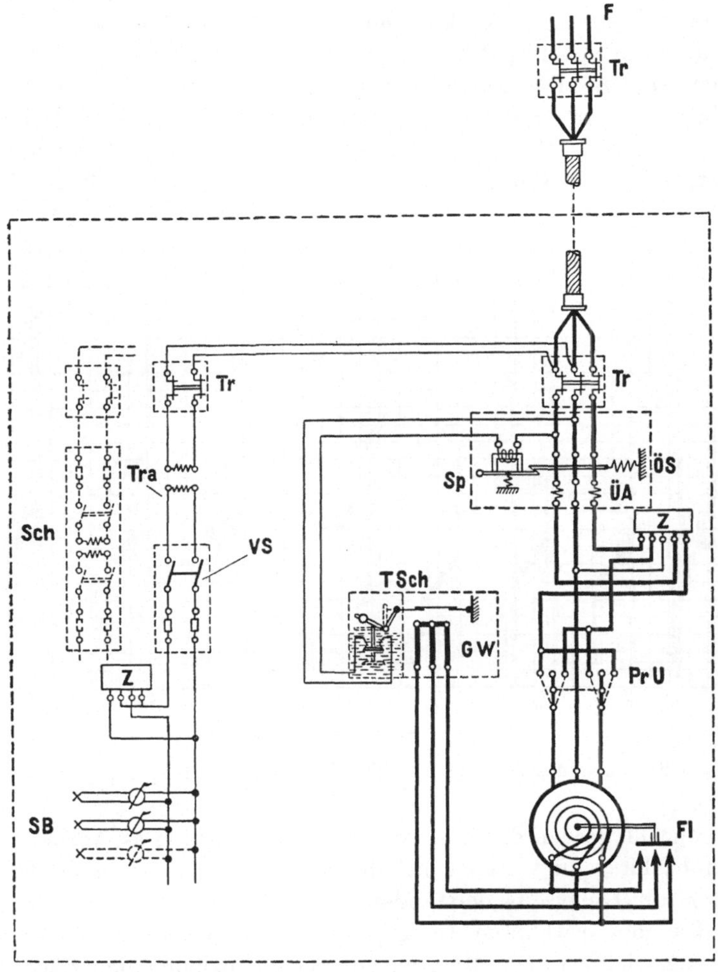

Abb. 63. Schaltung eines Drehstrom-Asynchronmotors mit Schleifringläufer und Fliehkraftanlasser.

Fr = Freileitung, Tr = Trennschalter, ÖS = Ölschaltkasten, ÜA = Überstrom-Auslöser, PrU = Primär-Umschalter, Fl = Fliehkraftschalter, TSch = Temperatur-Schalter, GW = Gußeisen-Widerstand, Tra = Transformator, VS = Verriegelbarer Schalter, SB = Sonden-Beleuchtung, Sch = Schaltkasten mit Transformator.

einfach. Das Anlassen geschieht mit Hilfe eines Anlaßtransformators (Abb. 60) oder eines Stern-Dreieckanlaßschalters (Abb. 61) bei ausgeschalteter Kupplung, gegen Überlastung ist der Motor durch einen Höchststromausschalter geschützt.

Soll der dem Schöpfen dienende Motor gleichzeitig zum Reinigen der Sonde oder zum Nachbohren verwendet werden, so muß statt des Motors mit Kurzschlußläufer ein solcher mit Schleifringläufer verwendet werden. Die Schaltung eines solchen Motors ist aus Abb. 62 ersichtlich. Beim Schöpfen werden die Schleifringe kurzgeschlossen und die Bürsten abgehoben, um die Verluste durch Bürstenreibung zu vermeiden, die Bürsten und Schleifringe zu schonen. Beim Regeln

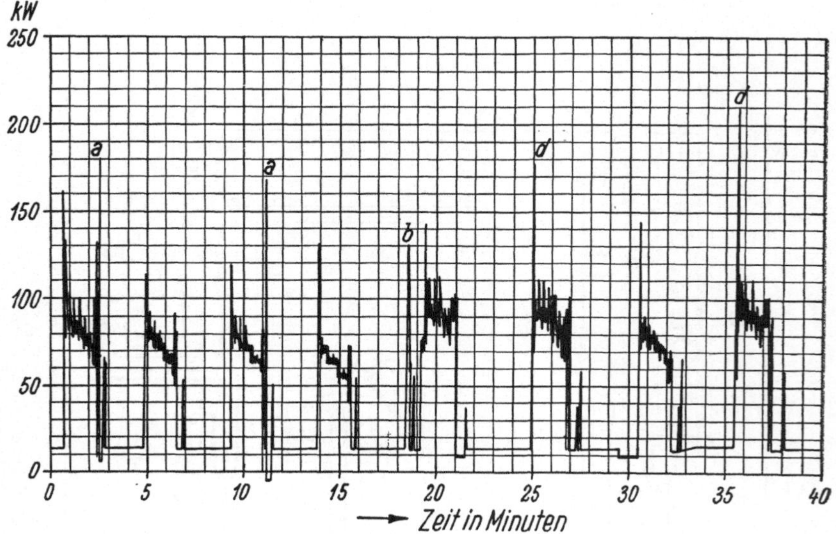

Abb. 64. Leistungsschaulinien der Förderung mittels Schöpflöffels.

der Drehzahl werden die Bürsten wieder aufgelegt. Das Anlassen und die Drehzahlregelung erfolgt bei diesen Motoren durch einen Steuerschalter mit Gußeisenwiderständen.

Außer den erwähnten beiden Motorarten werden namentlich in Rumänien vielfach auch Motoren mit Schleifringläufer und Fliehkraftanlasser, in Rußland Motoren mit selbsttätiger Gegenschaltung verwendet, auf deren Eigenschaften in elektrischer Hinsicht später zurückgekommen werden soll. Die Schaltung eines Motors mit Schleifringläufer und Fliehkraftanlasser geht aus der Abb. 63 hervor. Bei allen Motoren hat sich die synchrone Drehzahl von 750 Umdr./min als die günstigste erwiesen. Ihre Leistung ist sehr verschieden und wechselt von 50 bis 100 kW je nach der Teufe und Nutzlast. Größere Motoren kommen in Rumänien und Rußland nur selten vor.

Die Belastung der Motoren ist in regelmäßigen Abständen wechselnd, was man mit dem Ausdruck „intermittierend“ zu bezeichnen pflegt. Die mit einem selbstschreibenden Leistungszeiger aufgenommenen

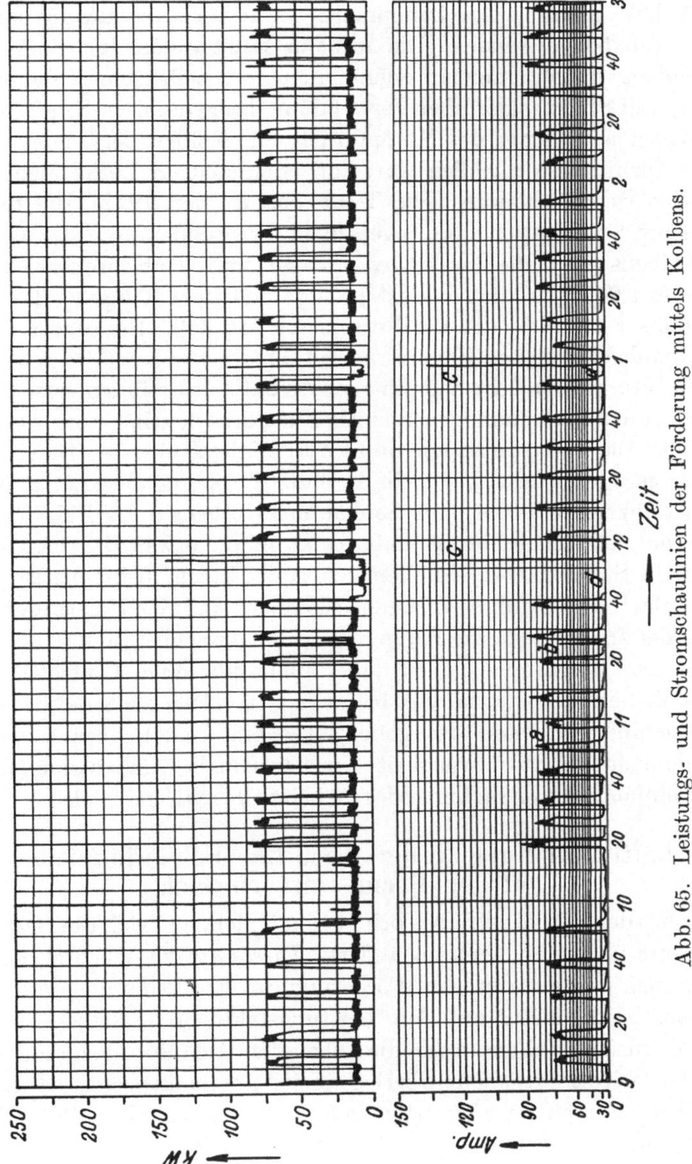

Abb. 65. Leistungs- und Stromschaulinien der Förderung mittels Kolbens.

Schaulinien (Abb. 64) geben ein Bild der Belastung des Motors an einer rumänischen Erdölsonde. Die Teufe betrug 549 m, die Förderung

5,5 Waggon in 24 Stunden, die Zügezahl in der Stunde 14, das Gewicht des leeren Löffels von 9″ Durchmesser und 13 m Länge 200 kg, der Durchmesser der Verrohrung 13″. Der Motor war für eine Nennleistung von 52 kW gebaut. Als Schöpfhaspel war die Ausführung entsprechend Abb. 59 verwendet. Die Abb. 65 stellt andere im rumänischen Erdölgebiet aufgenommene Schaulinien mit selbstschreibenden Leistungs- und Stromzeigern bei Verwendung des genannten Schöpfhaspels dar, wobei aber statt des Schöpflöffels ein Kolben verwendet wurde, da der Ölzufluß so reichlich war, daß er mit einem Löffel nicht mehr bewältigt werden konnte. Die Teufe betrug hier 910 m, die tägliche Förderung 8,8 Waggon, die Zügezahl in 24 Stunden 144, das Gewicht des Kolbens einschließlich Schwerstange und Rutschschere 250 kg, des Seiles 1,94 kg/m, die Nutzlast je Zug im Mittel 610 kg, der Trommeldurchmesser 450 mm, der der Verrohrung $5^1/_2$ Zoll. Der Motor war für eine Nennleistung von 100 kW ausgeführt.

Von Interesse sind die Kurven auch deshalb, da an ihnen verschiedene Fehler bei der Bedienung des Haspels besonders deutlich zum Ausdruck kommen. Die Punkte *a* zeigen, daß am Ende des Hubes die Bandbremse schon angezogen wurde, bevor die Reibungskupplung ausgeschaltet war. In den Punkten *b* wurde beim Senken des Kolbens unter Zuhilfenahme des Motors dadurch gebremst, daß die Kupplung etwas eingelegt wurde. Die hohen Stromspitzen *c* stellen den Anlaufstrom beim Anlassen des Motors dar. Die Punkte *d* lassen erkennen, daß der Haspelführer bei Beginn der Hubperiode die Kupplung bei angezogener Bremse eingelegt hat. — Die Diagramme geben daher nicht nur eine Kontrolle dafür, ob das Bedienungspersonal gearbeitet hat, sondern auch dafür, wie es die Maschine bediente, also gleichzeitig ein Urteil über seine Geschicklichkeit und Zuverlässigkeit. Nur bei elektrischem Antrieb ist eine derart einfache Überwachung des Arbeitspersonals möglich.

Wirtschaftlichkeit der Förderung mittels Schöpflöffels bezogen auf den Brennstoffverbrauch.

Die Art des Förderbetriebes bringt es mit sich, daß sich die Belastung des Motors in weiten Grenzen ändert. Dieser starke Wechsel, der besonders bei der eintrümigen Förderung in Erscheinung tritt, wirkt naturgemäß ungünstig auf den Leistungsfaktor des Netzes und der Zentrale zurück. Wenn auch die folgenden Ausführungen den Nachweis der wirtschaftlichen Überlegenheit des elektrischen Antriebes gegenüber anderen Antriebsarten liefern, so ist der Haspelbetrieb als solcher aus den erwähnten Gründen doch nicht als ideal zu bezeichnen.

Der Brennstoffverbrauch beim Fördern mittels Schöpflöffels ist von einer Reihe von Umständen abhängig, die auf die Höhe des Verbrauches von mehr oder weniger großem Einflusse sind. Als solche sind zu bezeichnen:

1. die Tiefe der Sonde,
2. der Durchmesser der Verrohrung,
3. die Abmessungen und das Gewicht des Löffels,
4. das Gewicht des Seiles,
5. die Höhe der Flüssigkeitssäule in der Sonde für den Fall, daß das Löffeln von der tiefsten Stelle der Ölsonde erfolgt,
6. die Entfernung der Sonde von der Kesselanlage, sowie der Zustand der Wärmeisolation der Dampfzuleitungen,
7. die Ausführung und Wartung des mechanischen Teiles der Fördereinrichtung und ihrer Antriebsmaschine,
8. die Zeitdauer der durch den Betrieb bedingten Pausen und unvorhergesehenen Stillstände,
9. die Art der Antriebsmaschine.

Bei dem elektrischen Antrieb ist bei Vorhandensein von selbstschreibenden Leistungsmessern ein genauer Rückschluß auf den Energie-, somit den Brennstoffverbrauch bei der Förderung unter den verschiedenen Arbeitsbedingungen zu ziehen. Schwieriger gestaltet sich diese Feststellung bei dem Dampfantrieb, insofern, als man durch das Fehlen jeglicher Dampfmeßeinrichtungen in den Betrieben genaue Meßwerte nicht erhalten kann und auf rechnerische Festlegungen angewiesen ist.

Die in Abb. 66 dargestellten Diagramme sind im Erdölgebiet von Grosny an drei verschiedenen elektrisch betriebenen Schöpfsonden mittels selbstschreibender Leistungszeiger aufgenommen worden. Die Diagramme 1 und 2 zeigen den Verlauf der Belastung des Motors an zwei Sonden von 840 bzw. 448 m Tiefe, aus denen mittels eines Schöpflöffels von 4 bzw. 6 Zoll Durchmesser gefördert wurde, ohne ihn tief in die Flüssigkeit einzutauchen. Einen abweichenden Verlauf der Belastung zeigt das Diagramm 3, wobei der Löffel bis an die Sohle der mit einer Ölsäule von 340 m Höhe gefüllten Sonde von einer Tiefe von 478 m herabgelassen wurde. Der Löffeldurchmesser ist unbekannt.

Bei der Förderung nach den Diagrammen 1 und 2 waren keine hydraulischen Widerstände vorhanden, die Diagramme stellen daher annähernd ein Dreieck dar, entsprechend dem theoretischen Förderdiagramm. Anders bei dem Diagramm 3, dessen Verlauf zeigt, daß in dem ersten Teil der Hubperiode hohe Reibungsverluste beim Bewegen des Löffels in der Flüssigkeit aufgetreten sind.

Die jeweils vor Beginn der Senkperiode bei leerlaufendem Motor auftretenden Belastungsstöße, die durchschnittlich den Wert von 10 kW erreichen, rühren vom Anheben des leeren Löffels und den Reibungsverlusten im Motor und den Antriebsorganen her. Das Anheben des Löffels erfordert etwa 4 kW, die Reibungsverluste im Motor betragen etwa 3 kW, so daß für den Energieverbrauch des Schöpfmechanismus auch etwa 3 kW übrigbleiben.

Analog dem Verlauf der Belastung beim elektrischen Antrieb ist

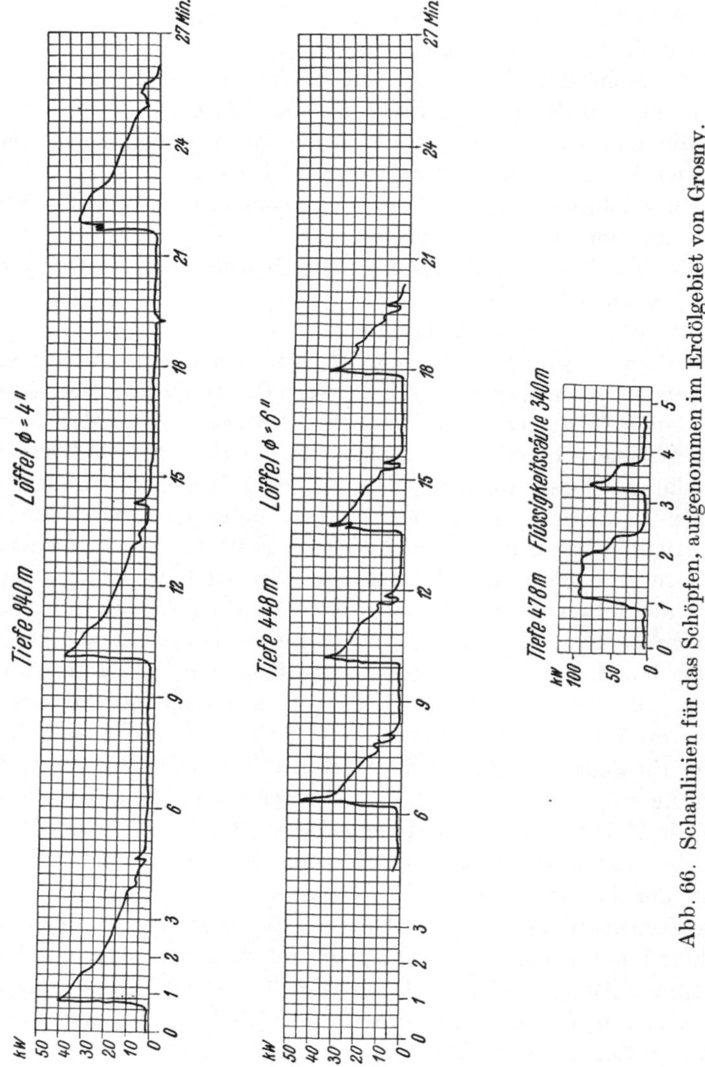

Abb. 66. Schaulinien für das Schöpfen, aufgenommen im Erdölgebiet von Grosny.

auch der Belastungsvorgang beim **Dampfmaschinenantrieb.** Aus dem in Abb. 67 dargestellten Diagramm ist dieser Belastungsvorgang ersichtlich. Das Diagramm setzt sich aus sechs Flächen zusammen, die den Dampfverbrauch bei den einzelnen Vorgängen darstellen. Die Summe dieser Flächen gibt den Wert des gesamten Dampfverbrauches beim Schöpfvorgang an.

Bei dem Entwurf des Diagrammes wurden folgende Annahmen getroffen:

1. Die Dampfmaschine läuft während der aufeinanderfolgenden Schöpfperioden im gleichen Drehsinn dauernd durch,

2. die Reibungswiderstände beim Bewegen des Löffels in der Flüssigkeit werden vernachlässigt,

3. der Dampfverbrauch wird im Augenblick des Anhebens des Löffels gemessen,

4. die zum Entleeren und Senken des Löffels erforderliche Zeit beträgt das 0,6fache der Zeit einer ganzen Schöpfperiode.

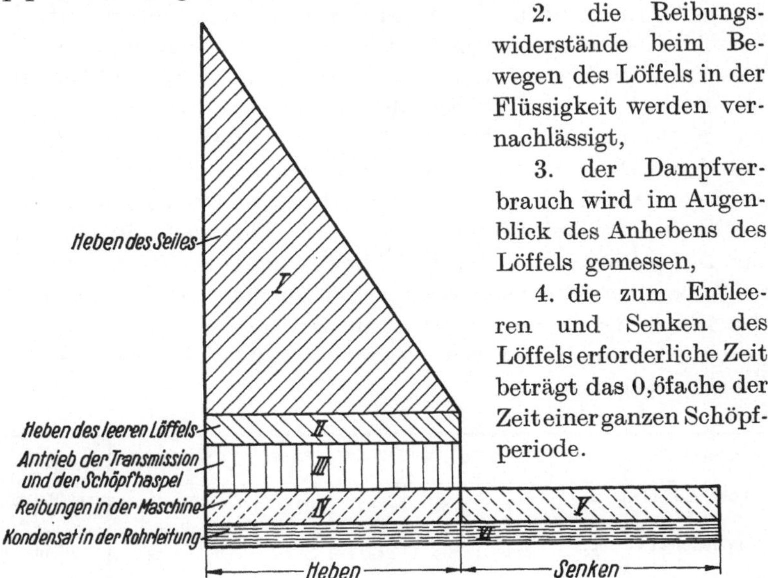

Abb. 67. Diagramm des Belastungsvorganges beim Schöpfen mittels Dampfmaschine.

Dies vorausgeschickt, stellen die einzelnen Flächen I—VI folgende Werte dar:

I den Dampfverbrauch beim Heben des Seiles. Dieser ist beim Beginn des Hebens am größten und nimmt allmählich auf Null ab.

II den Dampfverbrauch beim Heben des leeren Löffels, der während der ganzen Hubperiode gleichbleibt.

III den Dampfverbrauch bei der Überwindung der im Schöpfhaspel auftretenden Reibung, der ebenfalls für die ganze Hubperiode konstant ist.

IV und V den Dampfverbrauch verursacht durch die Verluste in der Dampfmaschine selbst, beim Heben und Senken. Diese Verluste sind von der Ausführung und Instandhaltung der Maschine abhängig und sind während des Hebens und Senkens gleich.

VI den Kondensationsverlust in den Rohrleitungen.

Zu dem aus der Diagrammfläche sich ergebenden Dampfverbrauch für eine Schöpfperiode mit leerem Löffel muß der Genauigkeit halber noch ein Zuschlag von etwa 4% für den Brennstoffzerstäuber der Feuerung und 1% für die Kesselspeisung gemacht werden.

Um aus dem Dampfverbrauch den Brennstoffverbrauch zu errechnen, wird angenommen, daß durch 1 kg Rohöl bei dem Verbrennen unter dem Kessel 10 kg Dampf erzeugt werden.

Die folgende Tabelle[1]) enthält die Werte des Brennstoffverbrauchs in kg beim Heben und Senken des leeren Löffels von verschiedenen Abmessungen aus verschiedenen Teufen bei einer mittleren Geschwindigkeit von 5 m/sek. und einem Seil von $^5/_8$ Zoll Durchmesser und 0,9 kg/m. Das Verhältnis der Zeit für das Heben zu derjengen für das Entleeren und Senken des Löffels ist zu 4: 6 angenommen. Der stündliche Dampfverbrauch der dem Antrieb dienenden Dampfmaschine beträgt 20 kg/PS_i. Der stündliche Dampfverbrauch durch Kondensation in den Rohrleitungen wurde zu 2,38 kg/m², der Durchmesser der Dampfleitung zu 0,1 m, ihre Länge wurden zu 100 m angenommen.

Außer dem Brennstoffverbrauch während einer Schöpfperiode für das Heben des leeren Löffels ist in der Tabelle auch der Brennstoffverbrauch zum Heben von 1 kg Flüssigkeit allein aus verschiedenen Tiefen angegbeen.

Löffelmaße	4″×30′	5″×30′	6″×30′	7″×30′	8″×30′	9″×30′	10″×30′	Brennstoffverbrauch zum Heben von 1 kg Flüssigkeit allein	Zahl der stündlichen Züge
Löffelgewicht in kg	74	78	88	96	113	129	150		
Löffelinhalt in kg	64	100	145	197	257	328	393		
Schöpftiefe in m 213	1,07	1,08	1,12	1,14	1,19	1,24	1,30	0,00295	33
426	2,99	3,02	3,07	3,12	3,22	3,32	3,45	0,0061	16
639	5,75	5,80	5,89	5,95	6,11	6,26	6,45	0,0092	11
852	9,37	9,42	9,54	9,63	9,84	10,04	10,30	0,0121	8
1065	13,84	13,90	14,05	14,17	14,43	14,67	15,00	0,0152	6

Wie aus der Tabelle ersichtlich, wird der Brennstoffverbrauch zum Heben des Seiles und des leeren Löffels bei ein und derselben Teufe durch Wahl eines Löffels von größeren Abmessungen nur unwesentlich erhöht. Um eine bestimmte Flüssigkeitsmenge aus einer gegebenen Teufe zu fördern, ist es daher mit Rücksicht auf Brennstoffersparnis zweckmäßiger, weniger Züge mit einem großen Löffel als mehr Züge mit einem kleinen Löffel auszuführen. Der Vergrößerung des Löffels sind jedoch gewisse betriebliche Grenzen gezogen. Der Löffeldurchmesser muß, wie bereits erwähnt, in einem bestimmten Verhältnis zum Durchmesser der Verrohrung stehen, die Verlängerung des Löffels aber ist durch die Turmhöhe begrenzt.

[1]) Naphtha-Wirtschaft von Grosny 1924, H. 1—3.

Bezeichnet man in der Tabelle mit

a den Brennstoffverbrauch zum Heben des leeren Löffels,

b den Brennstoffverbrauch zum Heben von 1 kg Flüssigkeit,

c das Gewicht des Löffelinhaltes in kg und

d den Füllungsgrad des Löffels, der bei Sonden mit so hohem Ölstand, daß der Löffel vollständig eintaucht, bei dickflüssigem Öl mit 0,6, bei stark verwässertem Öl mit nahezu 1 angenommen werden kann, so erhält man den gesamten Brennstoffverbrauch für eine Schöpfperiode in kg aus der Gleichung

$$x = a + b \cdot c \cdot d\,.$$

Bezeichnet man ferner mit

e das prozentuale Verhältnis des mit dem Löffel gehobenen reinen Rohöls zur insgesamt gehobenen Flüssigkeit,

so ergibt sich die für die freie Verwendung übrigbleibende Rohölmenge aus der Gleichung

$$x_1 = \frac{c \cdot d \cdot e}{100} - x.$$

Es gibt in der Praxis Fälle, wo der Wassergehalt des Öles so groß ist, daß die für das Fördern benötigte Brennstoffmenge durch die geförderte Ölmenge nicht gedeckt wird. Trotzdem wird mitunter der Schöpfbetrieb an einer oder mehreren Sonden weiter durchgeführt, um die erdölführende Schicht vor einer gänzlichen Verwässerung zu schützen.

Der Brennstoffverbrauch in kg zum Heben von 1 kg reinem Rohöl bei einem bestimmten Füllungsgrad d des Löffels und einem gegebenen Verhältnis e zwischen reinem Rohöl und der geförderten Flüssigkeit ergibt sich aus der Gleichung

$$x_2 = \frac{(a + b \cdot c \cdot d)\,100}{c \cdot d \cdot e}\,.$$

Die Werte für x_2 in kg sind für drei verschiedene Löffelabmessungen in der folgenden Tabelle aufgenommen, und zwar für $d = 0{,}8$ und $e = 40\,\%$.

Löffelmaße		4″ × 30	7″ × 30′	10″ × 30′
Schöpftiefe in m	213	0,0595	0,0254	0,0179
	426	0,161	0,0647	0,0427
	639	0,303	0,117	0,0743
	852	0,487	0,183	0,112
	1065	0,711	0,264	0,157

Aus der Gleichung für x_2 ersieht man, daß der Brennstoffverbrauch beim Löffeln im wesentlichen von zwei Faktoren beeinflußt wird: dem

Füllungsgrad des Löffels und dem prozentualen Verhältnis des Öles zu der insgesamt gehobenen Flüssigkeit. Je größer der Füllungsgrad und je mehr Öl in der Flüssigkeit enthalten ist, um so wirtschaftlicher wird der Betrieb. Die Wirtschaftlichkeit nimmt, wie aus den Tabellen ersichtlich, mit zunehmender Teufe bei gleichbleibenden Löffelabmessungen ab.

Bezeichnet man mit M die der Sonde stündlich zufließende Flüssigkeitsmenge, mit c wie vorhin, den Inhalt des Löffels in kg, d den Füllungsgrad des Löffels und mit n die Anzahl der Züge in der Stunde, so gilt für den Fall, daß die gesamte Zuflußmenge durch das Löffeln gehoben wird, die Gleichung:

$$M = c \cdot d \cdot n,$$

oder

$$d = \frac{M}{cn}$$

Der Wert von d wird bei einem bestimmten Löffel je nach der Änderung von M praktisch nur zwischen 0 und 1 schwanken. Wird M so groß, daß der Wert von d nach der Gleichung einen Wert größer als 1 annimmt, so ist dies ein Zeichen, daß die Zuflußmenge mit dem Löffel nicht gehoben werden kann. Dann muß, falls es noch möglich ist, entweder der Löffel gegen einen längeren ausgewechselt oder die Zahl der stündlichen Züge erhöht werden.

Die Feststellung des Energieverbrauchs beim Antrieb der Schöpfanlage mittels **Elektromotors** erfolgt grundsätzlich in gleicher Weise wie beim Antrieb mittels der Dampfmaschine. Die Diagrammfläche, die bei Dampfantrieb den Dampfverbrauch ausdrückt, stellt bei elektrischem Antrieb im wesentlichen die verbrauchten Kilowattstunden dar:

I den Energieverbrauch beim Heben des Seiles.

II den Energieverbrauch beim Heben des leeren Löffels.

III den Energieverbrauch beim Antrieb des Fördermechanismus.

IV und V den Energieverbrauch beim Leerlauf des Motors.

VI den Energieverbrauch bei der Energieübertragung von dem Kraftwerk bis zu den Klemmen des Motors.

Der Energieverbrauch, der durch die Flächen I, II, III dargestellt ist, wird genau so ermittelt wie der Dampfverbrauch bei der Dampfmaschine mit dem Unterschied, daß die in PS ausgedrückten Leistungen nicht mit dem spez. Dampfverbrauch, sondern mit dem Umrechnungsfaktor der PS in kW = 0,736 multipliziert werden.

Da der Wirkungsgrad eines Elektromotors für die vorkommende Leistung etwa 0,9 beträgt, so kann man den durch die Flächen IV und V dargestellten Energieverbrauch für den Leerlauf des Motors zu etwa $^1/_9$ der Höchstleistung, welche beim Anheben des Löffels auftritt, annehmen. Der Wert des Energieverbrauchs für den Leerlauf des Motors beim Heben kann demjenigen beim Senken des Löffels gleichgesetzt werden. Das Zeitverhältnis zwischen Heben und Senken wird bei elektrischem Antrieb zu 4 : 5 angenommen.

Der durch die Fläche VI dargestellte Energieverlust von dem Kraftwerk bis zu den Klemmen des Motors ist bei richtiger Wahl der Leitungsquerschnitte sehr gering und beträgt beim Heben kaum $5\,^0/_0$ der effektiven Motorleistung. Beim Senken, wobei der Motor dem Netz nur die Leerlaufsenergie entnimmt, ist er überhaupt zu vernachlässigen.

Um aus dem Energieverbrauch in kWh den Brennstoffverbrauch zu bestimmen, soll auf Grund der statistischen Angaben eines russischen elektrischen Kraftwerkes im Erdölgebiet von Grosny angenommen werden, daß für die Erzeugung einer Kilowattstunde 1,4 kg Brennstoff benötigt werden. Dieser über alle Erwartungen hohe Brennstoffverbrauch wird bei neuzeitlichen Anlagen entschieden kleiner sein, — im allgemeinen würde mit der Hälfte zu rechnen sein — doch es soll trotzdem dieser Wert beibehalten und die Umrechnung der Leistung in Brennstoffverbrauch durch Multiplikation mit diesem Wert durchgeführt werden.

Die Werte des Brennstoffverbrauches in kg bezogen auf eine Schöpfperiode beim Heben und Senken eines leeren Löffels von den gleichen Abmessungen wie beim Dampfbetrieb und aus den gleichen Tiefen, ferner der Brennstoffverbrauch zum Heben von 1 kg Flüssigkeit mit Elektromotor bei 4 m sekundlicher Geschwindigkeit sind in der folgenden Tabelle enthalten.

Löffelmaße	4″×30′	5″×30′	6″×30′	7″×30′	8″×30′	9″×30′	10″×30′	Brennstoffverbrauch zum Heben von 1 kg Flüssigkeit
Löffelgewicht in kg	74	78	88	96	113	129	150	
Löffelinhalt in kg	64	100	145	197	257	328	393	
Schöpftiefe in m: 213	0,266	0,27	0,28	0,29	0,30	0,32	0,33	0,00098
426	0,77	0,78	0,79	0,81	0,85	0,89	0,92	0,00196
639	1,49	1,51	1,55	1,58	1,62	1,66	1,73	0,00294
852	2,47	2,49	2,53	2,57	2,63	2,70	2,78	0,00406
1065	3,66	3,71	3,75	3,80	3,86	3,94	4,06	0,00532

Vergleicht man nun die Brennstoffverbrauchswerte der Tabelle für Dampfantrieb mit denjenigen für elektrischen Antrieb, so ersieht man ohne weiteres die Vorteile der elektrischen Antriebsart trotz der bei dieser gewählten geringeren Hubgeschwindigkeit.

Außer der einfacheren und billigeren Bedienung eines Elektromotors wird bei dessen Anwendung nur $^1/_3$ bis $^1/_4$ des bei Antrieb mittels Dampfmaschine benötigten Brennstoffes verbraucht.

Der Brennstoffverbrauch in kg zum Heben von 1 kg reinem Rohöl mittels des elektrischen Antriebes ergibt sich, nach der beim Dampfantrieb angeführten Gleichung berechnet, aus folgender Tabelle.

Löffelmaße		4 ″ × 30 ′	7 ″ × 30 ′	10 ″ × 30 ′
Schöpftiefe in m	213	0,0154	0,00609	0,00504
	426	0,0429	0,0153	0,0122
	639	0,0801	0,0279	0,0211
	852	0,130	0,0439	0,0322
	1065	0,192	0,0635	0,0456

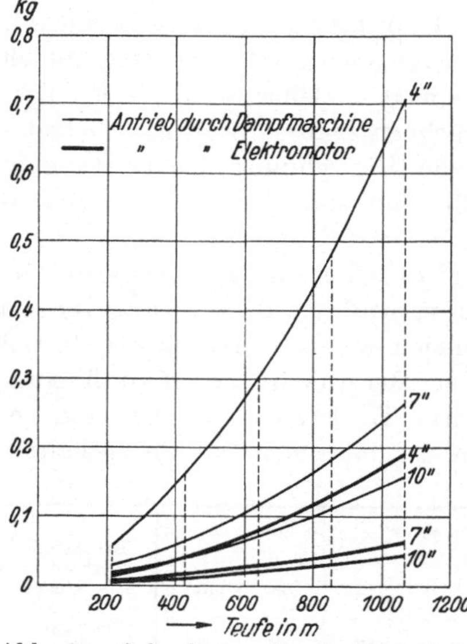

Abb. 68. Schaulinien des Brennstoffverbrauchs beim Löffeln von 1 kg Rohöl mittels Dampfmaschine und Elektromotors.

Der Vergleich auch dieser Werte mit den beim Dampfantrieb errechneten, zeigt die wesentliche wirtschaftliche Überlegenheit des elektrischen Antriebes.

Der Übersichtlichkeit halber sind die in den Tabellen enthaltenen Werte des Brennstoffverbrauchs je kg Rohöl bei Dampf- und elektrischem Antrieb des Förderhaspels in Kurvenform aufgetragen worden (Abb. 68). Die Werte beim Dampfantrieb sind durch dünne Striche, diejenigen beim elektrischen Antrieb durch dicke Striche gekennzeichnet.

B. Das Fördern mittels Kolbens.

Dieses System unterscheidet sich grundsätzlich von dem Fördern mittels Schöpflöffels nur dadurch, daß an Stelle des Löffels ein am Ende des Förderseils befestigter Kolben tritt. Das Fördern mittels Kolbens ist hauptsächlich in Galizien verbreitet, da das Pumpen infolge des hohen Gehaltes des Rohöles an Paraffin, das die Rohrleitungen angeblich schnell verstopfen würde, erschwert, und das Fördern mittels Schöpflöffels aus der großen, bis 2000 m betragenden Tiefe wegen seines bei den kleinen Verrohrungsdurchmessern kleinen Inhaltes eine zu geringe Ausbeute ergeben würde, daher unwirtschaftlich wäre.

Das Fördern durch Kolben hat gegenüber dem durch Löffel mitunter noch den Vorteil, daß durch ihn eine kräftige Saugwirkung erzielt wird, welche das Zuströmen des Öles in das Rohr durch die in dem untersten Rohrstück vorgesehenen Löcher begünstigen kann. In manchen Fällen ist jedoch die stoßweise erfolgende Saugwirkung des Kolbens unerwünscht, da dabei nach Meinung einiger Fachleute eine Entgasung der Schicht hervorgerufen wird, die zum Sinken der Produktion und unter Umständen zur Verwässerung der Ölschicht führen kann. Das zu fördernde Öl muß nahezu sandfrei sein, da sonst der rasche Verschleiß der Dichtungen und ihre Erneuerung die Wirtschaftlichkeit des Verfahrens besonders bei hohen Geschwindigkeiten stark beeinträchtigen würde.

Dem Fördern durch Kolben haften noch weitere Nachteile an, die auf die Wirtschaftlichkeit dieses Förderverfahrens ungünstig einwirken. Die Nachteile sind auch schon längst erkannt worden, man fand aber nicht den Mut, mit dem Althergebrachten zu brechen, z. T. hat infolge der ungünstigen wirtschaftlichen Verhältnisse der galizischen Erdölindustrie das Kapital für Neuanschaffungen nicht aufgebracht werden können.

Die Nachteile liegen im System selbst und nicht in dem Antrieb. Daher hat die Einführung des elektrischen Antriebes, wobei der Motor während des Stillstandes keine Energie verbraucht, unter Umständen sogar eine Rückgewinnung der Energie beim Senken des Kolbens ermöglicht, wenn auch eine Besserung der Wirtschaftlichkeit, so doch keine Beseitigung der Übelstände gebracht. Es ist einleuchtend, daß ein intermittierender Betrieb wie der Kolbbetrieb, bei dem überdies das Verhältnis zwischen Nutzlast und toten Lasten ein so ungünstiges ist, als wirtschaftlich nicht zu bezeichnen ist. Ein besonders ungünstiger Fall, der jedoch im Boryslawer Gebiet nicht vereinzelt vorkommt, ist folgender[1]):

Eine Bohrsonde von 1300 m Teufe liefert bei dreimaligem Kolben mittels Dampfmaschine je Stunde täglich 3000 kg. Dies entspricht einer Förderung von 42 kg je Zug, demgegenüber müssen mit jedem Zug die toten Lasten im Gesamtgewicht von 1760 kg gehoben werden. Bei einer Seilgeschwindigkeit von 5 m/s werden bei der gesamten Tiefe rund 10 Minuten für eine volle Hub- und Senkperiode benötigt. Die 3 Hübe je Stunde beanspruchen eine Zeit von 30 Minuten, die übrigen 30 Minuten hingegen sind Stillstände. Während dieser Stillstände kann jedoch der Kessel nicht abgestellt werden, es wird daher Brennstoff unnütz verbraucht. Eine wesentliche Verbesserung der Wirtschaftlichkeit tritt auch dann nicht ein, wenn mehrere Dampfmaschinen in eine Gruppe zusammengefaßt und von einer gemeinsamen Kesselanlage gespeist werden. Nicht viel besser verhält es sich bei Anwendung von Verbrennungsmotoren, deren Leistung der größten Belastung beim An-

---

[1]) v. Bielski: Fortschritte auf dem Gebiete der Erdölförderung aus Bohrlöchern. Petroleum Bd. 20, Nr. 31. 1924.

heben des Kolbens entsprechen muß, die daher nur teilweise ausgenützt sind und hinsichtlich Brennstoffverbrauch unwirtschaftlich arbeiten. Diese ungünstigen Umstände bewirken, daß sich in Boryslaw der Betrieb an einer Bohr-Sonde, aus welchem weniger als 10 Waggon im Monat durch Kolben gefördert werden, nicht lohnt. Ob es gelingen wird, das Kolbverfahren in allen Fällen durch ein anderes wirtschaftlicher arbeitendes Förderverfahren zu ersetzen, bleibt abzuwarten. Wenn die Verbesserung zumindest bei den besonders unwirtschaftlich arbeitenden Sonden durchgeführt werden könnte, wäre schon viel gewonnen.

Abb. 69. Außenansicht eines Bohrturmes mit zwei nebeneinander angeordneten Förderhaspeln.

Der Kolben ist ein etwa $^3/_4$ m langer, beiderseits offener, aus dem Vollen gearbeiteter Hohlzylinder, dessen untere Öffnung durch ein Kugelventil geschlossen ist. Die Abdichtung des Kolbens gegen die Rohrwand geschieht durch einen oder mehrere auf je zwei gespannten Federn liegende Gummiringe, die den Durchtritt des Öles zwischen Kolben und Rohr verhindern. Über dem Kolben sind zur Überwindung der Reibung beim Einlassen eine leichte Schwerstange und eine Rutschschere angebracht. Die Rutschschere steht durch einen Seilwirbel mit dem Schöpfseil in Verbindung.

Beim Senken des Kolbens können die Gase durch das hohle Kolbrohr entweichen, da der Widerstand der Ventilkugel von ihnen leicht überwunden wird. Beim Eintauchen in das Öl wird das Kugelventil geöffnet, und das Öl kann durch dasselbe hindurchtreten. Beim Heben des Kolbens schließt sich das Ventil durch den Druck der auf ihm lastenden Ölsäule, das Öl wird hochgezogen und fließt an der Bohrlochmündung in ein Sammelgefäß, von da in die Behälter.

In der Regel wird in 4″, 5″ und 6″ Rohren gekolbt. Die Fördergeschwindigkeit, infolgedessen die Maschinenleistungen, sind bei ergiebigen Sonden am größten. Erstere schwankt von 5—12 m/s, die Nutzlast im Dauerbetriebe von 50—300 kg/Zug. Von der richtigen Wahl der Nutzlast je Zug und der Fördergeschwindigkeit hängt in der Hauptsache die Wirtschaftlichkeit des Betriebes ab. Die Wahl der

Abb. 70. Ansicht eines Bohrturmes mit zwei gegenüber angeordneten Förderhaspeln.

Nutzlast und der stündlichen Zügezahl sind von den geologischen Verhältnissen, der Ergiebigkeit des Bohrloches, der Beschaffenheit des Öles und vom Gasauftrieb abhängig. Die Kenntnis der Stärke des Gasauftriebes ist besonders beim elektrischen Antrieb mit Energierückgewinnung wichtig, bei welchem die Hub- und Senkgeschwindigkeit in einem bestimmten Verhältnis zueinander stehen müssen. Der Gasauftrieb beeinflußt die Senkgeschwindigkeit, und die Motordrehzahl muß dieser angepaßt werden. Zur Vermeidung der Unterbrechung der Förderung sind bei ergiebigen Schächten meist zwei Haspel aufgestellt, die entweder nebeneinander oder einander gegenüber auf beiden Seiten des Turms angeordnet werden (Abb. 69 und Abb. 70).

Der Antrieb der Fördermaschinen erfolgt in Galizien heute noch vielfach durch Dampfmaschinen in Zwillingsanordnung mit Kulissensteuerung für Rechts- und Linksgang. Infolge der vielen Vorteile, die die elektrischen Fördermaschinen vor den Dampffördermaschinen auszeichnen, werden diese durch die ersteren immer mehr verdrängt.

Die Antriebsleistung und die Konstruktion der Maschinen, Bremsen und Apparate hängen von der Teufe, der Nutzlast, der Fördergeschwindigkeit, dem Gewicht des Seils und des Kolbens ab. Der Durchmesser der Trommel sollte in einem bestimmten Verhältnis zum Seildurchmesser (bei Hauptschachtfördermaschinen das 80—100fache) stehen, man hält jedoch in Galizien immer noch an einem Durchmesser von 1000, höchstens 1200 mm fest und wählt die Trommelbreite nicht über 1000 mm. Für gegebene Verhältnisse lassen sich die Antriebsleistung und die Konstruktion des mechanischen Teiles mit genügender Sicherheit vorausberechnen. Da diese Berechnung die Grundlage für die Projektierung der gesamten elektrisch betriebenen Schöpfanlage bildet und das Verständnis der Zusammenhänge wesentlich erleichtert, soll sie im folgenden durchgeführt werden.

Berechnung der Motorleistung eines Erdölförderhaspels.

Der Berechnung sollen folgende, einem praktischen Fall entnommenen Betriebsdaten zugrundegelegt werden:

Teufe	$H = 1800$ m
Mittlere Fördergeschwindigkeit beim Heben . . .	$v_m = 10{,}4$ m/s
Nutzlast	$N = 200$ kg
Gewicht des Kolbens nebst Schwerstange	$K = 200$ kg
Seildurchmesser	$d = 18{,}5$ mm
Seilgewicht je lfd. m	1,2 kg
Trommeldurchmesser	$D_0 = 1000$ mm
Trommelbreite	$b = 1000$ mm

In Anbetracht des verhältnismäßig geringen Trommeldurchmessers, dessen Vergrößerung schon mit Rücksicht auf die starke Seilabnutzung dringend erwünscht wäre, und der geringen Trommelbreite wird das der Teufe H entsprechende Seil, vermehrt um eine Reserve von etwa $R = 50$ m, also die gesamte Seillänge

$$L = H + R$$

in mehreren Lagen auf die Trommel aufgewickelt.

Die Seillänge einer Lage ist allgemein

$$L_1 = D \cdot \pi \cdot n\,.$$

Die Seillänge aller e-Lagen ist durch

$$L_e = L = (D_a + [e - 1] \cdot h) \cdot e \cdot \pi \cdot n,$$

oder durch die quadratische Gleichung

1) $$L = (e \cdot D_a + [e^2 - e] \cdot h) \cdot \pi \cdot n$$

ausgedrückt. Hierbei bedeutet e die unbekannte Lagenzahl, h den

Abstand zweier Lagen, n die Windungszahl einer Lage und D_a den mittleren Durchmesser der ersten Lage. Alle diese Werte lassen sich durch einfache Formeln ausdrücken.

$$h = \sqrt{d^2 - \frac{d^2}{4}} = \frac{d}{2}\sqrt{3} = d \cdot 0{,}866\,, \tag{2}$$

und

$$n = \frac{b}{d} - 2\,, \tag{3}$$

wobei die Zahl 2 der im Betrieb vorkommenden, ungleichmäßigen Aufwicklung des Seiles Rechnung tragen soll. Ferner ist

$$D_a = D_o + d\,. \tag{4}$$

Die Werte der Gleichungen 2—4 in die Gleichung 1 eingesetzt, ergeben die Lagenzahl

$$e = -\left(\frac{D_o + 0{,}134 d}{1{,}732\, d}\right) + \sqrt{\left(\frac{D_o + 0{,}134\, d}{1{,}732\, d}\right)^2 + \frac{L}{2{,}73\,(b - 2d)}}\,. \tag{5}$$

Für den vorliegenden Fall errechnet sich aus dieser Gleichung

$$e = 10 \text{ Lagen.}$$

Aus der Gleichung 4 ergibt sich für den Durchmesser in der ersten Lage

$$D_a = 1{,}0185 \text{ m.}$$

Der Durchmesser in der letzten Lage wird ausgedrückt durch die Gleichung

$$D_e = D_a + (2e - 2) \cdot h = 1{,}3065 \text{ m.}$$

Demnach ist der mittlere Durchmesser

$$D_m = \frac{D_a + D_e}{2} = 1{,}1625 \text{ m}\,.$$

Die verschiedenen Bezeichnungen erläutert die Abb. 71.

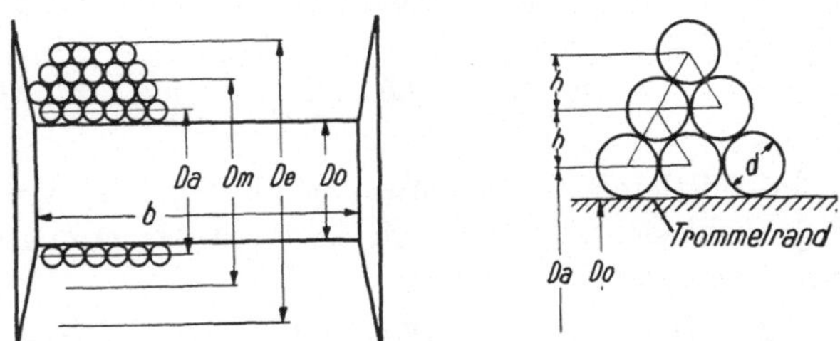

Abb. 71. Seilaufwicklung auf der Fördertrommel.

1. Geschwindigkeitsdiagramm.

a) Heben. Aus der mittleren Fördergeschwindigkeit $v_m = 10{,}4$ m/s und dem mittleren Durchmesser D_m errechnet sich die Trommeldrehzahl beim Heben zu

$$n_T = \frac{60 \cdot v_m}{D_m \cdot \pi} = \frac{60 \cdot 10{,}4}{\pi \cdot 1{,}1625} = 170 \text{ Umdr./min.}$$

Die hohe Trommeldrehzahl gestattet ein Motormodell mit $n_M = 980$ Umdr./min (1000 Umdr./min synchron) zu wählen.

Der Motor treibt die Trommel über ein einfaches Zahnradvorgelege mit der Übersetzung

$$ü = \frac{n_M}{n_T} = \frac{980}{170} = 5{,}8 .$$

Die Beschleunigung und Verzögerung seien niedrig mit

$$p_a = p_e = 0{,}8 \text{ m/s}^2$$

gewählt, um zu hohe Spitzenleistungen beim Anfahren und Verzögern zu vermeiden.

Die Geschwindigkeit am Ende der Anfahrperiode ist

$$v_a = \frac{D_a \cdot \pi \cdot n_T}{60} = \frac{\pi \cdot 1{,}0185 \cdot 170}{60} = 9{,}06 \text{ m/s},$$

die Anfahrzeit

$$t_a = \frac{v_a}{p_a} = \frac{9{,}06}{0{,}8} = 11{,}3 \text{ s}$$

und der Anfahrweg

$$s_a = \frac{v_a \cdot t_a}{2} = \frac{9{,}06 \cdot 11{,}3}{2} = 51{,}5 \text{ m} .$$

Die Geschwindigkeit beim Beginn der Verzögerung ist

$$v_e = \frac{D_e \cdot \pi \cdot n_T}{60} = \frac{\pi \cdot 1{,}3065 \cdot 170}{60} = 11{,}65 \text{ m/s},$$

die Verzögerungszeit

$$t_e = \frac{v_e}{p_e} = \frac{11{,}65}{0{,}8} = 14{,}6 \text{ s},$$

der Verzögerungsweg

$$s_e = \frac{v_e \cdot t_e}{2} = \frac{11{,}65 \cdot 14{,}6}{2} = 85 \text{ m} .$$

Der mit der mittleren Hubgeschwindigkeit $v_m = 10{,}4$ m/s zurückgelegte Weg ergibt sich aus der Teufe H durch Abzug des Beschleunigungs- und Verzögerungsweges zu:

$$s_m = H - s_a - s_e = 1800 - 51{,}5 - 85 = 1664 \text{ m},$$

somit die hierzu erforderliche Zeit zu:

$$t_m = \frac{s_m}{v_m} = \frac{1664}{10{,}4} = 160 \text{ s}$$

Die Gesamtzeit für das Heben beträgt:

$$T = t_a + t_m + t_e = 11{,}3 + 160 + 14{,}6 = 186 \text{ s}.$$

b) **Das Senken** der toten Last muß übersynchron geschehen, um einen Energierückgewinn zu ermöglichen.

Die Senkdrehzahl des Motors beträgt bei einer mittleren Steigerung um 3% über die Synchrondrehzahl:

$$n'_M = 1030 \text{ Umdr./min},$$

daher die Senkdrehzahl der Trommel

$$n'_T = \frac{n'_M}{ü} = \frac{1030}{5{,}8} = 178 \text{ Umdr./min.}$$

Die Beschleunigung und Verzögerung sollen wieder mit $p'_a = p'_e = 0{,}8 \text{ m/s}^2$ gewählt werden.

Die Geschwindigkeit am Ende der Anfahrperiode ist

$$v'_a = \frac{\pi \cdot D_e \cdot n'_T}{60} = \frac{\pi \cdot 1{,}3065 \cdot 178}{60} = 12{,}2 \text{ m/s},$$

die Anfahrzeit

$$t'_a = \frac{v'_a}{p'_a} = \frac{12{,}2}{0{,}8} = 15{,}3 \text{ s},$$

und der Anfahrweg

$$s'_a = \frac{v'_a \cdot t'_a}{2} = \frac{12{,}2 \cdot 15{,}3}{2} = 93{,}5 \text{ m}.$$

Die Geschwindigkeit beim Beginn der Verzögerung ist

$$v'_e = \frac{\pi \cdot D_a \cdot n'_T}{60} = \frac{\pi \cdot 1{,}0185 \cdot 178}{60} = 9{,}5 \text{ m/s},$$

die Verzögerungszeit

$$t'_e = \frac{v'_e}{p'_e} = \frac{9{,}5}{0{,}8} = 12 \text{ s},$$

und der Verzögerungsweg

$$s'_e = \frac{v'_e \cdot t'_e}{2} = \frac{9{,}5 \cdot 12}{2} = 57 \text{ m}.$$

Der mit der mittleren Senkgeschwindigkeit

$$v'_m = \frac{v'_a + v'_e}{2} = \frac{12{,}2 + 9{,}5}{2} = 10{,}8 \text{ m/s}$$

zurückgelegte Weg ist

$$s'_m = H - s'_a - s'_e = 1800 - 93{,}5 - 57 = 1650 \text{ m},$$

somit die hierzu erforderliche Zeit

$$t'_m = \frac{s'_m}{v'_m} = \frac{1650}{10{,}8} = 153 \text{ s}.$$

Die Gesamtzeit für das Senken beträgt

$$T' = t'_a + t'_m + t'_e = 15{,}3 + 153 + 12 = 180 \text{ s}.$$

Die Gesamtzeit eines Förderspieles beträgt unter Annahme einer Pause P von je 10 sek. vor Hub- und Senkbeginn

$$Tg = T + P + T' + P = 186 + 10 + 180 + 10 = 386 \text{ s}.$$

Es ergeben sich demnach in der Stunde

$$Z = \frac{3600}{386} = 9{,}3 \text{ Züge}$$

oder im Tage bei 3 Schichten zu 8 Stunden

$$9{,}3 \cdot 24 = 222 \text{ Züge}.$$

Die maximal geförderte Nutzlast beträgt somit $222 \cdot 200 = 44400$ kg Erdöl.

Die Abb. 72 zeigt das Geschwindigkeitsdiagramm. Zur Berechnung der Antriebsleistung müssen zunächst die Drehmomente ermittelt werden. Sie setzen sich zusammen erstens aus den Beschleunigungs- bzw.

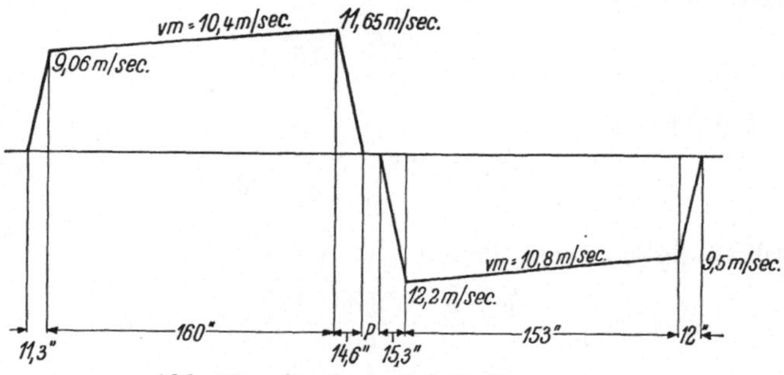

Abb. 72. Geschwindigkeitsdiagramm

Verzögerungsmomenten, welche aufgewendet werden müssen, um die Massen aus der Ruhe in die der Fördergeschwindigkeit entsprechende Bewegung, bzw. sie zum Stillstand zu bringen, zweitens aus den statischen Momenten, drittens aus den Momenten zur Überwindung der gesamten Reibungsverluste.

2. Beschleunigungs- und Verzögerungsmomente.

Da die statischen Momente unmittelbar am Trommelumfang auftreten, müssen auch die Beschleunigungs- und Verzögerungsmomente auf den Umfang der Fördertrommel bezogen werden. Es müssen zunächst die zu beschleunigenden bzw. zu verzögernden Massen aus den Schwunggewichten errechnet werden. Die Schwunggewichte bezogen auf den mittleren Trommeldurchmesser ergeben sich bei den mit der Trommeldrehzahl rotierenden Massen durch Division des Schwungmomentes mit dem Quadrat des mittleren Trommeldurchmessers D_m nach der Formel $\frac{GD^2}{D_m^2}$ und bei den mit der Motordrehzahl rotierenden

Massen durch weitere Multiplikation mit dem Quadrat der Übersetzung $ü$ nach der Formel $\frac{GD^2 \cdot ü^2}{D_m^2}$. Die auf- und abgehenden Massen werden mit ihrem Gewicht eingesetzt. Wir erhalten demnach

Nutzlast	N =	200 kg
Kolben + Schwerstange	K =	200 kg
Seilgewicht	S =	2200 kg
Fördertrommel, Vorgelege u. Seilscheibe im Bohrturm	ca.	6000 kg
Motorkupplung	ca.	200 kg
Motoranker	ca.	2200 kg
	zusammen	11000 kg

Die Massen sind also $m = \frac{G}{g} = \frac{11000}{9{,}81} = 1120 \,\text{ME}.$

Das Beschleunigungsmoment beim Heben von der tiefsten Stelle wird

$$M_a = m \cdot p_a \cdot \frac{D_a}{2} = 1120 \cdot 0{,}8 \frac{1{,}0185}{2} = 455 \,\text{mkg}.$$

Das Verzögerungsmoment bei Beendigung des Hubes:

$$M_e = m \cdot p_e \cdot \frac{D_e}{2} = 1120 \cdot 0{,}8 \frac{1{,}3065}{2} = 585 \,\text{mkg}.$$

Für das Senken kann sinngemäß mit den gleichen Werten gerechnet werden, wenn man von der geringfügigen Verkleinerung der Massen durch die entfallende Nutzlast absieht.

3. Statische Momente.

a) Heben.

Beginn der Beschleunigung:

$$M_{sa} = (N + K + S) \frac{D_a}{2} = (200 + 200 + 2200) \frac{1{,}0185}{2} = 1320 \,\text{mkg}.$$

Ende der Beschleunigung:

$$M'_{sa} = (N + K + S - s_a \cdot 1{,}2) \frac{D_a}{2} = (200 + 200 + 2200 - 62) \frac{1{,}0185}{2}$$
$$= 1290 \,\text{mkg}.$$

Beginn der Verzögerung:

$$M_{se} = (N + K + S - [s_a + s_m]\, 1{,}2) \frac{D_e}{2} = (200 + 200 + 2200 - 2060) \frac{1{,}3065}{2}$$
$$= 350 \,\text{mkg}.$$

Ende der Verzögerung:

$$M'_{se} = (N + K + S - [s_a + s_m + s_e]\, 1{,}2) \frac{D_e}{2}$$
$$= (200 + 200 + 2200 - 2200) \frac{1{,}3065}{2} = 260 \,\text{mkg}.$$

b) Senken.

Beginn der Beschleunigung:

$$M_{se} = K\frac{D_e}{2} = 200 \cdot \frac{1,3065}{2} = 130\,\text{mkg}.$$

Ende der Beschleunigung:

$$M'_{se} = (K + s'_a \cdot 1,2)\frac{D_e}{2} = (200 + 110)\frac{1,3065}{2} = 202\,\text{mkg}.$$

Beginn der Verzögerung:

$$M_{sa} = (K + [s'_a + s'_m]\,1,2)\frac{D_a}{2} = (200 + 2100)\frac{1,0185}{2} = 1170\,\text{mkg}.$$

Ende der Verzögerung:

$$M'_{sa} = (K + [s'_a + s'_m + s'_e]\,1,2)\frac{D_a}{2} = (200 + 2200)\frac{1,0185}{2} = 1240\,\text{mkg}.$$

4. Reibungsmomente.

Für die Berechnung genügt es, einen Wert des Reibungsmomentes und zwar bezogen auf die mittlere Teufe festzustellen. Das zur Überwindung der Reibungsverluste aufzuwendende Moment errechnet sich aus der Formel

$$M_r = \left(\frac{N + K + \frac{S}{2}}{\eta_s \cdot \eta_m} - N + K + \frac{S}{2}\right)\frac{D_m}{2},$$

hierin bedeutet η_s den Schachtwirkungsgrad (Reibung des Kolbens an der Rohrwandung und Luftwiderstand) und η_m den Wirkungsgrad des mechanischen Teiles des Haspels einschließlich Zahnradvorgelege. Es beträgt das Reibungsmoment

$$M_r = \left(\frac{200 + 200 + 1100}{0,85 \cdot 0,9} - 200 + 200 + 1100\right) \cdot \frac{1,1625}{2} = 270\,\text{mkg}.$$

Zur Erhöhung der Sicherheit soll M_r mit 300 mkg eingesetzt werden.

5. Resultierende Momente.

a) Heben.

Auf die Motorwelle bezogen:

Beginn der Beschleunigung:

$$M_I = M_{sa} + M_a + M_r = 1320 + 455 + 300 = 2075\,\text{mkg} \qquad M_I\frac{1}{ü} = 358\,\text{mkg}$$

Ende der Beschleunigung:

$$M_{II} = M'_{sa} + M_a + M_r = 1290 + 455 + 300 = 2045\,\text{mkg} \qquad M_{II}\frac{1}{ü} = 353\,\text{mkg}$$

Beginn der vollen Fahrt:

$M_{III} = M'_{sa} + M_r = 1290 + 300 = 1590$ mkg $\quad M_{III}\frac{1}{ü} = 274$ mkg

Ende der vollen Fahrt:

$M_{IV} = M_{se} + M_r = 350 + 300 = 650$ mkg $\quad M_{IV}\frac{1}{ü} = 112$ mkg

Beginn der Verzögerung:

$M_V = M_{se} - M_e + M_r = 350 - 585 + 300 = 65$ mkg $\quad M_V\frac{1}{ü} = 11$ mkg

Ende der Verzögerung:

$M_{VI} = M'_{se} - M_e + M_r = 260 - 585 + 300 = -25$ mkg $\quad M_{VI}\frac{1}{ü} = -4{,}3$ mkg

b) Senken.

Beginn der Beschleunigung:

$M_I = -M_{se} + M_a + M_r = -130 + 585 + 300 = +755$ mkg $\quad M_I\frac{1}{ü} = +130$ mkg

Ende der Beschleunigung:

$M_{II} = -M'_{se} + M_a + M_r = -202 + 585 + 300 = +683$ mkg $\quad M_{II}\frac{1}{ü} = +118$ mkg

Beginn der vollen Fahrt:

$M_{III} = -M'_{se} + M_r = -202 + 300 = +98$ mkg $\quad M_{III}\frac{1}{ü} = +17$ mkg

Ende der vollen Fahrt:

$M_{IV} = -M_{sa} + M_r = -1170 + 300 = -870$ mkg $\quad M_{IV}\frac{1}{ü} = -150$ mkg

Beginn der Verzögerung:

$M_V = -M_{sa} - M_e + M_r = -1170 - 455 + 300 = -1326$ mkg $\quad M_V\frac{1}{ü} = -230$ mkg

Ende der Verzögerung:

$M_{VI} = -M'_{sa} - M_e + M_r = -1240 - 455 + 300 = -1395$ mkg $\quad M_{VI}\frac{1}{ü} = -240$ mkg

Nach den errechneten Werten kann nunmehr das Drehmomenten-

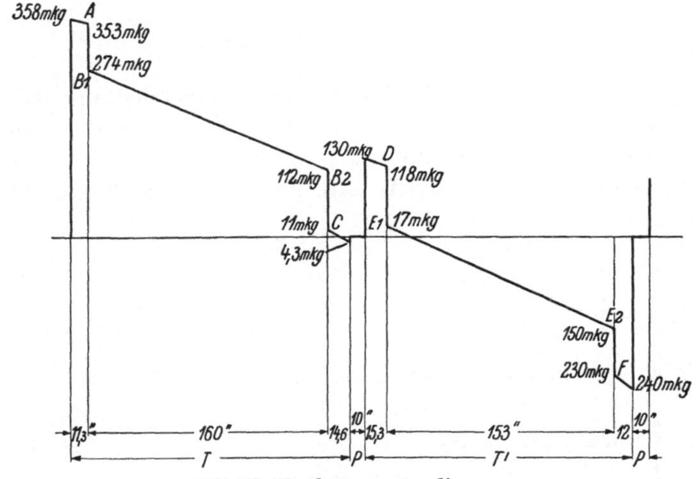

Abb. 73. Drehmomentendiagramm.

diagramm aufgezeichnet werden (Abb. 73). Die Berechnung der Leistung in kW aus den Drehmomenten ergibt sich allgemein nach der Formel

$$L = \frac{M_d \cdot n_M \cdot 2 \cdot \pi}{60 \cdot 75 \cdot 1{,}36} = M_d \cdot n_M \cdot 0{,}001026\,,$$

also beim Heben nach

$$L = M_d \cdot 980 \cdot 0{,}001026 = M_d \;.\, 1{,}005$$

und beim Senken nach

$$L = M_d \;\cdot 1030 \cdot 0{,}001026 = M_d \;\cdot 1{,}06.$$

Dementsprechend ergibt sich das Leistungsdiagramm (Abb. 74). Für die Feststellung der zulässigen Motorbelastung sind die Verluste im Motor maßgebend. Man kann erfahrungsgemäß die Verluste angenähert

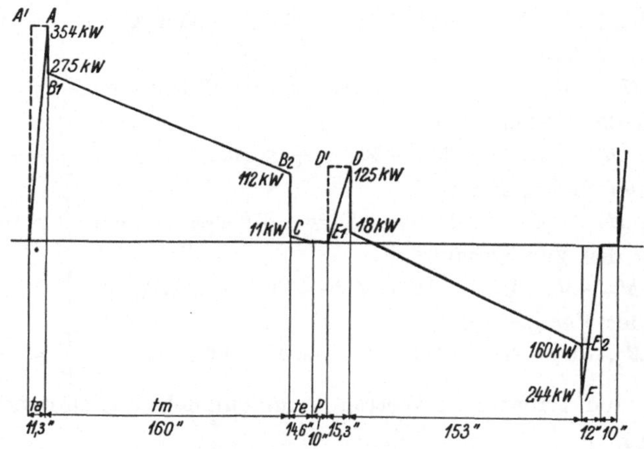

Abb. 74. Leistungsdiagramm.

proportional dem Quadrate der Drehmomente annehmen und daher die Größe des Motors nach dem quadratischen Mittelwert der Drehmomente aus dem Hubdiagramm bestimmen.

Die Motorleistung L_M in kW errechnet sich aus dem Leistungsdiagramm nach der Formel:

$$L_M = \sqrt{\frac{A^2 \cdot t_a + (B_1^2 + B_2^2 + B_1 \cdot B_2)\,\frac{t_m}{3} + C^2 \cdot t_e}{T + P}}$$

oder die entsprechenden Werte eingesetzt aus

$$L_M = \sqrt{\frac{354^2 \cdot 11{,}3 + (275^2 + 112^2 + 275 \cdot 112)\,\frac{160}{3} + 11^2 \cdot 14{,}6}{196}}$$

Man erhält

$$L_M = \sqrt{40\,000} = 200\ \text{kW}\,.$$

Aus dem Senkdiagramm ist zu ersehen, daß die Drehmomente nach Erreichen der vollen Senkgeschwindigkeit negativ werden. Sie können daher während der Senkperiode Leistung an den Motor abgeben. Beim Rückgewinn dieser Leistung wird der Asynchronmotor als Generator mit einer Drehzahl angetrieben, die etwas höher als die seiner Polzahl entsprechende Synchrondrehzahl liegt. Seinen Magnetisierungsstrom bezieht er dabei weiter vom Netz, da er diesen auch im angetriebenen Zustand nicht selbst erzeugen kann.

6. Energieverbrauch.

Der Energieverbrauch während eines Förderspieles läßt sich theoretisch aus dem Leistungsdiagramm bestimmen und beträgt beim Heben:

$$\begin{aligned} 354 \,.\, 11{,}3 &= 4000\ \text{kWs} \\ \frac{275 + 112}{2} \,.\, 160 &= 31000\ \text{kWs} \\ 11 \,.\, 14{,}6 &= \underline{160\ \text{kWs}} \\ & 35160\ \text{kWs}, \end{aligned}$$

das sind unter Berücksichtigung eines mittleren Motorwirkungsgrades von 0,91

$$\frac{35\,160}{0{,}91} = 38\,600\ \text{kWs}$$

oder in kWh $38600 : 3600 = \mathbf{10{,}70\ kWh}$.

Der Energierückgewinn beim Senken beträgt

$$\frac{-18 + 160}{2} \cdot 153 = 10\,850\ \text{kWs},$$

das sind unter Berücksichtigung eines mittleren Generatorwirkungsgrades von 0,91 $10850 \cdot 0{,}91 = 9900\ \text{kWs}$

oder in kWh $9900 : 3600 = \mathbf{2{,}75\ kWh}$.

Zu berücksichtigen ist noch der Verbrauch der Hilfsapparate, welche für den Haspelbetrieb und für die Sicherheitsschaltung notwendig sind, er beträgt im Mittel für ein Förderspiel 0,10 kWh. Somit werden für ein Förderspiel

$$10{,}70 + 0{,}10 - 2{,}75 = \mathbf{8{,}05\ kWh}$$

Leistung verbraucht.

Es ist wohl mit Sicherheit zu erwarten, daß die in dieser theoretischen Berechnung für den Energieverbrauch gefundenen Werte in der Praxis nicht nur erreicht, sondern voraussichtlich unterschritten werden. Diese Vermutung ist darin begründet, weil der Schachtwirkungsgrad, um hinsichtlich der Größe des Motors ganz sicher zu gehen, in der Berechnung eher zu niedrig als zu hoch eingesetzt wurde. Die Anlage, für welche die obige Berechnung durchgeführt wurde, befindet sich gegenwärtig in Aufstellung, Messungen mit selbstschreibenden Leistungszeigern werden unmittelbar nach der Inbetriebsetzung vorgenommen werden. Leider ist es nicht möglich, die Meßergebnisse schon heute mitzuteilen.

7. Leistungsmessungen an Erdölförderhaspeln.

Die bei zwei Erdölförderhaspeln in Galizien aufgenommenen Leistungsdiagramme veranschaulichen deutlich die beim Heben aufgewendete und beim Senken zurückgewonnene Energie. Bei der einen Erdölsonde waren die Verhältnisse die folgenden:

Teufe	1210 m
Rohrdurchmesser	5 Zoll
Zügezahl in der Stunde	2
Seilgeschwindigkeit	8—10 m/s
Nutzlast je Zug etwa	72 kg
Kolben + Schwerstange	253 kg
Seildurchmesser	18,5 mm
Seilgewicht je lfd. m	1,2 kg

Es ergab sich dabei das in Abb. 75 dargestellte Diagramm, bezogen auf ein volles Förderspiel, bestehend aus Heben, Pause und Senken, nebst

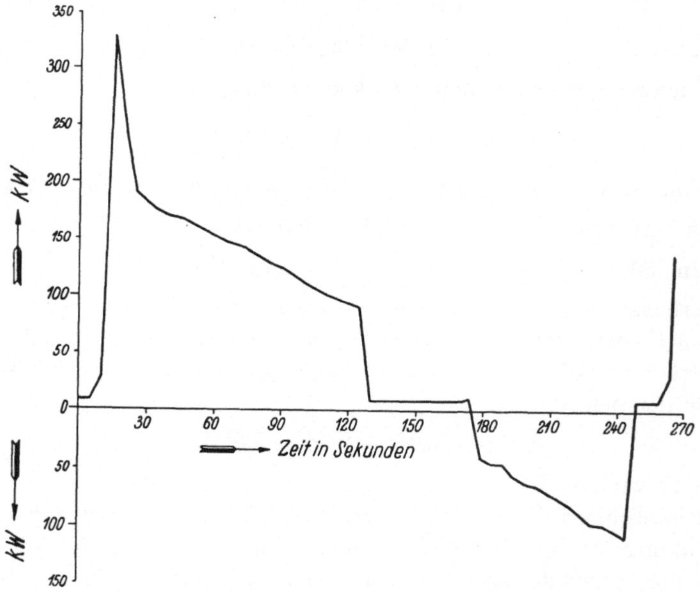

Abb. 75. Leistungsdiagramm eines galizischen Erdölhaspels.

darauffolgender Pause bis zum Beginn des Hebens. In Ermangelung eines selbstschreibenden Leistungszeigers wurden die Diagramme mittels der Zweiwattmeter-Methode aufgenommen. Die einzelnen Ablesungen wurden in Abständen von 5 zu 5 Sekunden gemacht und die Versuche dreimal wiederholt. Die Leistungszeiger wurden einmal in die Hauptleitung eingebaut, um die Summe der vom Motor und den Hilfsapparaten verbrauchten Energie zu erhalten, das anderemal in die Stromzuleitung zum Motor geschaltet, um die von diesem allein aufgenommene Energie zu bestimmen. Aus der Differenz der bei den beiden Messungen erhaltenen Energiemengen ergab sich der Energieverbrauch der Hilfsantriebe allein. Die Meßergebnisse sind in folgender Tabelle zusammengestellt:

Versuch	Motor und Hilfsantriebe			Motor allein		
	Heben u. Pausen kWh	Senken kWh	Verbrauch je Zug kWh	Heben u. Pausen kWh	Senken kWh	Verbrauch je Zug kWh
1	5,05	1,50	3,55	4,72	1,63	3,09
2	5,08	1,47	3,61	4,75	1,60	3,15
3	4,80	1,49	3,31	4,47	1,62	2,85
im Mittel	4,98	1,49	3,49	4,65	1,62	3,03

Die Hilfsantriebe verbrauchten beim

Heben und Pausen	0,33 kWh
Senken	0,13 kWh
Je Zug	0,46 kWh

Dieser Wert ist verhältnismäßig hoch, doch es ist gelungen, den Energieverbrauch der Nebenbetriebe bei neueren Anlagen wesentlich herabzusetzen.

In genau gleicher Weise wurden die Messungen auch bei einer anderen, elektrisch beheizten Erdölsonde durchgeführt, bei welcher folgende Verhältnisse vorhanden waren:

Teufe	1226 m
Rohrdurchmesser	5 Zoll
Zügezahl in der Stunde	13
Seilgeschwindigkeit	8—10 m/s
Nutzlast je Zug etwa	50 kg
Kolben + Schwerstange	253 kg
Seildurchmesser	18,5 mm
Seilgewicht je lfd. m	1,2 kg

Es ergab sich hierbei das in Abb. 76 dargestellte Leistungsdiagramm.

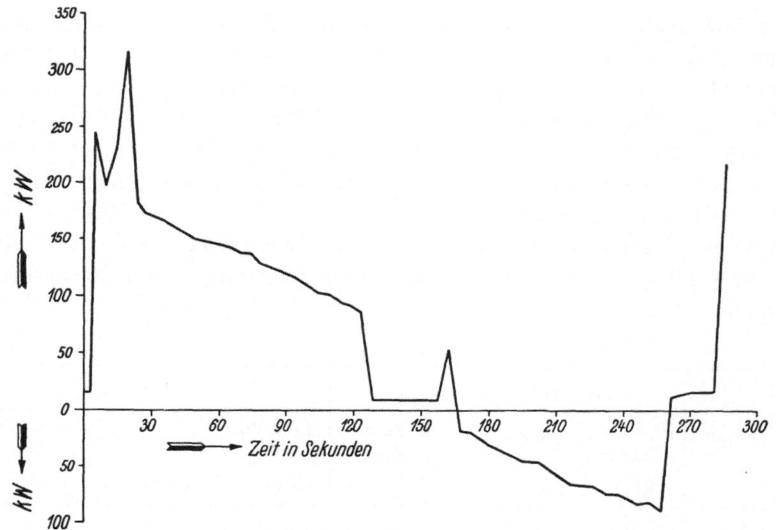

Abb. 76. Leistungsdiagramm eines galizischen Erdölhaspels.

Die Meßergebnisse wurden ausgewertet und in folgender Tabelle zusammengestellt.

Versuch	Motor und Hilfsantriebe einschließlich Heizung			Motor allein		
	Heben u. Pausen kWh	Senken kWh	Verbrauch je Zug kWh	Heben u. Pausen kWh	Senken kWh	Verbrauch je Zug kWh
1	5,52	1,48	4,04	5,02	1,76	3,25
2	5,37	1,52	3,85	4,87	1,80	3,07
3	5,14	1,45	3,69	4,64	1,73	2,91
Im Mittel	5,34	1,48	3,86	4,84	1,76	3,08
Im Mittel ohneHeiz.	5,13	1,59	3,54			

Die Hilfsantriebe verbrauchten beim

Heben und Pausen	0,50 kWh
Senken.	0,28 kWh
Je Zug einschließlich Heizung . . .	0,78 kWh
Je Zug ohne Heizung	0,46 kWh

Man ersieht aus diesen Tabellen, daß der Energieverbrauch für den Motor allein in beiden Fällen rund 3 kWh beträgt. Allgemein gilt, daß der Leistungsverbrauch für ein Förderspiel mit wachsender Teufe steigt, so daß sich bei tieferen Sonden mit Rücksicht auf die toten Lasten höhere Werte für den Energieverbrauch ergeben. Ferner steigt der Leistungsverbrauch mit wachsender Fördergeschwindigkeit, da die

Verluste bei größerer Beschleunigung der Massen höher werden. Die Steigerung der Geschwindigkeit ist aber bei größerer Teufe im Interesse der Produktion nicht zu umgehen.

Vergleich der Wirtschaftlichkeit der Erdölförderung mittels Dampfmaschine und Elektromotor.

Um einen zahlenmäßig richtigen Vergleich der Wirtschaftlichkeit der Förderung bei Dampf und elektrischem Antrieb anstellen zu können, muß man in beiden Fällen von den gleichen Betriebsverhältnissen ausgehen. Diese Forderung ist bei den folgenden Ausführungen erfüllt. Die Sonde, aus welcher anfänglich mittels einer Dampfmaschine gefördert wurde, wurde vor kurzem mit elektrischem Antrieb ausgerüstet; bis auf die Antriebsart hat sich an den Verhältnissen nichts geändert. Es betrug in beiden Fällen

die Teufe	1460 m
der Durchmesser der Verrohrung	5 Zoll
Zahl der Züge/Stunde	2
Nutzlast/Zug	150 kg

Während des Dampfmaschinenantriebes wurde die Maschine von einer zentralen Kesselanlage mit Dampf gespeist.

1. Brennstoffverbrauch.

Der Dampfverbrauch des mittels einer Dampfmaschine angetriebenen Haspels betrug im Mittel 350 kg/Stunde. Hierin sind die Verluste in den Dampfzuleitungen nicht enthalten. Unter Zugrundelegung einer Speisewassertemperatur von 20° C, einer Kesselspannung von 10 atü, eines Kesselwirkungsgrades von 55%, beträgt die je kg gesättigten Dampfes aufzuwendende Wärmemenge 1175 WE oder auf den stündlichen Dampfverbrauch bezogen

$$350 \cdot 1175 = 411\,250 \text{ WE/Stunde.}$$

Bei Verfeuerung von Rohöl oder Gas mit 10000 WE/kg bzw. m^3 sind daher stündlich rund 41 kg Rohöl bzw. m^3 Gas erforderlich.

Diesem Wert steht ein Energieverbrauch von 8 kWh an dem Motor gemessen gegenüber. Bei einem Übertragungsverlust von 10% von den Klemmen des Stromerzeugers bis zum Motor ergibt sich ein Energieverbrauch von 8,8 kWh.

Bei Voraussetzung eines neuzeitlichen Kraftwerkes mit Turbostromerzeugern stellt sich der Dampfverbrauch auf etwa 7 kg/kWh im Mittel, so daß der Dampfverbrauch

$$7 \cdot 8{,}8 = 61{,}6 \text{ kg/Stunde}$$

beträgt.

Bei 20 atü Kesseldruck, 400° C Dampftemperatur, 68% mittlerem Kesselwirkungsgrad, einer Speisewassertemperatur von 100° C werden daher zur Erzeugung dieser Dampfmenge

$$\frac{(774-100)\cdot 61{,}6}{0{,}68} = 60600\ \text{WE/Stunde}$$

erforderlich. Dies entspricht einem stündlichen Rohöl- bzw. Gasverbrauch von 6,06 kg bzw. m^3.

Die stündliche Brennstoffersparnis beträgt bei elektrischem Antrieb gegenüber Dampfantrieb 35 kg bzw. m^3 oder 85 %.

Von der stündlichen Förderung der Sonde von 300 kg Rohöl müssen somit beim Dampfmaschinenantrieb rund $^1/_7$ zur Dampferzeugung verwendet werden, während bei elektrischem Antrieb nur $^1/_{50}$ verbraucht werden.

2. Wasserverbrauch.

Der Wasserverbrauch der mit Auspuff arbeitenden Antriebsmaschine ist gleich dem Dampfverbrauch, also 350 kg/Stunde. Bei elektrischem Antrieb ist der Wasserverbrauch unter den gleichen Voraussetzungen wie beim kanadischen Bohrkran

$$61{,}6\cdot 0{,}08 + 61{,}6\cdot 0{,}02\cdot 60 = 79\ \text{kg/Stunde}.$$

Mithin beträgt die Wasserersparnis 271 kg/Stunde oder 77%.

3. Schmiermittelverbrauch.

Der durchschnittliche Verbrauch an Schmieröl bei Dampfmaschinenantrieb beträgt im Mittel 350 kg/Monat. Bei elektrischem Antrieb beträgt der Schmierölverbrauch selbst unter Berücksichtigung des Verbrauchs im Kraftwerk höchstens 2% des Schmierölverbrauches der Dampfmaschine, also 7 kg/Monat. Es können also bei motorischem Antrieb monatlich 343 kg Schmieröl gespart werden.

4. Bedienung.

Es gelten sinngemäß die Ausführungen bei dem Vergleich der Wirtschaftlichkeit des Dampf- und elektrischen Antriebes eines kanadischen Bohrkrans.

5. Jährliche Gesamtersparnis.

Die vorangeführten Werte ergeben unter Zugrundelegung der in der Wirtschaftlichkeitsberechnung für den kanadischen Bohrkran angenommenen Zahlen eine jährliche Ersparnis

a) bei Rohölheizung der Kessel in der Zentrale

aus dem Brennstoffverbrauch 35×7200	=	252000 kg
aus dem Wasserverbrauch $\frac{271}{1000} \times 7200 \times 5$	=	9750 kg
aus dem Schmiermittelverbrauch 343×12	=	4115 kg
In Summa		265865 kg Rohöl

Diese Menge entspricht einer jährlichen Ersparnis von M. 21269.—.

b) bei gasgefeuerten Kesseln in der Zentrale

aus dem Brennstoffverbrauch 35×7200 . . . . . . $= 252000$ m³

aus dem Wasserverbrauch $\frac{271}{1000} \times 7200 \times \frac{0,4}{0,04}$ . . . . $=$ 19510 m³

aus dem Schmiermittelverbrauch $343 \times 12 \times \frac{0,1}{0,04}$. $=$ 10300 m³

In Summma . . . . 281810 m³ Gas,

was bei Verkauf einem Erlös von M. 11272.— entspricht.

c) bei Kauf der elektrischen Energie und Verkauf des Gases

aus dem Brennstoffverbrauch
$41 \times 7200 \times 0,04 - 8 \times 7200 \times 0,12$ . . . . . . = M. 4880.—
aus dem Wasserverbrauch $0,35 \times 7200 \times 0,4$ . . . = M. 1010.—
aus dem Schmiermittelverbrauch $343 \times 12 \times 0,10 \times 0,8$ = M. 328.—
In Summa eine Ersparnis von . . . . M. 6218.—

Zu den Ergebnissen der Berechnung wäre zu bemerken, daß sich die Ersparnisse bei dem elektrischen Betrieb gegenüber dem Dampfbetrieb wesentlich höher beziffern würden, wenn die Zahl der Züge, nicht wie im vorliegenden Falle nur zwei in der Stunde wäre, sondern die Verhältnisse eine höhere Zügezahl zulassen würden. Außerdem gilt auch hier die bei der vergleichenden Wirtschaftlichkeitsberechnung für den kanadischen Bohrkran gemachte Schlußbemerkung.

Der Aufbau der elektrisch betriebenen Haspelanlage.

1. Mechanische Ausrüstung.

Der Aufbau des mechanischen und elektrischen Teiles der Haspelanlage geht aus der Grundrißzeichnung (Abb. 77) hervor. Die Innenansicht des Haspelraumes allein zeigt Abb. 78.

a) Trommel. Die Seiltrommel besteht aus einem geschweißten Eisenrohr, auf welchem ein aus Segmenten zusammengesetzter Holzbelag aufgeschraubt werden kann. Das Eisenrohr ist auf beiden Seiten an den Bordwänden aufgepreßt und mit diesen verschraubt. Die beiden Bordwände sind mit der Welle verkeilt und als Bremsscheiben ausgebildet. Die Trommelwelle läuft in zwei mit Weißmetall ausgegossenen, auf dem Trommelgrundrahmen ruhenden Selbstschmierlagern. Als Schutzabdeckung gegen Spritzöl wird die Trommel mit einer schmiedeeisernen Schutzhaube umgeben.

b) Vorgelege und Kupplung. Da aus wirtschaftlichen Gründen zum Antrieb des Haspels ein schnellaufender Motor verwendet wird, so muß seine Drehzahl durch ein Zahnradvorgelege auf die Trommeldrehzahl herabgesetzt werden. Das große Rad des Vorgeleges erhält eine Winkelverzahnung. Das Ritzel ist als Kammwalze ausgebildet. Das Zahnradvorgelege ist in ein auf dem Grundrahmen ruhendes Gehäuse mit angegossenen Lagern eingeschlossen, wobei die Hauptwelle in Selbstschmierlagern mit Weißmetallausguß, die Kammwalze in Rollenlagern läuft. Die Schmierung des Zahneingriffes erfolgt bei jeder Drehrichtung zwangläufig durch eine Druckölpumpe. Die Welle des großen Zahnrades ist mit der Trommelwelle durch eine im Stillstand ein- und ausrückbare Kupplung verbunden, deren eine Hälfte als Riemenscheibe für den

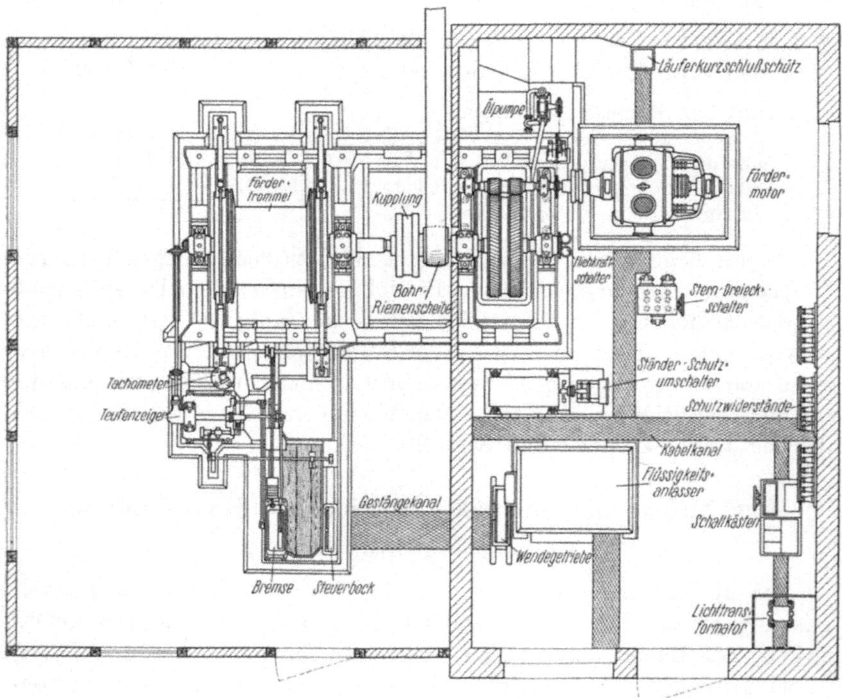

Abb. 77. Grundriß einer elektrisch betriebenen Haspelanlage in Galizien.

Antrieb des Bohrkranes ausgebildet ist. Beim Bohrbetrieb wird die Trommelwelle abgekuppelt.

Entsprechend den bergbehördlichen Vorschriften müssen der Motorraum und der eigentliche Haspelraum voneinander vollständig getrennt sein und es ist auch dementsprechend die Anordnung getroffen. Das Zahnradvorgelege für die Herabsetzung der Motordrehzahl befindet sich im Motorraum unmittelbar neben dem Motorfundament. Eine Einsteiggrube neben dem Vorgelege ermöglicht eine gute Zugänglichkeit zu den Zahnrädern bei vorkommenden Reparaturarbeiten. Neben dieser Grube ist die Druckölpumpe für die Schmierung der Zahnflanke aufgestellt.

c) Trommel- und Vorgelegebremse. Die Bremseinrichtung an der

Trommel dient sowohl als Betriebsbremse zum betriebsmäßigen Abbremsen der Maschine am Ende der Senkperiode bzw. zum Halten während des Stillstandes, als auch als Sicherheitsbremse in Fällen der Gefahr. Sie besteht aus zwei Paar zwangläufig parallelgeführten guß-

Abb. 78. Innenansicht des Haspelraumes.

eisernen Bremsbacken, welche zur Verbesserung der Bremswirkung mit Ferrodoasbest belegt sind. Der Schwerpunkt der Bremsbacken ist so gelegt, daß sie sich nach Aufhören des Bremszuges durch ihr Eigengewicht vom Bremskranz abheben. Der Abstand zwischen Bremskranz und Bremsbacken ist durch Stellschrauben genau einstellbar.

Die Bremsarme der einen Bremsscheibe sind an ihren oberen Enden mit denen der anderen durch parallel zur Trommelachse verlaufende Verbindungsstangen gegen seitliches Neigen gesichert. Die unteren Zapfenlager der Bremsarme sind am Grundrahmen befestigt.

Sofern bei dem Bremsvorgange, insbesondere bei Einfallen der Sicherheitsbremse, die umlaufenden Motormassen einen größeren Zahndruck ausüben als beim Anfahren, muß außer der Trommelbremse noch eine Vorgelegebremse vorgesehen werden, welche die bewegten Motormassen abbremst und die durch die großen Stöße hervorgerufenen gefährlichen Beanspruchungen der Verzahnung verhütet. Die Trommel- und Vorgelegebremse werden dann durch ein gemeinsames Gestänge betätigt und gelangen gleichzeitig zur Wirkung.

Bei der eintrümigen Förderung ist eine ganz besondere Sorgfalt auf die Ausführung und Durchbildung der Bremseinrichtung zu legen. Es ist klar, daß gerade bei dieser Förderungsart die Bremsen viel stärker und reichlicher zu bemessen sind, als bei der doppeltrümigen Förderung, da sie bei der eintrümigen Förderung ein bedeutend größeres Bremsmoment an dem Bremskranzumfang auszuüben haben.

d) Berechnung der Bremse. Mit Rücksicht auf die große Wichtigkeit der Bremsen bei der eintrümigen Förderung sollen in Anlehnung an die vorhin durchgeführte Berechnung der Antriebsleistung eines Erdölhaspels im folgenden untersucht werden:

1. Welcher Kraftaufwand oder welche Zugkraft ist an den Bremsbacken auszuüben, um die Last am Senkende mit der Betriebsbremse sicher zu halten. Auf Grund dieses Wertes kann das Übersetzungsverhältnis zwischen Bremsbacken und Hauptzugstangen mit Rücksicht auf die zur Verfügung stehende Bremsarbeit des verwendeten Bremsapparates ermittelt werden.

2. Welchen Weg legt bei Einfallen der Sicherheitsbremse der Kolben zurück, wenn er vor Ende der Hub- bzw. Senkperiode seine größte Geschwindigkeit erreicht hat.

Zur Ausführung der Berechnung sollen folgende z. T. der früheren Berechnung entnommene Unterlagen dienen:

Last an der Trommel bei Hubbeginn . . .	$Q = N + K + S$	$= 2600$ kg
Last an der Trommel bei Hubende	$Q' = N + K$	$= 400$ kg
Durchmesser bei Hubbeginn	D_a	$= 1{,}0185$ m
Durchmesser bei Hubende	D_e	$= 1{,}3065$ m
Mittlerer Durchmesser	D_m	$= 1{,}1625$ m
Bremskranzdurchmesser angenommen . . .	D_b	$= 1{,}45$ m
Zahl der Bremskränze		2
Reibungskoeffizient von Ferrodoauf Gußeisen	μ	$= 0{,}175$
Sicherheitsfaktor	σ	$= 1{,}4$

Die Bremsanordnung soll nach der schematischen Darstellung (Abb. 79) erfolgen.

1. Die auf den mittleren Trommeldurchmesser D_m bezogenen Massen wurden zu $m = 1120$ ME errechnet. Die Massen bezogen auf den Bremskranzdurchmesser D_b ergeben sich zu

$$m_b = m \cdot \frac{D_m^2}{D_b^2} = 1120 \cdot \frac{1{,}1625^2}{1{,}45^2} = 720 \text{ ME}.$$

Die Tangentialkraft, welche am Bremskranz wirken muß, um der Last das Gleichgewicht zu halten, ist theoretisch gleich dieser Last. In der Praxis wird man jedoch einen gewissen Kraftüberschuß vorsehen und

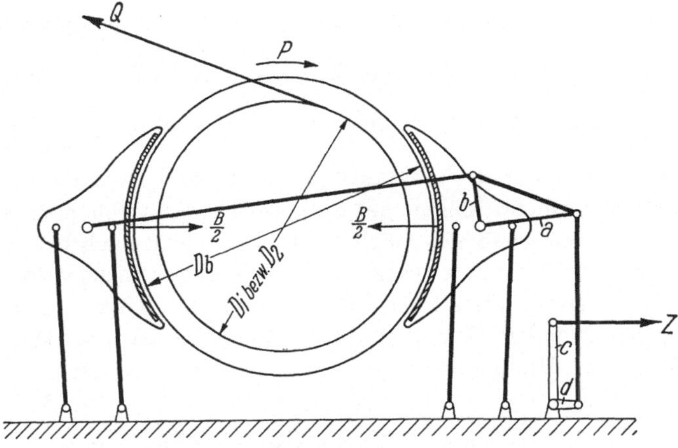

Abb. 79. Schematische Darstellung der Bremsanordnung.

für die Berechnung der Bremse den theoretischen Wert der Tangentialkraft mit einem Sicherheitsfaktor $\sigma > 1$ multiplizieren. Im vorliegenden Fall sei dieser Faktor mit $\sigma = 1{,}4$ gewählt. Die Tangentialkraft am Senkende ergibt sich dann zu

$$P_a = Q \frac{D_a}{D_b} \cdot \sigma = 2600 \frac{1{,}0185}{1{,}45} \cdot 1{,}4 = 2550 \text{ kg}.$$

Der entsprechende Gesamtbremsdruck an den Bremsbacken, der senkrecht zur Tangentialkraft, also radial gerichtet ist, ergibt sich durch Division der Tangentialkraft mit dem Reibungskoeffizienten μ. Bei dem zur Verwendung kommenden Bremsbelag aus Ferrodoasbest schwankt die Größe des Reibungskoeffizienten nach Messungen im Betriebe bei gußeisernen Bremskränzen zwischen 0,15 und 0,22, wobei letzterer Wert für trockene Bremskränze gilt. Um sicher zu gehen, rechnet man mit einem Wert, welcher der unteren Grenze näher liegt.

Der Gesamtbremsdruck am unteren Senkende ergibt sich dann zu

$$B_a = \frac{P_a}{\mu} = \frac{2550}{0{,}175} = 14600 \text{ kg}.$$

Die Abbremsung der Massen am Senkende stellt an die Bremse die Hauptforderung, weshalb die Bemessung des Bremsapparates gemäß diesem Wert B_a erfolgen muß.

Der an der Hauptzugstange zur Verfügung stehende Bremsweg beträgt bei der zur Verwendung kommenden Konstruktion des Bremsapparates 37 mm. Bei Festlegung der Übersetzung zwischen Bremsbacken und der Hauptzugstange muß auf die Dehnung im Gestänge Rücksicht genommen werden; es muß noch genügend Dehnungsweg übrigbleiben. Dem Bremsbackenabhub von 1 mm je Backe, d. h. 2 mm für 2 Backen, entspricht ein Weg von $2 \cdot \frac{a}{b} \cdot \frac{c}{d} = 2 \cdot 9 = 18$ mm an der Hauptzugstange, so daß von dem Bremsweg von 37 mm noch 19 mm für Gestängedehnung übrigbleiben. Die Übersetzung $\frac{a}{b} \cdot \frac{c}{d}$ kann auch zwecks Verminderung der Zugkraft größer gewählt werden, wenn die Dehnung entsprechend kleiner gehalten wird, was durch passende Bemessung des Bremsgestänges möglich ist. Da jedoch auch bei der sorgfältigsten Konstruktion Leergangswege im Gestänge nicht ganz zu vermeiden sind, so empfiehlt es sich, den vom Bremsweg auf die Dehnung entfallenden Betrag nicht zu klein zu halten. Die größte Zugkraft an der Hauptzugstange ergibt sich demnach zu

$$Z = \frac{B_a}{2} \frac{1}{\frac{a}{b} \frac{c}{d}} = \frac{14600}{2} \frac{1}{9} = 815\,\text{kg}.$$

Der Bremsapparat muß daher für eine Kraftentfaltung von 815 kg an der Hauptzugstange ausreichen. Dieser Zug von 815 kg wird beim Einfallen der Sicherheitsbremse durch das Fallgewicht immer ausgeübt, andererseits muß er auch durch den Handhebel der Betriebsbremse erzeugt werden. Es ist deshalb die innere Übersetzung des Apparates so festgelegt, daß diese Forderung durch ein ca. 50 kg schweres Fallgewicht bzw. durch eine Handkraft bis höchstens ca. 30 kg erfüllt wird.

Bei Handbetätigung tritt diese Kraft naturgemäß erst nach Andrücken der Bremsbacken auf, das Anziehen der Bremsbacken erfolgt entsprechend dem Zugstangenweg von 37 mm mit kleinerer Kraft.

2. Die Verzögerung, welche durch Einfallen der gemäß dem Obigen bemessenen Sicherheitsbremse am Senkende eintritt, ergibt sich zu

$$p_{1a} = \frac{P_a - Q \frac{D_a}{D_b}}{m_b} = \frac{2550 - 2600 \frac{1{,}0185}{1{,}45}}{720} = 1{,}01\,\text{m/s}^2.$$

Demnach die Verzögerungszeit zu

$$t_{1a} = \frac{v'_e}{p_{1a}} = \frac{9,5}{1,01} = 9,4\,\mathrm{s}\,,$$

und der Verzögerungsweg zu

$$s_{1a} = \frac{v'_e}{2} \cdot t_{1a} = \frac{9,5}{2} \cdot 9,4 = 45\,\mathrm{m}\,.$$

Beim betriebsmäßigen Abbremsen am Senkende von Hand oder durch die Rückstellkurvenscheibe am Teufenzeiger läßt sich demnach die auf S. 131 errechnete Verzögerungszeit $t^e = 12$ s einhalten, so daß nach dem früher aufgestellten theoretischen Förderdiagramm gefahren werden kann.

Der Auslaufweg beim Einfallen der Sicherheitsbremse am Ende des Hubes ergibt sich aus folgendem:

Die Verzögerung am Hubende ist

$$p_{2e} = \frac{P_a + Q' \frac{D_e}{D_b}}{m_b} = \frac{2550 + 400 \frac{1,3065}{1,45}}{720} = 4,05\,\mathrm{m/s^2}$$

somit die Verzögerungszeit

$$t_{2e} = \frac{v_e}{p_{2e}} = \frac{11,65}{4,05} = 2,9\,\mathrm{s},$$

und der Verzögerungsweg

$$s_{2e} = \frac{v_e}{2} \cdot t_{2e} = \frac{11,65}{2} \cdot 2,9 = 17\,\mathrm{m}\,.$$

Dieser Verzögerungsweg von 17 m ergäbe sich nur dann, wenn das Einfallen der Sicherheitsbremse bei voller Hubgeschwindigkeit erfolgen würde. Betriebsmäßig wird jedoch die Fördergeschwindigkeit vor Hubende durch den Sicherheitsapparat am Teufenzeiger verkleinert und der Schöpfkolben tritt nur soweit über Tage, daß der Haspelwärter die Beendigung des Förderspieles erkennen kann. Unregelmäßigkeiten in der Seilaufwicklung, welche vom Diagramm abweichende Verzögerungswege nach sich ziehen, werden vom Haspelwärter durch Beobachten des Tachometers beim Hubende bemerkt und er kann sie durch die Handbremse oder auch durch den Steuerschalter ausgleichen. Da aber bei unregelmäßiger Seilaufwicklung das rechtzeitige Stillsetzen des Kolbens vom Haspelwärter versäumt werden könnte, ist im Schachtgerüst mehrere Meter vor der Turmrolle ein Endausschalter angeordnet, welcher bei Überfahren dieser Stelle durch den Kolben die Sicherheitsbremse zum Einfallen bringt. Dadurch ist mit Sicherheit vermieden, daß der Kolben in die Turmrolle fährt. Durch die vorausgegangene selbsttätige Rückstellung des Steuerhebels in die Nullage ist die Geschwindigkeit des Kolbens bei Betätigung des Endausschalters bereits stark vermindert, so daß der Auslaufweg nach Ansprechen des Endausschalters nur wenige Meter beträgt.

e) Betriebs- und Sicherheitsbremse. Im normalen Betrieb verhindert der übersynchron laufende, als Generator arbeitende Haspelmotor das Anwachsen der Senkgeschwindigkeit über einen von vornherein für die Anlage festgesetzten Höchstwert, so daß in diesem Falle der Bremse nur die Aufgabe zufällt, die bewegten Massen am Ende der Senkperiode bei vom Netz abgeschaltetem Motor bis zum Stillstand zu verzögern. In Ausnahmefällen muß jedoch damit gerechnet werden, daß das Senken des Kolbens nicht mit Energierückgewinn erfolgen kann, daher die mechanische Bremse während der ganzen Senkfahrt in Tätigkeit sein muß. Außerdem muß im Gefahrfalle die Bremse mit Fallgewicht als sog. Sicherheitsbremse zur Wirksamkeit kommen und die bewegten Massen in kürzester Zeit stillsetzen.

Abb. 80. Betriebs- und Sicherheitsbremse der Österreichischen SSW.

Das größte Bremsmoment tritt auf, wenn das Fördermittel sich in seiner tiefsten Lage befindet, da dann nicht nur das Gewicht des Fördermittels und der Nutzlast, sondern das Gewicht des ganz abgewickelten Seiles, welches ein Vielfaches dieser Gewichte beträgt, zu halten ist. Dieses größte Bremsmoment, welches normalerweise durch die Kraftaufwendung des Fördermaschinisten erzielt werden müßte, ist mit einfacher Hebelübertragung, wie sie bei den Bremsanordnungen normaler doppeltrümiger Förderhaspel verwendet werden, nicht mehr zu bewältigen, ohne dabei Gefahr zu laufen, daß der Maschinist innerhalb kürzester Zeit ermüdet oder gänzlich versagt.

Diese Überlegungen führten zu der Durchbildung einer besonderen Bremsanordnung, bei welcher das Hauptgewicht darauf gelegt wird, bei einem kleinen Kraftaufwand durch einfache, übersichtliche Übertragungsglieder ein großes Bremsmoment am Bremskranzdurchmesser auszuüben. Die Bremse, eine vereinigte Betriebs- und Sicherheitsbremse (Abb. 80), ist neben dem Steuerbock am Führerstand vor der Trommel angeordnet und entsprechend den beiden beim Abbremsen auftretenden Vorgängen ausgebildet. Der erste Vorgang, welcher durch das Anlegen der Bremsbacken gekennzeichnet ist, wobei nur ein kleiner Kraftaufwand notwendig ist, spielt sich sehr schnell ab, der zweite Vorgang, bestehend in der Ausübung der eigentlichen Bremskraft, wird dadurch wirksamer

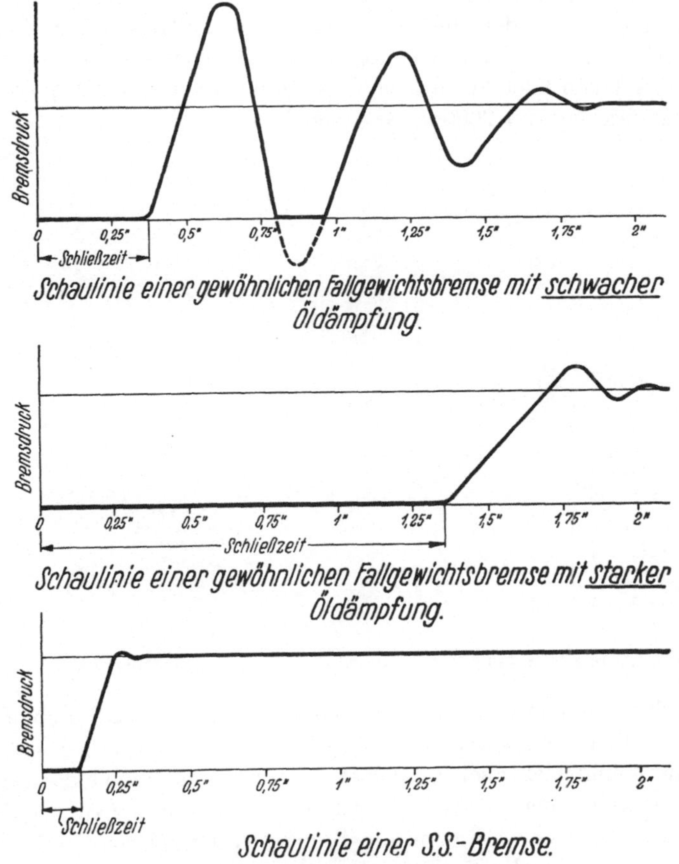

Abb. 81. Schaulinien des Bremsvorganges.

gemacht, daß man die Kraft an einem großen Hebelarm wirken läßt. Dadurch wird ein bedeutender Bremsdruck erreicht. Der Kraftaufwand, welcher beim betriebsmäßigen Bremsen im Durchschnitt notwendig ist, beträgt etwa 25 kg, einen Wert, den man auch bei Dauerbetrieb als zulässig erachten kann.

Die Hebelübersetzungen zur Vergrößerung der vom Maschinisten am Handhebel ausgeübten Bremskraft sind in gedrängter und leicht zugänglicher Form über Flur in einem Gehäuse angeordnet. Auch die Sicherheitsbremse ist darin untergebracht. Sie ist reichlich gedämpft und arbeitet praktisch schwingungsfrei, wodurch beim Einfallen der Bremse eine bedeutend sicherere und raschere Wirkung erreicht wird als bei der sonst gebräuchlichen Anordnung. Die Schaulinien (Abb. 81), welche an verschiedenen Bremsen aufgenommen wurden, lassen deutlich die Vorteile dieser nach den genannten Gesichtspunkten arbeitenden Bremse gegenüber den bisher verwendeten Fallgewichts-Sicherheitsbremsen erkennen. Diese neue Bremse wird für Erdölhaspel mit einer Bremsarbeit von 6000 kgcm gebaut, so daß sie bei einem Weg von 3 cm eine Zugwirkung von 2000 kg ausüben kann.

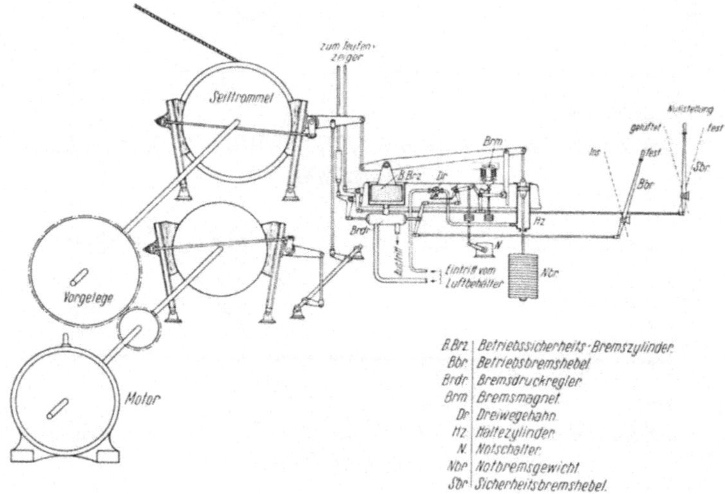

Abb. 82. Schematische Anordnung der Druckluftbremse.

Die Sicherheitsbremse kann sowohl von Hand mit Hilfe eines Nothebels als auch, wie später bei den Sicherheitseinrichtungen erwähnt, mechanisch und elektrisch ausgelöst werden. Das Heben des Gewichtes der eingefallenen Sicherheitsbremse erfolgt durch den Handhebel der Bremse dadurch, daß er in die Bremsstellung gebracht, die Bremswirkung daher durch die Betriebsbremse erzeugt wird. Das Lüften der Bremse durch Zurückziehen des Bremshebels ist nur dann möglich, wenn die Ursache des Einfallens der Sicherheitsbremse behoben ist. Sonst fällt das Fallgewicht im gleichen Maße wieder herunter, wie der Bremshebel zurückgezogen wird, und die Sicherheitsbremse tritt wieder in Wirkung.

Außer der beschriebenen Betriebs- und Sicherheitsbremse hat nur die Druckluft- und Sicherheitsbremse Bedeutung erlangt. Das Wesen der Druckluftbremse besteht darin, daß die Bremsarbeit durch Druckluft geleistet wird. Ein im Bremszylinder beweglich angeordneter Kolben bewirkt das Andrücken und Lüften der Bremsbacken mittels des Bremsgestänges. Das Ein- und Ausströmen der Druckluft in den Bremszylinder und aus demselben wird durch einen Dreiweghahn bewirkt. Der Druck wird mittels eines Bremsdruckreglers durch Betätigung eines Bremshebels von Hand verändert. Die Abb. 82 zeigt schematisch eine derartige Einrichtung. Jeder Auslage des Bremshebels entspricht ein bestimmter Druck auf den Bremskolben. Die Sicherheitsbremse kann sowohl elektrisch als auch mechanisch und von Hand zum Einfallen gebracht werden.

Zur Erzeugung der Druckluft muß entweder ein kleiner, durch Elektromotor betriebener Kompressor oder ein solcher, der unmittelbar vom Haspel angetrieben wird, verwendet werden. Beide arbeiten in einen etwa 1—1,5 m^3 fassenden Druckluftbehälter. Der Antriebsmotor des ersteren wird selbsttätig ein- und ausgeschaltet in Abhängigkeit von dem Druck im Behälter, im zweiten Falle regelt ein Umlaufventil den Druck.

2. Elektrische Ausrüstung.

a) Drehstromantrieb. Der zum Antrieb der Schöpfhaspel dienende Motor ist ein normaler, als Sondenmotor ausgebildeter Drehstrom-Asynchronmotor mit Schleifringläufer. Zum Steuern dieses Motors wird bei Leistungen bis etwa 130 kW ein Steuerschalter mit eingebautem zweipoligen Ständerumschalter, bei darüberliegenden ein Flüssigkeitsanlasser mit getrenntem dreipoligen Ständerumschalter benutzt, da der Steuerschalter bei diesen hohen Leistungen zu schwer ausfallen würde. Der Ständerumschalter dient zur Umkehrung der Drehrichtung, der Steuerschalter bzw. Flüssigkeitsanlasser zum Anlassen und zur Drehzahlregelung des Motors. Die Schaltung der Drehstrom-Förderanlage bei Verwendung eines Flüssigkeitsanlassers zeigt die Abb. 83.

Steuerschalter mit eingebautem zweipoligen Ständerumschalter. Die Betätigung des Apparates erfolgt durch Gestänge und einen Hebel, der in einem einschlitzigen Steuerbock angeordnet ist. Da bei dem hier vorliegenden intermittierenden Betrieb ein dauerndes Anlassen, Stillsetzen, sowie Umkehren des Motors notwendig ist, müssen die hierzu notwendigen Steuerbewegungen leicht auszuführen sein, um den Maschinisten nicht zu ermüden. Um dieses zu erreichen, wird eine sog. Unterstützungssteuerung verwendet, deren Wesen, wie der Name schon ausdrückt, darin besteht, daß ein kleiner Hilfsmotor die vom Maschinisten am Steuerhebel auszuführenden Bewegungen unterstützt. Hierbei kann aber der Maschinist jederzeit den Steuerhebel in irgendeiner Lage festhalten, ohne daß durch den Hilfsmotor eine andere Schaltstellung als sie der Steuerhebelstellung

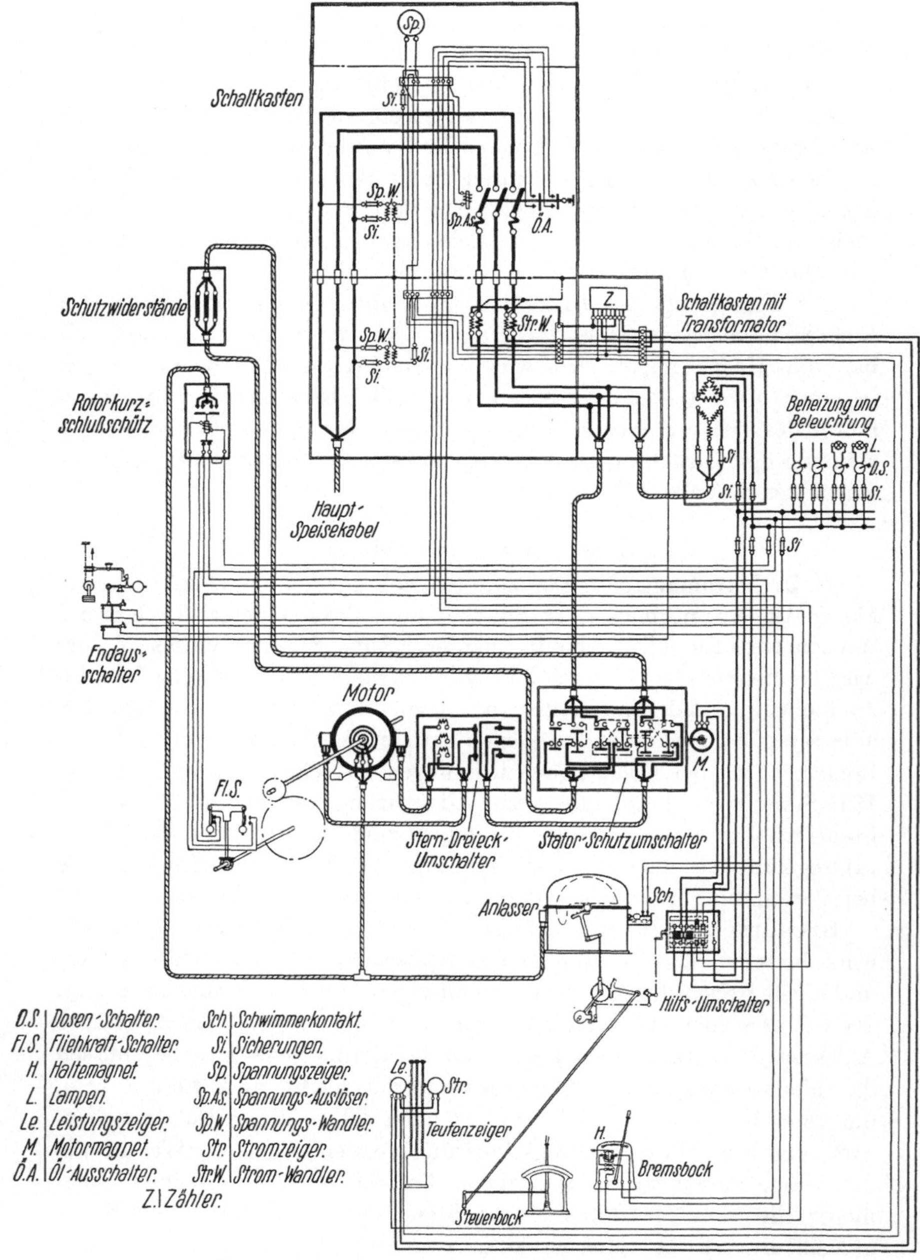

Abb. 83. Schaltung der Drehstrom-Förderanlage.

entspricht, eingestellt wird. Die konstruktive Durchbildung der Steuerung sieht noch den Fall vor, daß bei Versagen des kleinen Elektromotors die Betätigung des Steuerschalters auch mechanisch von Hand — allerdings durch größeren Kraftaufwand — erfolgen kann. Aus diesem Grunde ist der Steuerhebel, wie aus der Abb. 84 zu ersehen ist, nicht starr mit der Gestängewelle verbunden, sondern wirkt auf sie über je eine Feder nach den beiden Auslageseiten. Bei Auslegen des Steuerhebels aus seiner Nullstellung nach irgendeiner der beiden Richtungen wird die dieser Auslage entsprechende Feder zusammengedrückt, ohne daß das Antriebsgestänge des Steuerschalters bewegt wird. Durch das Zusammendrücken der Feder wird der Umschalter des Hilfsmotors der Unterstützungsvorrichtung betätigt und der Hilfsmotor eingeschaltet. Er betätigt sodann unter Zwischenschaltung eines Zahnradvorgeleges das Antriebsgestänge. Dadurch wird zuerst der im Steuerschalter eingebaute Ständerumschalter in die der Steuerhebelauslage entsprechende Schaltstellung für Heben oder Senken gebracht. Bei Weiterbewegung des Steuerhebels wird das Antriebsgestänge der Unterstützungssteuerung durch den Hilfsmotor weiter bewegt und der Steuerschalter so lange betätigt, bis der Läuferwiderstand des Fördermotors kurzgeschlossen ist. Um eine dauernde Wirkung des Hilfsmotors der Unterstützungssteuerung zu erhalten, ist es notwendig, daß der Steuerhebel vom Maschinisten in der gewünschten Richtung stetig weitergedrückt wird und die dieser Richtung entsprechende Feder sich im zusammengepreßten Zustand befindet. Soll der Steuerschalter in einer bestimmten Lage festgehalten werden, so läßt der Maschinist den Steuerhebel in der entsprechenden Stellung stehen, wodurch die Feder bei Weiterbewegung des Gestänges durch den Hilfsmotor entspannt und gleichzeitig der Umschalter in die Ausschaltstellung gebracht wird.

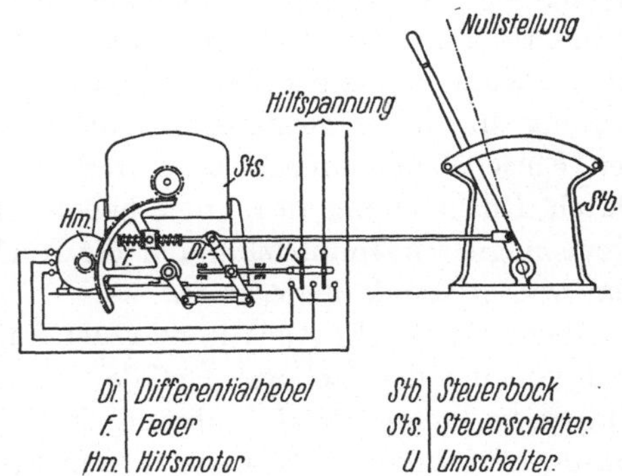

Abb. 84. Unterstützungssteuerung bei Verwendung eines Steuerschalters.

Durch Einlegen von Federn mit richtig gewählten Spannungen kann man einen sehr feinfühligen Mechanismus erreichen und dem Fördermaschinisten die Arbeit erleichtern. Der für die Steuerorgane benötigte kleine Umschalter des Hilfsmotors ist in der Nähe des Steuerbockes im Motorraum untergebracht und befindet sich unter Öl. Die Verbindung des Steuerhebels mit der Gestängewelle und die Anordnung des Umschalters sind aus der schematischen Skizze (Abb. 84) zu ersehen.

Ständerumschalter für getrennte Aufstellung. Da die normalen, getrennt aufgestellten Ständerumschalter für ihre Steuerung eine immerhin nennenswerte Kraftanstrengung benötigen, wird hierfür stets ein Hilfsantrieb vorgesehen. Der Ständerumschalter wird demnach nicht unmittelbar mechanisch durch das Auslegen des Steuerhebels betätigt, sondern durch das Auslegen des Steuerhebels nach der einen oder anderen Fahrrichtung wird jeweils mittels eines kleinen Umschalters ein die Ständerumschalterwelle drehender Motorbremsmagnet, welcher an den Apparat angebaut ist, eingeschaltet. Der Motorbremsmagnet liegt nach erfolgter Betätigung des Ständerumschalters in der Hub- oder Senkrichtung dauernd am Netz. Während seiner Drehung von der Nullage bis zur Betriebsstellung spannt er gleichzeitig eine Feder, der er während der Dauer der Einschaltung durch sein Drehmoment das Gleichgewicht hält. Durch Rückstellung des Steuerhebels in die Nullage wird der Motorbremsmagnet spannungslos und die Rückstellung des Ständerumschalters erfolgt durch Federkraft.

Der Flüssigkeitsanlasser als Anlaß- und Regelapparat besitzt drei voneinander isolierte Gefäße, welche mit den Schleifringen des Motors verbunden sind, während die unter sich verbundenen, sichelförmig ausgebildeten Elektroden den Sternpunkt bilden. Die Sicheln sind durch ein entsprechend bemessenes Gegengewicht in jeder Stellung im Gleichgewicht, so daß ihr Festhalten durch den Steuerhebel nicht notwendig ist. Zur Füllung der drei Gefäße wird eine Sodalösung verwendet, deren Konzentration derart bemessen wird, daß der Haspelmotor bei ungefähr $^1/_5$ Eintauchtiefe der Sichelelektroden mit einem der tiefsten Kolbenstellung entsprechenden Drehmoment zu laufen beginnt. Die zur Kühlung der Sodalösung dienenden Kühlschlangen sind in die drei Gefäße eingebaut und werden an eine Frischwasserleitung angeschlossen. Der Kühlwasserbedarf beträgt etwa 0,6 l/min und dauernd abzuführendes kW. Beim Schöpfbetrieb entstehen gemäß dem errechneten Förderdiagramm Verluste nur beim Beschleunigungsvorgang während des Anlassens. Die Fahrperiode beim Heben sowie Senken mit der Hub- bzw. Senkgeschwindigkeit erfolgt bei kurzgeschlossenem Läuferstromkreis ohne Energieverluste, die Verzögerung durch Zuhilfenahme der mechanischen Bremse. Die Verluste im Anlasser während eines Förderspieles berechnen sich demnach aus dem Diagramm (Abb. 74) zu

$$\frac{354}{2} \cdot 11{,}3 + \frac{125}{2} \cdot 15{,}3 = 2955 \text{ kWs}$$

oder anders ausgedrückt: es sind

$$\frac{2955}{386} = 7{,}66\,\mathrm{kW}$$

dauernd abzuführen und daher $7{,}66 \cdot 0{,}6 = 4{,}59$ l Frischwasser minutlich für die Kühlung des Anlassers erforderlich. Der Flüssigkeitsanlasser, welcher vom Steuerbock aus durch Verbindungsgestänge angetrieben wird, steht ebenfalls im Motorraum und wird durch einen besonderen Frischluftkanal, der vom Freien hereinführt, belüftet. Ein Abzugsschacht über dem Flüssigkeitsanlasser, der bis über das Dach des Motorhauses hinausragt, sorgt dafür, daß der sich während des Betriebes im Anlasser entwickelnde Wasserdunst leicht ins Freie abziehen kann. Es muß daher in entsprechenden Zeitabständen ein Nachfüllen der Lösung erfolgen. Da Flüssigkeitsanlasser nur in einer Richtung betätigt werden können, der Steuerhebel jedoch von der Nullstellung aus entsprechend der Fahrrichtung nach vorne oder rückwärts ausgelegt wird, muß zur Übertragung der beiden entgegengesetzten Bewegungen des Steuerhebels in eine gleichgerichtete Bewegung ein Wendegetriebe entweder an den Flüssigkeitsanlasser oder den Steuerbock angebaut werden.

Die Betätigung des Flüssigkeitsanlassers, besonders bei vielwinkligem Übertragungsgestänge, benötigt einen großen Kraftaufwand, wodurch der Maschinist ermüdet. Aus diesem Grunde wird in gleicher Weise wie bei dem Steuerschalter eine Unterstützungssteuerung angewendet. Hierbei wird durch einen Hilfsmotor sowohl der Ständerumschalter als auch der Flüssigkeitsanlasser betätigt (Abb. 85). Bei Versagen des Hilfsmotors ist eine Betätigung beider Apparate von Hand möglich. Das Wesen dieser Hilfssteuerung ist in Abb. 86 dargestellt. Zwischen dem Hilfsmotor und dem auf seiner Welle befindlichen Ritzel ist eine einstellbare Bandbremse, neben dem Zahnrad der Vorgelegewelle eine Rutschkupplung angebracht. Die Bandbremse verhindert ein Nachlaufen des Hilfsmotors, die Rutschkupplung schützt das dahinterliegende Getriebe vor unzulässigen Beanspruchungen. Bandbremse und Kupplung sind in dieser Abbildung der Übersichtlichkeit wegen nicht dargestellt. Die Bewegung des Hilfsmotors, die durch die Betätigung des am Steuerbock sitzenden Hebels H eingeleitet und beeinflußt wird, wird durch das doppelte Vorgelege auf eine unrunde Scheibe G übertragen, welche durch den Rollenhebel R den Ständerumschalter des Hauptmotors einschaltet. Nach erfolgter Schaltbewegung gleitet die Rolle von der Scheibe und bewegt sich weiter. Gleichzeitig wird durch die Bewegung des Hilfsmotors der Flüssigkeitsanlasser durch ein Wendegetriebe W betätigt. Der Ständerumschalter besitzt keine selbsttätige Rückstellung durch Federn, so daß er in seiner Schaltstellung bleibt.

Abb. 85. Unterstützungssteuerung.

Das Ausschalten des Ständerumschalters erfolgt wieder durch die unrunde Scheibe, welche bei Umkehr der Drehrichtung des Hilfsmotors den Rollenhebel R in die Ausschaltstellung zurückdrängt. Die Nullstellung des Steuerhebels ist durch eine Rast kenntlich gemacht.

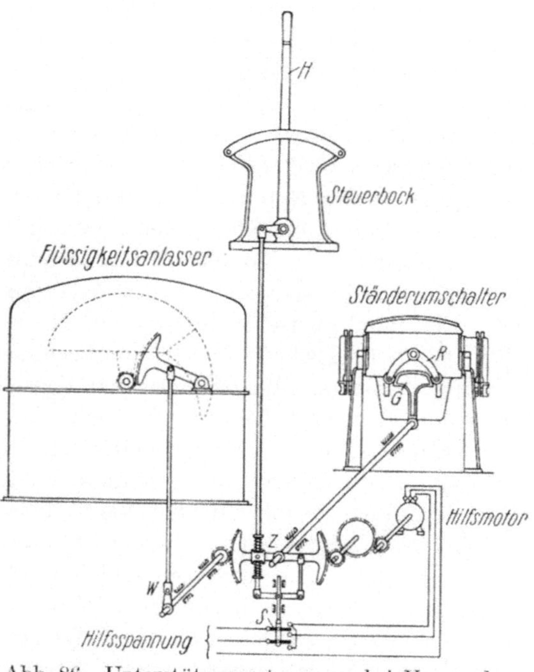

Abb. 86. Unterstützungssteuerung bei Verwendung eines Flüssigkeitsanlassers.

Bei Auslegen des Steuerhebels wird zuerst durch den mit ihm verbundenen Schalter S der Hilfsmotor derart an das Netz angeschlossen, daß seine Drehrichtung der Steuerhebelauslage entspricht. Läßt der Maschinist den Steuerhebel in der Endstellung bzw. in irgend einer Zwischenstellung stehen, so wird der Hilfsmotor das Zwischenglied Z und dadurch den Anlasser so lange weiterbewegen, bis der Schalter S den Hilfsmotor abschaltet. Das Zurückführen des Flüssigkeitsanlassers und des Ständerumschalters in die Nullstellung erfolgt in gleicher Weise, nur wird der Hilfsmotor durch den Schalter S derart an Spannung gelegt, daß er sich in entgegengesetzter Drehrichtung bewegt.

Damit das Ein- und Ausschalten des Ständerumschalters durch den Hilfsmotor, der mit festen Läuferwiderständen ausgerüstet ist, mit der notwendigen ruckartigen Bewegung erfolgt, wird der feste Widerstand im Läuferstromkreis des Hilfsmotors über Hilfskontakte an dem Ständerumschalter kurzgeschlossen. Die Drehzahl des Hilfsmotors wird dadurch erhöht und die ruckartige Einschaltbewegung erzielt.

Stern-Dreieckumschalter. Ein besonderer, unter Öl angeordneter Stern-Dreieckschalter, welcher es ermöglicht, den normalerweise in Dreieck geschalteten Motor bei geringer Belastung, die während des eigentlichen Bohrvorganges auftritt, in Sternschaltung zu betreiben, ist ebenfalls im Motorraum aufgestellt. Der Motor darf bei dieser Schaltung nur mit ungefähr $^1/_3$ der normalen Leistung beansprucht werden, wobei Wirkungsgrad, Leistungsfaktor und Überlastbarkeit ungefähr die gleichen Werte annehmen wie die des in Dreieck geschalteten, unter Vollast und Normalspannung arbeitenden Motors. Das Umschalten des Stern-Dreieckumschalters von Dreieck in Stern oder umgekehrt erfolgt von Hand, vor Inangriffnahme der Bohrarbeiten. Der Motor wird in beiden Schaltungen durch Überstromauslöser, deren Einschaltung gleichzeitig mit dem Umschalten erfolgt, geschützt.

Läuferschütz. Zur Nutzbarmachung der beim Senken des Fördermittels freiwerdenden Energie ist eine Schaltung gewählt, welche unter Zuhilfenahme der einfachsten Apparate ihre Rückgewinnung ermöglicht. Bekanntlich kann ein Drehstrom-Asynchronmotor als Asynchrongenerator Verwendung finden, wenn er mit einer etwas höheren als der der synchronen Drehzahl entsprechenden Umlaufzahl angetrieben wird.

Da beim Senken durch den Antriebsmotor dem ganzen Getriebe ein kleiner Kraftimpuls gegeben werden muß, um die ruhenden Massen zu beschleunigen, wird der Motor zunächst mit dem dem Senken entsprechenden Drehsinn durch den Ständerumschalter an das Netz gelegt. Bei weiterem Auslegen des Steuerhebels läuft der Motor an und wird schließlich von dem sich senkenden Fördermittel und ablaufenden Seil angetrieben. Sobald die synchrone Drehzahl (100$^0/_0$) erreicht ist, muß der Läufer des Motors kurzgeschlossen werden und der Ständer dauernd an das Netz geschaltet bleiben. Das Kurzschließen des Läufers wird durch Zuhilfenahme eines zweipoligen Läuferschützes bewerkstelligt. Dasselbe wird betätigt von einem unter Öl befindlichen Fliehkraftschalter, welcher an der Vorgelegewelle angebracht ist. Bei Erreichung der synchronen Motordrehzahl legt der auf diese Drehzahl eingestellte Fliehkraftschalter die Magnetspule des Läuferschützes an Spannung. Das Schütz schließt den Läufer des Antriebsmotors kurz, worauf die Energieabgabe an das Netz bei weiterem Senken des Fördermittels erfolgt. Dadurch, daß nunmehr der Antriebsmotor als angetriebener Generator arbeitet, findet auch gleichzeitig auf Grund der magneto-motorischen Gegenwirkung ein Abbremsen der sich senkenden Massen statt; diese können daher nur eine bestimmte für den Betrieb zulässige Geschwindigkeit annehmen.

Verteilungsschaltanlage. Die Verteilungsschaltanlage für die Hochspannung, der Transformator für die Erzeugung der Hilfsspannung und die Niederspannungsverteilung sind an der Längswand im Motorraum untergebracht.

Die Stromverteilung für die Haspelanlage geschieht von einem Hochspannungsschaltkasten aus. Dieser besteht im vorliegenden Falle aus einem Oberteil, in welchem der eigentliche Hochspannungsschalter unter Öl eingebaut ist, aus einem Untersatz und einer angebauten Zählerzelle. Im Oberteil befinden sich außer dem Hauptschalter noch die Verriegelungskontakte für die Sicherheitsschaltung, die Hauptstrom- und der Spannungsauslöser, ein Spannungswandler und die zugehörigen Hochspannungssicherungen. Der Schaltkastenuntersatz enthält den Kabelendverschluß für das vom Freileitungsmast kommende Hochspannungsspeisekabel, sowie zwei Strom- und einen Spannungswandler mit zugehörigen Hochspannungssicherungen für den Zähler. Die angebaute Zählerzelle enthält einen Drehstrom-Wattstundenzähler für ungleich belastete Phasen, einen Kabelendverschluß für das Motorkabel und einen Kabelendverschluß für das zum Hilfstransformator führende Kabel, sowie eine Klemmenleiste zum Anschluß der Meßleitungen, welche zu den Instrumenten am Teufenzeiger führen. In einer abgedichteten Instrumentenhaube am Schaltkasten ist ein Spannungsmesser untergebracht.

Der Spannungsauslöser im Oberteil des Schaltkastens ist durch Hilfskontakte mit der Sicherheitsbremse derart verriegelt, daß jedem Ansprechen der Sicherheitsbremse auch ein Abschalten des Hochspannungsschaltkastens entspricht. Da nach erfolgtem Abschalten die Freilaufkupplung die nächste Schaltbewegung nicht eher ermöglicht, bevor der Spannungsauslöser nicht Spannung bekommt, so ist es auch infolge der Verriegelungsschaltung nicht möglich, den Schaltkasten von Hand aus einzulegen, bevor das Fallgewicht der Bremse nicht hochgehoben ist und der Flüssigkeitsanlasser bzw. der Steuerschalter nicht in seine Nullstellung zurückgestellt ist. Es wird hierdurch zwangläufig vermieden, daß der Motor bei abgeschaltetem Läuferwiderstand an die Netzspannung gelegt wird.

Das Motorzuführungskabel führt vom Endverschluß im Schaltkasten über den Ständerumschalter und über den Stern-Dreieckumschalter zum Ständer des Drehstrommotors.

Sicherheitseinrichtungen. Die Sicherheitseinrichtungen der elektrisch betriebenen Erdölhaspel lassen sich in zwei Gruppen teilen. Die erste Gruppe umfaßt diejenigen Einrichtungen, welche der Sicherheit des Betriebes dienen und bei jedem Förderspiel zur Wirkung kommen. Die zweite Gruppe umfaßt die Apparate, welche der Sicherheit der Anlage dienen und in Gefahrfällen, einerlei ob sie durch Unachtsamkeit des Maschinisten oder durch sonstige Zwischenfälle hervorgerufen wurden, ein rasches selbsttätiges Stillsetzen der ganzen Anlage durch Betätigung der Sicherheitsbremse bewirken.

a) Einrichtungen für die Sicherheit des Betriebes.

Zu diesen gehören:

der Teufenzeiger nebst der Sicherheitsvorrichtung am Teufenzeiger,

die Meßinstrumente am Teufenzeiger,

die Warnglocke am Teufenzeiger,

der Umdrehungsanzeiger,

die Verriegelungskontakte des Ständerumschalters und Steuerschalters oder Flüssigkeitsanlassers.

Der Teufenzeiger mit Sicherheitsapparat, wie er für den Erdölhaspelbetrieb verwendet wird, ist in der Abb. 87 dargestellt. Er besteht in der Hauptsache aus einer Spindel, welche mittels einer Kegelradübersetzung von einer Zwischenwelle, die ihren Antrieb ebenfalls durch Kegelräder von der Trommelwelle erhält, angetrieben wird. Auf der Spindel bewegt sich eine Wandermutter mit Zeiger über einer der Teufe entsprechend geeichten Skala. Er ist dazu bestimmt, dem Fördermaschinisten die jeweilige Teufe, in welcher sich der Schöpfkolben befindet, anzuzeigen, und wird in nächster Nähe des Maschinisten aufgestellt.

Der Teufenzeiger ist mit einem Sicherheitsapparat vereinigt, der am Ende des Hubes den Steuerhebel in die Nullstellung führt bzw. bei Ende der Senkfahrt die Bremse betätigt, falls der Maschinist es versäumen sollte, die Steuer- und Bremsorgane rechtzeitig zu betätigen. Der Sicherheitsapparat ist in Form einer kleinen Trommel ausgebildet, welche auf ihrem Umfange besondere Kurvenscheiben, je eine für das Heben und Senken trägt. Die eine Kurvenscheibe drückt den Steuerhebel vor Ende der Hubperiode in seine Nullage zurück, bringt dadurch den Steuerschalter oder Flüssigkeitsanlasser und zuletzt den Ständerumschalter in die Ausschaltstellung zurück. Der Motor wird vom Netz abgeschaltet. Durch die lebendige Kraft der Massen legt der Kolben noch einen gewissen Weg zurück und tritt etwas aus der Bohrlochmündung hervor. In dieser Stellung wird vom Maschinisten die Bremse von Hand aufgelegt, falls er den Kolben halten will, normalerweise wird er jedoch durch Umkehrung der Drehrichtung des Motors sofort den Senkvorgang einleiten. Das zweite Kurvenstück bewirkt ein langsames Auflegen der Bremse beim Senken in einer gewissen an dem Teufenzeiger einzustellenden Teufe ohne Zutun des Maschinisten. Die genaue Einstellung des Sicherheitsapparates ist mit gewissen Schwierigkeiten verknüpft. Diese ergeben sich aus der verschiedenen Größe der jeweils gehobenen Nutzlast bzw. der Höhe der Ölsäule, welche sich im Bohrloch befindet. Infolgedessen kann der Fall eintreten, daß der Haspel beim Heben zu früh zum Stillstand kommt und der Kolben nicht diejenige Stellung erreicht, welche notwendig ist, um die gesamte Ölmenge aus dem Bohrloch zu entfernen. Um den Kolben genau in die Lage zu bringen, welche zur Entleerung des Öles notwendig ist, wird daher in das Gestänge zwischen Teufenzeiger und Steuerhebel ein elastisches Zwischenglied (Abb. 88) eingebaut, welches ermöglicht, den Motor erneut anzulassen. Der Kolben wird demnach mit ganz kleiner Geschwindigkeit in diejenige Stellung gebracht, in welcher er bei Ende der Hubperiode sein soll.

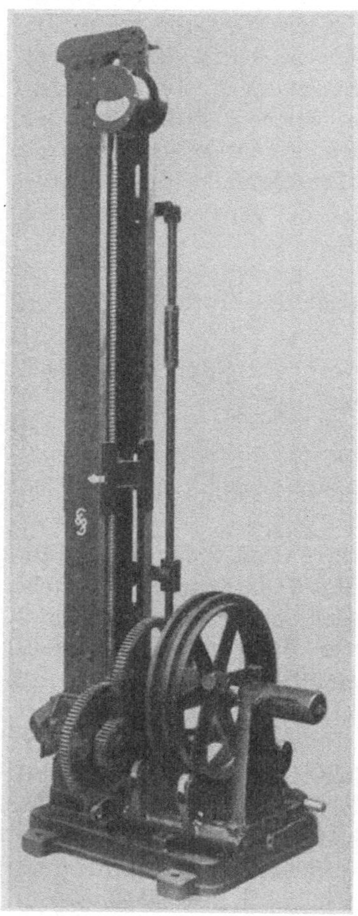

Abb. 87. Teufenzeiger mit Sicherheitsapparat.

Vor Ende der Senkperiode wird, wie erwähnt, durch das zweite Kurvenstück entsprechend der am Teufenzeiger eingestellten Teufe die Handbremse allmählich angezogen und der Haspel rechtzeitig abgebremst und zum Stillstand gebracht. Erfolgt das Stillsetzen des Haspels durch irgendwelche Umstände zu früh, so kann von dem Maschinisten durch Betätigung des Bremshebels die Bremse gelüftet werden. Es wird dabei ein im Gestänge zwischen Teufenzeiger und Bremshebel eingebautes elastisches Zwischenglied zusammengedrückt und die Bremse freigegeben. Der Steuerhebel, welcher bei Beginn der Senkperiode ausgelegt war, um die Maschine in Gang zu setzen, wird nicht selbsttätig zurückgestellt, sondern muß vom Maschinisten von Hand in die Nullage zurückgeführt werden. Wird das Zurückstellen des Steuerhebels übersehen, so bleibt der Fördermotor bei aufgelegter Bremse eingeschaltet. Da jedoch bei der kleinen Auslage des Steuerhebels im Senksinne im Läuferkreis des Motors große Widerstände eingeschaltet sind, wird die Stromaufnahme aus dem Netz auf einen zulässigen Wert begrenzt.

Eine weitere Schwierigkeit, den Sicherheitsapparat für die jeweiligen Verhältnisse einzustellen und die Anordnung der Kurvenscheibe der Stellung des Kolbens anzupassen, kann durch die unregelmäßige Seilaufwicklung hervorgerufen werden. Wie erwähnt, wird der Sicherheitsapparat von der Trommelwelle angetrieben, seine Drehzahl ist demnach nur von der Drehzahl der Trommel und nicht von der Seilgeschwindigkeit abhängig. Dieser Umstand, der als Übelstand bezeichnet werden kann, zieht die gleichen, vorhin geschilderten Nachteile für den Betrieb nach sich, wie sie durch die Schwankungen der Last verursacht werden. Die Nachteile werden daher durch die gleichen Mittel behoben, wie sie soeben angegeben wurden, nämlich durch Zuhilfenahme des elastischen Zwischengliedes zwischen Teufenzeiger und Steuerhebel.

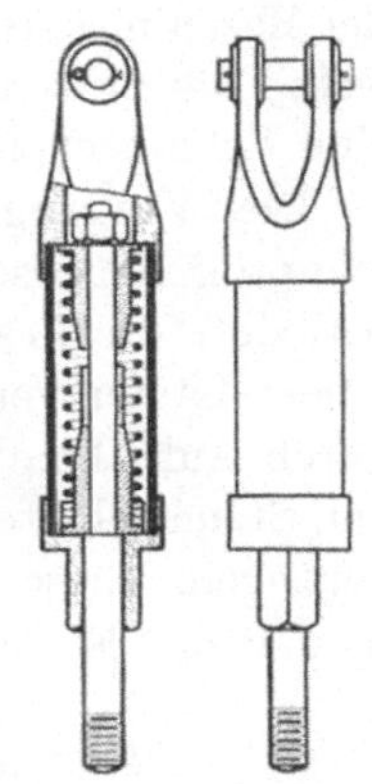

Abb. 88. Elastisches Zwischenglied im Steuergestänge.

Bei Teufenzeigern, welche nur für eine kleine Teufe bestimmt sind, wird die Übersetzung zwischen Fördertrommel und Sicherheitsapparat so ausgebildet, daß eine Umdrehung der Rückstellkurvenscheibe der vollen Teufe entspricht. Bei den im Ölförderbetrieb vorkommenden großen Teufen würde jedoch eine einzige Umdrehung der Rückstellkurvenscheibe zu großen Ungenauigkeiten führen und die Einstellung der selbsttätigen Hub- und Senkbegrenzung wäre außerordentlich schwierig. Es wird daher der Sicherheitsapparat so ausgebildet, daß die Kurvenscheiben auf dem Umfange einer Trommel angeordnet sind, welche während einer Hub- oder Senkperiode mehrere Umdrehungen macht, wodurch die Genauigkeit vervielfacht wird. Die Achse dieser Trommel trägt an dem einen Ende ein Schraubengewinde, welches eine axiale Verschiebung der Trommel während der Bewegung herbeiführt.

Die Meßinstrumente am Teufenzeiger, in der Regel ein Strom- und ein Leistungszeiger, geben die jeweilige Belastung des Motors an. Durch ihre Beobachtung wird der Maschinist in die Lage versetzt, den Motor richtig zu steuern bzw. ihn vor Überlastungen zu schützen. Die Instrumente sind gasdicht gekapselt und mit Schutzhauben für den rückwärtigen Klemmenanschluß versehen. Die Zuleitung erfolgt von den Meßwandlern im Verteilungsschaltkasten durch eine Panzeraderleitung.

Vor Erreichen der Endlagen, die in weiten Grenzen der jeweiligen Schachttiefe entsprechend einstellbar sind, ertönt ein Glockensignal. Dieses wird durch die auf- bzw. abwärtsgehende Wandermutter der Teufenzeigerspindel ausgelöst.

Der Umdrehungsanzeiger dient zur Überwachung der Trommeldrehzahl, somit der Fördergeschwindigkeit. Es ist eine runde Scheibe mit deutlich sichtbarer Skala, über welcher sich ein Zeiger bewegt. Der Nullpunkt befindet sich in der Mitte der Skala. Der Ausschlag ist beiderseitig je nach der Drehrichtung der Trommel. Der Zeigerapparat ist auf einer gußeisernen Säule angebracht und so angeordnet, daß ihn der Maschinist stets vor Augen hat. Der Antrieb erfolgt von der Zwischenwelle, die zwischen Teufenzeiger und Trommel angeordnet ist, durch eine Schnurscheibe und Schnur.

Die Verriegelungskontakte verhindern das Einschalten des Hauptölschalters, wenn der Steuerhebel sich in der Fahrtstellung befindet. In diesem Falle würde nämlich der Motor bei kurzgeschlossenem Läufer versuchen, als Kurzschlußmotor anzulaufen, und könnte durch Aufnahme seines Kurzschlußstromes Schaden erleiden. Sie sind am Steuerschalter oder Flüssigkeitsanlasser unter Öl angebracht und verriegeln diese mit dem Spannungsauslöser des Hauptölschalters, so daß ein Einschalten des Hauptölschalters nicht möglich ist.

β) Einrichtungen für die Sicherheit der Anlage.

Zu diesen gehören:

die Endauslösung am Teufenzeiger,
der Endausschalter,
der Fliehkraftschalter an der Vorgelegewelle,
der Nothandhebel an der Sicherheitsbremse,
der Höchststrom- und Spannungsrückgangsauslöser am Ölschalter.

Die Endauslösung am Teufenzeiger ist eine einstellbare mechanische Vorrichtung, die bei Überfahren der tiefsten Stelle durch Auslösung des Fallgewichtes der Sicherheitsbremse den Haspel zum Stillstand bringt. Sie tritt in Wirksamkeit, wenn der Fördermaschinist das vorher ertönte Warnsignal der Glocke am Teufenzeiger überhört oder nicht beachtet, infolgedessen die Maschine nicht rechtzeitig abgebremst hat.

Der Endausschalter ist ein einfacher Schalter mit Kontakten unter Öl in einem gußeisernen Kasten, der mittels Seilzuges von einer kreisringförmigen, das Förderseil umfassenden, im Turm in entsprechender Höhe angebrachten Holzplatte bei Mitnahme dieser Platte durch den aufwärtsbewegten Kolben ausgeschaltet wird. Der Endausschalter befindet sich im Motorraum und muß von Hand wieder eingeschaltet werden (Abb. 89).

Der Fliehkraftschalter an der Vorgelegewelle. Eine zur Drehachse exzentrisch gelagerte kleine Stahlkugel steigt mit wachsender Drehzahl an einer zur Drehachse geneigten, nach besonderen konstruktiven Gesichtspunkten als Rinne ausgebildeten schiefen Ebene hoch. Das Ende der Bahn ist als Schalthebel ausgebildet, gegen welchen die Kugel nach Erreichen der eingestellten Schaltdrehzahl anschlägt und hierauf mit konstantem Druck angepreßt bleibt. Erst nach Abnahme dieser Drehzahl ermäßigt sich der Anpreßdruck, und der Schalthebel wird durch die überwiegende Kraft seiner Rückstellfeder zurückgestellt

Abb. 89. Endausschalter.

Die Ausführung des Fliehkraftschalters ist aus den Abb. 90 und 91 ersichtlich. In dieser Ausführung kann der Apparat für Drehzahlen

Abb. 90. Fliehkraftschalter, offen.

Abb. 91. Fliehkraftschalter, geschlossen.

von 300—2400/min verwendet werden. Für tiefere Drehzahlen wird noch ein besonderes Stirnradvorgelege vorgesehen. Bei dieser Ausführung ist das Vorgelege gleichzeitig zum Antrieb von zwei Kugelfliehkraftauslösern ausgebildet, wovon der eine als Schließungskontakt für die Betätigung des Läuferschützes bei der synchronen Drehzahl, der andere als Öffnungskontakt für die Sicherheitseinrichtung bei einer 15 % über der synchronen liegenden Drehzahl dient.

Die Sicherheitseinrichtungen, welche zur Wirkung kommen, wenn Gefahr für die Anlage besteht, wirken alle gleichzeitig auf den Nullspannungsauslöser des Hauptölschalters und auf den Haltemagneten der Sicherheitsbremse. Durch die gleichzeitige Wirkung auf diese beiden Apparate wird erreicht, daß, unabhängig von der Stellung des Steuerhebels, sowohl der Ölschalter ausgelöst, der Motor also vom Netz abgeschaltet, als auch die Sicherheitsbremse zum Einfallen gebracht wird. Die ganze Haspelanlage kommt innerhalb ganz kurzer Zeit zum Stillstand. Diese Sicherheitseinrichtungen kommen zur Wirkung:

1. bei Ausbleiben oder Sinken der Spannung durch Wirkung des Spannungsauslösers des Hauptölschalters,
2. bei nicht rechtzeitigem Stillsetzen des Haspels am Ende der Senkperiode mechanisch durch die Endauslösung am Teufenzeiger durch Betätigung der Notausrückung der Bremse,
3. bei Übertreiben des Kolbens durch den Endausschalter im Turm über dem Bohrloch,
4. bei Überschreiten der Drehzahl des Motors um 15 % der synchronen Drehzahl. Hierbei wirkt ein besonderer Fliehkraftschalter auf den Spannungsauslöser des Hauptölschalters,
5. wenn das Läuferschütz bei Beginn der Hubperiode nicht geöffnet hat und der Antriebsmotor als Kurzschlußmotor anzulaufen versuchen würde durch Unterbrechung des Stromkreises des Spannungsauslösers,
6. bei Überschreiten des zulässigen Stromes des Fördermotors durch die Wirkung der Höchststromauslöser des Hauptölschalters,
7. bei Unfällen irgendwelcher Art, welche vom Fördermaschinisten beobachtet werden, durch Betätigung des Nothandhebels der Sicherheitsbremse, wodurch sowohl diese zum Einfallen als auch der Hauptölschalter durch Vermittlung des Spannungsauslösers zum Auslösen gebracht wird,
8. wenn der Druck im Luftbehälter bei Verwendung einer Druckluft-Sicherheitsbremse unter einen Wert sinkt, der ein einwandfreies Arbeiten der Bremseinrichtung nicht mehr gewährleistet.

Zum Anschluß dieser Sicherheitseinrichtungen bzw. zur Speisung der Hilfsstromkreise ist ein kleiner Hilfstransformator von etwa 5 kVA vorgesehen, an welchen gleichzeitig die Beleuchtung und Beheizung der Sonde angeschlossen werden kann. Soll der Transformator außerdem den Strom für den Antrieb des bei Verwendung einer Druckluftbremse erforderlichen Kompressormotors liefern, so muß er entsprechend größer gewählt werden.

Ein Wiederinbetriebsetzen des Haspels ist nur dann möglich, wenn die Ursachen der Auslösung der Sicherheitseinrichtungen behoben sind. Es ist also nicht möglich, daß der Fördermaschinist, ohne die Ursache des Stillsetzens des Haspels behoben zu haben, neuerlich die Maschine in Betrieb setzt.

Da der Hilfstransformator hinter dem Hauptölschalter angeordnet ist, steht er nur solange unter Spannung, als die Haspelanlage im Betrieb ist. Die Beleuchtung für den Motor- und Haspelraum wird in Galizien in den meisten Fällen an ein unabhängiges 110 V-Lichtnetz angeschlossen, ein Anschluß an den Hilfstransformator kommt nur in seltenen Fällen in Frage. Wenn dies jedoch gewünscht wird, dann muß der Hilfstransformator vor dem Hauptölschalter angeschlossen und abschaltbar angeordnet werden, damit die Beleuchtung vom Haspelbetrieb unabhängig ist.

Verwendung der elektrischen Ausrüstung des Haspels für Nachbohren usw. Bei einer in Produktion befindlichen Sonde müssen in gewissen Zeitabständen verschiedene Arbeiten außer dem Schöpfen vorgenommen werden, um den Ölzufluß und dementsprechend die Ergiebigkeit der Sonde zu erhalten. Zu diesen Arbeiten, zu welchen das Reinigen, Rohrebewegen u. a. gehören, werden in Galizien die von der Bohrung stehengebliebenen Bohrkräne benutzt. Der Bohrkran wird aber nicht nur allein zu diesen sich in gewissen Zeitabständen wiederholenden Arbeiten verwendet, sondern auch dazu, um die Sonde selbst, wenn sie der Erschöpfung entgegengeht, weiter zu vertiefen, sei es, um in die ölführende Schicht weiter einzudringen oder auf einen tieferen Ölhorizont überzugehen. Um den Bohrkran nicht mit einem getrennten Antrieb auszurüsten, wird die für den Schöpfhaspel vorgesehene elektrische Ausrüstung verwendet. Die Einrichtung bleibt dabei an ihrem alten Platze stehen, lediglich die Betätigung der Steuerapparate wird anders angeordnet, derart, daß diese vom Bohrmeisterstande aus bedienbar sind. Die Trommelbremse des Schöpfhaspels bleibt angezogen, und sofern eine Vorgelegebremse vorhanden ist, wird sie vom Bremsgestänge abgekuppelt. Die auf der Trommelwelle angebrachte ausrückbare oder leicht lösbare Kupplung wird geöffnet, so daß der Antriebsmotor nur die eine als Riemenscheibe ausgebildete Kupplungshälfte, nicht aber die Trommel bewegt. Von dieser Riemenscheibe erfolgt der Antrieb der Hauptwelle des Bohrkranes. Zur Betätigung des Anlaß- und Regelapparates wird das Betätigungsgestänge von dem Steuerhebel am Führerstand des Haspels losgelöst und mit einem neuen zu dem am Bohrmeisterstand befindlichen besonderen Steuerbock führenden Gestänge verbunden (Abb. 92).

Da die Leistungen beim Bohren im Vergleich zu denjenigen beim Haspelbetrieb klein sind, wird durch Zuhilfenahme des erwähnten Stern-Dreieckumschalters mit in Stern geschaltetem Motor gearbeitet.

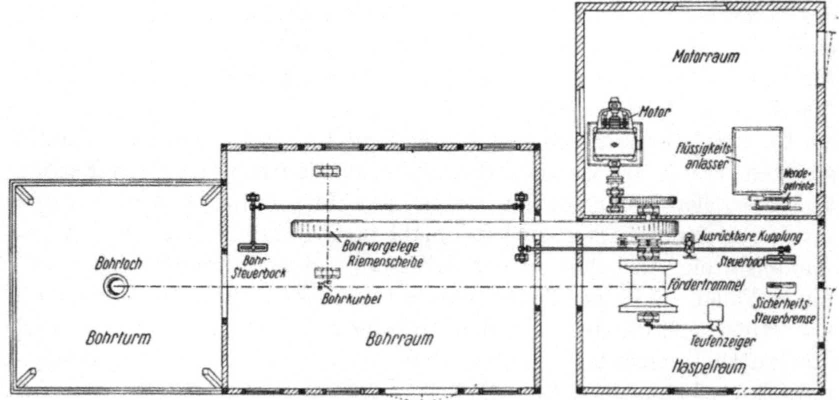

Abb. 92. Antrieb der Bohranlage.

b) Gleichstromantrieb. Erfolgt der Antrieb des Erdölförderhaspels durch einen Gleichstrommotor, so wird in der Regel die Leonard-schaltung benutzt.

Bei dem Leonardantrieb wird von der Eigenschaft des Gleichstrom-Nebenschlußmotors Gebrauch gemacht, daß sich seine Drehzahl in annähernd gleichem Verhältnis mit seiner Ankerspannung, und seine Drehrichtung mit der Richtung des Ankerstromes ändern läßt. Dabei ist die Drehzahl fast unabhängig von der Belastung, so daß es durch Regelung der Ankerspannung möglich ist, jede beliebige Drehzahl von Null aus in beiden Drehrichtungen bis zur Normaldrehzahl des Motors genügend eindeutig einzustellen.

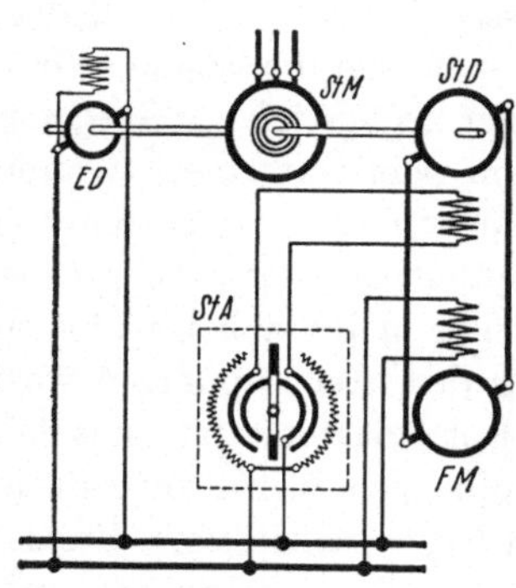

Abb. 93. Schaltung des Leonard-antriebes.

Die wesentliche Schaltung des Leonardantriebes geht aus dem Schaltbild Abb. 93 hervor.

Der Antrieb der Fördertrommel erfolgt durch einen Gleichstrommotor, der für 500 V Klemmenspannung und 725 Umdr./min gebaut ist, über ein einfaches, gekapseltes und im Ölbad laufendes Pfeilzahnradvorgelege. Der Motor ist zur Verbesserung der Kommutierung mit Wendepolen und zur Aufhebung der Ankerrückwirkung mit Kompensationswicklung ausgerüstet. Die Energie für den Fördermotor *FM* wird in einer besonderen Gleichstrom-Steuerdynamo *StD* erzeugt, welche ebenso wie der Fördermotor mit Wendepolen und Kompensationswicklung ausgerüstet ist. Die Steuerdynamo wird von einem Drehstrom-Steuermotor *StM* angetrieben. Der gleiche Drehstrommotor treibt eine kleine Erregerdynamo *ED* an, welche den Erregerstrom für die Steuerdynamo und den Fördermotor liefert. Steuerdynamo, Steuermotor und Erregermaschine bilden einen Maschinensatz, der auf gemeinsamer Grundplatte aufgebaut ist. Die Regelung der Ankerspannung bzw. der Wechsel der Stromrichtung im Ankerkreis erfolgt durch den Steuerapparat *StA* im Nebenschluß der Steuerdynamo.

Da bei dieser Schaltung nur die Erregerleistung, welche ca. 2—3 $^0/_0$ der Leistung des Fördermotors *FM* beträgt, geregelt zu werden braucht, so bleiben die Regelverluste, welche als Stromwärme im Widerstand des Steuerapparates auftreten, in sehr kleinen Grenzen; die Regelung geschieht nahezu verlustlos. Der Steuerapparat fällt auch bei den größten Förderleistungen sehr klein aus und läßt sich einfach und leicht bedienen.

Bei dieser Schaltung läßt sich weiter auf einfachste Weise beim Senken der Last eine Nutzbremsung und damit ein Rückgewinn der beim Senken freiwerdenden Energie durchführen. Es muß nur die, durch den beim Senken der Last als Generator arbeitenden Fördermotor erzeugte elektromotorische Kraft größer sein als die elektromotorische Kraft der Steuerdynamo, welche Bedingung durch entsprechende Einstellung der Erregung der Steuerdynamo leicht erfüllt werden kann.

Die Steuerdynamo kann statt eines Drehstrom-Asynchronmotors auch durch einen Synchronmotor angetrieben werden. Durch entsprechende Einstellung der Erregung des Synchronmotors ist dann die Möglichkeit gegeben, nur die für den Betrieb erforderliche Wirkleistung dem Netz zu entnehmen und jede sonst beim Asynchronmotor notwendige zusätzliche Blindstromentnahme aus dem Netz zu vermeiden. Der Synchronmotor kann auch so bemessen werden, daß er Blindleistung an das Netz abgeben kann. Hierdurch wirkt er gleichzeitig als Phasenverbesserer, und die Fernleitung wird von dem Blindstrombedarf der zahlreichen motorischen Antriebe entlastet.

Der Synchronmotor ist für Selbstanlauf gebaut und besitzt hierfür einen mit einer Anlaufwicklung neben der eigentlichen Erregerwicklung ausgerüsteten Läufer. Die als Kurzschlußwicklung ausgebildete Anlaufwicklung ermöglicht ein Anlassen des Synchronmotors mittels Anlaßtransformators und Stufenschalters, wie es bei gewöhnlichen Asynchronmotoren üblich ist. Nach Erreichen der synchronen Drehzahl wirkt die Anlaufwicklung als Dämpferwicklung. Der Anlaßtransformator, welcher mit den für den Anlaßvorgang erforderlichen Teilspannungsanzapfungen versehen ist, und die Kontakte des Anlaßstufenschalters liegen unter Öl wie auch die mitunter erforderlichen Schutzwiderstände, die mittels Vorkontakt vor die Betriebsstellung geschaltet werden. Durch die Schutzwiderstände wird das Netz vor übermäßig hohen Stromstößen während des Anlassens geschützt.

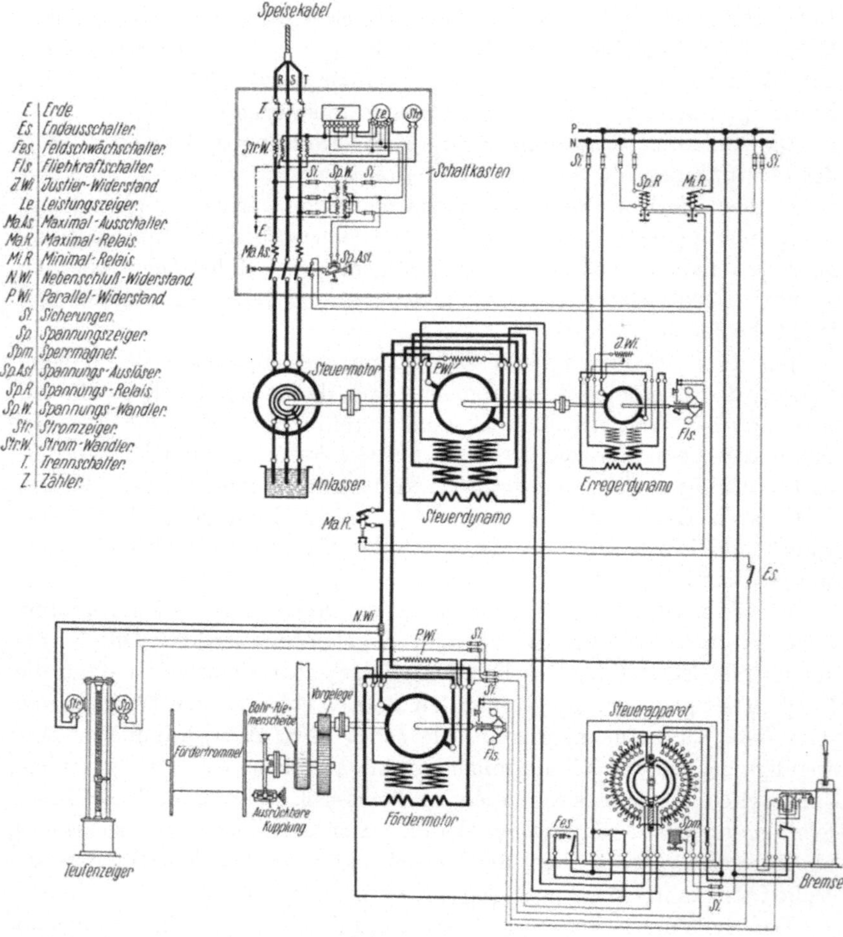

Abb. 94. Schaltbild der Leonardanlage.

Die mechanische Einrichtung, die den eigentlichen Kolbhaspel samt dem Bohrvorgelege, den Teufenzeiger und die Bremse nebst Sicherheitseinrichtungen umfaßt, ist derjenigen beim Drehstromantrieb ähnlich, so daß auf die frühere Beschreibung verwiesen werden kann.

Außer den bei der Drehstromanlage beschriebenen Sicherheitseinrichtungen sind beim Leonardantrieb gemäß der Eigenart dieser Schaltung noch einige besondere Sicherheitsapparate erforderlich.

Ein von der Welle des Umformers angetriebener Fliehkraftschalter schaltet den Steuermotor bei Überschreitung der betriebsmäßig zulässigen Drehzahl durch Unterbrechung des Spannungsauslöserstromkreises des Ölschalters ab und bringt gleichzeitig die Sicherheitsbremse

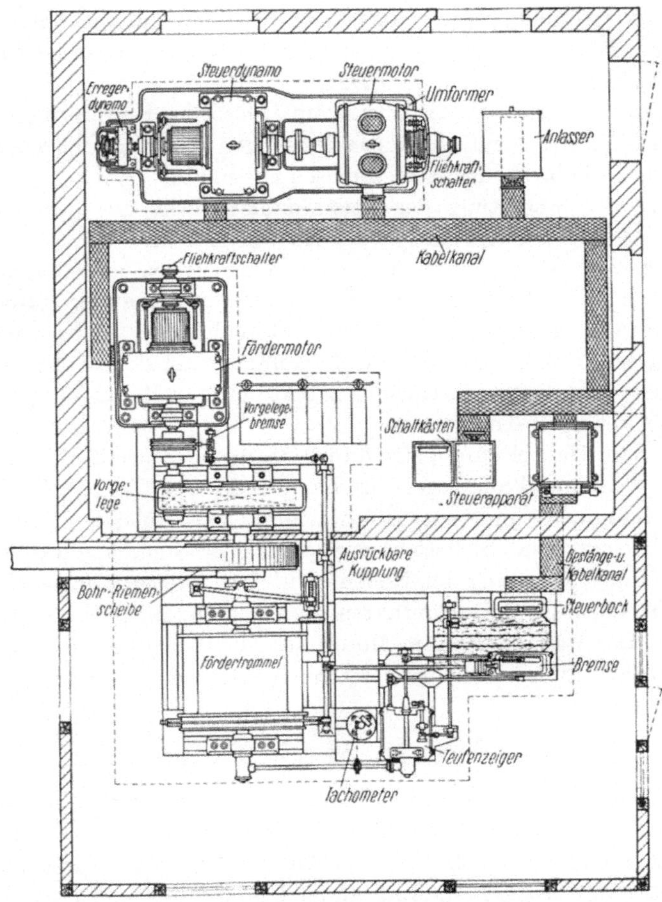

Abb. 95. Aufbau der Förderanlage in Leonardschaltung.

zum Einfallen, wodurch ein weiteres Beschleunigen des Umformers durch den als Generator arbeitenden Fördermotor verhindert wird.

Ein Überstromauslöser, dessen Auslösekontakt in einem kleinen Ölkessel untergebracht ist, liegt mit seiner Auslösespule im Ankerstromkreis der Steuerdynamo. Der Auslösekontakt liegt im Stromkreis des Spannungsauslösers des Ölschalters des Steuermotors. Wird der Ankerstrom des Fördermotors und der Steuermaschine unzulässig hoch, so wird der Spannungsauslöserstromkreis unterbrochen und der Ölschalter schaltet den Steuermotor vom Netz ab, wodurch gleichzeitig die Sicherheitsbremse zum Einfallen gebracht und der Haspel stillgesetzt wird.

Eine weitere Sicherung der Anlage ist gegen Ausbleiben der Erregerspannung vorgesehen. Ein an diese Spannung gelegter Spannungsauslöser unterbricht beim Sinken der Erregerspannung unter einen zulässigen Wert den Haltemagnetstromkreis der Sicherheitsbremse, wodurch diese zum Einfallen kommt.

Schließlich liegt noch ein Überstromauslöser im Haupterregerstromkreis, welcher ein unzulässig hohes Ansteigen des Erregerstromes verhindert und dadurch die Erregermaschine schützt.

Die genaue Schaltung der Leonardanlage geht aus der Abb. 94 und der Aufbau der Anlage aus der Abb. 95 hervor.

Die Anlage wird entsprechend den Vorschriften der Bergbehörde ebenso wie beim Drehstromantrieb, in zwei voneinander durch eine Zwischenwand getrennten Räumen untergebracht. Der eigentliche Haspelraum enthält außer der Fördertrommel und dem Bohrvorgelege die Steuer- und Bremseinrichtungen und den zur Beaufsichtigung der Fahrt notwendigen Teufenzeiger.

Der vom Haspelraum getrennte Motorraum enthält den Fördermotor mit Zahnradvorgelege, den Umformer und die zur Bedienung dieser Maschinen und zur Überwachung der Anlage notwendigen Steuer-, Schalt- und Sicherheitsapparate. Der Steuerapparat ist entsprechend der Regelung im Nebenschluß der Steuerdynamo als feinstufige Steuerwalze mit Kontakten und Widerständen unter Öl ausgeführt. Der Raumbedarf im Motorhaus ist gegenüber reinem Drehstromantrieb infolge des dazu tretenden Umformers größer.

II. Das Fördern durch Tiefpumpen.

Das Fördern des Öles durch Tiefpumpen bietet besondere Vorteile, wenn es sich nicht um allzu große Teufen handelt, das Öl möglichst sandfrei ist und dem Bohrloche verhältnismäßig gleichmäßig zufließt. Es gestattet nur begrenzt die Entnahme dem Zufluß anzupassen. In der letzten Zeit werden die Tiefpumpen häufiger und besonders dort verwendet, wo sich wegen der geringen Ölmengen in der Sonde die Ausbeute durch Löffeln nicht mehr lohnt. Außerdem hat das Fördern durch Tiefpumpen, besonders bei gasreichen Sonden, den Vorteil gegenüber dem Löffeln, daß das Erdöl aus der Sonde bis zum Behälter auf einem geschlossenen Wege fortbewegt wird und seine flüchtigen Bestandteile nicht verliert. Die Entnahme und das Auffangen des den Bohrlöchern entströmenden Gases gestaltet sich einfach. Die Pumpen arbeiten in der Regel Tag und Nacht, entnehmen dem Bohrloch gleichmäßig und stetig das Öl, erfordern bei elektrischem Antrieb keine besondere Wartung und verbrauchen, auf die Tonne geförderten Öles bezogen, eine bedeutend geringere Brennstoff- bzw. Energiemenge als die Schöpflöffel oder Kolben.

Der Brennstoffverbrauch bei Dampfmaschinen- bzw. der Energieverbrauch bei elektrischem Antrieb ist gleichbleibend im Gegensatz zum Schöpfen oder Kolben, wo diese Werte in verschiedenen Augenblicken der Förderperiode verschieden sind und in weiten Grenzen schwanken. Da bei der Bemessung der Leistung der Antriebsmaschinen auch die höchste auftretende Belastung berücksichtigt werden muß, werden die Motoren zum Heben des Löffels und Kolbens größer als beim Pumpen. Infolgedessen werden auch ihre Leerlaufsverluste größer, und bei elektrischem Antriebe wird der Leistungsfaktor des Netzes verschlechtert. Die Einrichtungen der Förderanlagen mit Pumpen sind billiger und einfacher als beim Schöpfen oder Kolben.

Die Tiefpumpen sind besonders in Amerika sehr verbreitet, werden aber auch auf dem europäischen Festlande immer mehr verwendet. Man findet sie auf den Ölfeldern von Hannover, Pechelbronn, Rußland und in der letzten Zeit auch in Boryslaw. Auf den Ölfeldern in Rußland waren noch bis vor kurzem Hunderte von Sonden vernachlässigt, d. h. aus dem Betrieb genommen, weil es nicht wirtschaftlich war, Sonden mit einer Ergiebigkeit von 50 Pud (ca. 800 kg) Rohöl je Tag durch Schöpflöffelbetrieb auszubeuten. Der Brennstoffverbrauch bei diesem Förderverfahren war weit größer als die Ausbeute. Nunmehr werden alle diese Sonden mit Tiefpumpen betrieben, und sie ergaben im Jahre 1923/24 etwa 193000 t Naphtha. Die von Jahr zu Jahr zunehmende Anwendung der Tiefpumpen in Rußland, welche durchwegs elektrisch betrieben werden, ist außer den genannten Vorzügen zum großen Teil auf die Versorgung der Ölfelder von Grosny und Baku mit elektrischer Energie zurückzuführen, wodurch die Förderung auch bei abgelegenen und wenig ergiebigen Sonden noch wirtschaftlich zu gestalten ist.

In Galizien, wo die Förderung durch Kolben am meisten verbreitet ist, wurden vor mehreren Jahren Versuche angestellt, das Öl durch Tiefpumpen zu gewinnen. Diese Versuche sind jedoch daran gescheitert, daß das stark paraffinhaltige Öl, welches schon bei 15° C erstarrt und sich zu einer dickflüssigen, gallertartigen Masse verwandelt, die Pumpenrohre verstopfte, und das erhärtete Paraffin nur durch starke Erwärmung der Rohre zu beseitigen war. Diese Übelstände traten bald nach Inbetriebsetzung der Pumpe auf, der Betrieb mußte eingestellt und die Pumpe ausgebaut werden.

Dieser Mißerfolg hatte zur Folge, daß es jahrelang niemand mehr wagte, einen neuen Pumpversuch zu unternehmen.

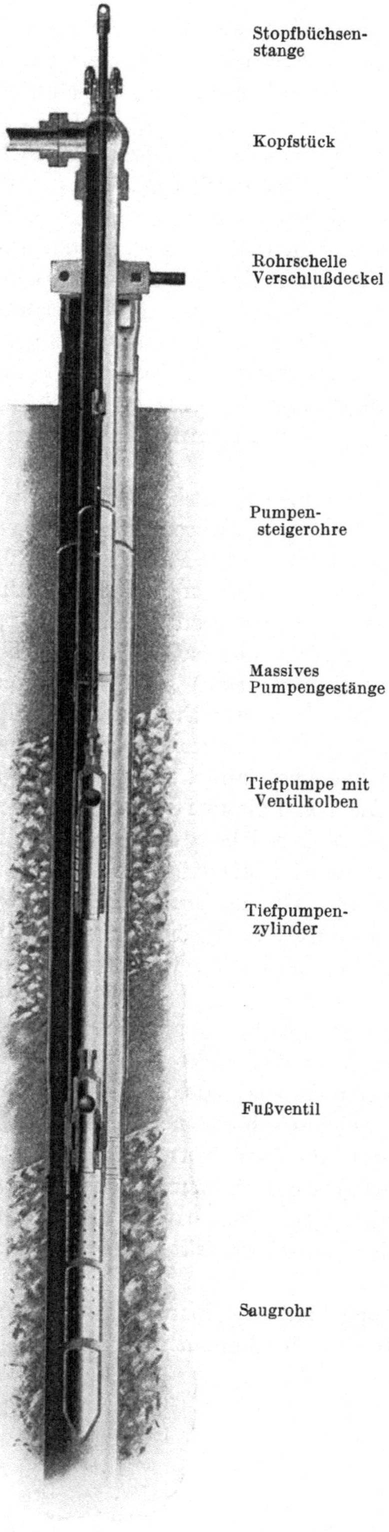

Abb. 96. Schematische Darstellung einer Tiefpumpe.

Es mußte daher allgemein überraschen, daß ein in allerletzter Zeit unternommener Versuch, eine Saug- und Hebepumpe für die Erdölförderung im Boryslawer Felde anzuwenden, zu einem günstigen Ergebnis führte[1]).

Die Tiefe des Bohrloches, in dem der Versuch unternommen wurde, betrug 1156 m und war mit 5″-Rohren verrohrt. Die Förderung erfolgte normal durch Kolben während 16 Stunden im Tag und lieferte während mehrerer Monate 6500 kg Öl täglich.

Die eingebaute Pumpe amerikanischen Ursprungs wurde mit dem Schwengel des kanadischen Bohrkrans verbunden und befand sich 11 Wochen ununterbrochen im Betrieb, ohne daß irgendwelche störende Erscheinungen beobachtet werden konnten. Die Ausbeute des Bohrloches blieb unverändert, die Betriebskosten hingegen gingen sehr erheblich zurück. Es wurden ungefähr 30% des zur Dampferzeugung beim Kolbbetrieb verwendeten Brennstoffes erspart. Der Verschleiß des Kolbseiles und der Verbrauch von Schmieröl für den Haspel wurden vermieden. Insgesamt betrug die infolge Ersatzes des Kolbverfahrens durch das Pumpen erzielte Ersparnis der Betriebskosten un-

---

[1]) v. Bielski: Fortschritte auf dem Gebiete der Erdölförderung aus Bohrlöchern. Petroleum Bd. 21, Nr. 10 v. 1. 4. 1925.

gefähr 60 bis 70%. Die Bedienungsmannschaft kann bei weiterer Einführung des Pumpbetriebes wesentlich herabgesetzt werden, da die Beaufsichtigung bei mehreren nahegelegenen Bohrlöchern von einem Mann besorgt werden kann. Es wird beabsichtigt, die Pumpen elektrisch anzutreiben, was ebenfalls viel zur Wirtschaftlichkeit dieses Betriebes beitragen wird.

Die Bauarten der bisher allgemein verwendeten Pumpen sind sehr einfach und unterscheiden sich wenig voneinander. Die Unterschiede der Pumpanlagen sind lediglich durch die Art des Antriebes gekennzeichnet. Die Pumpen werden entweder einzeln oder in Gruppen angetrieben. Die neuartigen Antriebe der amerikanischen Tiefpumpen werden in einem besonderen Abschnitt behandelt.

Die Abb. 96 zeigt eine Tiefpumpe von A. Wirth nebst dem Einbau derselben im Bohrloch. Die Tiefpumpe besteht im wesentlichen aus einem an der Steigleitung von etwa 50 bis 75 mm Durchmesser hängenden und fast bis zur Bohrlochsohle eingelassenen zylindrischen Rohrstück, in welchem sich ein mit Lederringen oder federnden gußeisernen Kolbenringen abgedichteter Kolben bewegt. Im Innern des Kolbens befindet sich ein Kugelventil, welches sich bei dem Abwärtsgehen des Kolbens öffnet und den Übertritt des Öles in die über dem Kolben befindliche Steigleitung gestattet. Beim Aufwärtsgehen des Kolbens wird durch die abwärtsfallende Kugel die Öffnung des Kolbens gegen die Steigleitung geschlossen, das Öl kann nach unten nicht entweichen und wird durch den aufwärtsbewegten Kolben nach oben gedrückt. An dem unteren Ende des Pumpenzylinders befindet sich ein Fußventil, in dessen Innern sich ebenfalls eine Kugel befindet, welche jedoch eine der im Kolben befindlichen Kugel entgegengesetzte Bewegung ausführt. Sie bewegt sich beim Hochziehen des Kolbens nach oben, gestattet dem unter dem Fußventil befindlichen Öl den Eintritt in den Pumpenzylinder und schließt beim Abwärtsgehen des Kolbens das Fußventil nach der Saugseite, so daß das in der Pumpe befindliche Öl über den Kolben verdrängt wird. Der Kolben ist an einem über Tage durch eine Stopfbüchse gegen die Steigleitung abgedichteten Gestänge von etwa $^{5}/_{8}''$ Stärke und durchschnittlich 2 kg/m Gewicht aufgehängt, er macht etwa 24 bis 32 Hübe in der Minute, und die Hubhöhe bewegt sich zwischen 40 und 60 cm. Die einmal eingestellte Drehzahl wird nicht verändert, hingegen kann die Hubhöhe durch Einstellungen an den Antriebsorganen entsprechend gewählt werden.

Die Bewegung des Pumpenkolbens erfolgt, einerlei ob es sich um Einzel- oder Gruppenantrieb handelt, von einem in der Mitte drehbaren Schwengel, wie Abb. 97 links zeigt. Der aus Holz oder Eisen hergestellte Schwengel lagert auf einem hölzernen Pumpenbock, der mit eisernen Beschlägen versteift ist. Das Pumpengestänge wird mittels Kette und

Zapfen am Schwengelkopf befestigt. Am anderen Ende des Schwengels hängt die Pleuelstange, welche bei Einzelantrieb von einer Kurbelwelle, bei Gruppenantrieb mittels eines Winkels und Feldgestänges bewegt wird. Das Gewicht des Kolbens nebst Gestänge wird mitunter durch ein Gegengewicht auf der Antriebsseite des Schwengels ausgewuchtet.

Die Steigleitung, an welcher der Pumpenzylinder hängt, und das Pumpengestänge bestehen aus einzelnen Stücken von 8 bis 10 m Länge, die miteinander verschraubt werden. Zur Auswechselung der Kolben-

Abb. 97. Antrieb einer Tiefpumpe.

dichtungsringe muß das Pumpengestänge mit dem daran befestigten Kolben aus der Steigleitung gezogen werden. Seltener tritt der Fall ein, daß der Pumpenzylinder gewechselt werden muß, wobei auch die Steigleitung gezogen wird. Vorher müssen die Rohre und das Gestänge auseinandergeschraubt werden, was bei größeren Teufen ziemlich viel Zeit erfordert. Um diese Arbeit zu beschleunigen, werden in der Regel statt Handwinden fahrbare und maschinell angetriebene Windwerke benutzt, wenn nicht, wie es hauptsächlich in Amerika geschieht, die stehengelassene Bohreinrichtung zur Ausführung dieser Arbeit herangezogen wird.

Das Öl wird durch die Steigleitung und durch die Abflußleitungen nach Meßbehältern gedrückt. Von dort wird es mittels einer besonderen kleinen Pumpe in die zu den Raffinerien führenden Rohrleitungen befördert. Mitunter wird auf die Zwischenschaltung des Behälters verzichtet und das Öl unmittelbar in die zu den Raffinerien oder Verladestellen führenden Ölleitungen gedrückt.

A. Einzelantrieb.

Die Pumpe wird von dem Motor, in der Regel einem Drehstrom-Asynchronmotor, durch ein zweifaches Riemenvorgelege angetrieben. Der Motor kann in der einfachsten Ausführungsart mit Kurzschlußläufer gewählt werden, da eine Drehzahlregelung nicht erforderlich ist. Der Motor läuft, nachdem er einmal angelassen wurde, in einem und demselben Drehsinne dauernd durch.

Abb. 98. Pumpenanlage in Pechelbronn.

Die elektrische Ausrüstung ist sehr einfach. Der Motor wird mittels eines Hebelschalters ein- und ausgeschaltet; jede Phase ist besonders gesichert. Meßinstrumente sind in der Regel gar nicht vorhanden. Bei den elektrischen Pumpanlagen im Pechelbronner Ölgebiet, Abb. 98, welche wegen der großen räumlichen Entfernung der Pumpen von einander Einzelantrieb erhalten, ist das gleichzeitige Einschalten von mehreren Kurzschlußmotoren, was wegen der dabei auftretenden hohen Anlaufstromstärke nachteilig auf das Netz wirken würde, durch besondere Vorkehrungen verhindert. Diese dienen dazu, um ein nacheinanderfolgendes Einschalten der Motoren zu ermöglichen. Außerdem erhalten die Motoren zur Verminderung der Einschaltstromstärke lose Riemenscheiben, die erst bei annähernd voller Drehzahl der Motoren durch eine Fliehkraftreibungskupplung selbsttätig angekuppelt und bei Stillsetzen der Motoren bei sinkender Drehzahl wieder ausgekuppelt werden. Die zum Antrieb der Einzelpumpanlagen verwendeten Kurzschlußmotoren haben eine Leistung von 3 bis 7 PS bei 1500 synchronen Umdr./min.

B. Gruppenantrieb.

Bei seichten Sonden, unter denen man solche von 2—300 m Tiefe zu verstehen pflegt, deren Ölzufluß verhältnismäßig gering, jedoch stetig und frei von Sand und Wasser ist, pflegt man, wenn die räum-

Abb. 99. Kehrradantrieb in Wietze.

lichen Verhältnisse es gestatten, mehrere Pumpen, und zwar 6 bis 20 an der Zahl, zu einer Gruppe zusammenzufassen und durch ein inmitten dieser Gruppen gelegenes Kehrrad zu bewegen (Abb. 99). Das Kehrrad von etwa 1,5 m Durchmesser ist auf einer lotrechten Welle in einem kräftigen Maschinenrahmen angeordnet (Abb. 100). Der Antrieb des Kehrrades erfolgt mittels Kurbelstange von einer ebenfalls lotrecht gelagerten Kurbelwelle aus. Diese erhält ihren Antrieb durch ein Kegelräderpaar, dessen größeres Rad auf der Kurbelwelle aufgekeilt ist. Das kleinere Kegelrad sitzt auf einer wagerechten Welle, welche am anderen Ende ein Zahnrad trägt. Dieses Zahnrad bildet ein Glied der Stirnradübersetzung, welche ihren Antrieb von einer erhöht aufgebauten Riemenscheibe erhält. Diese wird durch einen Drehstrom-Asynchronmotor mit Schleifring- oder Kurzschlußläufer, im letzteren Falle unter

Zwischenschaltung einer Reibungskupplung, angetrieben. Die Kupplung ist bei Kurzschlußmotoren aus dem Grunde erforderlich, weil die Anfahrbedingungen mitunter schwer sind und gleichzeitig mit dem Anlassen des Motors die Gestänge und die Pumpen in Bewegung gesetzt werden müssen.

Das Kehrrad trägt an seinem Umfange eine der Zahl der anzuschließenden Pumpen entsprechende Anzahl auf Bolzen beweglicher Kuppelstücke mit Ösen zum Einlassen der Feldgestängehaken, an welchen die Feldgestänge oder die dasselbe ersetzenden Seile befestigt sind. Diese übertragen die Bewegung auf den Schwengel durch einen eisernen

Abb. 100. Kehrrad.

Antriebswinkel und Schäkel. Die Schwingungszahl der Kehrräder schwankt zwischen 24 und 32 in der Minute, entsprechend der Hubzahl der Pumpen. Die Hubhöhe beträgt etwa 40 cm. Der Hub der angeschlossenen Schwengel bzw. der Pumpen kann durch Umstecken der Schäkel in den Löchern des Antriebswinkels verändert werden. Die Achse des Antriebswinkels liegt in eisernen Lagern, an Stelle des Winkels kann auch eine Rolle mit Ketten treten.

Durch die große Anzahl der Pumpen, die gleichzeitig betrieben werden und sich in verschiedenen Hubstellungen befinden, ist das ganze System mehr oder weniger ausgeglichen, und es genügen verhältnismäßig kleine Motoren zum Antrieb einer großen Anzahl von Pumpen. Der Kraftbedarf für das Kehrrad hängt lediglich von der Zahl der Sonden, welche gleichzeitig ausgepumpt werden sollen, ab und wechselt zwischen 10 und 50 PS. Im Mittel kommen Motoren von 25 bis 30 PS zur Anwendung, welche zum Betriebe von 15 bis 20 Pumpen ausreichen.

Mit Rücksicht auf die mitunter großen, über hundert Meter betragenden Entfernungen zwischen dem Kehrrad und den einzelnen Pumpen ist es wichtig, daß die Verlegung des Feldgestänges sehr sorgfältig erfolgt, damit schädliche, starke Abnutzung herbeiführende Erschütterungen und hohe Leerlaufsverluste vermieden werden. Man sucht durch zweckmäßige Gruppierung der Pumpen, durch passende Einstellung der Zapfen an den Kehrrädern den Kraftbedarf für den Antrieb möglichst zu ermäßigen. Diesen Zweck erreicht man am besten, indem man dafür sorgt, daß dem aufwärtsgehenden, also belasteten Kolben auf der einen Seite ein abwärtsgehender, also unbelasteter

Abb. 101. Vereinigter Schwengelantrieb in Wietze.

Kolben auf der Gegenseite entspricht. Wo es nicht gelingen sollte, die Pumpen so zu gruppieren, daß ein Belastungsausgleich geschaffen und somit die Wahl eines kleineren Motors ermöglicht wird, wird ein künstlicher Ausgleich durch Gewichte geschaffen und dadurch die gleiche Wirkung erzielt, als ob die Belastung von den Pumpen herrühren würde. Der Pumpenbetrieb an Sonden mit geringem Ölzufluß dauert nur wenige Stunden, so lange, bis ein bestimmtes Niveau erreicht ist. In manchen Anlagen werden, um den Betrieb möglichst wirtschaftlich zu gestalten, mehrere Tiefpumpen zu Gruppen zusammengelegt, welche hintereinander von ein und demselben Motor angetrieben werden können.

Ein Mitteldding zwischen den einzeln angetriebenen und in Gruppen durch ein Kehrrad betriebenen Pumpen bilden die hauptsächlich im Erdölgebiet von Wietze und Hannover vielfach vorhandenen vereinigten Schwengelpumpen, die dadurch gekennzeichnet sind, daß mehrere auf einem Pumpenbock gelagerte Schwengel von einem und demselben

Motor ihren Antrieb erhalten. Die der Antriebsseite entgegengesetzten Enden der Schwengel erhalten zum Betrieb von mehreren Pumpen die gleichen Antriebsorgane für den Anschluß der Feldgestänge, wie es bei dem Kehrradbetrieb üblich ist. Auch bei diesen Anordnungen läßt sich durch die Verwendung von mehreren Pumpen im vorher erwähnten Sinne ein gewisser Belastungsausgleich erzielen, der auf die Wahl der Motorgröße und den Energieverbrauch günstig wirkt. Die Abb. 101 zeigt die Anordnung einer derartigen Anlage im Ölfelde von Wietze.

C. Tiefpumpen amerikanischer Bauart.

Die bis vor kurzem auf den amerikanischen Erdölfeldern verwendeten Tiefpumpen unterscheiden sich rein konstruktiv von den in Europa verwendeten sehr wenig. Es erübrigt sich daher ein näheres Eingehen auf dieselben. Nur hinsichtlich der Art des Antriebes der Tiefpumpe wäre einiges zu sagen, da diese z. T. von der europäischen Antriebsweise abweicht. Es werden beispielsweise bei der Ausführung der Oil Well Supply Co. (Abb. 102) statt des doppelten Riemenvorgeleges zwischen Motor und Kurbelwelle Zahnradantriebe gewählt, und zwar mit Rücksicht auf die hohe Drehzahl des Motors ein doppeltes Zahnradvorgelege. Der Motor und das Zahnradgetriebe sitzen auf dem Schwengelbock, der, wie auch der Schwengel selbst, in der Regel aus Eisen ausgeführt wird. Zur Verringerung des Energiebedarfes des Motors werden beim Gruppenantrieb zum Ausgleich des Gewichtes des Pumpenkolbens nebst Gestänge Gegengewichte an dem Schwengel angeordnet. Dadurch wird auch ein ruhigerer Betrieb erzielt, und es kommen Gestängebrüche und andere Störungen seltener vor. Für die genaue Bemessung des Gegengewichtes dient ein Strommesser, der in den Motorstromkreis geschaltet ist. Je kleiner der Ausschlag des Stromzeigers über die mittlere Stromaufnahme ist, um so genauer wurde das Gegengewicht gewählt. Das Getriebe ist außerdem mit einer Riemenscheibe ausgerüstet, welche gegebenenfalls durch Riemenübertragung einen kleinen, für das Hochziehen des Pumpengestänges und der Druckrohrleitung dienenden Haspel antreibt.

Vielfach werden zum Antrieb der Tiefpumpen bei den tiefen Bohrlöchern die im Abschnitt über das Seilbohren beschriebenen pennsylvanischen Bohrkräne verwendet. Nachdem die ölführende Schicht erreicht ist, wird der Meißel, das Bohrseil oder Bohrgestänge hochgezogen und in das Bohrloch eine Steigleitung eingebaut, welche an ihrem unteren Ende die Tiefpumpe trägt. Der in dem Pumpenzylinder befindliche Kolben wird durch ein im Innern der Steigleitung nach oben führendes Gestänge mit Hilfe des gleichen Schwengels auf- und abbewegt, der vorher der Bewegung des Bohrmeißels diente.

Die Abb. 103 zeigt einen derartigen Pumpenantrieb. Der Schwengel macht 20 bis 30 Schwingungen in der Minute, bei einer Hubhöhe von 90 bis 100 cm. Grundsätzlich unterscheidet sich der Vorgang beim Pumpen kaum von demjenigen beim Stoßbohren. Jedoch wirken die raschen

Abb. 102. Pumpenantriebe der Oil Well Supply Co.

und heftigen Bewegungen des Bohrschwengels zerstörend auf das Pumpengestänge und die Ventile[1]).

Bei großen Teufen und bei einer Vergrößerung der Schwingungszahlen auf mehr als 24 in der Minute werden öfter Betriebsstörungen durch Stangenbrüche hervorgerufen. In diesen Stangen, welche normal einen Durchmesser von $^1/_2$ bis $^5/_8''$ haben und täglich etwa 35000

[1]) Nat. Petrol. News Bd. 4. Juni 1924.

Schwingungen machen, tritt eine Kristallisation oder Ermüdung des Materials auf, die seine Festigkeit ganz erheblich herabsetzt und rasch zu Brüchen führt. Diese Erscheinung wird besonders bei Pumpen beobachtet, deren Durchmesser über 3 Zoll beträgt und die aus einer Tiefe von über 450 m fördern. Diese Feststellung führte zur Vervollkommnung der Pumpenantriebe mit dem Ziele, einen ruhigen, stoßfreien Gang des Kolbens bei möglichst langem Hub zu erhalten, gleichzeitig die oft vorkommenden Stangenbrüche zu beseitigen und die Fördermenge aus großen Tiefen zu erhöhen. Die Vergrößerung der Fördermenge ist besonders wichtig bei verwässerten Ölfeldern, wo die geförderte Flüssigkeit 25 bis 90% Wasser enthält.

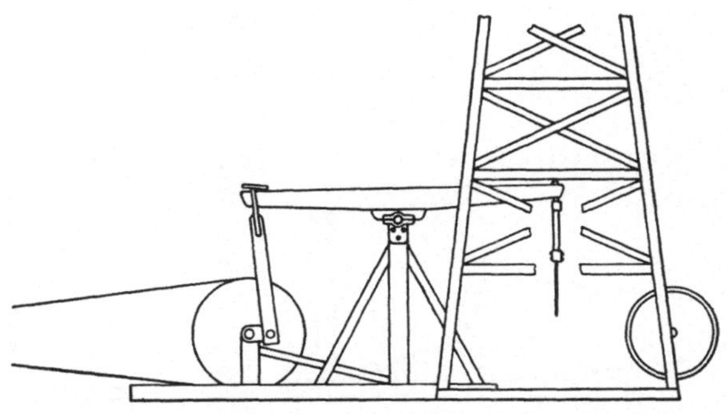

Abb. 103. Antrieb der Pumpe durch einen normalen pennsylvanischen Bohrkran.

Der erste Versuch, den Kolbenhub zu vergrößern, bestand darin, daß die Kurbel, die den Schwengel durch eine Pleuelstange antreibt, verlängert und der Kurbelzapfen um etwa 75 cm gegen die Mitte der Kurbelwelle versetzt wurde (Abb. 104). Bei so langem Kolbenhub würde sich jedoch die Führungsstange, an welcher das Gestänge hängt, in der Stopfbüchse bei den Endlagen des Schwengels klemmen. Um dies zu verhüten, befestigt man die Führungsstange durch ein Drahtseil am eigens geformten Schwengelkopf. Dieser aus Gußstahl ausgeführte Schwengelkopf erhält eine Krümmung, welche dem Bogen des Schwengelausschlages entspricht. Diese Aufhängung der Pumpenstangen sichert eine ge-

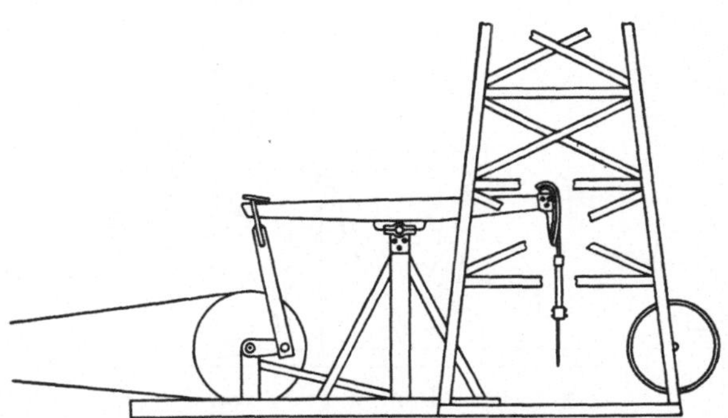

Abb. 104. Antrieb der Pumpe durch einen Bohrkran mit verlängerter Kurbel.

naue Zentrierung der Stangen im Pumpenrohr bei jeder Lage des Schwengels.

Eine andere Ausführungsart, die den gleichen Zweck verfolgt, stellt das Getriebe von Myers-Reskey (Abb. 105) dar. Bei diesem Getriebe ist ein Ritzel an der Antriebswelle aufgekeilt, welches in den innen verzahnten Bogenkranz eines mit dem Schwengel verbundenen Rahmens greift. Beim Drehen des Ritzels erhält der Rahmen, somit der Schwengel eine auf- und abgehende Bewegung. Der Nachteil dieses Antriebes ist die plötzliche Änderung der Hubrichtung, wodurch das Gestänge große und rasch wechselnde Beanspruchungen erfährt und Zahnbrüche im Rahmen vorkommen. Die durch dieses Getriebe erzielte Hubhöhe beträgt etwa 150 cm bei 16 Schwingungen in der Minute.

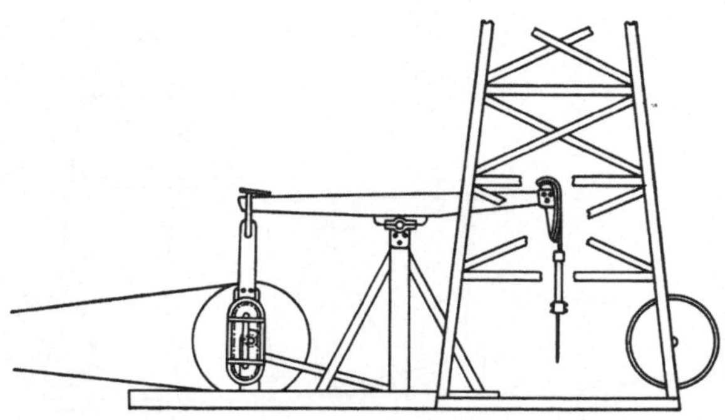

Abb. 105. Pumpgetriebe von Myers Reskey.

Einen weiteren Antrieb hat Fetty gebaut (Abb. 106). Dieser besteht aus einem auf der Antriebswelle aufgekeilten Zahnrad, welches ein anderes, auf der Pleuelstange des Schwengels sitzendes Zahnrad antreibt. Die beiden Zahnräder sind mittels besonderer Führung so verbunden, daß der Eingriff der Räder gesichert bleibt. Bei einer Umdrehung des Zahnrades an der Pleuelstange, d. h. bei einem Kolbenhub, macht das Antriebszahnrad etwa 2 Umdrehungen. Auch bei dieser Anordnung ist die ganze Anlage größeren Erschütterungen ausgesetzt. Der bei diesem Antriebe erzielte Pumpenhub beträgt etwa 160 cm bei 16 Hüben in der Minute.

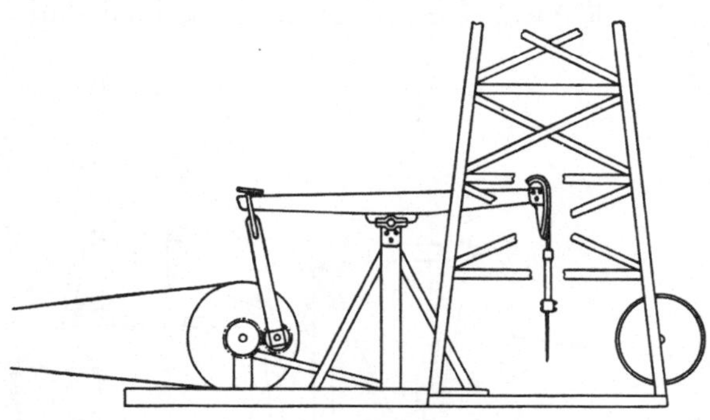

Abb. 106. Pumpgetriebe von Fetty.

Auch beim Antrieb von Farley (Abb. 107) wird, um einen großen Kolbenhub zu erzielen, ein Zahnradgetriebe angewendet. Ein Ritzel auf der Antriebswelle treibt ein Zahnrad auf der Vorgelegewelle an, an welchem der Kurbelzapfen verstellbar angebracht ist. Dieser kann in vier verschiedenen Entfernungen von der Wellenmitte, und zwar von 45 bis 90 cm, eingestellt werden. Dadurch wird eine verschiedene Hubhöhe des Kolbens von 1,5 bis 3 m erreicht, da sich der Drehpunkt des Schwengels näher zur Pleuelstange befindet. Die Hubzahl der Pumpe beträgt 8 bis 12 in der Minute. Eine dieser Einrichtungen ist schon seit Jahren in Betrieb und treibt eine Pumpe von 4 Zoll Durchmesser in einer Tiefe von 760 m an. Dank dem langen Hub des Kolbens und der geringen Hubzahl haben sich die Fangarbeiten, welche von den Stangenbrüchen herrührten, um 25% verringert, und es wurde eine Tagesausbeute von 285 m³ erzielt.

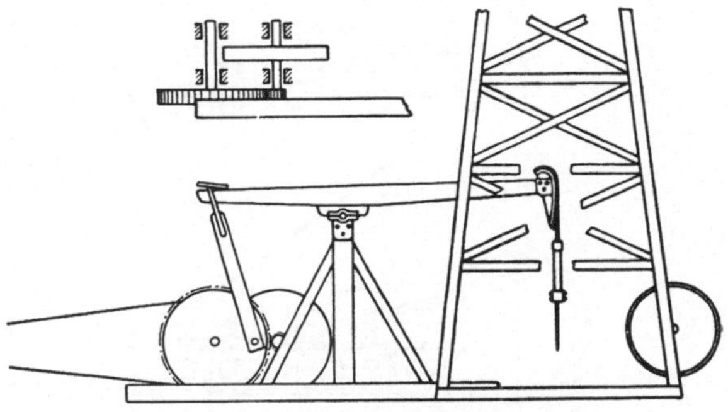

Abb. 107. Pumpgetriebe von Farley.

Die McMann Oil Co. treibt bei einer ihrer Sonden in Texas den Pumpenschwengel mittels einer Gallschen Kette an (Abb. 108), wodurch die Stangenbrüche ebenfalls ganz bedeutend verringert wurden. Bei dieser Anordnung wurden Hubhöhen von 1,5 bis 2,7 m erzielt, bei einer Hubzahl von 8 bis 12 in der Minute.

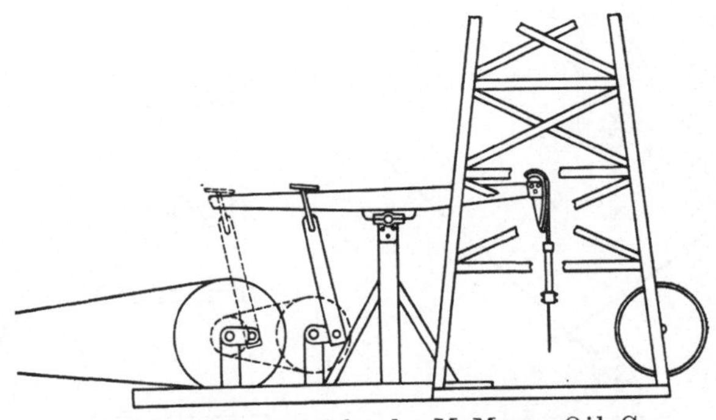

Abb. 108. Pumpgetriebe der McMann Oil Co.

Bei allen bisher angeführten Antrieben wurden die Hubbewegungen der Pumpe durch den Schwengel hervorgerufen. In der Abb. 109 ist ein Antrieb dargestellt, wodurch bei Umgehung des Schwengels ein besonders großer Hub durch Zahnritzel und Zahnstangen erzielt wird. Ein 75 PS-Motor treibt durch ein dreifaches Zahnradvorgelege eine Welle mit zwei Kurbelscheiben an. Diese Kurbelscheiben bringen zwei

Zahnstangen, welche mit den Kurbelscheiben durch zwei Pleuelstangen verbunden sind, in hin- und hergehende Bewegung. Die Kurbelscheiben machen 6 bis 8 Umdrehungen in der Minute. Die Zahnstangen werden kreuzkopfartig in entsprechenden Führungen gelagert. Quer über

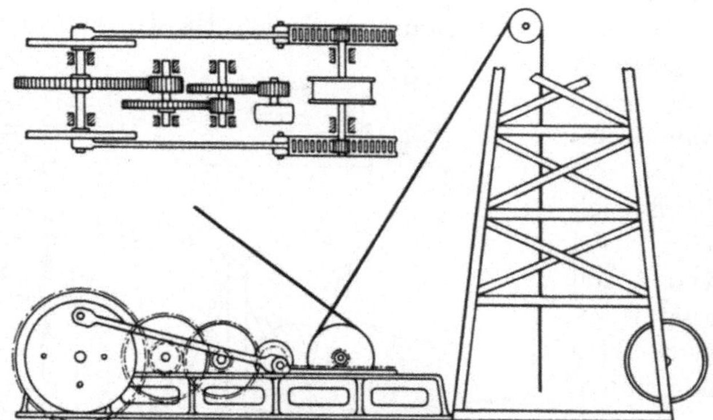

Abb. 109. Pumpgetriebe mittels Zahnrad und Zahnstange.

diesen Zahnstangen befindet sich die Trommelwelle, welche mit zwei, an den Enden sitzenden Zahnritzeln versehen ist. Diese Ritzel greifen in die Zahnstangen ein und werden von den letzteren angetrieben, wodurch die Trommelwelle eine Links- oder Rechtsdrehung erhält. Um die Trommel ist ein Drahtseil gewunden, an dessen einem Ende, welche über die Turmrolle geht, das Pumpengestänge und am anderen ein Gegengewicht aufgehängt ist.

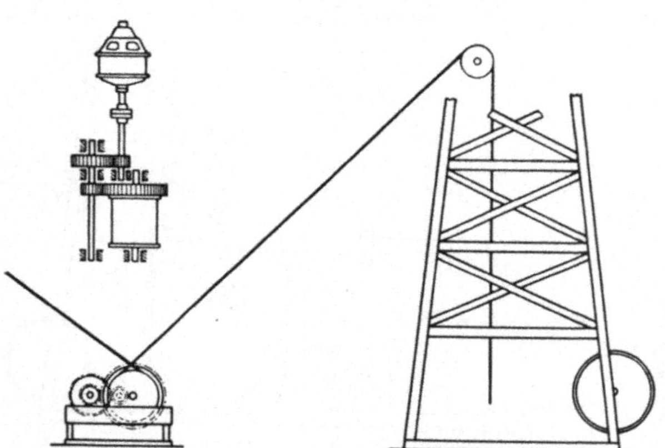

Abb. 110. Pumpgetriebe der Philips Petroleum Co.

Die Hubhöhe kann, entsprechend der Stellung des Kurbelzapfens, von 4 bis 6 m verändert werden; die Hubzahl beträgt 8 in der Minute. Diese Einrichtung führte zu ganz guten Ergebnissen, doch sie ist sehr teuer und erfordert ein gutes Bedienungspersonal.

Auf den Ölfeldern der Philips Petroleum Co. bei Burns, im Staate Kansas, wurde im Herbst 1924 eine ganz neuartige Einrichtung geschaffen, welche erst jetzt in der Praxis versucht werden soll. Die Seiltrommel (Abb. 110) wird mittels eines Elektromotors unter Zwischenschaltung eines zweifachen Zahnradvorgeleges angetrieben. Die Drehrichtung des Motors wird mit Hilfe eines besonderen Steuerapparates selbsttätig geändert. Der Kolbenhub, welcher mittels dieser Einrichtung erzielt wird, beträgt 18,3 m. Diese Einrichtung treibt eine Pumpe an, deren Zylinderbohrung einen Durchmesser von 152 mm hat. Die Pumpe befindet sich in einer Tiefe von 760 m. Diese Pumpe soll möglichst viel Flüssigkeit aus der stark verwässerten Sonde fördern.

Die „Foster-Hoefer Corporation“ baut eine Pumpe mit einem Hub von 3 m. Diese Pumpen wurden schon in einigen Sonden versucht und sollen die Ausbeute um 200 und sogar um 500% erhöht haben. Die Förderrohre, die Ausrüstung und der Antriebsmotor der bisher verwendeten Pumpen sind beibehalten worden. Auf einem der amerikanischen Ölfelder ergab eine Sonde, die mit einer normalen 3 Zoll-Pumpe ausgerüstet war, etwa 11 t Erdöl und 40 t Wasser im Tag. Nachdem diese Pumpe durch eine andere der Foster-Hoefer Corporation mit großem Hub ersetzt wurde, war die Fördermenge auf 36 t Erdöl und 80 t Wasser pro Tag gestiegen. Der Antrieb der Pumpe geschah durch das oben beschriebene Getriebe von Myers-Reskey.

Zum Herausziehen des Pumpengestänges und der Pumpenrohre dient in allen geschilderten Fällen eine große Seiltrommel, nachdem die Verbindung zwischen Schubstange und Kurbel gelöst wurde. Alle mit der Ölproduktion zusammenhängenden Arbeiten, wie Reinigen, Nachbohren, Sandschöpfen, Gestängehochziehen, Rohrebewegen und Fangarbeiten, werden von demselben Antriebsmotor ausgeführt, welcher zum Pumpen bzw. Bohren dient. Dies sind, wie bereits bei der Schilderung des Seilbohrverfahrens erwähnt, normale Schleifringmotoren, deren synchrone Drehzahl zwischen 900 und 1200 in der Minute bei 60 Per./s schwankt. Die Regelung der Drehzahl erfolgt entweder durch Steuerschalter und in den Läuferstromkreis geschaltete Widerstände, oder, sofern polumschaltbare Motoren verwendet werden, durch Polumschaltung, wobei noch eine weitere genauere Drehzahlregelung durch Läuferwiderstände erfolgt. Auf die Regelung der Drehzahl des Pumpenmotors wird in Amerika Wert gelegt, da er zur Ausführung verschiedenartiger Arbeiten dient, und die Schnelligkeit des Pumpens selbst bzw. die Hubzahl des Kolbens von veränderlichen Verhältnissen, nämlich dem Zufluß des Öles, der Menge des mitgeförderten Sandes, dem Gas- und Wassergehalt, der Zähigkeit des Öles und dem Zustand der Pumpe beeinflußt wird.

Um möglichst wirtschaftlich arbeiten zu können, ist es erforderlich, daß das Hochziehen und Herablassen der Rohre und Stangen mit der doppelten Geschwindigkeit erfolgt als das Pumpen. Zur Erfüllung dieser Bedingung ist nun der polumschaltbare Motor besonders geeignet. Andere Mittel, die Drehzahlregelung vorzunehmen, beispielsweise durch Auswechslung der Riemenscheibe des Motors, haben versagt, da die Erfahrung gezeigt hat, daß das Auswechseln der Riemenscheibe der Bedienungsmannschaft lästig ist und daß es aus diesem Grunde in der Regel nicht vorgenommen wird. Abgesehen davon, würde das Auswechseln der Riemenscheibe auch mit einem größeren Zeitverlust verbunden sein, wodurch die Förderung ungünstig beeinflußt wird. Durch Umschaltung der Pole mittels eines in Amerika üblichen, auf dem Motor selbst aufgebauten Umschalters kann die synchrone Drehzahl von 600 auf 1200/min oder umgekehrt beliebig und in rascher Folge verändert werden. Das Pumpen erfolgt mit der kleinen Drehzahl, für das Aufschütteln der Pumpe, wobei die Ventile von dem anhaftenden Sand befreit werden sollen, für das Fördern der Stangen und der Röhren, sowie für das Hochziehen des Schlammes läßt man den Motor mit der höheren Drehzahl laufen.

Ein Motor von 25 PS gibt beim Pumpen mit der kleineren Drehzahl etwa 8 PS ab. Diese Leistung stellt jedoch keine Regel dar; es gibt in Kalifornien auch tiefere Sonden, bei welchen für den Pumpenbetrieb die doppelte Leistung benötigt wird, und zwar vielfach aus dem Grunde, weil das Rohöl mit viel Sand vermengt ist. Auch bei den übrigen Arbeiten können hohe Ansprüche an die Leistung des Motors gestellt werden. Ein von vornherein für die größere Leistung bemessener Motor würde jedoch beim Pumpen unwirtschaftlich arbeiten; man baut daher die Motoren für die kleinere Leistung und führt sie so aus, daß sie zeitweise stark überlastet werden können.

Um auch bei Verwendung der normalen Schleifringmotoren, welche nicht für Polumschaltung eingerichtet sind, einen möglichst wirtschaftlichen Betrieb bei gutem Wirkungsgrad und Leistungsfaktor zu ermöglichen, werden die Motoren oft für Stern-Dreieckschaltung vorgesehen; sie werden beim Pumpen in Stern, beim Fördern in Dreieck geschaltet und zwar mittels eines Stern-Dreieckumschalters, der auf dem Motor aufgebaut ist. Die Effektivleistung des Motors in Dreieckschaltung beträgt etwa den dreifachen Wert derjenigen bei Sternschaltung. Das Regeln der Drehzahl erfolgt ebenfalls durch einen Steuerapparat und in den Läuferstromkreis geschaltete Regelwiderstände. Die Betätigung des Steuerapparates erfolgt durch ein Handrad, welches sich in der Nähe des Maschinisten befindet, und durch Seilübertragung. Der Steuerapparat ist noch mit einem Ständerumschalter zur Änderung der Drehrichtung des Motors ausgerüstet. Das gleiche Handrad wird sowohl für die Drehzahlregelung als auch für das Umkehren der Drehrichtung des Motors verwendet. Es fällt also ein besonderer Umkehrhebel, wie er bei der Dampfmaschine oder dem Verbrennungsmotor gebraucht wird, fort. Das Umkehren der Drehrichtung ist mitunter beim Herablassen des Pumpengestänges und der Rohre erwünscht, und kann auch bei sonstigen Arbeiten erforderlich werden, welche der Pumpbetrieb mit sich bringt.

Zum Schalten der Motoren dienen Ölschalter mit selbsttätigen Hauptstrom- und Spannungsrückgangsauslösern. Um den polumschaltbaren oder den für Stern-Dreieckschaltung gebauten Motor bei ihren entsprechend den beiden Schaltungsmöglichkeiten auftretenden beiden Leistungen gegen Überlastung zu schützen, werden die Hauptstromauslöser mit zwei Wicklungen versehen, die mit dem Pol- oder Sterndreieckumschalter so verbunden sind, daß die entsprechende Wicklung für jede Leistung selbsttätig eingeschaltet wird.

D. Vorteile der elektrischen Antriebsart.

Außer den Elektromotoren werden in Amerika noch Dampfmaschinen und Gasmotoren zum Antriebe der Pumpen benutzt. Ihre Zahl ist jedoch gegenüber den Elektromotoren in ständiger Abnahme begriffen, nachdem festgestellt wurde, daß mit dem elektrischen Antrieb nicht nur die Ausbeute erhöht werden kann, sondern auch Ersparnisse an Anlage- und Betriebskosten gemacht werden können.

Diese Vorteile der elektrischen Antriebsart gelten aber nicht nur für die amerikanischen Erdölbetriebe, sondern treten allgemein in Erscheinung, wenn die Ausdehnung der Felder eine große ist und zahlreiche Maschinen mit Energie versorgt werden müssen. Auf die Art der Gewinnungsmaschinen kommt es dabei gar nicht an, da sich der elektrische Antrieb bei allen gleich gut anwenden läßt, sondern lediglich auf die Zahl der im Betriebe befindlichen Maschinen.

Außer der Zahl üben noch die Entfernung zwischen den Sonden und ihre Tiefe, bei Pumpen die Größe und Hubzahl sowie die Beschaffenheit des Öles hinsichtlich spez. Gewicht, Zähflüssigkeit, Wassergehalt usw. einen entscheidenden Einfluß auf die Höhe der Betriebskosten aus. Dieser Einfluß läßt sich jedoch rechnerisch nicht ermitteln. Er ist auch bei einem Vergleich der verschiedenen Antriebsarten insofern ohne Belang, da die gleichen Umstände bei allen Antriebsarten gleichwohl auftreten, einerlei, ob es sich um elektrischen, Dampfmaschinen- oder Gasmotorenantrieb handelt. Je nach der Art des Antriebes werden jedoch der Brennstoff-, Wasser- und Schmierölverbrauch, die Kosten der Instandhaltung und der Bedienung beeinflußt. Bei einem Vergleich der Betriebskosten zwischen Dampfmaschinenantrieb und Gasmotorenantrieb allein kann festgestellt werden, daß die ersteren höher sind. Dies ist begreiflich, wenn man bedenkt, daß die Dampfmaschinenanlage durch Hinzukommen der Kesselanlage und Dampfleitungen wesentlich umfangreicher ist als die Gasmotorenanlage, demnach nicht nur die

Anschaffungskosten höher sind, sondern auch die Ausgaben für die Überwachung, Bedienung und Instandhaltung, für den Brennstoff- und Wasserverbrauch.

Aus der amerikanischen Fachliteratur[1]) und aus russischen Veröffentlichungen[2]) stehen Angaben zur Verfügung, durch die auch der zahlenmäßige Nachweis der Vorteile der elektrischen Antriebsart erbracht wird. Die Vorteile ergeben sich durch Ersparnisse, sowohl an Betriebs- wie an Anlagekosten. Außerdem liegen sie in der allgemeinen betrieblichen Überlegenheit der Elektromotoren gegenüber anderen Antriebsarten.

1. Ersparnisse an Betriebskosten.

Die Ersparnisse können entweder unmittelbar durch geringeren Verbrauch an Brennstoff, Wasser usw. im geregelten Betrieb oder mittelbar durch die Vermeidung von Störungen und Stillständen während der Förderung erzielt werden. Die wesentlichsten unmittelbaren Vorteile der elektrischen Antriebsart liegen in der zentralen Energieerzeugung, in der leichteren Übertragbarkeit des elektrischen Stromes gegenüber dem Dampf und in der einfachen Bedienung der elektrischen Anlagen. Alle andern, auch die mittelbaren Vorteile lassen sich aus diesen ableiten.

a) Zentrale Energieerzeugung. Der Heizölverbrauch, der dem Antrieb einer amerikanischen Pumpe dienenden Dampfmaschine beträgt täglich etwa 10 bis 12 Faß. Er ist abhängig von den örtlichen Verhältnissen, der Teufe und der Hubzahl. Demgegenüber beträgt der Heizölverbrauch eines neuzeitlichen Dampfturbinenkraftwerkes, das den Strom für die die Pumpen antreibenden Elektromotoren liefert, ungefähr $^1/_2$ Faß je Sonde und Tag bei den gleichen örtlichen Verhältnissen.

Bei dem Antrieb der Pumpen durch Gasmotoren wird wohl das Rohöl gespart, jedoch viel mehr wertvolles Gas verbraucht als bei Verwendung des Gases zur Energieerzeugung in zentralen Kraftwerken.

Einerlei, ob der Strom aus einem Überlandkraftwerk gegen einen vereinbarten Tarif oder aus dem eigenen Kraftwerk der Erdölgesellschaft geliefert wird, sind die Erzeugungskosten des von den Motoren verbrauchten Stromes stets niedriger als der Wert des dem Betrieb der Dampfmaschinen dienenden Öles. Der Strom ist auch gegenüber dem von den Gasmotoren verbrauchten Gas billiger, wenn dieses, was in der Gegenwart stets der Fall ist, einen angemessenen Marktwert besitzt. Bei der zentralen Energieerzeugung wird man erst das im Gase enthaltene Gasolin gewinnen und nur das Restgas als Heizgas für die Kessel oder als Kraftgas für die die Stromerzeuger antreibenden Gasmotoren verwenden.

---

[1]) W. G. Taylor: The operation of oil wells by electric power and the resulting gain to the oil producer. Techn. Paper No. 504. Gen. El. Comp.

[2]) Naphtha-Wirtschaft von Grosny. Heft 1—3. 1924.

Nicht genug, daß die elektrische Energie billiger ist als der Brennstoffbedarf der im Felde zerstreuten Dampf- und Verbrennungsmaschinen, es werden die Betriebskosten bei Elektromotoren noch dadurch niedriger, daß bei Stillständen kein Strom verbraucht wird, im Gegensatz zum Dampfbetrieb, wo zum Anheizen der Kessel Brennstoff benötigt wird und die Kessel auch dann unter Dampf gehalten werden müssen, wenn mehrere Dampfmaschinen aus dem Betrieb genommen werden.

Da in vielen Ölfeldern ein großer Mangel an Wasser herrscht, ist seine Beschaffung mit großen Kosten verbunden. Das Wasser zur Speisung der vielen zerstreut liegenden Kessel muß mitunter aus großen Entfernungen mittels Fuhrwerks herangeschafft werden, da die Anlage von Wasserleitungen oft aus technischen, klimatischen und wirtschaftlichen Gründen unzweckmäßig und ihr Betrieb mit hohen Kosten verbunden ist. Säurehaltiges Speisewasser führt zu raschen Zerstörungen der Kessel, kalkhaltiges begünstigt die Kesselsteinbildung, die Reinigung des Wassers erhöht die Betriebskosten. Die Beschaffung geeigneten Speisewassers übersteigt mitunter die Kosten des Strombezuges.

Bei der zentralen Energieerzeugung beträgt der Schmierölverbrauch nur einen Bruchteil desjenigen der Dampfmaschinen und Gasmotoren, selbst dann, wenn man den Schmierölverbrauch der Elektromotoren hinzurechnet.

b) Energieübertragung. An den Ventilen und den Flanschen der Dampfleitungen geht infolge Undichtigkeiten dauernd Dampf verloren. Trotz der Wärmeisolation der Leitungen treten dauernde Wärmeverluste auf, besonders bei kaltem Wetter, im Gegensatz zu elektrischen Leitungen, in denen die Energieverluste bei richtiger Querschnittsbemessung sehr gering und von der Außentemperatur praktisch unabhängig sind, ferner im Laufe der Jahre sich nicht verändern. Hingegen wird der Isolationszustand der Dampfleitungen trotz sorgfältiger Überwachung von Jahr zu Jahr schlechter. Während die Energieverluste in den elektrischen Leitungen bei Stillständen gleich Null sind, treten Wärmeverluste in den Dampfleitungen auch dann auf, wenn die Dampfmaschinen stillstehen. Die Druckverluste in den Dampfleitungen, deren Vermeidung ebenfalls mit Brennstoffaufwand verbunden ist, wachsen mit der Zahl der Krümmungen und Knickpunkte, während diese auf den Spannungsabfall der elektrischen Leitungen keinen Einfluß ausüben.

c) Bedienung. Bei dem elektrischen Antrieb lassen sich große Ersparnisse an Bedienungspersonal erzielen. Im allgemeinen kann ein Pumpmaschinist 8 bis 12 Gasmaschinen, 10 bis 15 Dampfmaschinen oder 15 bis 20 Elektromotoren, je nach den Entfernungen untereinander, bedienen. Einige wenige Elektriker können die gesamte elektrische Ausrüstung im Kraftwerk und im Felde instandhalten, während für die Instandhaltung der Gasmotoren, Dampfmaschinen und Kessel mehrere Maschinen- und Kesselmonteure erforderlich sind. Heizer sind beim elektrischen Antrieb nur im Kraftwerk, in den Ölfeldern überhaupt nicht erforderlich. Das Personal, welches dazu verwendet werden muß, um das in den Dampfleitungen bei längeren Stillständen der Dampfmaschinen angesammelte Wasser zu entleeren, wird bei elektrischem Antrieb nicht benötigt. Durch alle diese Umstände werden große Beträge, die als Lohn gezahlt werden müssen, gespart, besonders in Anbetracht dessen, daß die Lohnsätze in stetigem Steigen begriffen sind.

Bis jetzt war nur von Ersparnissen, die im normalen Betrieb bei elektrischem Antrieb gemacht werden können, die Rede. Im folgenden soll von dem anormalen Betrieb, welcher durch Störungen hervorgerufen wird, gesprochen werden.

d) Verringerung der Störungen und der Kosten für Instandsetzung. Bei Verwendung der Elektromotoren werden alle bei Dampf- und Gasmaschinen, sowie an den Kesseln vorkommenden, die Förderung verringernden Betriebsstörungen vermieden. Die Störungen können verschiedenartig sein; sie können an den Ventilen, den Regelorganen auftreten, auf Unterbrechung der Gas- oder Wasserzuführung bei Frostwetter und noch andere mit dem Dampf- oder Gasmaschinenbetrieb zusammenhängende Ursachen zurückgeführt werden. Das Pumpgestänge hat erfahrungsgemäß bei dem gleichmäßigen und durch Gegengewichte am Pumpenschwengel ausgeglichenen elektrischen Antrieb eine längere Lebensdauer als bei dem Antrieb durch Kolbenmaschinen. Es ist festgestellt worden, daß durch den elektrischen Betrieb der Zeitverlust, hervorgerufen durch die genannten Störungen, so weit verringert werden kann, daß die Förderung um 15% zunahm.

Schwankungen im Dampfdruck und in der Dampftemperatur, im Gasdruck und in der Beschaffenheit des Gases rufen Störungen, ja sogar Stillstände im Dampf- oder Gasmaschinenbetrieb hervor, die bei elektrischem Antrieb nicht vorkommen, da hierbei die Spannung gleichgehalten wird. Daß dadurch viel Zeit gespart und der Förderung nutzbar gemacht werden kann, liegt auf der Hand.

Die Sicherheit, die der Betrieb mit Elektromotoren bietet, führt zu einer wesentlichen Erhöhung der Förderungsziffer, wie die folgenden Zahlen beweisen. Sie stammen von ein und derselben Sonde, an welcher unter gleichbleibenden Bedingungen am Tage mit Elektromotoren, in der Nacht mit Dampfmaschinen gearbeitet wurde, bezogen auf die Dauer eines Monats. Im ganzen sind während dieses Monats 2897 Faß gefördert worden. Von diesen entfallen auf die Förderung:

durch Elektromotor	während	270 Stunden	1310	Faß,	demnach	4,85 F/Std.
durch Dampfmaschine	„	450 „	1587	„	„	3,53 F/Std.

Mit dem Elektromotor wurden also 37 % mehr gefördert als mit der Dampfmaschine.

In einem andern Felde wurde die ein Kehrrad mit 8 Pumpen antreibende Dampfmaschine durch einen Elektromotor ersetzt. In dem Zeitraum von 2 Monaten wurden gefördert:

mit Dampfmaschine im ganzen 9346 Faß, je Tag 158 Faß,
je Tag und Sonde 19,8 Faß,
mit Elektromotor im ganzen 10791 Faß, je Tag 177 Faß,
je Tag und Sonde 22,1 Faß.

Die Steigerung der Förderung mit Elektromotor betrug also 11,2 %.

Der kleineren Zahl der Störungen bei elektrischem Antrieb entsprechend, sind auch die Kosten für Instandsetzungen bei elektrischem Betrieb geringer. Die Instandsetzungskosten für mehr als 2000 elektrisch betriebene Erdölsonden, die in Amerika im Laufe von 12 Jahren in Betrieb gesetzt wurden, betragen im Mittel kaum 1 % der Anlagekosten. Demgegenüber betragen sie für einige Hundert Gasmotoren, die nicht länger als 4 bis 5 Jahre in Betrieb waren, mehr als 11 %. Für Dampfmaschinen und Kessel sind sie niedriger als bei Gasmotoren und lassen sich mit etwa 5 % angeben. Ausbesserungen an den Dampfleitungen beschäftigen auch mehrere Leute, während sie bei den elektrischen Leitungen bis auf die gelegentliche Auswechselung eines Isolators ganz fortfallen. Die Kosten der Isoliermasse für Kessel und Dampfleitungen, welche immer wieder erneuert werden muß, werden bei elektrischem Antrieb gespart.

Infolge der geringeren Abnutzung der Elektromotoren werden viel weniger Ersatzteile benötigt als bei andern Antriebsarten, und die Kosten der Lagerhaltung betragen kaum $^1/_4$ bis $^1/_5$ der bei Gasmotoren erforderlichen.

2. Allgemeine Vorteile.

Hierunter sollen diejenigen Vorteile der elektrischen Antriebsart allgemeiner Natur aufgezählt werden, die sich in den vorstehenden Abschnitten nicht einreihen lassen.

Der elektrische Antrieb bietet eine größere Sicherheit für das Personal und die Anlagen, da der Drehstrom-Asynchronmotor im Gegensatz zur Dampfmaschine bei plötzlichen Entlastungen, die beispielsweise beim Gestängebruch oder Reißen des Seiles auftreten können, seine höchstzulässige Drehzahl nicht überschreiten kann.

Explosionen kommen nicht vor und die Feuersgefahr wird vermindert, da die Feuerung der im Erdölgebiet aufgestellten Kessel in Wegfall kommt. Infolgedessen sind die Aufwendungen, die für die Feuerversicherung der Anlage gemacht werden, bei elektrischem Betrieb niedriger. Unfälle, die bei der Bedienung von Wärmekraftmaschinen auftreten können, werden vermieden.

Die Dampfmaschinen müssen oft von dem toten Punkt abgeschwungen werden, das Anlassen von Gasmotoren nimmt mehr Zeit in Anspruch als das der Elektromotoren.

Beim Rohreziehen arbeitet der Motor unabhängig von der Länge bzw. dem Gewicht der Rohre praktisch mit der vollen Geschwindigkeit im Gegensatz zu den Dampfmaschinen, deren Drehzahl bei großer Belastung stark abfällt. Das Hochziehen der Rohre oder der Gestänge kann daher mit dem Elektromotor in kürzerer Zeit ausgeführt werden als mit der Dampfmaschine. Das Auseinander- und Zusammenschrauben der Rohre und Gestänge kann mit Rücksicht auf die genauere Steuerung der Elektromotoren gegenüber den Kolbenmaschinen schneller vorgenommen werden. Der Übergang vom Bohr- zum Pumpbetrieb kann bei elektrischem Antrieb in kürzerer Zeit erfolgen als bei andern Antriebsarten.

Die Steuerung des Elektromotors ist infolge Fortfalls des bei der Dampfmaschine erforderlichen Umkehrhebels vereinfacht. Durch die Bedienung eines einzigen Hebels werden das Umsteuern und die Drehzahlregelung bewirkt.

Die Wartung des Elektromotors erfordert viel weniger Aufmerksamkeit als die der Dampfmaschine oder des Gasmotors, bei denen manche Teile der vielen bewegten Massen heißlaufen können. Der Maschinist kann also seine ganze Aufmerksamkeit dem Bohr- oder Förderbetrieb zuwenden.

Der Kraftverbrauch der Elektromotoren kann genauer als bei anderenMaschinen gemessen und selbsttätig aufgezeichnet werden, woraus man Schlüsse auf den Zustand der Sonde ziehen und dementsprechend die nötigen betrieblichen und wirtschaftlichen Vorkehrungen treffen kann.

Elektrische Anlagen sind sauberer, und Elektromotoren arbeiten ruhiger als Wärmekraftmaschinen, folglich ist die Abnutzung des Getriebes geringer, und der Bohrturm wird geschont.

Die Fundamente eines Elektromotors lassen sich einfacher und billiger herstellen als die der Kolbenmaschinen, auch die Aufstellung des Elektromotors läßt sich billiger als die einer Kolbenmaschine ausführen.

Der Ortswechsel der elektrischen Leitungen ist wesentlich einfacher und schneller durchzuführen als der der Dampfleitungen.

Die Verlegung von besonderen Lichtleitungen ist bei elektrischem Antrieb der Bohr- und Schöpfeinrichtungen im Gegensatz zum Dampfbetrieb nicht erforderlich, da man den Lichtstrom für die Sonden den Kraftleitungen entnehmen und ihn leicht auf die Lichtspannung transformieren kann. Dadurch werden auch die Kosten für die Wartung besonderer Lichtleitungen gespart.

3. Ersparnisse an Anlagekosten.

Die Anlagekosten sind je nach der Art des Antriebes sehr verschieden. Bei elektrischem Antrieb sind zwei Fälle zu unterscheiden, je nachdem der Strom aus einem fremden, bereits bestehenden Überlandkraftwerk oder aus dem eigenen Kraftwerk bezogen wird. In beiden Fällen sind die Kosten für die Antriebsmotoren die gleichen, für die Verteilungsleitungen brauchen sie nicht voneinander abzuweichen, hingegen werden sie für die Speiseleitungen verschiedene Werte annehmen. Bei Errichtung eines eigenen Kraftwerkes sind seine Anlagekosten in Rechnung zu stellen.

Bei Gasmotorenantrieb sind die Kosten der Gasmotoren und der Gasleitungen, bei Dampfmaschinenantrieb die Kosten für die Dampfmaschinen, der Kessel nebst Kesselhäusern und der Dampfleitungen zu berücksichtigen. Zu den reinen Materialkosten sind die Ausgaben für die Aufstellung und den Transport hinzuzurechnen.

Man kann ohne genaue Berechnung erkennen, daß die Anlagekosten bei dem elektrischen Antrieb und Strombezug aus einer bereits bestehenden Stromerzeugungsanlage am niedrigsten sind. Wenn man für die Energieversorgung der Motoren ein eigenes Kraftwerk errichten muß, so kann man darüber im Zweifel sein, ob nicht der Gasmotorenantrieb bei bestimmten örtlichen Verhältnissen niedrigere Anlagekosten erfordert als der elektrische Antrieb, und wird diese Unklarheit durch eine genaue Kostenaufstellung zu beseitigen suchen. Die Rechnung wird um so mehr zugunsten des elektrischen Antriebes ausfallen, je größer die Zahl der Motoren ist, da der Einstandspreis einer vollständigen, betriebsfertig aufgestellten elektrischen Ausrüstung gegenüber einer solchen mit Gasmotoren nebst den Gaszuleitungen, unter Umständen eines Gasbehälters, niedriger ist. Die Anlagekosten des Kraftwerkes müssen auf die einzelnen elektrischen Antriebe verteilt werden und die auf diese entfallenden Beträge sind um so geringer, je größer ihre Zahl ist.

Bei Dampfantrieb dürften die Anlagekosten gegenüber dem elektrischen Antrieb auch dann höher werden, wenn der Betrieb nicht so ausgedehnt ist, da die Anschaffungs- und Aufstellungskosten der Dampfmaschinen, Kessel und Dampfleitungen ein Vielfaches derjenigen der elektrischen Ausrüstung betragen. Auch hier wird man nur durch eine genaue Nachrechnung ein endgültiges Urteil fällen können.

Es können jedoch auch in den Fällen, wo die Anlagekosten des elektrischen Antriebes gegenüber denjenigen anderer Antriebsarten höher werden, die Betriebskosten und sonstigen Umstände die Entscheidung über die Wahl der Antriebsart zugunsten der Elektromotoren beeinflussen. Es ist daher unbedingt erforderlich, alle mit der Errichtung und dem Betrieb zusammenhängenden Faktoren zu beachten, wenn man nicht falsche Schlüsse auf die Wirtschaftlichkeit ziehen will.

E. Wirtschaftlichkeit der Förderung mittels Tiefpumpen bezogen auf den Brennstoffverbrauch.

Um den Wert des Brennstoffverbrauches bei der Förderung mittels Tiefpumpen zahlenmäßig zu ermitteln, sollen folgende Bezeichnungen eingeführt werden:

H = Tiefe der Sonde bis zum Flüssigkeitsspiegel in m (Senktiefe der Pumpe).
a = Gewicht eines laufenden Meters der Stangen in kg.
b = Gewicht des Pumpenkolbens in kg.
h = Pumpenhub in m.
n = Anzahl der Hübe i. d. Minute.
D = Durchmesser des Pumpenzylinders in m.
k = Mechanischer Wirkungsgrad der Pumpe.
r = Lieferungsgrad der Pumpe.
Q = Fördermenge i. d. Sekunde in kg, bezogen auf die Flüssigkeit.
Q_N = Fördermenge i. d. Sekunde in kg, bezogen auf reines Rohöl.
γ = Spez. Gewicht der Flüssigkeit.
γ_1 = Spez. Gewicht des Stangenmaterials.
z = Prozentualer Gehalt des Rohöls in der zu hebenden Flüssigkeit.
l = Länge der Stangen in m.
x = Brennstoffverbrauch zum Heben von 1 kg reinem Rohöl.

Die Menge der in der Sekunde geförderten Flüssigkeit läßt sich nach folgender Gleichung berechnen:

$$Q = \frac{\pi \cdot D^2 h\, n\, r\, \gamma\, 1000}{4 \cdot 60} \text{ kg} \tag{1}$$

In dieser ist eine reine Rohölmenge von

$$Q_N = \frac{\pi \cdot D^2 h\, n\, r\, \gamma\, z\, 1000}{4 \cdot 60 \cdot 100} \text{ kg} \tag{2}$$

enthalten.

Die gesamte zum Heben der Flüssigkeit Q aus einer Tiefe H aufzuwendende Leistung L_e in PS setzt sich aus folgenden Leistungen zusammen:

Leistung zum Heben der Flüssigkeit Q:

$$L_Q = \frac{\pi \cdot D^2 h\, r\, \gamma\, n\, H\, 1000}{4 \cdot 60 \cdot 75 \cdot k} \text{ PS} \tag{3}$$

In dieser Gleichung sind die Druckverluste hervorgerufen durch die Reibung der Flüssigkeit an den Rohrwänden und in der Flüssigkeit selbst, vernachlässigt, da sie rechnerisch schwer zu erfassen sind. Es wird ihnen aber durch gewisse Sicherheitszuschläge Rechnung getragen.

Leistung zum Schwingen der Stangen:

$$L_S = \frac{\left[(al + b) - \frac{(al + b)\,\gamma}{\gamma_1}\right] hn}{60 \cdot 2 \cdot 75} \text{ PS} \tag{4}$$

In dieser Gleichung bedeutet der Ausdruck

$$\frac{(al + b)\gamma}{\gamma_1}$$

den Auftrieb der in die Flüssigkeit vom spez. Gewicht γ tauchenden Stangen. Außerdem ist angenommen, daß beim Abwärtsgehen der Stangen und des Kolbens durch ihr Gewicht ein gewisses Antriebsmoment im Mechanismus erzeugt wird, wodurch nur die halbe Kraft zum Heben der Stangen benötigt wird.

Leistung zum Antrieb der Transmission bei Leerlauf in 24 minutlichen Hüben:

$$L_R = 3\,\text{kW} = 4{,}08\,\text{PS} \tag{5}$$

Bei neuen, modernen Transmissionen wird ein Wert von $L_R = 1$ kW bei Einzelantrieb, bzw. 0,5 kW bei Gruppenantrieb angenommen, doch soll der Sicherheit halber mit dem höheren Wert gerechnet werden.

Es beträgt demnach die von der Antriebsmaschine abzugebende Leistung:

$$L_e = L_Q + L_S + L_R = \frac{h\,n}{k\,\gamma_1} \cdot \frac{500\pi D^2 r\gamma H\gamma_1 + (al + b)\,(\gamma_1 - \gamma)\,k}{9000} + 4{,}08\,\text{PS}. \tag{6}$$

Diese Gleichung gilt sowohl für die Dampfmaschine als auch für den Elektromotor.

1. Dampfmaschinenantrieb.

Unter der Annahme, daß der mechanische Wirkungsgrad der Dampfmaschine 75% ist, wird die indizierte Leistung der Dampfmaschine durch die Gleichung:

$$L_i = \frac{L_e}{0{,}75} = \frac{hn}{k\gamma_1} \frac{500\,\pi\,D^2\,r\,\gamma\,H\,\gamma_1 + (al + b)\,(\gamma_1 - \gamma)\,k}{6750} + 5{,}44\,\text{PS} \tag{7}$$

ausgedrückt.

Nehmen wir ferner an, wie beim Schöpfbetrieb,

den Dampfverbrauch der Dampfmaschine mit 20 kg/PS i. und Stunde,
den Durchmesser der Dampfrohrleitung mit 0,1 m,
die Länge der Dampfrohrleitung mit 100 m,
die Menge des Kondensats je m^2 Rohrfläche und Stunde mit 2,38 kg,
die Dampfmenge zum Betrieb der Kesselanlage mit 5% der gesamten Dampfmenge,
die durch 1 kg Rohöl erzeugte Dampfmenge zu 10 kg,

so wird der Brennstoffverbrauch der Dampfmaschine in der Stunde

$$B_D = \frac{h\,n}{k\,\gamma_1} \cdot \frac{500\,\pi\,D^2\,r\gamma H\,\gamma_1 + (al + b)\,(\gamma_1 - \gamma)\,k}{3215} + 19\,\text{kg}. \tag{8}$$

Die nach den Gleichungen 6 und 8 errechneten Werte der Antriebsleistung der Pumpe bzw. des stündlichen Brennstoffverbrauches der

Antriebsleistung und Brennstoffverbrauch

Senktiefe in m	Pumpendurchmesser 2″				Pumpendurchmesser 3″			
	Beim Heben von				Beim Heben von			
	Wasser		Ölwassergemisch		Wasser		Ölwassergemisch	
	Antriebsleistung der Pumpe in PS	Brennstoffverbrauch in kg/Std.	Antriebsleistung der Pumpe in PS	Brennstoffverbrauch in kg/Std.	Antriebsleistung der Pumpe in PS	Brennstoffverbrauch in kg/Std.	Antriebsleistung der Pumpe in PS	Brennstoffverbrauch in kg/Std.
	Stangen 3/4″				Stangen 3/4″			
213	6,47	25,70	6,32	25,27	8,38	31,00	8,04	30,10
426	8,93	32,55	8,53	31,45	12,68	43,00	11,85	40,70
639	11,15	38,75	10,73	37,60	16,94	55,00	15,75	51,70
					Stangen 7/8″			
852	13,53	45,45	12,94	43,80	22,48	70,50	20,98	66,30
					Stangen 1″			
1065	15,88	52,00	15,10	49,90	28,88	88,50	26,88	82,80

Dampfmaschine wurden unter der Annahme von verschiedenen Absenktiefen der Pumpe und Pumpenabmessungen in obiger Tabelle zusammengestellt. Es wurde hierfür angenommen, daß das spez. Gewicht des Stangenmaterials $\gamma_1 = 7{,}8$ ist und die Flüssigkeit einmal nur aus Wasser, das anderemal aus einem Gemisch von Wasser und Öl mit einem spez. Gewicht von 0,9 besteht, entsprechend einem Mischungsverhältnis von 60% Wasser und 40% Öl mit einem spez. Gewicht von 0,78.

Der Brennstoffverbrauch in kg für 1 kg gepumptes reines Rohöl, den man nach Division der durch 3600 dividierten Gleichung 8 durch die Gleichung 2 erhält, ist in folgender Tabelle enthalten:

Senktiefe in m	Pumpenmasse D		
	2″	3″	4″
		Stangen-∅ = 3/4″	
213	0,0405	0,0213	0,0146
426	0,0504	0,0289	0,0221
639	0,0602	0,0367	Stangen-∅ = 7/8″ 0,0298
852	0,0701	Stangen-∅ = 7/8″ 0,0470	Stangen-∅ = 1″ 0,0430
1065	0,0800	Stangen-∅ = 1″ 0,0588	Stangen-∅ = 1 1/4″ 0,0575

beim Pumpen durch Dampfmaschinenantrieb.

Pumpendurchmesser 4″				Pumpendurchmesser 6″				Pumpendurchmesser 8″			
Beim Heben von				Beim Heben von				Beim Heben von			
Wasser		Ölwasser-gemisch		Wasser		Ölwasser-gemisch		Wasser		Ölwasser-gemisch	
Antriebsleistung der Pumpe in PS	Brennstoffver-brauch in kg/Std.	Antriebsleistung der Pumpe in PS	Brennstoffver-brauch in kg/Std.	Antriebsleistung der Pumpe in PS	Brennstoffver-brauch in kg/Std.	Antriebsleistung der Pumpe in PS	Brennstoffver-brauch in kg/Std.	Antriebsleistung der Pumpe in PS	Brennstoffver-brauch in kg/Std.	Antriebsleistung der Pumpe in PS	Brennstoffver-brauch in kg/Std.
Stangen $^3/_4$″				Stangen $^3/_4$″				Stangen 1″			
11,08	38,60	10,44	36,75	18,70	60,00	17,38	56,20	30,23	92,30	27,66	85,00
				Stangen 1″				Stangen $1^1/_2$″			
18,03	57,90	16,78	55,60	34,68	104,60	31,98	97,00	59,88	175,00	55,18	162,00
Stangen $^7/_8$″				Stangen $1/^1{}_2$″							
26,00	80,40	24,08	75,00	55,58	163,00	51,68	152,00	—	—	—	—
Stangen $1^1/_4$″											
37,98	114,00	35,78	108,00	—	—	—	—	—	—	—	—
Stangen $1^1/_2$″											
52,08	153,00	48,88	144,50	—	—	—	—	—	—	—	—

Bei diesen Werten ist Einzelantrieb der Pumpen ohne Gegengewichte, eine Transmission schwerer Type und eine der erforderlichen Leistung entsprechend gebaute Dampfmaschine vorausgesetzt, ferner sind folgende Daten zugrundegelegt:

Hub der Pumpe	$h = 600$ mm
Zahl der Hübe	$n = 24$/min
Wirkungsgrad der Pumpe . . .	$k = 0{,}9$
Lieferungsgrad der Pumpe . . .	$r = 1$
Ölgehalt in der Flüssigkeit . . .	$z = 40\%$.

2. Elektrischer Antrieb.

Die Leistung der dem Antrieb der Pumpenanlage dienenden Elektromotoren wird entsprechend der Gleichung 6 berechnet. Mit Rücksicht auf die mitunter schwierigen Anlaufverhältnisse wird zu dem errechneten Wert ein Sicherheitszuschlag von 5 bis 10% gemacht. Zur Berechnung der vom Motor aufgenommenen Energie, aus welcher sich der Brennstoffbedarf errechnet, wird ein Wirkungsgrad von im Mittel 80% angenommen. Demnach beträgt die dem Netz entnommene Leistung

$$L_M = \frac{L_e}{1{,}36 \cdot 0{,}8} = \frac{h\,n}{k\,\gamma_1} \cdot \frac{500\,\pi\,D^2\,r\,\gamma\,H\,\gamma_1 + (al+b)\,(\gamma_1 - \gamma)\,k}{9792} + 3{,}75\,\mathrm{kW} \tag{9}$$

Antriebsleistung und Brennstoffverbrauch

Senktiefe in m	Pumpendurchmesser 2″				Pumpendurchmesser 3″			
	Beim Heben von				Beim Heben von			
	Wasser		Ölwassergemisch		Wasser		Ölwassergemisch	
	Antriebsleistung der Pumpe in PS	Brennstoffverbrauch in kg/Std.	Antriebsleistung der Pumpe in PS	Brennstoffverbrauch in kg/Std.	Antriebsleistung der Pumpe in PS	Brennstoffverbrauch in kg/Std.	Antriebsleistung der Pumpe in PS	Brennstoffverbrauch in kg/Std.
	Stangen $^3/_4$″				Stangen $^3/_4$″			
213	6,47	8,32	6,32	8,13	8,38	10,78	8,04	10,35
426	8,93	11,49	8,53	11,00	12,68	16,28	11,85	15,25
639	11,15	14,35	10,73	13,80	16,94	21,80	15,75	20,25
					Stangen $^7/_8$″			
852	13,53	17,40	12,94	16,65	22,48	28,95	20,98	27,00
					Stangen 1″			
1065	15,88	20,45	15,10	19,43	28,88	37,15	26,88	34,55

Unter der beim Schöpfbetrieb getroffenen Annahme, daß zur Erzeugung von 1 kWh 1,4 kg Rohöl benötigt werden, ergibt sich der Brennstoffverbrauch in der Stunde zum Heben der Flüssigkeit durch Multiplikation der Gleichung 9 mit 1,4 zu

$$B_M = \frac{h\,n}{k\,\gamma_1} \cdot \frac{500\,\pi\,D^2\,r\,\gamma\,H\,\gamma_1 + (al+b)\,(\gamma_1 - \gamma)\,k}{6994} + 5{,}25\,\text{kg}. \qquad (10)$$

Die nach den Gleichungen 6 und 10 errechneten Werte sind in der obigen Tabelle für die gleichen Verhältnisse wie beim Dampfantrieb zusammengestellt.

Dividiert man den sekundlichen Brennstoffverbrauch, den man durch Division der Gleichung 10 durch 3600 erhält, durch die kg des geförderten Rohöls nach Gleichung 2, so erhält man die in folgender Tabelle zusammengestellten Werte des Brennstoffverbrauches in kg für 1 kg gepumptes reines Rohöl.

Senktiefe in m	Pumpenmasse D		
	2″	3″	4″
		Stangen-∅ = $^3/_4$″	
213	0,0130	0,0074	0,0054
426	0,0176	0,0108	0,0086
639	0,0221	0,0144	Stangen-∅ = $^7/_8$″ 0,0123
852	0,0266	Stangen-∅ = $^7/_8$″ 0,0192	Stangen-∅ = 1″ 0,0183
1065	0,0311	Stangen-∅ = 1″ 0,0245	Stangen-∅ = $1^1/_4$″ 0,0250

beim Pumpen mit Elektromotor.

Pumpendurchmesser 4″				Pumpendurchmesser 6″				Pumpendurchmesser 8″			
Beim Heben von				Beim Heben von				Beim Heben von			
Wasser		Ölwassergemisch		Wasser		Ölwassergemisch		Wasser		Ölwassergemisch	
Antriebsleistung der Pumpe in PS	Brennstoffverbrauch in kg/Std.	Antriebsleistung der Pumpe in PS	Brennstoffverbrauch in kg/Std.	Antriebsleistung der Pumpe in PS	Brennstoffverbrauch in kg/Std.	Antriebsleistung der Pumpe in PS	Brennstoffverbrauch in kg/Std.	Antriebsleistung der Pumpe in PS	Brennstoffverbrauch in kg/Std.	Antriebsleistung der Pumpe in PS	Brennstoffverbrauch in kg/Std.
	Stangen 3/4″				Stangen 3/4″				Stangen 1″		
11,08	14,25	10,44	13,43	18,70	24,05	17,38	22,35	30,23	38,90	27,66	35,65
					Stangen 1″				Stangen 1 1/2″		
18,03	23,20	16,78	21,60	34,68	44,65	31,98	41,15	59,88	77,05	55,18	70,95
	Stangen 7/8″				Stangen 1 1/2″						
26,00	33,45	24,08	30,95	55,58	71,45	51,68	66,45	—	—	—	—
	Stangen 1 1/4″										
37,98	48,95	35,78	45,95	—	—	—	—	—	—	—	—
	Stangen 1 1/2″										
52,08	67,05	48,88	62,95	—	—	—	—	—	—	—	—

Diesen Werten sind die gleichen Angaben wie beim Dampfbetrieb zugrundegelegt.

In der Abb. 111 sind diese Werte in Kurvenform sowohl für Dampf wie elektrischen Antrieb aufgetragen, wodurch die Ersparnisse gegenüber dem Dampfbetrieb besonders ins Auge fallen.

Im Falle eines nicht genügenden Zuflusses zur Sonde ändert sich der Brennstoffverbrauch beim Pumpen, ähnlich wie beim Schöpfen, recht erheblich, da der Lieferungsgrad der Pumpe um so kleiner wird, je größer die Abmessungen der Pumpe sind.

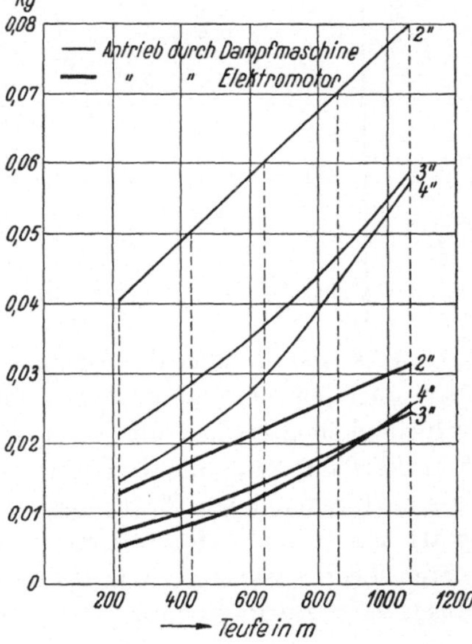

Abb. 111. Schaulinien des Brennstoffverbrauchs beim Pumpen von 1 kg Rohöl mittels Dampfmaschine und Elektromotors.

Bezeichnet man auch beim Pumpen mit M die der Sonde stündlich zufließende Flüssigkeitsmenge, so kann diese, unter der Voraussetzung, daß die gesamte zufließende Flüssigkeit durch die Pumpe gehoben wird, durch folgende Gleichung ausgedrückt werden:

$$M = \frac{\pi D^2 h n r \gamma 60 \cdot 1000}{4} = 47200\, D^2 h n r \gamma$$

Hieraus wird

$$r = \frac{M}{47200\, D^2 h n \gamma}$$

Der Wert von r wird bei Annahme einer bestimmten Pumpe je nach der Änderung von M zwischen 0 und 1 schwanken. Wird M so groß, daß r nach der Gleichung einen Wert, der größer als 1 ist, annimmt, so muß entweder der Durchmesser der Pumpe D, oder die minutliche Hubzahl n, oder die Hubhöhe h vergrößert werden, sonst würde der Zufluß zur Sonde nicht ausgenutzt werden und der Flüssigkeitsspiegel in der Sonde würde bis zum hydrostatischen Druckniveau in der Schicht steigen.

Die im Betrieb ausgeführten Messungen haben die Übereinstimmung der Energieverbrauchswerte mit den theoretisch ermittelten Zahlen bestätigt, wie die folgende Tabelle, in welcher die Meßergebnisse an 4 verschiedenen Anlagen enthalten sind, zeigt:

Nr. des Versuchs	Absenktiefe m	Pumpendurchmesser Zoll	Pumpenhub Zoll	Hubzahl in der Min.	Fördermenge im Tag kg	Energieverbrauch in kW	
						gemessen	berechnet
1	192	3	29	20	24600 Wasser	7,25	7,69
2	224	2	32	23	4900 Rohöl 3280 Wasser	6,25	6,47
3	318	2	29	18	2950 Rohöl 985 Wasser	6,00	6,39
4	290	2	23	20	3280 Rohöl 1970 Wasser	5,50	5,87

Bei Feststellungen des Energieverbrauches der Motoren beim Pumpen auf den amerikanischen Ölfeldern ergab sich eine größere Verschiedenheit zwischen den gemessenen und errechneten Werten. Dies ist erklärlich, wenn man bedenkt, daß in Amerika leichtere und technisch besser durchgebildete Transmissionen mit einem Verbrauch von 0,5 kW statt 3 kW, der erforderlichen Leistung besser angepaßte Motoren, deren Leerlaufsenergie nur 0,1 kW beträgt und durch Gegengewicht ausgewuchtete Pumpen angewendet werden.

F. Vergleich der Wirtschaftlichkeit zwischen Löffelförderung und Pumpbetrieb.

Aus den bei der Löffelförderung und beim Pumpbetrieb erhaltenen Ergebnissen betreffend den Brennstoffverbrauch beim Fördern von 1 kg Rohöl kann man ohne weiteres die Überlegenheit des Pumpens gegenüber dem Löffeln feststellen. Um diese noch besser zu veranschaulichen, sind in der Abb. 112 die Werte des Brennstoffverbrauchs beim Löffeln und Pumpen für verschiedene Teufen unter Annahme verschiedener Löffel- und Pumpenabmessungen in Kurvenform dargestellt. Die Kurven beziehen sich auf den elektrischen Antrieb allein. Man ersieht aus ihnen,

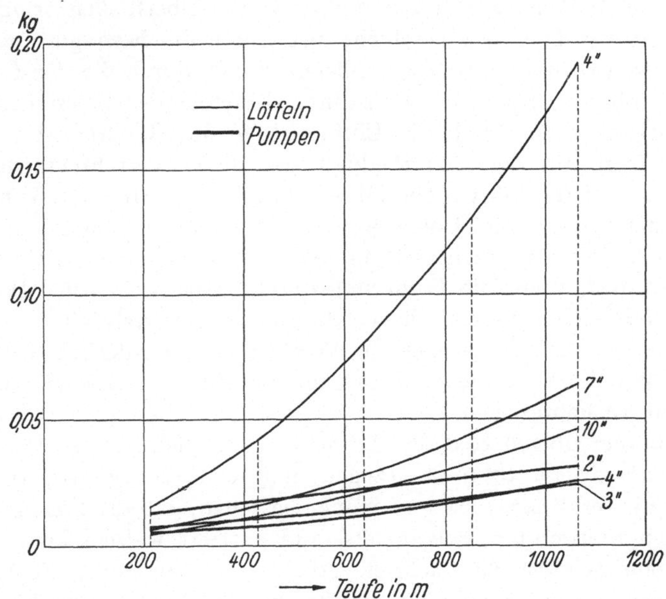

Abb. 112. Schaulinien des Brennstoffverbrauchs beim Löffeln und Pumpen von 1 kg Rohöl mittels Elektromotors.

daß, unter Voraussetzung von für das Pumpen günstigen örtlichen Verhältnissen, bei diesem sich wesentliche Brennstoffersparnisse gegenüber dem Löffeln erzielen lassen.

Jedoch nicht nur die Brennstoffersparnis allein spricht zugunsten der Förderung durch Tiefpumpen. Der Pumpbetrieb ermöglicht auch andere Ersparnisse gegenüber dem Löffeln, namentlich an Wasser, Riemen, Seilen und Bedienungspersonal, die zahlenmäßig nur schwer erfaßt werden können.

III. Die Förderung mittels Druckluft.

Neben den verschiedenen Verfahren zur Förderung des Rohöles aus Bohrlöchern mit Hilfe mechanischer Vorrichtungen hat sich seit etwa 30 Jahren ein Förderverfahren hauptsächlich in Amerika und Rußland, vereinzelt auch in Rumänien, eingebürgert, das unter Fortfall bewegter Teile im Bohrloch die Druckluft als Fördermittel benutzt.

Das Wesen der neuesten Art der Druckluftförderung beruht auf der Einführung von Preßluft in das Steigrohr und Erzeugung eines Gemisches von Öl und Luft von geringerem spez. Gewicht als das Öl selbst, so daß das unter dem hydrostatischen Druck stehende, das Steigrohr umgebende unvermischte Öl das leichtere Öl- und Luftgemisch nach über Tage drückt und dort zum Überfließen bringt. Die Einleitung des Prozesses geschieht also durch die Erzeugung des Gemisches von Öl und Luft; die treibende Kraft, durch die das Gemisch im Steigrohr gehoben wird, wird durch die Höhe der Flüssigkeitssäule im Bohrloch, d. h. durch die Eintauchtiefe des Steigrohres gebildet. Hieraus folgt eine der Hauptbedingungen dieses Verfahrens: die Eintauchtiefe und die Förderhöhe müssen in einem bestimmten Verhältnis zueinander stehen. Es ist ohne weiteres klar, daß bei einer bestimmten Förderhöhe die Eintauchtiefe ein gewisses Mindestmaß nicht unterschreiten darf, wenn die Förderung durchführbar sein soll. Das Verfahren läßt sich also bei solchen Bohrlöchern vorteilhaft anwenden, in denen der Flüssigkeitsspiegel im Verhältnis zur Förderhöhe sehr hoch steht. Wo diese Voraussetzung nicht zutrifft, ist diese Förderungsart nicht zu gebrauchen.

Nach dem Obigen sind der Anwendungsmöglichkeit des Druckluftverfahrens gewisse Grenzen gezogen und selbst bei günstigsten Verhältnissen bleibt der Übelstand immer bestehen, daß die Sonde nur bis auf einen bestimmten Flüssigkeitsstand entleert werden kann, da ja immer eine gewisse Eintauchtiefe erhalten bleiben muß. Neuere Bestrebungen gehen deshalb dahin, die zur Förderung der Flüssigkeit benötigte Eintauchtiefe künstlich zu schaffen und dadurch die Entleerung der Sonden zu ermöglichen.

Die Abb. 113 zeigt schematisch den Einbau einer Druckluftpumpe in eine Ölsonde in der ursprünglichen Anwendungsart. Die Vorrichtung besteht aus einem Behälter *c*, in dessen Boden sich ein selbsttätiges Rückschlagventil *d* befindet. Durch den Deckel werden zwei Rohre von verschieden großem Durchmesser geführt. Das weitere Rohr *a* bildet das Steig- oder Förderrohr, das engere *b* dient der Zuführung der durch einen Kompressor erzeugten Druckluft. Beide Rohre befinden sich nebeneinander und sind im Deckel eingeschraubt. Das Förderrohr *a* ist im Behälter *c* so tief versenkt, daß seine Mündung nahe dem Boden des Behälters *c* zu liegen kommt. Durch den hydrostatischen Druck wird das Rückschlagventil gehoben und die in der Sonde befindliche Flüssigkeit strömt in den Behälter *c* ein. Führt man nun durch das Rohr *b* dem Behälter Druckluft zu, so schließt sich das Ventil *d* und die Flüssigkeit wird aus dem Behälter *c* in das Förderrohr *a* und somit über Tage gefördert. Das im Förderrohr befindliche Rückschlagventil *g* verhindert das Zurückströmen der geförderten Flüssigkeit in den Behälter.

Mit Rücksicht auf die oft vorhandenen großen Sandmengen und sonstige mechanische Verunreinigungen, die bei der kräftigen Wirkung dieses Verfahrens mitgefördert werden und leicht eine Verstopfung der Förderleitung herbeiführen können, empfiehlt es sich, die Förderleitung innerhalb der Luftleitung anzuordnen (Abb. 114). Man macht dann den Behälter *c* so lang, daß sein oberer Deckel bis zur Mündung der Sonde zu stehen kommt, und verwendet den dadurch entstehenden Zwischenraum zwischen Förderrohr *a* und dem Behälter als Druckluftzuleitungskanal *b*.

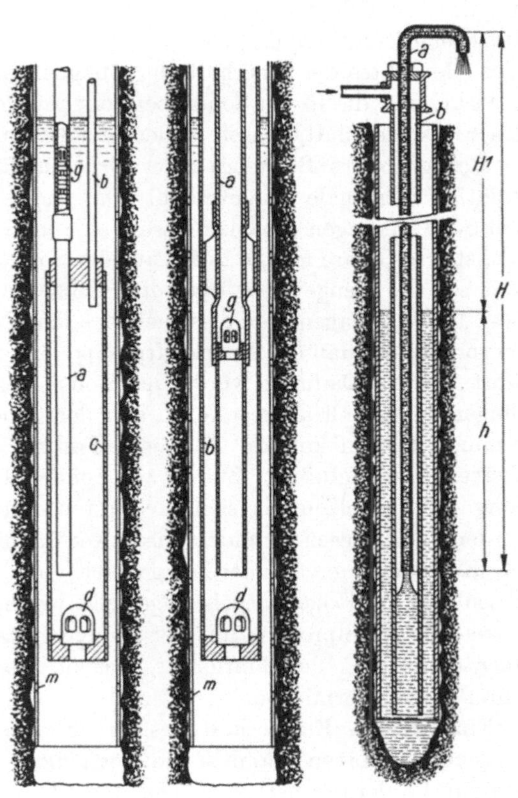

Abb. 113. Abb. 114. Abb. 115.

Abb. 113. Einbau einer Druckluftpumpe. Abb. 114. Einbau einer Druckluftpumpe mit innerhalb der Luftleitung angeordneter Förderleitung. Abb. 115. Luftheber.

Diese beiden Ausführungsarten der Druckluftförderung kann man, da bei ihnen die Druckluft unmittelbar das Empordrücken der Flüssigkeit bewirkt, als direktes Verfahren bezeichnen, im Gegensatz zum indirekten Verfahren, das auf dem eingangs erwähnten Grundsatz der Erzeugung einer spezifisch leichteren Flüssigkeit beruht. Das direkte Verfahren wird nur noch selten angewendet, da es sich infolge der ruckweisen Förderung und des intermittierenden Betriebs des Kompressors als unwirtschaftlich erwies. In neuerer Zeit kommt deshalb fast ausschließlich nur das indirekte Verfahren zur Anwendung, das diese Nachteile des direkten Verfahrens vermeidet. Auf die sehr mannigfaltigen Bauarten einzugehen, würde jedoch zu weit führen; es soll nur der in Abb. 115 dargestellte *einfache Luftheber* geschildert werden.

Dieser besteht aus dem Förderrohr *a* und dem Druckluftzuleitungsrohr *b*, welche bis zu einer bestimmten Tiefe in die Flüssigkeit eingetaucht werden. Das Förderrohr ist in der Regel innerhalb der Druckluftleitung verlegt, doch es wird auch die umgekehrte Anordnung angewendet. Die Wirkungsweise ist leicht aus der Darstellung zu erkennen. Die Druckluft vermischt sich an der unteren Mündung des Förderrohres mit der Flüssigkeit und steigt in Form von Blasen oder Luftkolben in der Steigleitung empor. Damit wird eine erhebliche Verringerung des spez. Gewichtes der innerhalb der Steigleitung befindlichen Flüssigkeit bewirkt, und die in der Sonde befindliche schwerere Flüssigkeit drückt das Flüssigkeitsluftgemisch in der Steigleitung empor.

Bezüglich des Betriebes einer Druckluftförderanlage sei auf einige wichtige Merkmale hingewiesen. Das einzubauende Pumpwerk muß den Schwankungen des Ölzuflusses zur Sonde Rechnung tragen und die höchst erreichbare Menge Rohöl aus der Sonde dauernd fördern. Anderseits soll die Menge nicht über die Grenze des Zulässigen hinausgehen. Bei älteren Anlagen war dies meistens der Fall und er wurde dadurch hervorgerufen, daß der Druckluftpumpe eine zu große Luftmenge zugeführt wurde. Dadurch wurde der Rohölspiegel zu weit und vor allen Dingen zu schnell abgesenkt, so daß der Sonde kein Rohöl mehr entnommen werden konnte. Nun ist allerdings nicht von vornherein zu übersehen, wie groß der Zufluß zur Sonde ist, und bei welcher Absenkung des Rohölspiegels sich die besten Betriebsverhältnisse ergeben werden. Aus diesen Gründen wird zweckmäßigerweise die Liefermenge des Kompressors veränderlich gemacht und auf diejenige günstigste Absenkung des Rohölspiegels eingestellt, welche einen ununterbrochenen Betrieb des Kompressors mit der Pumpe gestattet. Dadurch wird eine Überanstrengung der Bohrlöcher, was zu ihrem vorzeitigem Versanden führen kann, vermieden.

Eine weitere Eigenschaft des Druckluftbetriebes darf nicht unberücksichtigt bleiben, nämlich die Möglichkeit, das im Rohöl enthaltene Gas zur Förderung heranzuziehen. Das Gas wird sich bei genügender Menge und genügend hohem Druck über dem Flüssigkeitsspiegel sammeln und das Heben der Flüssigkeit bewirken, unter Umständen sogar tagelang ohne Zuhilfenahme der Druckluft. Im Falle des Vorhandenseins von Gasen wird deshalb der Kompressor nicht sofort nach Einbau der Vorrichtung in Betrieb gesetzt, sondern erst der Versuch gemacht, durch Absperren der Verrohrung gegen das Förderrohr das im Öl enthaltene Gas zu zwingen, restlos durch das Förderrohr zu entweichen. Erst wenn die Menge des an der Mündung austretenden Rohöles nicht mehr im richtigen Verhältnis zur Leistungsfähigkeit der Sonde steht, ist es nötig, mit Hilfe des Kompressors Preßluft durch das Luftrohr zu leiten, bis die günstigste Auslaufmenge wieder erreicht wurde. Auf alle Fälle muß der Kompressor imstande sein, die Vorrichtung auch dann in Betrieb zu setzen, wenn die Sonde vollständig mit Flüssigkeit gefüllt ist.

Für neu erbohrte Ölschichten mit einer größeren Gasproduktion von entsprechendem Druck läßt sich auch das Druckgasförderverfahren anwenden. Dieses Verfahren kann mit Hilfe des sog. „Packer Jet“ (Patent Arbon) durchgeführt werden (Abb. 116). Die Anordnung besteht aus einem Förderrohr, welches in einer gewissen Tiefe durch den „Packer“ in der Verrohrung abgedichtet wird. Im unteren Abschnitt erhält das Förderrohr eine Düsenanordnung, bestehend aus einer massiven Muffe, welche eine Anzahl Düsen mit Kugelrückschlagventilen besitzt. Das aus der Ölschicht entströmende Gas, welches durchden Packer abgefangen ist und einen gewissen Druck erreicht, strömt in die Düsen und übt im Förderrohr, das mit seinem unteren Ende in die zu hebende Flüssigkeit eintaucht, die Heberwirkung aus. Dieses Fördern ist jedoch auch nur so lange möglich, als die ölführende Schicht genügende Mengen Gas unter entsprechendem Druck enthält. Bei zu geringer Gasentwicklung muß auch hier der Luftkompressor zu Hilfe genommen werden.

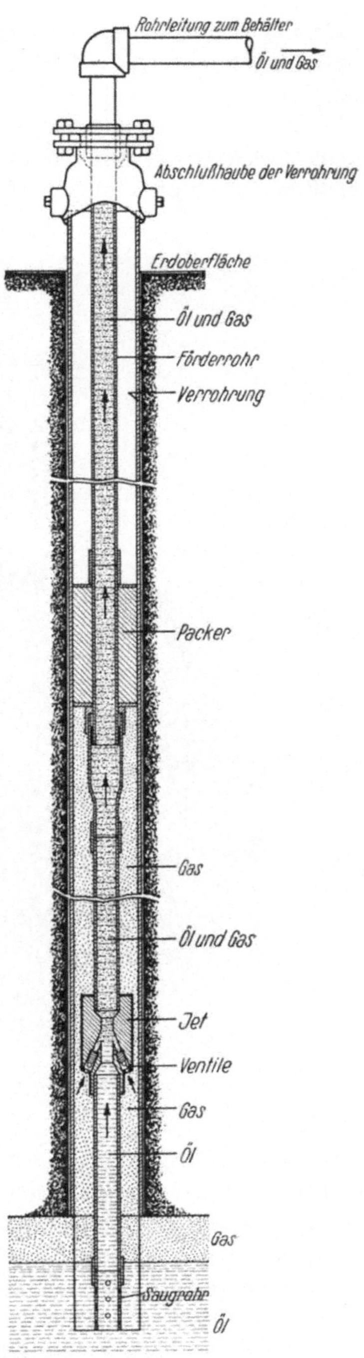

Abb. 116. Packer-Jet.

Die Abb. 117 zeigt einen Kompressor von Borsig zur Rohölförderung durch Druckluftpumpe. Die Leistung des Kompressors kann durch Änderung der Drehzahl in gewissen Grenzen geregelt und dadurch innerhalb dieses Bereiches den günstigsten Förderbedingungen angepaßt werden.

Der Antrieb erfolgt meistens mittels eines Drehstrommotors mit Schleifringläufer. Die elektrische Ausrüstung ist verhältnismäßig einfach; sie besteht aus dem Motor, der den Kompressor durch Riemen antreibt, einem Steuerschalter oder einer Anlaß- und Regelwalze, einem Ölschalter mit Überstrom- und Spannungsrückgangsauslösern zum Schalten des Motors und den erforderlichen Meßinstrumenten (Abb. 118).

Abb. 117. Luftkompressor von Borsig.

Zur Vorausbestimmung der Druckluftmenge und des erforderlichen Druckes, also der Eintauchtiefe, sind sehr verwickelte Rechnungen notwendig, von deren Durchführung hier abgesehen werden soll. Rein theoretisch lassen sich die Leistungsverhältnisse überhaupt kaum erfassen, sondern sie werden immer mehr oder weniger auf Grund von Erfahrungen festgesetzt werden müssen. Die in der Abb. 119 dargestellten Kurven geben die Verhältnisse der Druckluftpumpe von Borsig wieder.

Die Kurve Q stellt bei einer Ansaugmenge des Kompressors von 1,5/min³ die theoretisch errechneten Fördermengen, die Kurve N die Antriebsleistungen und die Kurve η die Wirkungsgrade für verschiedene Förderhöhen dar. Es ist hierbei zu berücksichtigen, daß die Berechnung unter Annahme der bei Förderung von Wasser in Frage kommenden Verhältnisse gemacht worden ist. Die Verhältnisse bei Öl stellen sich jedenfalls günstiger, da die im Rohöl enthaltenen Gase die Förderung unterstützen. Man kann bei einer Absenkung des Roh-

Abb. 118. Elektrischer Antrieb des Luftkompressors.

ölspiegels bis auf 400 m vielleicht noch mit der Hälfte, bei der angenommenen größten Absenkung von 540 m unter der Erdoberfläche mit einem Viertel der ursprünglich vorhandenen wirksamen Gasmenge rechnen.

Bei günstigen Verhältnissen wurden mit diesem Förderverfahren z. T. sehr gute Ergebnisse erzielt und Wirkungsgrade in besonders günstigen Fällen, d. h. bei großer Fördermenge und geringer Förderhöhe nebst großer Eintauchtiefe, bis zu $45^0/_0$ erreicht. Für Bohrlöcher von über 200 m Tiefe, wie sie bei der Erdölförderung die Regel bilden, stellen sich die Wirkungsgrade wesentlich niedriger und bewegen sich zwischen 8 und $20^0/_0$ ohne Berücksichtigung der Kompressorverluste.

Folgende Tabelle enthält einige wichtige Versuchsergebnisse.

Versuch	H	H_1	h	e	V	Q	s	η_t
	m	m	m	%	l/min	l/min	l/min	%
1	495	372	123	25	16200	150	108	11,2
2	455	273	182	40	9150	205	44,6	17,5
3	102	37	65	64	2400	613	3,8	37,5

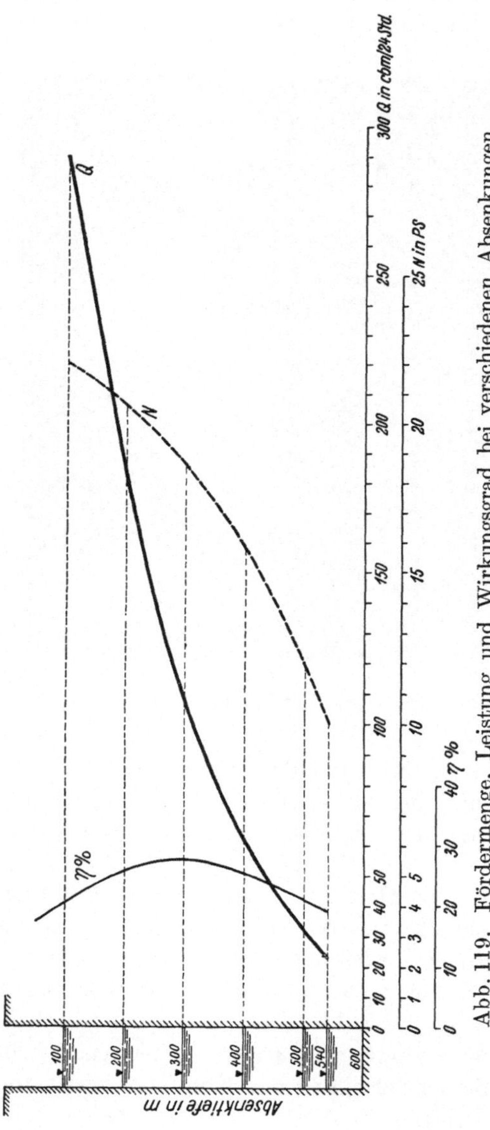

Abb. 119. Fördermenge, Leistung und Wirkungsgrad bei verschiedenen Absenkungen.

In der Tabelle bedeuten:

H Länge der Förderleitung in m

H_1 Förderhöhe in m

h Eintauchtiefe in m

e prozentuales Verhältnis der Eintauchtiefe zur Länge der Förderleitung.

V gesamter Luftbedarf in l/min

Q Fördermenge in l/min

s Luftbedarf je 1 geförderter Flüssigkeit in l/min

η_t isothermischer Wirkungsgrad.

In Abb. 120 sind die Werte von s und η_t in Abhängigkeit von e aufgetragen und durch Kurven miteinander verbunden. Diese zeigen deutlich den Einfluß der Eintauchtiefe auf die Druckluftmenge und den Wirkungsgrad der Förderanlage. Bei zunehmender prozentualer Eintauchtiefe fällt der Luftbedarf, die Fördermenge steigt, somit auch der Wirkungsgrad der Anlage.

Für die überschlägige Vorausberechnung einer Druckluftförderanlage kann jedenfalls das Kurvenbild zugrundegelegt werden und würde hinreichend genaue Werte ergeben.

Beispielsweise sei angenommen, es stehe eine Sonde von 600 m Tiefe mit einem Zufluß von $Q = 9$ m³/Stunde oder 150 l/min Rohöl (spez. Gewicht $\gamma = 0{,}9$) zur Verfügung. Es soll der Luftheber (Abb. 115) eingebaut werden, die Länge der Förderleitung sei $H = 520$ m, die Eintauchtiefe $h = 180$ m.

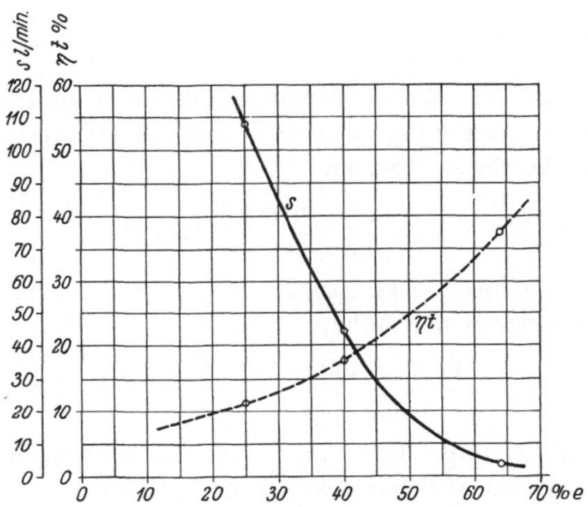

Abb. 120. Schaulinien einer Druckluftpumpe.

Demnach beträgt die prozentuale Eintauchtiefe

$$e = \frac{h \cdot 100}{H} = \frac{180 \cdot 100}{520} = 35\%.$$

Diesem Werte entspricht im Kurvenbild ein spez. Luftverbrauch von $s =$ ca. 70 l/min, so daß zum Heben von 150 l/min Rohöl eine Luftmenge von

$$V = s \cdot Q = 70 \cdot 150 = 10500 \text{ l/min} = 630 \text{ m}^3/\text{Stunde}$$

erforderlich ist.

Bei einem volumetrischen Wirkungsgrad des Luftkompressors von 0,9 müßte derselbe für eine Ansaugeleistung von

$$\frac{630}{0{,}9} = 700 \text{ m}^3/\text{Stunde}$$

gebaut werden und einen Druck $P_2 =$ ca. 18 atü entsprechend der Eintauchtiefe von 180 m erzeugen.

Damit wird der isothermische Kraftverbrauch

$$N_i = P_1 \cdot V \cdot \operatorname{logn} \frac{P_2}{P_1} \frac{1}{75 \cdot 60 \cdot 60} = \frac{10000 \cdot 630 \cdot \operatorname{logn} \frac{180000}{10000}}{75 \cdot 60 \cdot 60} = 67{,}5 \text{ PS}.$$

Die effektive Leistung beträgt

$$N_e = \frac{Q \cdot H_1 \cdot \gamma}{75 \cdot 60} = \frac{150 \cdot 340 \cdot 0{,}9}{75 \cdot 60} = 10{,}2\,\text{PS},$$

so daß sich ein isothermischer Wirkungsgrad von

$$\eta_t = \frac{N_e}{N_i} \cdot 100 = \frac{10{,}2}{67{,}5} \cdot 100 = 15{,}1\,\% \quad \text{ergibt.}$$

Rechnet man mit einem Wirkungsgrad des Kompressors und der Druckluftleitung von $60\,\%$, so ergibt sich die erforderliche effektive Leistung des Antriebsmotors zu

$$N_a = \frac{N_i}{0{,}6} = \frac{67{,}5}{0{,}6} = 112{,}5\,\text{PS}$$

und somit bei einem Wirkungsgrad des Antriebsmotors von 0,9 ein totaler Wirkungsgrad der Anlage

$$\eta_{total} = \frac{N_e \cdot 0{,}9 \cdot 100}{N_a} = \frac{10{,}2 \cdot 0{,}9 \cdot 100}{112{,}5} = 8{,}2\,\%.$$

Die Druckluftpumpe dürfte in vielen Fällen dem Schöpfen oder Pumpen an Wirtschaftlichkeit kaum nachstehen, da auch ihre Anschaffungskosten nicht höher sind als die für das Pumpen oder Schöpfen. Bei besonders günstigen Verhältnissen übertrifft sie diese bei weitem und in manchen Fällen, wo es sich um die Förderung großer Mengen Flüssigkeit mit vielen festen Beimengungen handelt, dürfte die Druckluftpumpe in wirtschaftlicher Hinsicht das einzig mögliche Förderverfahren bilden.

Zusammenfassend kann demnach gesagt werden, daß die Verwendung der Druckluftpumpe zur Förderung von Rohöl ihre Berechtigung hat, und daß sie zweifellos infolge des Fehlens bewegter Teile im Bohrloch und ihrer Unempfindlichkeit gegenüber Verunreinigungen erhebliche betriebliche Vorteile mit sich bringt, daß sie aber dem neuesten Förderverfahren mittels hochwertiger, elektrisch angetriebener Pumpen in wirtschaftlicher und in betrieblicher Hinsicht kaum gewachsen sein dürfte.

IV. Die Förderung mittels Senkpumpen.

Schon lange ist die Technik bestrebt, das Problem der Erdölförderung aus tiefen Bohrlöchern unter Umgehung der maschinellen Einrichtungen über Tage und der mechanischen Übertragungsorgane zu lösen. Nach vielen fruchtlosen Versuchen ist es gelungen, eine Pumpe herzustellen, die mit ihrem Antriebsmotor in die Sonde herabgelassen ein ununterbrochenes Fördern der Flüssigkeit gestattet. Dadurch wird die Ausbeute wesentlich erhöht, und es werden die vom Bewegen der toten Lasten, namentlich des Seiles und des Löffels bzw. des Kolbens nebst Schwerstange beim Fördern durch Haspel, des Pumpgestänges beim Pumpen, herrührenden Energieverluste und die Reibungsverluste in den Lagern der Übertragungsorgane, die Reibung der Rollen usw. vermieden.

Die Technik mußte bis zur Erreichung dieses Zieles einen weiten Weg zurücklegen. Die ersten Versuche wurden mit hydraulisch betätigten Kolbenpumpen gemacht, sie führten jedoch infolge ihrer verwickelten und empfindlichen Steuerung zu keinem praktisch verwertbaren Ergebnis. Man ging daher zu den rotierenden Pumpen über und suchte diese der Eigenart des Betriebes anzupassen.

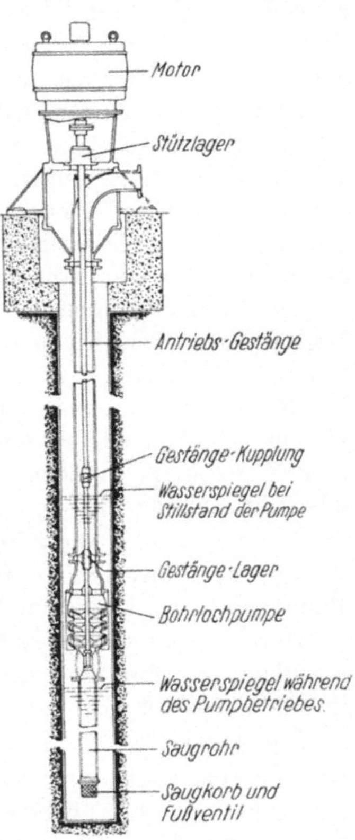

Abb. 121. Antrieb einer Zentrifugal-Tiefpumpe durch einen über Tage aufgestellten Motor.

Die mit zunehmender Teufe kleiner werdenden Durchmesser der Verrohrungen boten die Hauptschwierigkeit der Entwicklung eines für die Erdölförderung geeigneten Pumpensatzes. Es galt daher zunächst eine rotierende Pumpe zu finden, die sich den Verrohrungsabmessungen anpaßt.

Die seit Jahren verwendeten mehrstufigen Zentrifugalpumpen zur Förderung von Flüssigkeiten aus Bohrlöchern werden in der Regel mittels einer senkrechten, gut gelagerten Welle durch einen über Tage aufgestellten Motor angetrieben (Abb. 121). Die großen Schwierigkeiten, die raschlaufenden Wellen zu stützen, werden in der letzten Zeit durch Anwendung von besonderen Lagern, die in kurzen Abständen im Steigrohr angebracht sind und nur durch die geförderte Flüssigkeit geschmiert werden, mit ziemlichem Erfolg überwunden. Es sind Pumpen im Betrieb, die in einer Tiefe von etwa 200 m von einem Motor über Tag angetrieben werden und sich bei Wasserförderung oder Förderung von wenig viskosen Flüssigkeiten ganz gut bewährt haben. Der Verwendbarkeit der Zentrifugalpumpe sind jedoch verhältnismäßig enge Grenzen gezogen. Sie kann bei kleineren Fördermengen und gleichzeitig sehr großen Tiefen, was beim Erdölfördern häufig der Fall ist, wegen der großen Stufenzahl und der sehr hohen Drehzahl nicht verwendet werden. Sie ist sehr empfindlich gegen Druckschwankungen, d. h. die mit einer bestimmten Stufenzahl ausgeführte Zentrifugalpumpe arbeitet nur bei einem bestimmten Förderdruck günstig. Auch vermag sie dickere Flüssigkeiten, wie zähe Erdöle, nicht zu fördern, so daß auch dieserhalb ihrer Verwendung in der Erdölförderung eine gewisse Einschränkung auferlegt wird. Die Verwendung der Zentrifugalpumpe als Senkpumpe ist daher nur auf bestimmte günstige Fälle beschränkt.

Im Gegensatz zu der Zentrifugalpumpe entspricht die Rollkolbenpumpe (Patent K. Werner) allen Anforderungen hinsichtlich Druckverhältnissen, Abmessungen, Gewicht und Regelbarkeit. Die Pumpe eignet sich für die Förderung aller Arten von tropfbaren, zähen, breiigen und schlammigen Flüssigkeiten, wie sie in Erdölbetrieben häufig vorkommen, auf große Druckhöhen.

Die Rollkolbenpumpe als Bohrlochpumpe vereinigt nicht nur die Vorteile der Kolbenpumpe mit den Vorzügen der schnellaufenden Kreiselpumpen, sondern hat noch einige besondere, wertvolle Eigenschaften. Sie ist unempfindlich gegen Druckschwankungen, besitzt sehr kleine Abmessungen und große Saugfähigkeit im Gegensatz zu der Zentrifugalpumpe, welche vor dem Anlassen mit Flüssigkeit gefüllt oder so tief in die Flüssigkeit versenkt werden muß, daß die Flüssigkeit der Pumpe zuläuft. Die Förderung mit der Rollkolbenpumpe ist gleichmäßig und stoßfrei; es werden keinerlei Windkessel gebraucht, und die Pumpe kann bei kleinstem Rohrdurchmesser verwendet werden.

Durch die Bauart der Rollkolbenmaschine wird das Problem der Umwandlung der hin- und hergehenden Bewegung der Kolbenmaschine in eine rotierende Bewegung gelöst.

Die Arbeit des Zylinders übernehmen die tiefgeschnittenen Gänge einer zweigängigen Schraubenmutter mit hoher Steigung, die durch ein zylindrisches Füllstück, dessen Außendurchmesser dem Innendurchmesser der Mutter entspricht, in schraubenförmige Kanäle abgegrenzt wird.

Die Arbeit des Kolbens übernimmt eine eingängige Schraubenspindel vom halben Durchmesser der Mutter. Die Spindel ist in einer exzentrischen Bohrung des Füllstückes, Mulde genannt, gelagert und bewirkt durch ihren Eingriff in die Gänge der Mutter einen mathematisch genauen Abschluß der von den Gängen der Mutter gebildeten schraubenförmigen Kanäle.

Zur Veranschaulichung der Wirkungsweise der Maschine ist in Abb. 122 die Mutter abgewickelt dargestellt, so daß ihre Gänge als geradeliegende schräge Kanäle erscheinen. Die daraufliegende Schraubenspindel, Rollkolben genannt, greift mit ihren Gewindebalken in die Kanäle der Mutter ein, und es erfolgt bei einem Vorwärts- oder Rückwärtsrollen des Rollkolbens in der Mutter ein Vorwärtsdrängen der die Kanäle der Mutter füllenden Flüssigkeit, ohne daß dabei eine Verschiebung des Rollkolbens in axialer Richtung eintritt.

Den schwereren Teil der Aufgabe, ein brauchbares Senkaggregat herzustellen, bildete der Antriebsmotor. Eine der größten Schwierigkeiten bildet der verhältnismäßig kleine Durchmesser der Verrohrung der Sonden, eine weitere die Zuleitung der Energie.

Man versuchte es zunächst mit hydraulischen oder Druckluftmotoren. Diese Motorarten lassen sich zwar gut den Sondenabmessungen anpassen, aber die Anordnung der Zu- und Fortleitung des Betriebsstoffes und der Steigleitung für das Öl verursachen größere Schwierigkeiten.

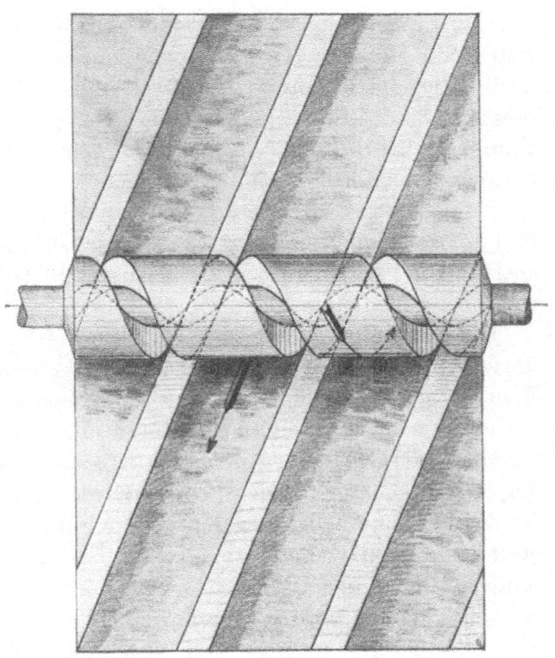

Abb. 122. Schematische Darstellung der Wirkungsweise der Rollkolbenpumpe.

Der Betriebsstoff für diese Motoren, sei es eine Hochdruckflüssigkeit bei hydraulischen Motoren oder Druckluft bei Druckluftmotoren, muß über Tage in ziemlich verwickelten Anlagen erzeugt werden. Eine solche Anlage besteht aus einem Antriebsmotor, einer Hochdruckpumpe oder einem Kompressor, einem Druckkessel und, je nach der Tiefe der Sonde, aus langen Zu- und Rückleitungen für den Betriebsstoff. Betrachtet man alle diese Einzelorgane mit den bei den langen Zu- und Rückleitungen unvermeidlichen Verlusten, ferner die Anschaffungskosten, so kommt man zu dem Ergebnis, daß die Wirtschaftlichkeit nicht besser ist als beim Löffeln oder Kolben. Die Montage und Demontage solcher Bohrlochaggregate sind sehr zeitraubend. Bei Anwendung der hydraulischen Motoren müssen drei Rohrstränge, nämlich die Zu- und Ableitung des Betriebsstoffes und die Förderleitung der Pumpe, verlegt und besonders sorgfältig abgedichtet werden, um große Verluste zu vermeiden. Man versuchte zwar beim hydraulischen

Antrieb die Förderflüssigkeit als Betriebsflüssigkeit zu verwenden, um die Rückleitung vom Motor mit der Förderleitung zu vereinigen, wodurch ein Rohrstrang gespart werden soll, ohne jedoch einen nennenswerten Erfolg zu erzielen.

Auch bei den Druckluftmotoren, wo nur der Zuleitungsrohrstrang in Betracht kommt, da die Auspuffluft in die Sonde entweichen kann, muß man mit ziemlichen Druckverlusten in der Zuleitung rechnen.

Die Unterbringung der Rohrleitungen am Aggregat bei kleinen Verrohrungen bietet auch große Schwierigkeiten. Wird die Pumpe unter den Motor verlegt, so muß man mit der Förderleitung an dem darüberliegenden Motor vorbei, wodurch ein Teil des wirksamen Durchmessers des Motors verloren geht. Verlegt man den Motor unter die Pumpe, so wird die Sache durch das Heraufführen der Zu- und Rückleitung zum Motor noch ungünstiger.

Infolge dieser Schwierigkeiten ist bis jetzt noch keine brauchbare und betriebssichere Lösung eines hydraulischen oder Druckluftmotors entstanden. Es ist jedoch nicht ausgeschlossen, daß es noch gelingen wird, diese Aufgabe praktisch zu lösen.

Die Anwendung eines hydraulischen oder Druckluftmotors würde überhaupt nur in solchen Fällen in Frage kommen, wo keine elektrische Energie zur Verfügung steht und die Anlage über Tage mittels Dampfmaschine oder Verbrennungsmotoren angetrieben wird.

Mit der Entwicklung der Elektrifizierung der Ölfelder ist man auf den Gedanken gekommen, einen Elektromotor als Antriebsmotor für die Senkpumpenaggregate zu verwenden. Noch vor einigen Jahren erschien dies als sehr gewagt, nicht nur aus konstruktiven Gründen, sondern wegen der strengen bergpolizeilichen Bestimmungen. Beide Schwierigkeiten wurden durch den Bau eines Drehstrommotors mit Kurzschlußläufer in gas- und wasserdichter Ausführung unter Anpassung an die Raumverhältnisse der Sonde überwunden.

Als einer der ersten Motoren dieser Art ist der sog. „Reda-Motor“ bekannt. Der Reda-Motor[1]) ist ein Kurzschlußläufermotor mit einem Stahlrohrmantel umgeben, welcher einen der lichten Weite der Verrohrung angepaßten Durchmesser hat. Die Abdichtung des Motors gegen Gase und Flüssigkeit wird dadurch erreicht, daß der Motor mit Öl gefüllt wird, welches unter einem gewissen Überdruck gegen den Außendruck in der Sonde gehalten wird. Dieser Überdruck wird von über Tag durch Druckluft oder Drucköl erzielt. Damit das Drucköl nicht in die Sonde entweichen kann, befindet sich sowohl an dem Motor als auch an der Pumpenwelle eine selbsttätig wirkende, selbstschmierende Stopfbüchse. Den Packungen dieser Stopfbüchsen wird kon-

[1]) K. Strasser: Lösung eines bisher offenen Problems der Pumpentechnik. Z. öst. Ing.-V. Jahrg. 76, Heft 49/50 v. 12. 12. 24.

sistentes Fett durch eine besondere Vorrichtung unter ständigem mäßigen Überdruck aus einer Kammer zugeführt.

Die in langen Gleitlagern geführte Welle treibt an ihrem unteren Ende eine kleine Ölumlaufpumpe, welche das Kühlöl von der unteren, für Ölablagerung bestimmten Kammer durch die hohle Welle nach oben und von dort durch die am inneren Mantelumfange des Ständers verlegten Rohre in die gleiche Kammer zurückpumpt. Dieses Kühlöl übernimmt die Schmierung aller bewegten Teile des Motors. Bei der neuesten Ausführungsart wird das Kühlöl durch einen Metallschlauch von über Tage dem Motor zugeführt. Der Strom wird durch ein geschütztes Kabel längs des Druckrohres zum Klemmkasten geleitet.

Die Zuführung von Druckluft oder Drucköl zu dem mehrere hundert Meter unter Tage befindlichen Aggregat durch einen Metallschlauch oder Rohr ist eine sehr kostspielige Einrichtung, und man muß mit ziemlichen Druckverlusten in den vielen Rohr- oder Schlauchverbindungen rechnen. Bei dem immerhin sehr rohen Betrieb besteht außerdem die Gefahr, daß ein dünnes Röhrchen, welches die Druckluft oder das Drucköl dem Aggregat zuführen soll, beim Absenken der Gruppe leicht beschädigt werden kann. Die geringste Verletzung dieses so wichtigen Röhrchens genügt, den gewünschten Überdruck im Motor zu vernichten und ihn dadurch versaufen zu lassen. Ferner muß man annehmen, daß bei dem mit Öl unter Druck gefüllten Ständer eine Reibung des Läufers im Öl auftritt, die mit Energieverlust verknüpft ist. Man muß jedoch zugeben, daß der „Reda-Motor“ zur Entwicklung dieser Art der Fördertechnik wesentlich beigetragen hat.

Einfacher wurde die Frage der Abdichtung bei dem durch die Siemens-Schuckertwerke gebauten Senkpumpenmotor gelöst. Man ging von vornherein von der Tatsache aus, daß absolut dichte Stopfbüchsen noch nicht vorhanden sind und jede „Zwangsabdichtung“ mit einem Energieverlust durch Reibung in der Dichtungsfläche und einem raschen Verschleiß der Welle an der Stelle, wo sie mit der Packung der Stopfbüchse in Berührung steht, verknüpft ist. Daher wurde von vornherein eine gewisse Undichtigkeit der Stopfbüchse zugelassen, jedoch auf das mögliche Mindestmaß beschränkt. Durch eine patentierte Vorrichtung wird erzielt, daß während des Stillstandes ein Eindringen der Flüssigkeit in den Motor ausgeschlossen ist, während des Betriebes jedoch so viel Flüssigkeit eindringen kann, als nötig ist, um die Stopfbüchsenpackung vor Trockenlaufen zu schützen. Das Gehäuse des Motors ist vollkommen luft- und wasserdicht (Abb. 123).

Die durch die Stopfbüchse in den Motor eindringende Flüssigkeit wird durch den Ständer abseits der Wicklung geführt und gelangt in einen Raum, den man mit Motorsumpf bezeichnet. In diesem Sumpf befindet sich eine patentierte Vorrichtung, bestehend aus einer kleinen Hilfspumpe,

Sumpfpumpe genannt, welche bei einem gewissen Flüssigkeitsstand im Sumpf selbsttätig in Betrieb gesetzt wird und so lange in Tätigkeit bleibt, bis das Niveau auf eine bestimmte Höhe abgesenkt wurde. Die Sumpfpumpe ist so bemessen, daß ihre Leistung bezüglich der Menge ein Vielfaches der Flüssigkeitsmenge ist, welche durch die leicht angezogene Stopfbüchse in den Motor gelangen kann. Der Druck, den die Pumpe entwickelt, ist so groß, daß er leicht den äußeren Druck in der Sonde zu überwinden und dadurch die im Sumpf sich sammelnde Flüssigkeit durch ein Rückschlagventil in die Sonde auszustoßen vermag.

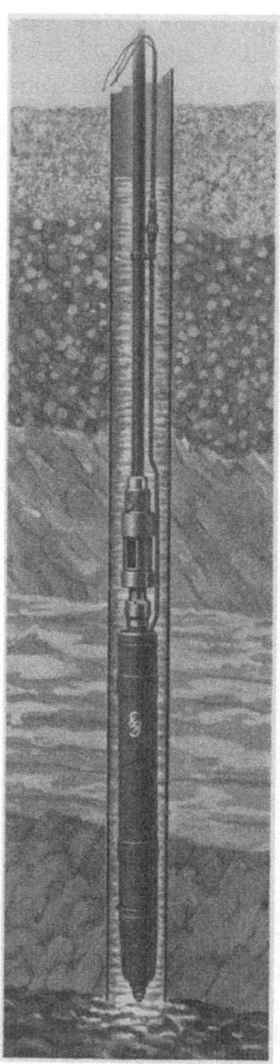

Abb. 123. Senkpumpenmotor mit Rollkolbenpumpe.

Bei diesem Motor fällt also jede Zuleitung von Öl oder Druckluft weg und der Motor wird von der eingedrungenen Flüssigkeit selbsttätig befreit. Durch den Fortfall dieser Zuleitungen wird die Anlage nicht nur billiger, sondern sie kann bedeutend rascher aufgestellt und abgebaut werden, was bei der Erdölförderung von sehr großer wirtschaftlicher Bedeutung ist. Nach oben gehen nur das eigentliche Förderrohr, an dem das Aggregat in der Sonde hängt, und die Stromzuführung. Eine Kabelstromzuführung wäre an und für sich das einfachste, wenn man es mit reinem Wasser in der Sonde zu tun hätte. Wenn aber das Aggregat in eine Sonde versenkt wird, die Erdöl enthält, welches die Isolation des Kabels stark angreift und in kurzer Zeit vernichtet, müßte ein Kabel verwendet werden, welches zum Schutz der Isolation eine Bleiarmierung und außer dieser noch eine Stahldrahtarmierung besitzt. Dadurch wird das Kabel schwer und steif und benötigt eine Kabeltrommel von großem Durchmesser und Breite. Eine derartige Kabeltrommel muß mechanischen Antrieb erhalten, um das Kabel beim Ziehen des Aggregates leicht aufwinden zu können. Zieht man noch den rohen Betrieb auf den Ölfeldern, das wenig geübte Personal in Betracht, so kann eine mechanische Beschädigung des Kabels entstehen, wodurch es für den Sondenbetrieb unbrauchbar wird.

Daher wird für die Stromzuführung von den Siemens-Schuckertwerken ein geschütztes Verfahren angewendet, welches die oben erwähnten Mängel vollkommen ausschließt.

Diese Stromzuführung besteht aus einzelnen Stromzuführungsschüssen, die miteinander durch geeignete, vollkommen abgedichtete Steckdosen verbunden werden. Die Schüsse werden in ihrer

Abb. 124. Senkpumpensatz im Betrieb.

Länge den Rohrschüssen des Förderrohres angepaßt und mit Hilfe einer einfachen Rohrschelle am Förderrohr befestigt, so daß jeder Stromzuführungsschuß nur sich allein zu tragen hat und somit nicht auf Zug beansprucht wird.

Diese neuartige Stromzuleitung hat folgende große Vorteile dem Kabel gegenüber:

1. Aus den einzelnen Schüssen läßt sich eine Stromzuführung von beliebiger Länge leicht zusammenstellen.

2. Es ist keine teure und raumraubende, schwer bewegliche Kabeltrommel nötig, sondern die einzelnen Stromzuführungsschüsse werden ebenso wie die Förderrohre in einer Ecke des Turmes aufgestellt oder angehängt.

3. Bei Verletzung eines Teiles der Stromzuführung läßt sich rasch und leicht das beschädigte Stück durch ein anderes ersetzen.

Abb. 125. Senkpumpensatz im Betrieb.

4. Die einzelnen Schüsse lassen sich leicht an Ort und Stelle instandsetzen durch Auswechseln der Leitungen oder der Rohre.

5. Der Transport ist leicht und bequem, indem mehrere Schüsse zu einem Bündel vereinigt werden. Die Dosenhälften lassen sich leicht durch Holzdeckel verschließen, und man spart eine besondere Verpackung.

Die Ein- und Ausschaltung des Motors erfolgt durch einen Ölschalter mit Höchststrom- und Spannungsrückgangsauslöser.

Am oberen Ende des Förderrohres läßt sich ein Umdrehungsfernzeiger (Vibrationstachometer) anbringen, wodurch man zu jeder Zeit die Drehzahl des Aggregates feststellen kann (Abb. 124). Das Absenken des Aggregates benötigt keinen Bohrturm, es genügt ein transportabler Dreifuß aus Holz oder aus Rohren und ein Flaschenzug, doch es ist eine mit einem Motor angetriebene Winde insofern günstiger, als dadurch die Aufstellungszeit bedeutend verkürzt wird (Abb. 125).

Die Vorteile des Förderns des Erdöles aus Sonden mittels der Senkpumpen-Aggregate.

Es sind nur sehr wenig Bedienungspersonal und keine gelernten Arbeiter nötig.

Die Riemen, Seile und Pumpengestänge fallen weg.

Beim Fördern braucht man keinen Turm, er kann also nach beendeter Bohrung für andere Bohrarbeiten verwendet werden.

Die Fördermenge kann bei ergiebigen Sonden ein Vielfaches derjenigen betragen, die mittels Schöpfen, Kolben und Pumpen zu erreichen ist.

Das Fördern geschieht nicht ruckweise, sondern gleichmäßig.

Es kann die Fördermenge beliebig geregelt werden.

Die Förderung erfolgt in geschlossenen Rohren bis zum Behälter, wodurch die wertvollen flüchtigen Bestandteile des Erdöles nicht verloren gehen.

Die Verrohrung wird geschont.

Der Betrieb ist vollkommen feuersicher.

Schadhafte und überschwemmte Sonden können in kurzer Zeit wieder in Betrieb gesetzt werden, indem große Flüssigkeitsmengen rasch abgepumpt werden; das infolge Wassereinbruchs aufgegebene Bohrloch kann so wieder produktiv gemacht werden.

Das Aggregat kann in Sonden verwendet werden, welche größere Krümmungen aufweisen oder oval sind, wobei ein Löffeln oder Kolben nicht möglich wäre.

Geringer Energieverbrauch, somit guter Wirkungsgrad der Anlage.

Versuchsergebnisse.

Mit dem beschriebenen Pumpensatz wurden zahlreiche Versuche hauptsächlich mit sehr zähflüssigem Öl vorgenommen. Der Satz bestand aus einem Drehstrom-Senkmotor von 11 kW Normalleistung und 180mm Außendurchmesser und einer Pumpe von 80 l/min mittlerer Förderleistung und 155 mm Außendurchmesser. Die Ergebnisse der Versuche sind in Abb. 126 wiedergegeben. In dieser sind die Werte der minutlich geförderten Flüssigkeit Q, der an der Kupplung gemessene effektive Kraftbedarf der Pumpe in PS

$$N_e = E \cdot I \cdot \sqrt{3} \cdot 1{,}36 \cdot \eta_m,$$

wobei E die Spannung, I die Stromstärke, η_m den Wirkungsgrad des Motors bedeuten,

der theoretische Kraftbedarf der Pumpe

$$N_{th} = \frac{Q \cdot H}{75}$$

der Wirkungsgrad der Pumpe

$$\eta_p = \frac{N_{th}}{N_e}$$

und der Gesamtwirkungsgrad der Anlage einschließlich desjenigen der Rohrleitung η_r.

$$\eta_g = \eta_p \cdot \eta_m \cdot \eta_r$$

in Abhängigkeit der Förderhöhe aufgetragen.

Sie zeigt den geringen Abfall der Förderleistungskurve Q bei steigender Förderhöhe, woraus man auf die große Unempfindlichkeit der Pumpe gegen Druckschwankungen schließen kann. Auch der Wirkungsgrad der Anlage η_g hat einen günstigen Verlauf; er bewegt sich auf einer für die Förderverhältnisse auf den Bohrfeldern beachtenswerten Höhe. Der an der Kupplung gemessene Kraftbedarf der Pumpe N_e steigt im Verhältnis zu der Förderhöhe und ist entsprechend der Eigenart der Wirkungsweise der Pumpe für eine bestimmte Druckhöhe gleichbleibend. Damit ist eine der wichtigsten Forderungen in bezug auf die Wirtschaftlichkeit der Anlage erfüllt, da durch die gleichmäßige Energieentnahme unter Vermeidung von Spitzenleistungen der Belastungsfaktor des Netzes und des Kraftwerkes gegenüber den üblichen Förderverfahren wesentlich verbessert wird. Zur Veranschau-

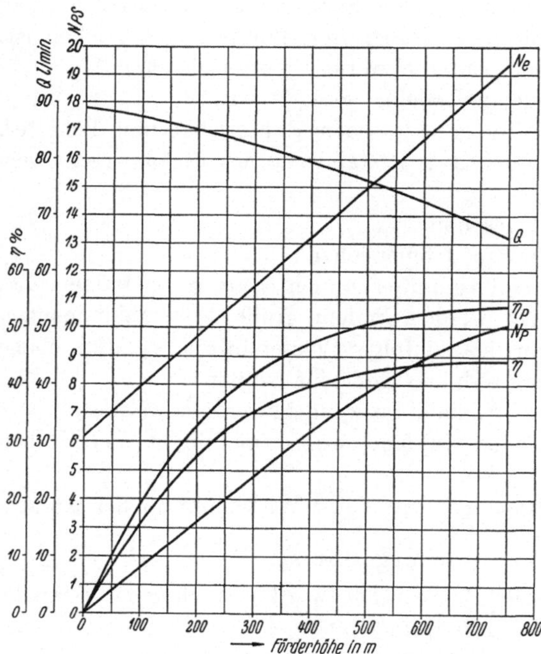

Abb. 126. Versuchsergebnisse eines Senkpumpensatzes.

lichung dieser Verhältnisse sind in Abb. 127 die Leistungskurve für normalen Schöpfbetrieb während zweier Arbeitsgänge und für Senkpumpenbetrieb vergleichsweise dargestellt.

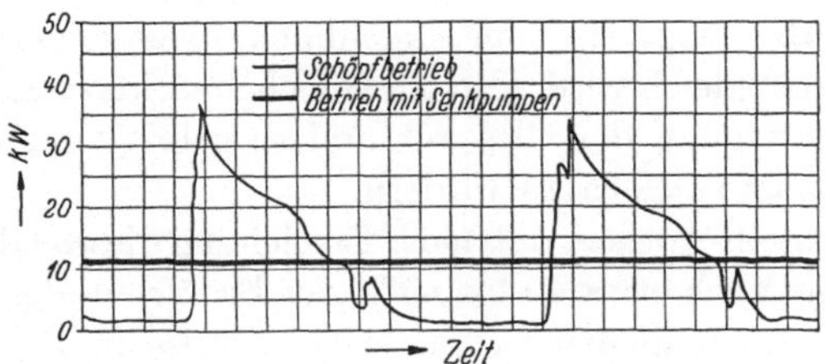

Abb. 127. Verlauf der Motorleistung bei Schöpfbetrieb und Senkpumpenbetrieb.

Die Charakteristik eines 500 V-Motors ist in Abb. 128 wiedergegeben. Sie weist gegenüber der Charakteristik eines normalen Drehstrommotors mit Kurzschlußläufer keine Sonderheiten auf. Bei den Versuchen wurde ferner festgestellt, daß der Ein- und Ausbau des Senkpumpensatzes in kürzerer Zeit als bei den üblichen Tiefpumpen bewerkstelligt werden kann, ein Umstand, der auf die Wirtschaftlichkeit der Förderung einen wesentlichen Einfluß ausübt.

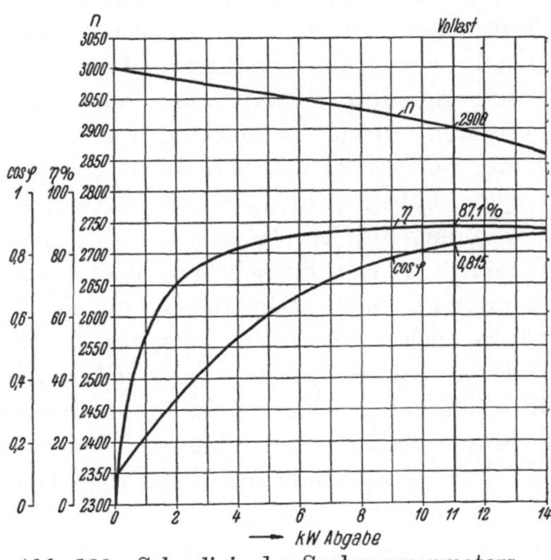

Abb. 128. Schaulinie des Senkpumpenmotors.

Die mit diesem neuen Förderverfahren erzielten Erfolge berechtigen zu der Annahme, daß bei seiner Anwendung die Wirtschaftlichkeit des Förderbetriebes ganz bedeutend erhöht, der Betrieb selbst sehr vereinfacht werden kann.

V. Schachtbetrieb.

Es ist eine bekannte Tatsache, daß die im ölführenden Gebirge in verdichtetem Zustande enthaltenen Gase die wesentlichste treibende Kraft für das Ausscheiden des Erdöles bilden und daß die Viskosität des Erdöles nebst der Reibung des Erdöles bei dem Durchdringen der Sandschichten die Widerstände darstellen, welche der treibenden Kraft des Gases entgegenwirken. Wird das Öl durch eines der bisher geschilderten Verfahren, namentlich im Sondenbetrieb, gewonnen, so wird die Förderung so lange durchgeführt werden können, als der Gasdruck die dem Zufluß des Öles zu der Sonde entgegengesetzten Widerstände der Schichten überwiegt. In dem Augenblick, in welchem der Gasdruck den Widerständen gleich wird, also ein Gleichgewichtszustand hergestellt ist, hört die Bewegung des Öles auf und es gelingt nicht mehr, das Öl mittels des Sondenbetriebs zu fördern.

Es ist festgestellt worden, daß nach Erreichung dieses Gleichgewichtszustandes immer noch etwa 40 bis 60% des Erdöles in den Lagerstätten zurückbleiben. An manchen Orten, beispielsweise in Pechelbronn, beziffert sich die Menge des zurückgebliebenen Öles auf etwa 90%[1]. Es konnten also durch Sondenbetrieb nur etwa 10% aus den Lagerstätten herausgeholt werden.

Es steht demnach fest, daß der Sondenbetrieb selbst in seiner höchsten Vollendung nicht in der Lage ist, sämtliches Öl restlos aus den ölführenden Schichten zutage zu fördern. Alle bis jetzt angewendeten Mittel, wie Vakuumpumpen, Druckluftförderung, Löffeln, Kolben, Förderung durch Tiefpumpen und noch viele andere verwickelte Verfahren, welche hauptsächlich in Amerika zwecks Gewinnung der in der Schicht zurückgebliebenen Erdölreste versuchsweise eingeführt wurden, haben nicht zu dem erwünschten Ziele, nämlich der restlosen Gewinnung des Erdöles aus den Schichten, geführt. Nur durch eine Vereinigung von Schachtbau mit Streckenvortrieb wird dieses Ziel zu erreichen sein. Der Anwendung des Schachtbetriebes sind gegenwärtig noch gewisse Grenzen gezogen. Er ist bis jetzt nur in solchen Fällen eingeführt worden, wo es sich um geringere Teufen handelt und die ölführenden Schichten durch den Sondenbetrieb wirtschaftlich nicht mehr ausgebeutet werden können. Bei größeren Teufen dürfte sich vorläufig die Einführung des Schachtbetriebes wegen der hohen Anlagekosten verbieten. Da wird man zweckmäßig bei dem Sondenbetrieb bleiben.

Die Vorgänge, wie sie sich beim Anfahren der ölführenden Schichten durch den Sondenbetrieb abspielen, sind die folgenden:

1. Der Druck des im Ölsand vorhandenen Gases sinkt, indem es durch die Sonde entweicht.

2. Das in dem Erdöl selbst eingeschlossene Gas tritt in die durch das Entweichen des freien Gases entstandenen Hohlräume in Form von Bläschen, welche sich über die ganze Sandschicht verbreiten, und zwar um so intensiver, je kleiner der Gasdruck in der Sandschicht wird.

[1]) Schneiders: Abbau und Aufbereitung von Ölsonden. Petroleum Bd. 19, Heft 31. 1923. — de Chambrier: Historique de Péchelbronn. Les gisements de pétrole d'Alsace.

Das Erdöl kommt in Wallung und tritt aus dem Gebirge in Form von Sickeröl aus.

In dem Augenblick, wo das Ausscheiden der Gasbläschen aufhört, hört auch die Bewegung des Erdöles auf, der Rest des Öles verbleibt im Sand. Man hat es versucht, den Vorgang der Bläschenbildung durch Anwendung von Vakuumpumpen und Zuführen von Druckluft zu begünstigen. Die z. T. recht verwickelten und kostspieligen Verfahren führten jedoch im wesentlichen nicht zu dem erwarteten Ergebnis. Der Luftdruck bzw. die Saugwirkung genügten nicht, um die durch die Zähflüssigkeit des Erdöles hervorgerufenen Reibungswiderstände zu überwinden.

Wesentlich günstiger werden die Verhältnisse, und die beiden vorerwähnten Vorgänge treten stürmischer auf, wenn statt des Sondenbetriebes der Schachtbetrieb mit Streckenvortrieb angewendet wird. Es wird zwar auch in diesem Falle nicht gelingen, das Erdöl aus den Gebirgsschichten durch Bläschenbildung der Gase auszutreiben. Das Verhältnis der ausgetriebenen Erdölmenge zu der im ölführenden Gebirge verbleibenden wird jedoch ein günstigeres sein. Beispielsweise in Pechelbronn ist festgestellt worden, daß die Hälfte des im Gebirge zurückgebliebenen Erdöles beim Auffahren von Strecken in Form von Sickeröl gewonnen werden konnte und im Gebirge die andere Hälfte verblieb.

Aus diesen Tatsachen ergibt sich auch die Art des Betriebes. Die Gewinnung des Öles geschieht

1. durch Auffangen und Herauspumpen des Sickeröles,
2. durch Fördern und Aufbereiten des ölführenden Gebirges.

Das Fördern des Sickeröles erfolgt entweder durch unmittelbar angetriebene Pumpen unter Tage oder normale Tiefpumpen, deren Antriebe sich über Tage befinden. Das Fördern des Gebirges geschieht in Förderwagen oder Kübeln mit Hilfe der über Tage befindlichen Fördermaschinen.

Von der Schachtsohle ausgehend, treibt man Strecken im ölführenden Gebirge vor, baut das Gebirge ab, fördert es in den Förderwagen zum Füllort, zieht die beladenen Wagen hoch, bereitet das Gebirge auf, indem man es unter fortwährender Bewegung mit heißem Wasser (in Pechelbronn von 70—80° C) behandelt, erzeugt somit ein Ölwassergemisch, aus welchem das Öl in Klärbehältern leicht gewonnen werden kann. Die Behandlung des Gebirges mit heißem Wasser ist nur bei Ölsand und nicht bei Ölkreide zulässig. Das ausgewaschene Gebirge dient als Versatz für die abgebauten Strecken. Der erste derartige Schacht von 180 m Teufe wurde von der Deutschen Erdöl A.-G. in Pechelbronn (Elsaß) angelegt. Er hat einen Durchmesser von 4 m. Nach den günstigen Ergebnissen der Schachtförderung wurden in Pechelbronn zwei weitere Schächte, in Wietze bei Celle (Kreis Hannover) zwei Schächte bis 250 m Teufe, in Heide (Holstein) ein Schacht in dem der Deutschen Petroleum-A.-G. gehörigen Ölkreidegebiet, in Schabuny (Rußland) ebenfalls ein Schacht abgeteuft. Es wurde ferner in Campina (Rumänien) ein Schacht angelegt, um das Erdöl im Schachtbetrieb zu gewinnen.

Es würde zu weit führen, den bergmännischen Betrieb bei dem Abbau des ölführenden Gebirges zu schildern.

Der elektrische Betrieb, der sich im normalen Bergbaubetrieb gegen den scharfen Wettbewerb anderer Antriebsarten eingeführt und bewährt hat, würde natürlich auch im vorliegenden Falle zu befriedigenden Ergebnissen führen. Bis jetzt hatte man gegen die Einführung der Elektrizität für die Erdölbetriebe unter Tage hauptsächlich aus dem Grunde Bedenken, weil man befürchtete, daß infolge des druckhaften Charakters des Gebirges bei den nicht immer ausgemauerten Strecken die Zuleitungskabel zu den elektrischen Motoren, die für den Antrieb von Maschinen unter Tage dienen, der Gefahr des Zerreißens ausgesetzt seien. Allerdings könnten durch die Beschädigung der Kabel Funken entstehen, welche eine Entzündung der Gase und Öldämpfe, deren vollständige Entfernung trotz sorgfältiger Bewetterung nicht möglich ist, herbeiführen, Menschenleben und die Anlage gefährden würden. Diese Bedenken sind aber nicht stichhaltig, wenn man entsprechende Vorkehrungen bei der Verlegung der Kabel in den Strecken trifft.

Die elektrische Ausrüstung des Kraft- und Lichtbetriebes läßt sich explosions- bzw. feuersicher ausführen, es ist daher zu erwarten, daß bei der weiteren Entwicklung der Anlagen unter Tage nach Anlegung von gemauerten Strecken und Maschinen- und Pumpenkammern die elektrischen Antriebe in der für Schlagwettergruben üblichen Ausführung Eingang finden.

Zum Antriebe unter Tage kommen in Frage: Pumpen, Lüfter, Haspel, Schüttelrutschen und sonstige Transportmittel, wie Lokomotiven, ferner Bohrmaschinen, falls das Gebirge nicht zu weich ist und das Arbeiten nur mit Abbauhämmern möglich ist. In den Füllörtern und ausgemauerten Strecken wird elektrisches Licht als ortsfeste Beleuchtung angewendet, wobei für eine sorgfältige Verlegung, die eine Funkenbildung unmöglich macht, Sorge getragen wird.

Alle im Bergbaubetrieb über Tage vorhandenen Einrichtungen finden auch im Erdölschachtbetrieb Anwendung. Die Fördermaschinen zum Fördern der Belegschaft, des Gebirges, des Baumaterials zur Ausmauerung der Strecken, die Lüfter zur Bewetterung der Strecken zur Zuführung der Frischluft für die Arbeiter vor Ort, die Kompressoren zur Erzeugung von Druckluft, die Aufbereitungsmaschinen usw. erhalten in der Regel elektrischen Antrieb.

Ob sich bei den gegenwärtigen Ölpreisen, den Kosten von Bau- und Ausrüstungsmaterialien und den heutigen Lohnsätzen der Schachtbetrieb in allen Fällen wirtschaftlicher als der Betrieb von Bohrlöchern gestaltet, läßt sich allgemein nicht sagen und muß erst durch eine genaue Berechnung festgestellt werden. In betrieblicher Hinsicht hat der Schachtbetrieb manches Bestechende. Er ist ein von den Witterungseinflüssen unabhängiger, zentralisierter Dauerbetrieb mit der Möglichkeit, die Förderung dem Bedarf anzupassen bzw. die Förderung auch in ölarmen und in bereits verlassenen, scheinbar erschöpften Gebieten durchzuführen. Diesen Vorteilen stehen allerdings die Gefahren von Gasausströmungen und Bränden gegenüber, die jedoch bei sachgemäßer Anlage der Betriebseinrichtungen und der Strecken verhütet werden können.

Vierter Teil.

Hilfs- und Nebenbetriebe.

Die Möglichkeit der Verwendbarkeit der elektrischen Antriebskraft ist sehr vielseitig und erstreckt sich nicht nur auf die Erdölgewinnung. Die Fortleitung des Erdöles von den Fundstellen zu den Raffinerien und seine Weiterverarbeitung zwecks Gewinnung der zahlreichen Erdölprodukte bieten ein weiteres großes Gebiet für die Anwendung der elektrischen Antriebsart.

I. Ölpumpen.

Das aus den Sonden geförderte Öl wird zunächst in kleine Behälter, sog. Zisternen, und von diesen entweder unmittelbar in die Raffinerien geleitet, vorausgesetzt, daß sich diese im Erdölgebiet oder in seiner unmittelbaren Nähe befinden, oder in größeren, mehrere 1000 m^3 fassenden Vorratsbehältern aufgespeichert und von dort in Eisenbahntankwagen oder in Tankschiffe für weiteren Transport verladen. Da das natürliche Gefälle in den seltensten Fällen ausreicht, um eine Ortsveränderung des Öles zu bewirken, ist in der Regel die Aufstellung von besonderen Pumpensätzen erforderlich, welche das Öl durch die Rohrleitungen drücken. Bei Vorhandensein der elektrischen Energie werden zum Antrieb der Pumpen Elektromotoren verwendet. Diese erweisen sich in denjenigen Fällen als besonders zweckmäßig, wo sie dem Antrieb von tragbaren oder fahrbaren Schleuderpumpen dienen.

Über die Motoren und die zugehörige elektrische Ausrüstung ist nicht viel zu sagen, es können je nach den örtlichen Verhältnissen, dem besonderen Zweck und der Größe der Motoren, offene oder geschlossene Drehstrommotoren mit normalen Anlaß- und Schaltapparaten verwendet werden. Eine Regelung der Drehzahl der Motoren ist meistens nicht erforderlich.

II. Gassauger.

Zum Gasabsaugen aus den Erdölsonden werden Gebläse der verschiedensten Art verwendet. Die Forderungen, die man an sie stellen muß, lassen sich dahingehend zusammenfassen, daß sie völlig betriebssicher auch bei weniger guter Wartung arbeiten und daß sie gegen etwaige mit angesaugte Unreinigkeiten in den Gasen unempfindlich sind. Die Abb. 129 zeigt einen in der Praxis häufig angewendeten Gassaugersatz, bestehend aus einer mit einem Motor gekuppelten rotierenden Pumpe, die mit einer Hilfsflüssigkeit, wofür je nach den Betriebserfordernissen Wasser, Petroleum, Motorin oder Öl verwendet wird, arbeitet.

Abb. 129. Elektrisch angetriebener Gassauger.

Infolge der hohen Pumpendrehzahl von 750—3000 Umdr./min können die Pumpen mit schnellaufenden Elektromotoren unmittelbar gekuppelt werden. Je nach den Betriebsbedingungen, unter welchen die Pumpen arbeiten und je nach der zur Verwendung kommenden Sperrflüssigkeit wird das Baumaterial der Pumpe gewählt. Die Pumpen können aus Eisen oder Bronze hergestellt werden.

Entsprechend der Verwendungsart werden die Pumpen für hohes Vakuum bis zu 99,5% des theoretisch möglichen Vakuums und für mittleres Vakuum bis zu 73 cm Quecksilbersäule bei gleichzeitiger Kompression der Gase ausgeführt. Die als Gassauger in Frage kommenden größeren Pumpen können einen höchsten Überdruck von 1 atü abgeben. Die Drehzahl der Motoren braucht nicht geregelt zu werden, es können daher normale Schalt- und Anlaßapparate Verwendung finden.

III. Raffinerien.

Für den Betrieb der Raffinerien sind zahlreiche Maschinen, namentlich Kompressoren, Pumpen, Ventilatoren usw., erforderlich, deren Antrieb in vorteilhafter Weise durch Elektromotoren erfolgt. Die allgemeinen Eigenschaften der Elektromotoren, welche sie gegenüber anderen Antriebsarten hinsichtlich Zuverlässigkeit, Anpassungsfähigkeit an die Erfordernisse des Betriebes, geringen Platzbedarf, Betriebssicherheit, einfache Wartung usw. auszeichnen, kommen in derartigen Anlagen ganz besonders zur Geltung. Ihre stetige Betriebsbereitschaft ohne Aufwendung von Betriebskosten während des Stillstandes zeichnet sie ganz besonders den Dampfmaschinen gegenüber aus, welche zu diesem Zwecke ein dauerndes Unterdampfhalten der Kessel und somit einen Aufwand von Brennstoff und Überwachungskosten benötigen. Es läßt sich schwer sagen, welche Motorarten für den Betrieb der maschinellen Anlagen der Raffinerien am meisten geeignet sind. Es werden je nach dem Aufstellungsort Drehstrommotoren in offener, halb oder ganz geschlossener Ausführung und auch explosionssicher geschützte Motoren verwendet. Je nach dem Zweck, dem die Motoren dienen, bzw. den Betriebsverhältnissen werden Drehstrommotoren mit Kurzschluß- oder Schleifringläufern gewählt. Die Spannung der Motoren beträgt mit Rücksicht auf die in diesem Betriebe herrschenden Verhältnisse und die Größe der Leistung in der Regel nicht über 1000 V. Bei der Wahl der Apparate der Beleuchtungsanlage, der Leitungen und ihrer Verlegung muß auf die Feuersgefahr Rücksicht genommen werden.

IV. Ölreinigung.

Als eine besondere Anwendungsmöglichkeit für die Elektrizität in der erdölverarbeitenden Industrie ist die Ölreinigung auf elektrischem Wege zu nennen. Das Ursprungsland für diese Erfindung sind die Vereinigten Staaten von Amerika, wo zwei verschiedene Arten der elektrischen Ölreinigung unter dem Namen „National" und „Cottrell" bekannt sind. Das Cottrellverfahren ist das verbreitetere und soll im folgenden beschrieben werden[1]).

[1]) Veröffentl. der Petroleum Rectifying Company of California, Mai 1921.

Der normale Cottrell-Apparat zur Reinigung des Rohöles bzw. Trennung des Öles vom Wasserin Ölemulsionen besteht aus 6—8 Behandlern (Treater) und aus 1 Abstehbehälter. Die Behandler sind zylindrische Gefäße aus galvanisiertem Eisenblech von etwa 90 cm Durchmesser und etwa 3 m Höhe. Der Mantel bildet die eine Elektrode, welche an Erde gelegt ist. Die andere Elektrode besteht aus mehreren runden Scheiben, die auf einer senkrechten Achse angeordnet sind und mit Hilfe eines Getriebes durch einen kleinen Motor in langsame Drehung versetzt werden. Der beweglichen Elektrode wird über einen Schleifkontakt Wechselstrom von etwa 11000 V zugeführt. Sie wird von der Hochspannungsseite eines Transformators geladen. In dem Behandler befindet sich eine Dampfleitung, um die Temperatur der zu behandelnden Emulsion regeln zu können. Die Emulsion tritt ununterbrochen in den Behandler ein und wird gezwungen, durch das von den Elektroden erzeugte elektrische Feld zu fließen, welches durch den ringförmigen Raum zwischen den Kanten der Scheibe und dem Behandlermantel gebildet wird. Durch Einwirkung des elektrischen Feldes wird die Emulsion gespalten. Die Emulsion wird in der Regel aus einem Behälter den Behandlern unten zugeführt, steigt nach oben und wird auf diesem Wege gespalten. Das Öl und das Wasser fließen durch eine gemeinsame Leitung, welche sich am oberen Ende des Behandlers befindet, in einen Abstehbehälter, in welchem sich das Wasser unten und das Öl oben sammelt. Das mit fremden Substanzen und aufgelöstem Salz verunreinigte Wasser fließt durch ein am Boden des Abstehbehälters angebrachtes Ventil ab, während das Öl an der oberen Seite des Behälters durch eine verstellbare Röhre abgezapft und in die Ölbehälter oder Tankwagen geleitet wird (Abb. 130).

Die Behandler können in verschiedenen Größen ausgeführt werden. Die Leistung eines Gefäßes beträgt je nach der Art der Emulsion 45 bis 100 m³ in 24 Stunden. Es gibt aber auch größere Gefäße mit einem täglichen Durchsatz von etwa 250 m³. Die Behandler können einzeln oder in Gruppen aufgestellt werden; Gruppen von 6—8 Behandlern bilden im allgemeinen die Regel. Die Anordnung der Anlage ist derart, daß die Emulsion gleichmäßig auf alle Behandler verteilt wird. Jeder Behandler ist mit eigenen Ventilen versehen, um die Emulsion- und die Dampfmenge regeln zu können. Jeder Behandler kann auch für sich abgestellt, entleert und ausgeschaltet werden, ohne die andern zu beeinflussen.

Die elektrische Ölreinigung zeichnet sich anderen bisher bekanntgewordenen Verfahren gegenüber durch besondere Betriebssicherheit und Wirtschaftlichkeit aus. Es ist festgestellt worden, daß beim elektrischen Verfahren eine Ersparnis von 50—90% gegenüber den Betriebskosten anderer Verfahren erzielt werden kann. Ein weiterer Vorteil der elektrischen Behandlung ist, daß das Öl nicht gespalten wird, d. h. auch die leichtsiedenden Bestandteile, Benzin usw., nach der elektrischen Behandlung im Öl verbleiben. Das nach Durchführung des Prozesses gewonnene Wasser ist vollständig frei von Öl, kann daher, wenn es keine schädlichen chemischen Beimengungen enthält, zur Dampf-

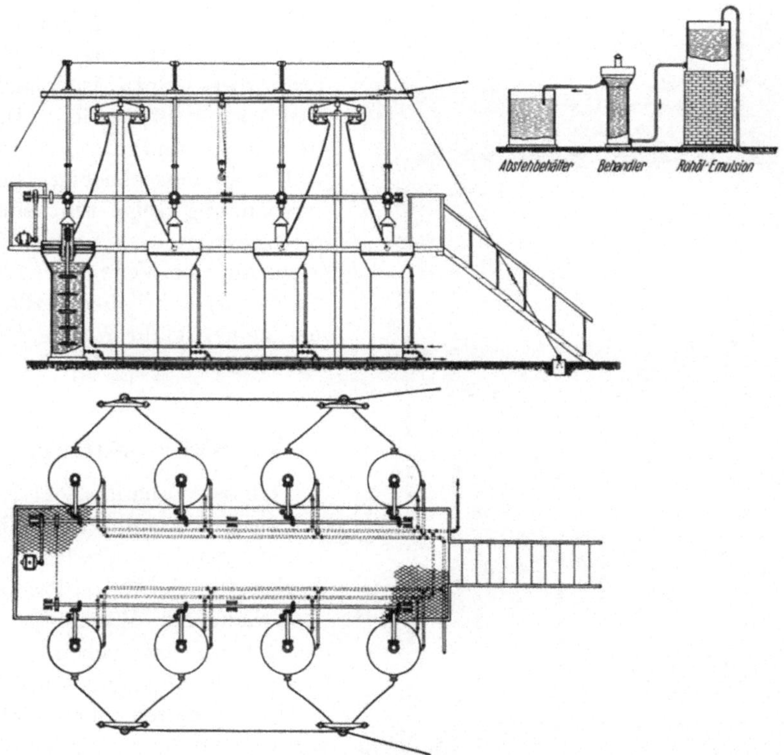

Abb. 130. Anordnung der elektrischen Ölreiniger.

erzeugung verwendet werden, wodurch in vielen Betrieben die Kosten für die Wasserbeschaffung in Fortfall kommen können.

Der Verbrauch an elektrischer Energie schwankt zwischen 150 und 475 Wh/m^3 gereinigtem Öl. Die Anlage- und Betriebskosten sind wesentlich niedriger als bei andern Verfahren, so daß das Anlagekapital in kürzester Zeit getilgt werden kann.

V. Elektrische Heizung.

Man hat verschiedentlich mit Erfolg versucht, die bisher übliche Dampfheizung der Bohrtürme bei Vorhandensein elektrischer Energie durch elektrische Heizung zu ersetzen. Für diese werden Heizkörper verwendet, wie sie in der Abb. 131 dargestellt sind. Sie bestehen aus schmiedeeisernen Röhren mit eingebauten Heizwiderständen, wobei die Hohlräume zwischen Heizwiderstand und schmiedeeisernem Körper durch Sand ausgefüllt sind. Die Stromzuführung erfolgt mittels Kabel. Ähnlich ausgeführte Heizkörper können auch für die Heizung des Rohöles in den Erdgruben oder Eisenbehältern verwendet werden. Die Heizkörper sind für den Anschluß an eine beliebige Niederspannung geeignet und sind so ausgeführt, daß sie im Betriebe auch bei Verwendung in explosionsgefährlichen Räumen keine Gefahr für die Anlage bilden.

Abb. 131. Elektrischer Heizkörper.

VI. Werkstätten.

Daß bei Vorhandensein der elektrischen Energie auch die in den mitunter ausgedehnten Werkstätten der Erdölbetriebe vorhandenen Werkzeugmaschinen elektrischen Antrieb, falls angängig Einzelantrieb erhalten, kann als selbstverständlich bezeichnet werden. Bei der hochentwickelten Technik der elektrischen Werkzeugmaschinenantriebe lassen sich namhafte Ersparnisse gegenüber den bisherigen Antriebsarten machen. Auf die weitgehende Verwendbarkeit der elektrischen Lichtbogenschweißung soll hier besonders aufmerksam gemacht werden. Die in der Erdölindustrie verwendeten Gestänge und Rohre, die häufig dem Bruch ausgesetzt sind, und schadhaft gewordene Bestandteile der Bohr- und Fördereinrichtungen können durch elektrische Schweißung in kürzester Zeit wieder in betriebsmäßigen Zustand gebracht werden. Für die Vornahme der Schweißungen werden in den meisten Fällen

Schweißstromstärken von etwa 200 A ausreichen, für ganz große Instandsetzungen sind höhere Stromstärken von etwa 500 bis 1000 A erforderlich. Für Schweißungen mit 200 A eignen sich am besten die besonders durchgebildeten Schweißumformer in fahrbarer Ausführung, da dadurch die Verwendbarkeit an verschiedenen Stellen ermöglicht wird (Abb. 132). Ihre Bauart gestattet auch die Verwendung

Abb. 132. Schweißumformer.

im Freien. Bei einfachster Handhabung der zum Anlassen und Regeln erforderlichen Apparate gestatten die Schweißumformer ein leichtes Ziehen und Halten des elektrischen Lichtbogens und gewährleisten eine gute Schweißung. Die Kosten der elektrischen Schweißanlagen können in kurzer Zeit getilgt werden, da ihre Betriebskosten gegenüber anderen Verfahren sehr gering sind. Ein besonderer Vorteil der Schweißumformer ist noch die sofortige Betriebsbereitschaft und die Erzielung einer hohen Schweißleistung in verhältnismäßig kurzer Zeit.

Fünfter Teil.

Beleuchtungsanlagen.

I. Allgemeines.

Eine besondere Aufmerksamkeit erfordern die Beleuchtungsanlagen in Erdölgebieten wegen des Vorhandenseins leicht entzündlicher Gase. Ungeeignete Ausführung der Schalter und Glühlichtarmaturen in Verbindung mit unsachgemäßer Verlegung der Lichtleitungen können Explosionen und Brände hervorrufen. Man ist daher bestrebt, die für die Zuleitung, Transformierung und Verteilung des Lichtstromes verwendeten Apparate und Beleuchtungskörper so durchzubilden, daß sie vollständig gefahrlos sind.

Für die Lichtverteilung sind in manchen Erdölgebieten, in denen noch die Dampf- und Gasmaschinen als Antriebsmotoren für den Bohr- und Förderbetrieb überwiegend verwendet werden, besondere Freileitungen vorgesehen. In den Erdölgebieten jedoch, wo bereits Elektromotoren für das Bohren und Fördern Eingang gefunden haben, wird in den weitaus meisten Fällen von einem besonderen Lichtnetz Abstand genommen und für die Beleuchtung jeder Erdölsonde ein besonderer Lichttransformator benutzt, den man an die Kraftleitung anschließt. Da die Betriebsspannung der Erdölsondenmotoren infolge der ausgedehnten zu versorgenden Gebiete meist 500 V oder mehr beträgt, muß sie auf die Lichtspannung herabgesetzt werden.

Die Verbindungsleitungen für die Beleuchtung im Innern des Motorhäuschens, die Zu- und Ableitungen zu den Lichttransformatoren werden als Kabel oder Gummiaderleitungen, welche in Gasrohr oder Stahlpanzerrohr verlegt sind, ausgeführt. Hierbei wird ganz besondere Sorgfalt auf die Anschlüsse der Leitungen gelegt. Sie sind so zuverlässig hergestellt, daß Lockerungen nicht auftreten können, da sonst das an den Anschlußstellen sich bildende Schmorfeuer Zündungen herbeiführen würde. Wenn irgend möglich, sind deshalb Lötanschlüsse den Klemmanschlüssen vorzuziehen. Klemmstellen sind durch Vergießen mit Isoliermasse gegen Lockerwerden zu sichern.

II. Anzahl der Beleuchtungsstellen.

Bei der Bestimmung der notwendigen Anzahl Brennstellen für eine Erdölsonde ist darauf Rücksicht zu nehmen, daß die Wände und Decken im Bohrturm wenig reflektieren und an den Bedienungsstellen sowie an wichtigen Maschinenteilen genügend Helligkeit vorhanden sein muß.

Für die allgemeine Beleuchtung des Bohrturmes rechnet man mit einer Helligkeit von rund 25 Lumen/m^2. Da die Gesamtfläche des Bohrturmes (ohne Motorraum) etwa 90—100 m^2 umfaßt, kommen hierfür etwa 2250—2500 Lumen in Frage. Der Helligkeitswert von gasgefüllten Lampen mit normaler Edisonfassung beträgt[1])

bei 100—130 V u. 40 W = 450 Lum.
60 W = 750 „
75 W = 1050 „
100 W = 1500 „
bei 200—240 V u. 75 W = 850 „
100 W = 1250 „

Es ergeben sich bei normaler Aufhängung der Armaturen für die Allgemeinbeleuchtung bei 100—130 V etwa 5—6 Lampen von je 40 W. Diese gasgefüllten Lampen von 40 W haben eine mittlere räumliche Lichtstärke von 35 HK. Bei Verwendung von normalen Drahtlampen käme etwa die gleiche Anzahl Lampen von 32 HK in Frage. Hierzu kommen dann noch 1—2 Lampen, die im Motorhaus und 2—4 Lampen, die am Bohrmeisterstand bzw. im oberen Teil des Bohrturmes angeordnet sind. Für genügende Beleuchtung der Eingänge zu den Bohrtürmen ist

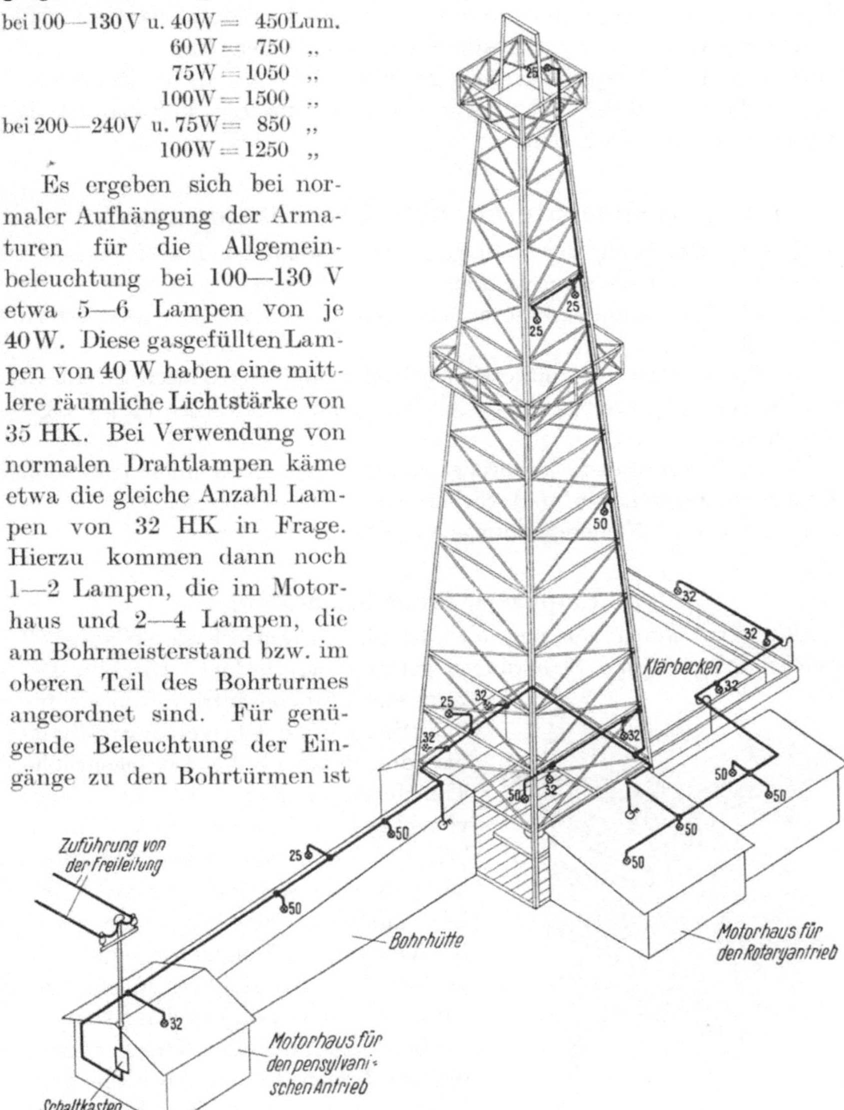

Abb. 133. Beleuchtung einer Erdölsonde in Rumänien.

ebenfalls zu sorgen. Es werden also 10—15 Brennstellen mit zusammen 400—600 W für jede Erdölsonde gebraucht.

[1]) Rziha und Seidener: Taschenbuch für Elektrotechniker.

In Abb. 133, die die Anordnung der Lampen einer Bohranlage in Moreni (Rumänien) darstellt, sind die einzelnen Brennstellen mit den Kerzenstärken angegeben. Außerdem wird zweckmäßigerweise noch eine abschaltbare, gesicherte Steckdose an zwei Stellen eingebaut, damit noch eine Handlampe angeschlossen werden kann. Unter Zugrundelegung dieses muß der Lichttransformator für eine Leistung von 0,5 bis 1,0 kVA bemessen werden.

III. Transformatoren für Beleuchtungszwecke.

Die zur Erzeugung der Lichtspannung verwendeten Transformatoren sind durchwegs Öltransformatoren. Es sind folgende Abarten bekannt:

1. Einphasentransformatoren mit getrennt angeordneten Schaltern und Sicherungen.
2. Einphasentransformator-Schaltkästen mit eingebauten Schaltern und Sicherungen für Hoch- und Niederspannung, für einen Verteilungsstromkreis.
3. Drehstromtransformator-Verteilungsschaltkasten mit eingebautem Hochspannungsschalter und Sicherungen, sowie Schalter und Sicherungen für 4—5 Niederspannungs-Verteilungsstromkreise.

1. Einphasen-Transformatoren.

Bei Verwendung von normalen Einphasentransformatoren unter Öl werden Schalter und Sicherungen getrennt angeordnet. Die Abb. 134 zeigt einen Einphasentransformator für 0,5 kVA, für ein Übersetzungsverhältnis von 550 auf 110 V. Der eigentliche Transformatorenkern ist in einem viereckigen schmiedeeisernen Kasten befestigt, der mit einem abnehmbaren kräftigen Deckel versehen ist. Die Zuleitung zu den Hoch- und Niederspannungsklemmen erfolgt durch je zwei Porzellandurchführungen, die auf zwei Längsseiten angebaut sind.

Abb. 134. Einphasentransformator.

Bei Aufstellung der Transformatoren im Freien können über die Einführungsstellen entsprechende Schutzkappen aufgebaut werden.

2. Einphasentransformator-Schaltkasten.

Der Schaltkasten enthält einen Einphasen-Transformator, Schalter und Sicherungen, mithin alle Apparate, die zur Entnahme von

Lichtstrom aus einem Hochspannungsnetz erforderlich sind. Alle diese Teile liegen unter Öl.

Das längliche Gefäß (Abb. 135 und 136) besteht aus Gußeisen und ist zum Aufhängen an einer Wand eingerichtet. Es wird durch einen gußeisernen aufklappbaren Deckel mittels Scharnieren und Klappschrauben verschlossen. Der Deckel kann nur dann geöffnet werden, wenn der Schalter vorher ausgeschaltet wurde. Demnach können auch die Sicherungen nur im spannungslosen Zustande ausgewechselt werden. Die Enden der Hoch- und Niederspannungswicklung des Transformators sind an

Abb. 135. Einphasentransformator-Schaltkasten (geschlossen).

Abb. 136. Einphasentransformator-Schaltkasten (geöffnet).

der oben ausladenden Rückseite des Kastens durch vier nach unten gerichtete Porzellaneinführungstüllen herausgeführt und verlaufen nach unten in dem zwischen Schaltkasten und Wand freibleibenden Zwischenraum. Sie sind daher gegen Berührung geschützt. Für die Zuführung der Hochspannung kann ein gußeiserner Kabelendverschluß angebaut werden. Der niedergespannte Strom kann ebenfalls durch Kabel abgeleitet werden, in den meisten Fällen werden jedoch Gummiaderleitungen, in Stahl- oder Gasrohr verlegt, benutzt.

Um den Übertritt von Hochspannung in die Niederspannungsseite des Transformators ungefährlich zu machen, ist an seine Unterspannungswicklung eine Spannungssicherung angeschlossen. Um die Lage des Transformators während des Transportes zu sichern, ist er an seitlich im

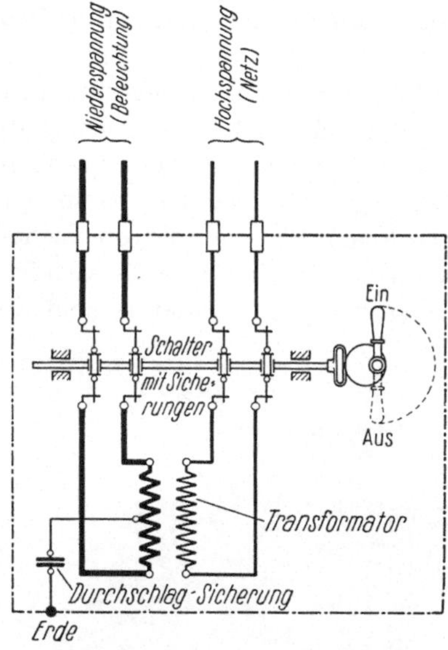

Abb. 137. Schaltbild des Einphasentransformator-Schaltkastens.

Ölbehälter angegossene Knaggen angeschraubt. Die Schrauben reichen bis an den oberen Rand des Ölgefäßes und sind mit Ösen versehen, so daß sich der Transformator an ihnen leicht herausheben läßt. Sowohl die Hochspannungs- als auch die Niederspannungsleitung ist innerhalb des Schaltkastens allpolig abschaltbar und allpolig gesichert (Abb. 137). Die Bedienung der Schaltwelle erfolgt an der Seite des Kastens durch einen abziehbaren Spezialschlüssel.

Bei Verwendung dieses Apparates wird mit der Beleuchtung gleichzeitig der Transformator abgeschaltet, wodurch seine Leerlaufverluste vermieden werden.

3. Drehstromtransformatoren-Schaltkasten.

Abb. 138. Drehstromtransformator-Schaltkasten.

Sollen mehrere benachbart liegende Erdölsonden von einer Zentralstelle aus mit Licht versehen werden, so wird man zur Erzeugung der Lichtspannung einen Drehstromtransformator verwenden, der in einem Schaltkasten eingebaut ist (Abb. 138). Dieser enthält außer dem Transformator bis zu einer Leistung von 5 kVA und der Schaltvorrichtung zum Abtrennen der Hochspannung nebst zugehörigen Sicherungen noch 4—5 dreipolige Paketschalter für 10 A, sowie die notwendigen Diazedsicherungen für die Niederspannungsstromkreise.

In dem schmiedeeisernem Kasten ist der Drehstromtransformator so befestigt, daß er auch beim Transport seine Lage nicht ändern kann. Der obere Teil des Schaltkastens erhält zwei Deckel. Unter dem einen Deckel ist eine Schaltvorrichtung für Hochspannung eingebaut. Das Einschalten der Hochspannung ist nur dann möglich, wenn die Deckel des Transformatorenkastens geschlossen sind. Die Schalter und Sicherungen für die Niederspannungsabzweige befinden sich unter dem anderen Deckel. Dieser Deckel ist ebenfalls zwangläufig mit dem Hochspannungsschalter verriegelt; das Öffnen des Deckels zum Auswechseln der Sicherungspatronen kann daher nur bei geöffnetem Hochspannungsschalter erfolgen.

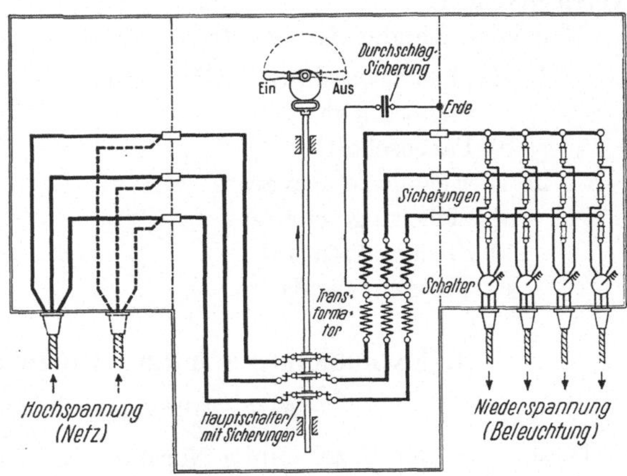

Abb. 139. Schaltung des Drehstromtransformator-Schaltkastens.

Auf der Hochspannungsseite ist Platz für zwei Kabelendverschlüsse vorgesehen, um von vornherein ein Reservekabel anschließen zu können; ebenso ist Platz für den Anbau der Kabelendverschlüsse für die Niederspannungsabzweige.

Die Schaltung ist aus dem Schaltbild Abb. 139 ersichtlich.

IV. Installationsapparate.

Die im folgenden beschriebenen Installationsapparate bieten vollkommene Sicherheit gegen die Entzündung der Gase durch elektrische Lichtbögen, Öffnungsflammen oder Funken. Die Apparate sind so gebaut, daß Stehfeuer nicht auftreten kann, und daß das momentane Unterbrechungsfeuer nur innerhalb kleiner Räume entsteht, deren Inhalt an Explosionsgasen so gering ist, daß ihre Entzündung keinen Schaden nach außen anrichten kann. Es ist zweckmäßig, die Apparate noch in eisernen Gehäusen unterzubringen.

Da Lichtbogen auch durch metallene Berührung freiliegender, stromführender Teile — beispielsweise der Hülsen bei Steckdosen oder Sicherungen — auftreten können, sind Vorkehrungen getroffen, daß alle unter Spannung stehenden Teile außerhalb oder innerhalb der Apparate in geöffnetem Zustande gegen Lichtbogenbildung geschützt sind. Es sind zu diesem Zwecke Einrichtungen vorgesehen, mit deren Hilfe die betreffenden Kontaktstellen spannungslos gemacht werden, sobald sie zugängig sind. Dies geschieht durch entsprechende Verriegelungen.

Den vorstehenden Grundsätzen gemäß unterscheidet man:

1. Explosionsgeschützte Einzelapparate
   a) Sicherungen,
   b) Paccoschalter.
2. Verriegelbare Apparate
   a) Sicherungsschalter,
   b) Steckvorrichtungen,
   c) Verteilungsanlagen.

1. Explosionsgeschützte Einzelapparate.

a) Sicherungen.

Diese unter der Bezeichnung Normal-Diazed geführten Sicherungen entsprechen den Bedingungen der Explosionssicherheit insofern, als die hierbei zur Verwendung kommenden Patronenstöpsel die Stromunterbrechung sowohl bei Überlastung als auch bei heftigen Kurzschlüssen ohne nach außen tretendes Feuer bewirken, indem die Schaltflamme in dem engen Schmelzraum des Patronenkörpers hinter dem Fenster des Stöpselkopfes gelöscht wird (Abb. 140). Da bei Stöpselköpfen mit Schauloch bei etwaigem Fehlen des Fensters der am Kennplättchen auftretende Funke doch unter Umständen eine Explosion herbeiführen könnte, empfiehlt sich die Verwendung von Stöpselköpfen ohne Schauloch.

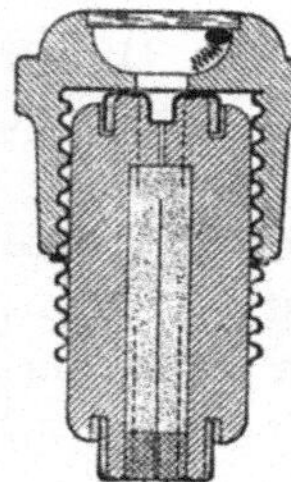
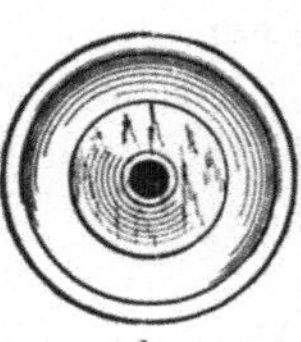

Abb. 140. Diazed-Patrone mit Stöpselkopf. a) Schnitt einer durchgebrannten Patrone. b) Patrone unversehrt. c) Patrone durchgebrannt.

Der Stöpselkopf dient als Handhabe für die Patronen. Die Paßschraube, die in der Fußschiene des Sicherungselementes eingeschraubt wird, sorgt dafür, daß nur Patronen bestimmter Stromstärke eingesetzt werden, und zwar solche, deren Fußkontaktdurchmesser zu der Bohrung der Paßschraube paßt (Abb. 141).

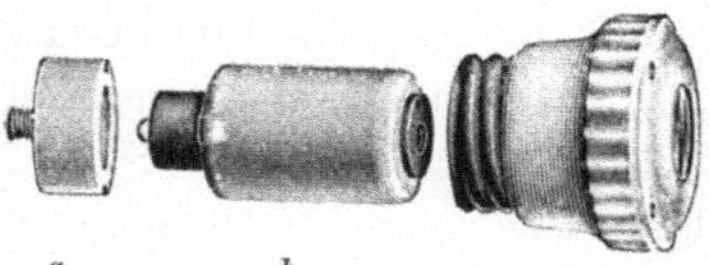

Abb. 141. Einzelteile einer Diazed-Sicherung. a) Paßschraube. b) Patrone. c) Stöpselkopf.

Die in geschlossenen eisernen

Kästen untergebrachten Diazed-Sicherungen gelten als explosionsgeschützt, insbesondere bei Verwendung der später zu beschreibenden Verriegelungen.

b) Paccoschalter.

Bei diesen wird der Schutz gegen Gasexplosion durch Einschachteln der Kontakte in aus hohlen Isolierplatten gebildeten Paketen mit engen Schalträumen erzielt (Abb. 142). Das in den Kammern auftretende Schaltfeuer kann durch die engen Stoßfugen zwischen den Platten nicht nach außen treten. Auch ist die Menge der etwa in die Schaltkammern eingetretenen entzündbaren Gase nicht groß genug, um eine Zertrümmerung der starken Wandungen des Schalterpakets zu bewirken.

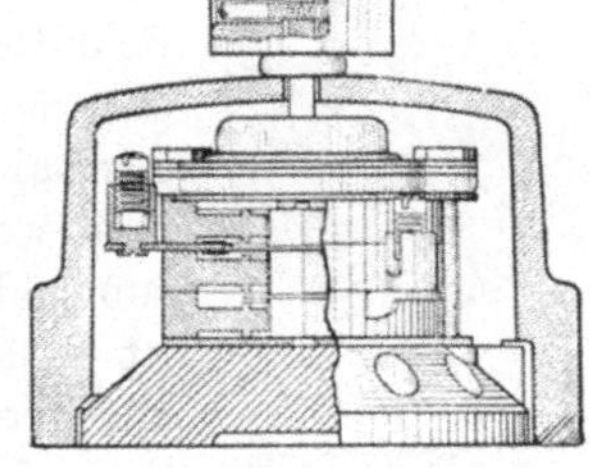

Abb. 142. Paccoschalter im Schnitt.

Das über dem Schalterpaket angeordnete Sprungwerk bewirkt momentanes Schalten, also geringes Schaltfeuer. Das Sprungwerk gestattet Rechts- und Linksschaltung und befindet sich in einem eisernen Gehäuse, das auf das Schaltpaket aufgesetzt wird. Dadurch wird die Sicherheit noch wesentlich er-

Abb. 143. Teile eines Paccoschalters.

a) Schaltpaket mit Sockel. *b*) Kapsel mit Sprungwerk. *c*) Eisernes Gehäuse. *d*) Schaltergriff.

höht, da das Gehäuse den Eintritt von explosiblen Gasen in die Schaltkammern erschwert (Abb. 143).

2. Verriegelbare Apparate.

Für explosionsgefährliche Räume sind Verriegelungen in erster Linie bei Sicherungen und Steckvorrichtungen erforderlich.

a) Sicherungsschalter.

Die Sicherungen zu verriegeln, ist sowohl bei Einzelsicherungen als auch bei Verteilungssicherungen nötig. Es soll dadurch verhindert werden, daß die Stöpsel unter Spannung herausgeschraubt werden. Es erfolgt dies durch einen Drehschalter (Paccoschalter), der derartig mit dem Deckel verriegelt ist, daß dieser nur geöffnet werden kann, nachdem der Stromkreis mit Hilfe des Schalters unterbrochen wurde. Das Auswechseln der Sicherungspatronen kann deshalb nur in ausgeschaltetem Zustande, folglich funkenlos, vorgenommen werden. Da ferner die Gewindekörbe der Sicherungen bei geöffnetem Klappdeckel spannungslos sind, ist es auch unmöglich, sie etwa versehentlich kurzzuschließen und hierdurch Schaltfeuer zu erzeugen. Schaltfeuer und Funken können nur im Innern des Schalterpaketes und in den Sicherungspatronen auftreten, wo sie aber nach dem vorher Gesagten ungefährlich sind.

Abb. 144. Gußeiserner Sicherungsschalter.

Die Abb. 144 zeigt diesen Sicherungsschalter in Ansicht mit geschlossenem Deckel. Wie aus der Abb. 145a ersichtlich, sind bei geschlossenem Deckel die unter Federdruck stehenden Bolzen soweit zurückgedrängt, daß die mit der Schalterachse verbundene Sperrscheibe beim Schalten ungehindert gedreht werden kann, während sie bei geöffnetem Deckel von dem hervortretenden Bolzen gesperrt wird. Den Deckel zu öffnen ist nur möglich, wenn seitliche Aussparungen der Sperrscheibe das Hervortreten der Sperrbolzen zulassen, was nur in den Ausschaltstellungen möglich ist (Abb. 145b).

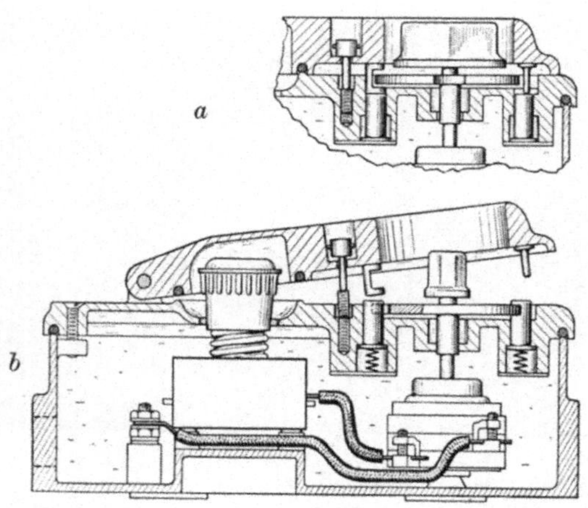

Abb. 145. Schnitt eines gußeisernen Sicherungsschalters, *a*) eingeschaltet mit geschlossenem Deckel, *b*) ausgeschaltet mit offenem Deckel.

b) Steckvorrichtungen.

Bei diesen verhindert die Verriegelung durch einen Schalter das Einführen und Herausziehen des Steckers unter Spannung, und daß die

Kontakthülsen der Dose bei ausgezogenem Stecker unter Spannung stehen. Die Bedienung des Steckers würde andernfalls einen zündenden Lichtbogen hervorrufen und die Berührung der Kontakthülsen mit Hilfe eines metallenen Körpers könnte ein Schaltfeuer erzeugen.

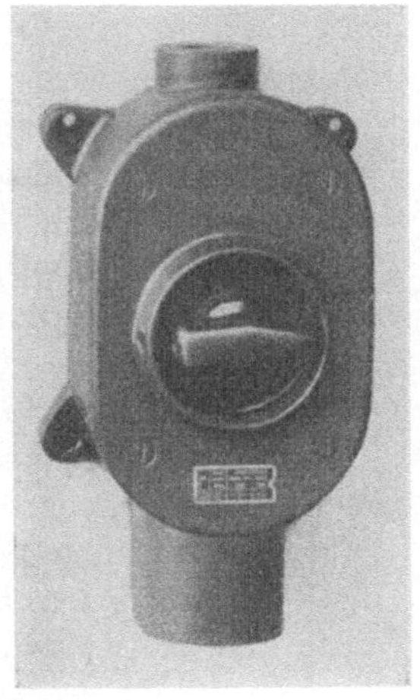

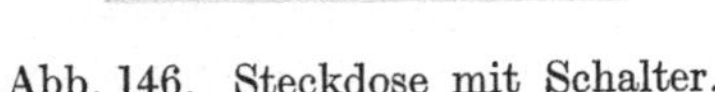

Abb. 146. Steckdose mit Schalter.

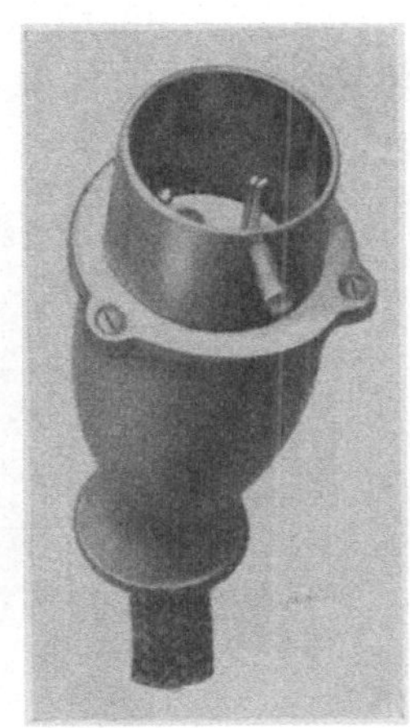

Abb. 147. Stecker.

Der eingebaute Schalter gestattet nur dann das Schalten, wenn mit Hilfe des Steckers die Verriegelung beseitigt wird, d. h. der Stecker sich vollständig in der Kontakthülse befindet. Bei den verriegelbaren Steckdosen (Abb. 146) erfolgt die Verriegelung mit Hilfe eines Riegels, der durch den Stecker (Abb. 147) verschoben wird und den Drehschalter nur dann zu betätigen gestattet, wenn der Stecker ganz eingeführt ist (Abb 148). Umgekehrt läßt

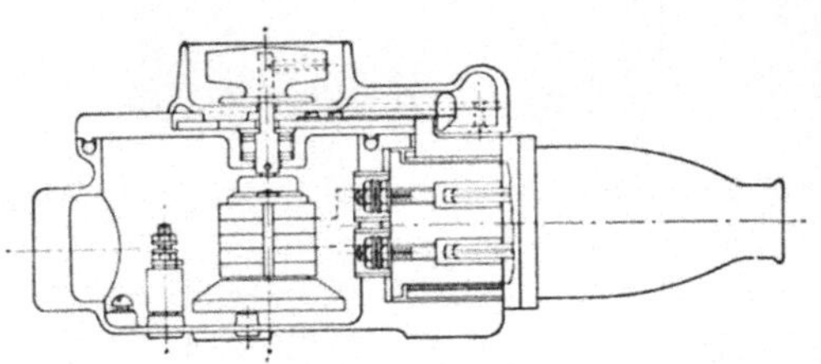

Abb. 148. Schnitt einer Steckdose mit Schalter.

Abb. 149. Steckdose mit Schalter und Sicherungen.

sich der Stecker nur herausziehen, wenn der Schalter in Ausschaltstellung gebracht ist.

Bei Steckvorrichtungen mit Sicherungen kommt zu dieser Verriegelung noch die Verriegelung des Sicherungsdeckels (Abb. 149).

c) Verteilungsanlagen.

Die Anordnung von besonderen Verteilungsanlagen wird sich nur in den wenigsten Fällen als notwendig erweisen, da die Beleuchtungstransformatoren gleich mit den entsprechenden Sicherungen und Schaltern ausgerüstet sind. Im allgemeinen ist auch nur ein Stromkreis für jeden Bohrturm vorzusehen.

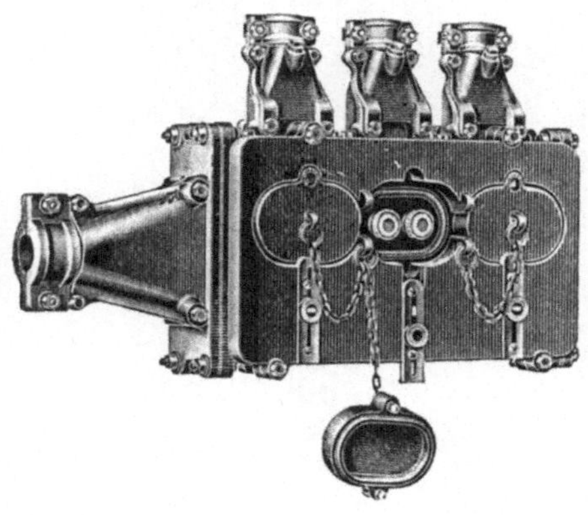

Abb. 150. Verteilungskasten für 3 Abzweige mit Kabelstutzen.

Bei den Verteilungssicherungen, von deren Verwendung im allgemeinen in explosionsgefährlichen Räumen abzuraten ist, geschieht die Verriegelung zwischen dem Deckel, der über den Sicherungen angeordnet ist, und dem Paccoschalter durch einen Riegel, der von Hand betätigt wird. Der Riegel muß, um den Deckel entfernen zu können, verschoben werden, was nur in der Ausschaltstellung des Schalters möglich ist.

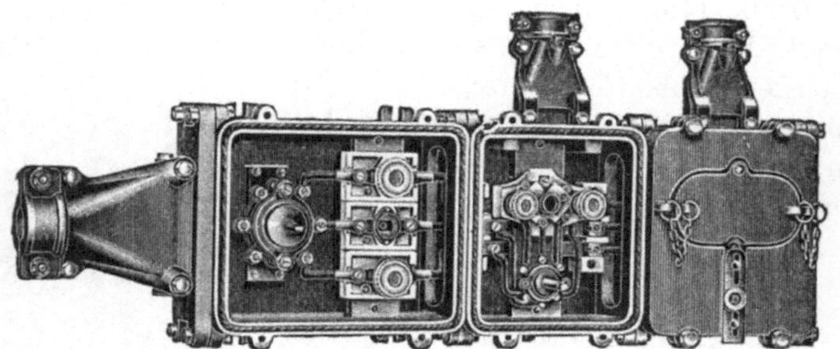

Abb. 151. Verteilungskasten für 2 Abzweige mit Hauptschaltkasten und Kabelstutzen.

In den Abb. 150 und 151 sind solche Verteilungskästen dargestellt. Hierbei ist für jeden Stromkreis eine Riegelvorrichtung vorgesehen, so daß die Sicherungen jedes Abzweiges für sich bedient werden können.

V. Glühlampen-Armaturen.

Die Glühlampenarmaturen werden mit einer eisernen Kapsel, einem starken Schutzglas und Schutzkorb ausgeführt. Dadurch wird die Beschädigung der Lampe und eine Freilegung des Glühfadens verhindert. Im folgenden sollen einige bekannte Ausführungen von explosionssicheren Glühlampenarmaturen beschrieben werden.

1. Feste Glühlampenarmatur mit federndem Mittelkontakt ohne besondere Sicherungen.

Die Armaturen nach Abb. 152 und 153 bestehen aus einem gußeisernen Oberteil, welches durch ein Glas abgeschlossen ist, das mittels Gewinde eingeschraubt wird. Bei diesen Armaturen ist der Fassungssockel der Lampen fest in das Gehäuse der Armatur eingebaut. Das Anschließen der Leitungen erfolgt unmittelbar an den Klemmen des Sockels. Der Fassungssockel hat keinerlei

Abb. 152. Ansicht einer Glühlampenarmatur für Stahlpanzerrohr.

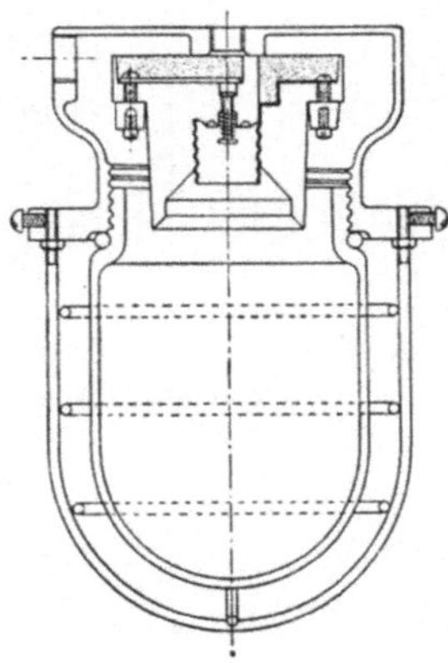

Abb. 153. Schnitt einer Glühlampenarmatur für Stahlpanzerrohr.

Öffnungen, außer derjenigen zum Einschrauben der Lampen. Ein Öffnungsfunke kann nur beim Ausschrauben der Lampe auftreten. Infolgedessen kann eine Entzündung von explosiblen Gasen nur insoweit erfolgen, als sich solche in dem außerordentlich kleinen Raum unterhalb des Lampenfußes befinden. Der Lampenfuß schließt aber den Fassungskorb beim Ausschrauben der Lampe zunächst ab, und die Gase können zwischen dem Gewinde nicht brennend nach außen gelangen.

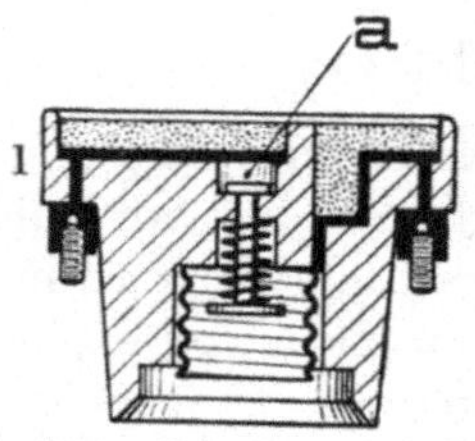

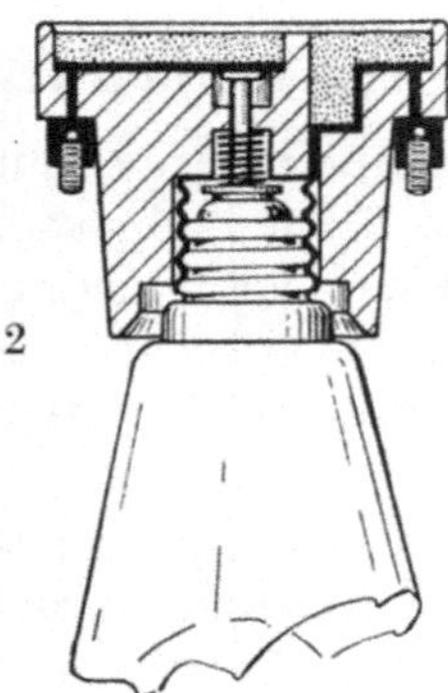

Abb. 154. Schnitt einer Glühlampenfassung mit federndem Mittelkontakt, 1. ohne Lampe, 2. mit eingeschraubter Lampe.

Diese explosionssichere Ausführung wurde noch verbessert durch die Anordnung des federnden Mittelkontaktes nach Abb. 154. Der Kontaktstift wird in einer engen Bohrung des Fassungssteines federnd niedergedrückt und stellt mit einem unteren Ende innerhalb eines kleinen Raumes „a" den Kontakt mit der Anschlußschiene erst her, nachdem die Lampe fest eingeschraubt ist. Beim Herausschrauben der Lampe kann der Öffnungsfunken nur innerhalb dieses Hohlraumes „a" auftreten, und zwar bevor der Lampenfuß gänzlich aus dem Gewindekorb herausgeschraubt ist.

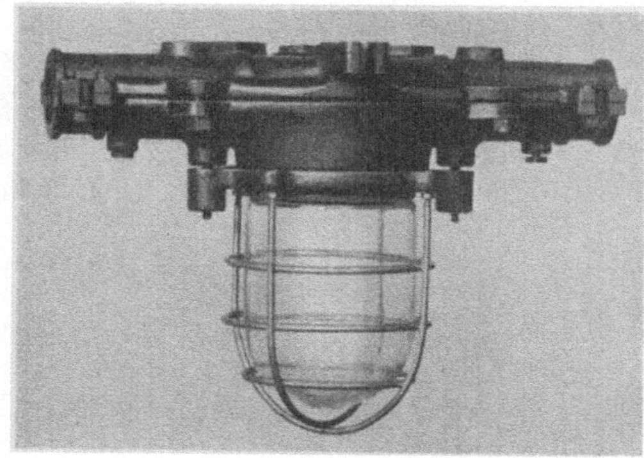

Abb. 155. Ansicht einer Glühlampenarmatur mit Kabelstutzen für Papierkabel.

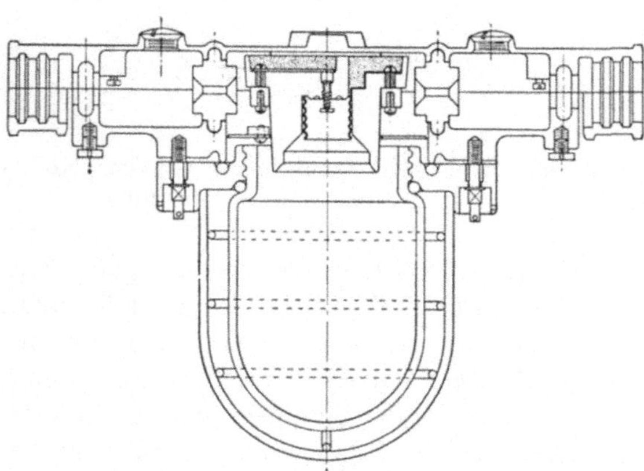

Abb. 156. Schnitt einer Glühlampenarmatur mit Kabelstutzen für Papierkabel.

Da der Mittelkontakt erst nach Überwindung der Druckfeder zum Stromschluß kommt, ist er bei ausgeschraubter Lampe spannungslos. Dadurch wird ein fahrlässiges oder absichtliches Kurzschließen in dem Fassungskörper erschwert.

Die Armaturen sind für Einführung von Stahlpanzerrohr gebaut und können auch mit Kabelstutzen versehen werden (Abb. 155 und 156).

2. Feste Glühlampenarmatur mit umschaltbarer Kontaktplatte und eingebauten Sicherungen.

Die umschaltbaren Armaturen (Abb. 157 und 158) bestehen außer dem Eisengehäuse aus drei Teilen: der Klemmenplatte, der Zwischenplatte und dem eigentlichen Fassungssockel. Dieser ist mit der Zwischenplatte federnd verbunden und hat zwei von vorn einschraubbare Sicherungsstöpsel. Die Patronen stellen durch Vermittlung der Zwischenplatte erst dann den Stromschluß

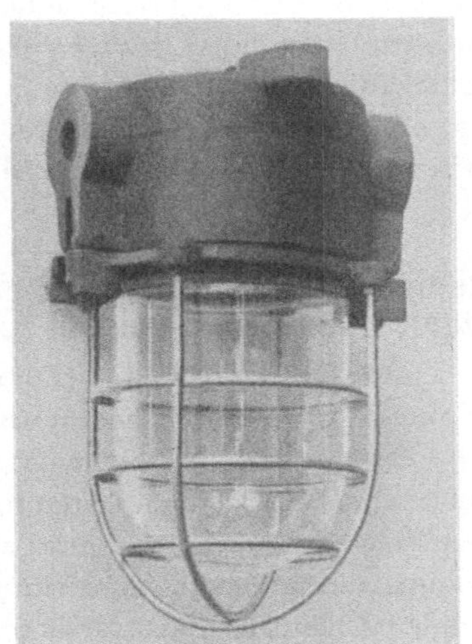

Abb. 157. Ansicht einer umschaltbaren Glühlampenarmatur mit Sicherungen.

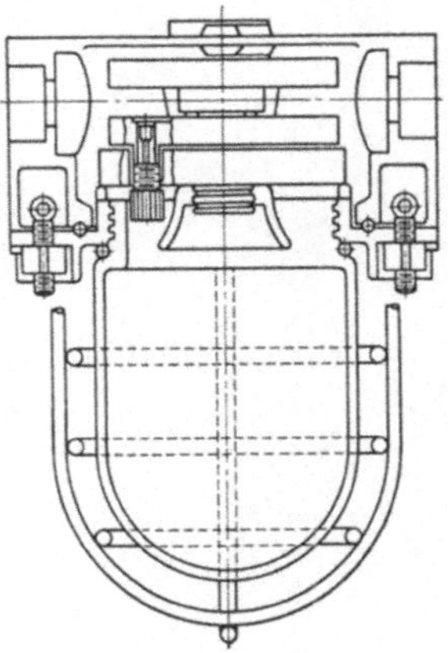

Abb. 158. Schnitt einer umschaltbaren Glühlampenarmatur mit Sicherungen.

mit dem Anschlußorgan her, wenn der Fassungssockel in das Innere der Armatur gedrückt wird. Normalerweise geschieht dies erst beim Aufsetzen des Schutzglases nebst Schutzkorb. Es kann aber auch durch Hereindrücken von Hand, z. B. beim Einschrauben der Lampe erfolgen. Es treten dann zwischen Patronen und Kontaktfläche in der Zwischenplatte Schließungsfunken auf. Diese Funken entstehen aber im Innern enger, hülsenförmiger Ansätze, die rings um die Kontaktflächen angebracht und so eng sind, daß sie gerade die kleine Sicherungspatrone aufzunehmen vermögen. Da die Menge des in dem Hohlraum befindlichen entzündbaren Gases einerseits zu einer fortschreitenden Zündung nicht ausreicht, andererseits die im Innern etwa auftretende Flamme durch den engen Spalt zwischen Sockel und Gehäuse genügend abgekühlt wird, kann keine Zündung des außerhalb befindlichen Gases herbeigeführt werden.

Der Fassungssockel mit der Zwischenplatte kann gegenüber der Klemmenplatte um je 120^0 gedreht werden, wodurch es möglich wird, die Lampen auf verschiedene Stromschienen zu schalten. Die federnde Kontaktvorrichtung sorgt dafür, daß der Kontakt zwischen Zwischenplatte und Lampensockel selbsttätig unterbrochen wird, sobald man den Schutzkorb und das Glas abnimmt. Auf diese Weise können neue Lampen und Sicherungen ohne Gefahr eingesetzt werden. Gleichzeitig wird durch die Unterbrechung des Kontaktes verhindert, daß eine Lampe mit Schutzkorb ohne Glas brennt. Glasglocke mit Schutzkorb lassen sich nur mit einem besonderen Schlüssel abnehmen.

Abb. 159. Handlampe mit federndem Mittelkontakt.

3. Handlampe mit federndem Mittelkontakt, ohne Sicherungen.

Die in Abb. 159 dargestellte Handlampe ist aus der Glühlampenarmatur (Abb. 152) entwickelt. Der obere Teil des Fassungskopfes hat einen entsprechend ausgebildeten Ansatz erhalten, der zur Befestigung der mit Drahtbewicklung zu versehenden Zuleitung dient. Für die Zuleitung empfiehlt es sich, Bandpanzerleitung zu verwenden, da diese äußerst widerstandsfähig ist. Zur besonderen Sicherung gegen mechanische Beschädigung der Bandpanzerleitung an der Einführungsstelle in die Glühlampenarmatur ist eine kräftige Spiralfeder als Schutzhülle in der Einführungshülse befestigt. An dieser ist eine Drahtöse angebracht, die zum Aufhängen der Armatur dient.

Da die zugehörige Steckdose durch Schalter verriegelt ist, ist ein Auftreten von Unterbrechungsfunken bei Benutzung dieser Handlampen nicht zu befürchten. Es muß nur darauf geachtet werden, daß die Bandpanzerleitung nicht beschädigt wird.

VI. Tragbare elektrische Lampen.

Durch die häufigen Grubenunglücke, die mitunter auf die Verwendung der sog. Benzin-Sicherheitslampen zurückgeführt werden können, werden jetzt allgemein die elektrischen Grubenlampen den Benzinlampen vorgezogen. Auch in Erdölbetrieben ist die Verwendung von elektrischen Sicherheitslampen von größter Wichtigkeit.

Die elektrischen Akkumulatorenlampen entsprechen allen Anforderungen, welche an sie gestellt werden können. Gegenüber den bisher benutzten Benzin-Sicherheitslampen haben sie nachstehende Vorzüge:

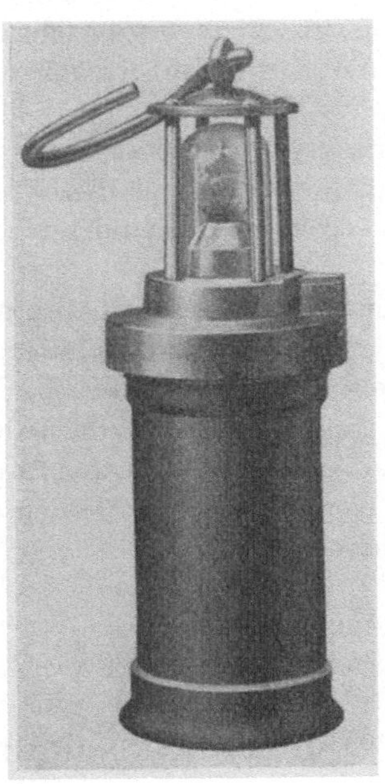

Abb. 160. Ansicht einer tragbaren elektrischen Lampe.

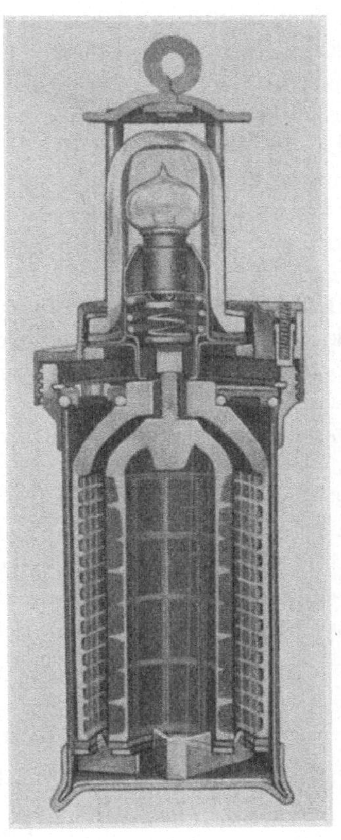

Abb. 161. Schnitt einer tragbaren elektrischen Lampe.

vollkommene Explosionssicherheit,
größte Betriebssicherheit,
hohe Leuchtkraft bei geringen Unterhaltungskosten.

Die Explosionssicherheit wird u. a. durch Anordnung eines Magnetverschlusses erzielt, welcher bewirkt, daß das Öffnen nur mittels eines starken Elektromagneten an einer hierzu bestimmten Stelle möglich ist.

Die äußerst stabile und zweckmäßige Bauart der Lampe hält selbst rauhester Behandlung stand; sie können nicht nur hängend oder stehend, wie die Benzinlampen, sondern in jeder Lage verwendet werden.

Die Leuchtkraft der elektrischen Lampe ist etwa doppelt so groß wie diejenige der Benzinlampe, dabei aber gleichbleibend weiß und hell. Die Leistung der Arbeiterschaft wird dadurch gehoben, und viele Unfälle werden vermieden.

Die Unterhaltungskosten der elektrischen Lampe sind erfahrungsgemäß etwa 40% niedriger als diejenigen der Benzinlampen.

Es sind mehrere Ausführungsarten der elektrischen Sicherheitslampen in Gebrauch. Die Unterschiede beziehen sich auf die Füllung (flüssiges oder festes Elektrolyt) und auf den konstruktiven Aufbau.

Die in Abb. 160 und 161 in Ansicht und Schnitt dargestellte Ceag-Lampe ist zur Füllung mit festem Elektrolyt vorgesehen. Das Lampenoberteil enthält die Lampe mit Schutzglas und Kontaktvorrichtung; es wird auf das Unterteil aufgebaut und durch ein Magnetschloß verriegelt.

Das Lampenunterteil von runder Form wird aus Stahl mit verstärktem Stahlboden und Bleieinsatzgefäß hergestellt, in dieses sind die beiden Elektroden des Akkumulators — zentrisch ineinanderstehend — isoliert eingebaut.

Zum Aufladen der tragbaren Grubenlampen ist zweckmäßig eine Ladevorrichtung, bestehend aus einem Drehstrom-Gleichstromumformer nebst Anlasser, Regelwiderstand und Meßeinrichtung, erforderlich. Die Größe des Umformers richtet sich nach der Anzahl der Lampen, welche mit ihm aufgeladen werden sollen. Für das Aufladen der Ceag-Lampen müssen besondere Ladegerüste verwendet werden, um beim Laden der Lampen ein Verwechseln der Pole zu verhindern.

Sechster Teil.

Erzeugung und Verteilung der elektrischen Energie.

I. Kraftwerke.

1. Allgemeine Gesichtspunkte.

Die Gesichtspunkte, nach welchen die Projektierung von elektrischen Kraftwerken im allgemeinen zu erfolgen und die Richtlinien, die der Ingenieur bei ihrer Ausführung zu berücksichtigen hat, treffen im wesentlichen auch auf die Werke zu, die zum Zwecke der Energieversorgung der Erdölindustrie errichtet werden. Die Betriebe innerhalb der

Erdölindustrie, die sich in zwei Hauptgruppen, nämlich die Erdölgewinnung und die Erdölverarbeitung, gliedern lassen, besitzen jedoch gewisse Sonderheiten, welche unbedingt berücksichtigt werden müssen, wenn man auf die volle Ausnutzung der mit der elektrischen Antriebsart der Arbeitsmaschinen erzielbaren Vorteile in betriebstechnischer und wirtschaftlicher Hinsicht Wert legt.

Die natürlichen Voraussetzungen für eine wirtschaftliche Energieerzeugung sind durch das Vorhandensein der Energiequellen: Naturgas und Rohöl gegeben. Es handelt sich also lediglich darum, den Umwandlungsprozeß von einer Energieart in die andere, nämlich in die elektrische, so zu gestalten, daß die unvermeidlichen Verluste auf ein Mindestmaß beschränkt werden. Die Auffindung der für die Wirtschaftlichkeit der Gesamtanlagen günstigsten Lösung hängt von den örtlichen Verhältnissen, von der Ausdehnung der Anlagen und vom Umfang der bergmännischen, mitunter der chemischen Betriebe ab.

Die grundlegende Frage, die bei dem Plan der Errichtung eines Kraftwerkes auftaucht, ist die Klärung und Festlegung des Zweckes, welchem es dienen soll. Je vielseitiger der Verwendungszweck der Energie ist, auf je größere Versorgungsgebiete mit dementsprechend großem Energiebedarf sich die Verteilung erstreckt, um so günstiger gestaltet sich die Erzeugung. Je gleichmäßiger der Energiebedarf, je größer die Grundbelastung ist, und auf je längeren Zeitraum sich die höchste Belastung erstreckt, je geringer die Unterschiede zwischen der größten und kleinsten Energieentnahme aus den Sammelschienen sind, um so vorteilhafter liegen sowohl die betrieblichen wie die wirtschaftlichen Verhältnisse.

Die Größe des Kraftwerkes richtet sich nach der höchsten vorkommenden Belastung. Hiervon hängen die Anlagekosten, z. T. auch die Betriebskosten ab. Die Verzinsung und Abschreibung des Anlagekapitals ist vom Betrieb unabhängig. Die hierfür in Frage kommenden Geldbeträge müssen aufgebracht werden, einerlei, ob das Werk voll ausgenutzt wird oder nicht. Die Betriebskosten für ein Kraftwerk von bestimmter Leistung fallen, auf die erzeugten Kilowattstunden bezogen, um so geringer aus, je größer die Zahl der letzteren ist. Der mit der Größe der Energieerzeugung wachsende Verbrauch an Betriebsmitteln spielt nämlich gegenüber den gleichbleibenden Betriebskosten, welche sich aus der Verzinsung, Abschreibung, den Löhnen und Gehältern, Versicherungskosten zusammensetzen, eine untergeordnete Rolle, besonders wenn die Kosten des Brennstoffes und der Schmiermittel verhältnismäßig gering sind, wie dies bei Kraftwerken für die Erdölindustrie im allgemeinen der Fall ist.

Kann man außerdem eine Wärmeverwertung mit der Stromerzeugung verbinden, beispielsweise durch eine räumliche Verbindung der

Kraftwerke mit den Erdölraffinerien, welche niedriggespannten Dampf für Heizzwecke benötigen und dem eigenen Stromverbrauch einen fremden anschließen, so kann bei richtiger Festsetzung der Strompreise die Wirtschaftlichkeit der Energieerzeugung ganz wesentlich gesteigert werden. Diese wirtschaftlichen Möglichkeiten sind bei den bis heute für die Erdölindustrie errichteten Kraftwerken nur selten oder nur z. T. zu erfüllen gewesen. Daher rühren auch die großen Verschiedenheiten in den Selbstkosten der Werke für die Einheit der elektrischen Energie, die Kilowattstunde, her.

2. Bestimmung der Größe des Kraftwerkes.

Um die Lösung der mit der Festlegung der Größe des Kraftwerkes zusammenhängenden Frage, die an sich, schon mit Rücksicht auf die in der Regel stark wechselnden Belastungsverhältnisse im Netz, schwierig genug ist, nicht unnötig zu erschweren, soll unseren Betrachtungen ein Kraftwerk zugrundegelegt werden, das nur das Erdölgebiet selbst mit Kraft und Lichtstrom zu versorgen hat und an fremde Verbraucher keine Energie liefert. Auf alle Fälle muß man erst wissen, welche Art Verbraucher angeschlossen sind, wie groß ihre Zahl ist, unter welchen Belastungsverhältnissen sie arbeiten und wie sich die zeitliche Verteilung der Belastung gestaltet.

Die größten Energieverbraucher im Erdölgebiet sind die Motoren zum Antrieb der Bohr- und Fördereinrichtungen, dann folgen die Motoren zum Antriebe der Gaskompressoren, welche dem Absaugen und Fortdrücken der Erdgase dienen, der Rohölpumpen für die Fortbewegung des Erdöls von den Sonden zu den Zisternen und von dort durch die pipe-lines zu den Raffinerien, schließlich die Beleuchtungs- und unter Umständen die elektrischen Heizungsanlagen.

Schon bei der Festlegung der Zahl der gleichzeitig im Betrieb befindlichen Bohrsonden und Schöpfsonden stößt man auf Schwierigkeiten, da diese Zahl sich infolge der Eigenart des Betriebes schwer festlegen läßt. Noch schwieriger ist die Beantwortung der Frage, wie groß die von diesen verbrauchte Energie und wie ihre zeitliche Verteilung ist. Es wurde gezeigt, wie sehr der Betrieb dieser Anlagen von den geologischen Verhältnissen abhängig und namentlich der Kraftbedarf der Bohrung dauernden Schwankungen unterworfen ist, die teilweise von dem Bohrsystem, teilweise von den niemals vorauszusehenden Störungen, teilweise von den Gebirgsverhältnissen und der Bohrtiefe abhängig sind. Aber auch die meisten Ölförderanlagen sind durch einen intermittierenden Betrieb, bei dem hohe Belastungen mit vollständiger Entlastung, möglicherweise Energierückgewinnung, wechseln, gekennzeichnet. Als letzte Schwierigkeit bei der Schätzung der Energiegrößen, für welche die Stromerzeuger bemessen sein müssen, ist die zu erwartende Erweiterung der Anlagen, die nicht nur von den Produktionsverhältnissen, sondern von Konjunkturbedingungen beeinflußt werden. Die Schätzung der von den anderen Antrieben verbrauchten Energiemengen, die mehr oder weniger gleichbleibend sind, macht weniger Schwierigkeiten.

Die Bestimmung der Größe des Kraftwerkes bzw. der gesamten Maschinenleistung setzt voraus, daß man über halbwegs genaue Unterlagen verfügt, die der Rechnung zugrundegelegt werden können. Dabei wird vorausgesetzt, daß Probebohrungen, aus denen man auf die geologischen Verhältnisse schließen und im Zusammenhange damit das Bohrsystem und die Zahl der jährlich auszuführenden Bohrungen festlegen kann, ausgeführt wurden. Außerdem wird angenommen, daß die Zuflußverhältnisse untersucht und das Fördersystem wie auch die tägliche Fördermenge je Sonde festgelegt wurde. Die vor der Berechnung zu beantwortenden Fragen lassen sich demnach wie folgt zusammenfassen:

a) Kraftbedarf für das Bohren.

Zahl der Bohrsonden insgesamt.

Zahl der gleichzeitig im Betrieb befindlichen Bohrsonden.

System des Bohrens und zahlenmäßige Verteilung auf die Bohrungen.

Mittlerer Kraftbedarf für ein bestimmtes System.

(Der Kraftbedarf kann entweder rechnerisch ermittelt werden, oder es können Erfahrungswerte angegeben werden, wobei zu berücksichtigen ist, daß beim Spülbohren zu der Leistung des Bohrmotors diejenige des Spülpumpenmotors hinzugerechnet werden muß.)

Der mittlere Kraftbedarf einer Bohrung, multipliziert mit den gleichzeitig in Betrieb befindlichen Bohrsonden gleichen Systems ergibt die gesamte für den Bohrbetrieb nach diesem System aufzuwendende Energie, zu welcher je nach den Betriebsverhältnissen mit Rücksicht auf zu erwartende Steigerung der Zahl der Bohrlöcher Sicherheitszuschläge gemacht werden können.

Analog verfährt man bei der Bestimmung des

b) Kraftbedarf für das Ölfördern.

Auch hier ist unter Beachtung der verschiedenen Fördersysteme, für welche der Kraftbedarf rechnerisch oder empirisch ermittelt werden kann, der gesamte Kraftbedarf für die Ölförderung durch Multiplikation der Zahl der gleichzeitig fördernden Sonden mit dem mittleren Kraftbedarf einer Sonde zu ermitteln. Es ist zweckmäßig, hierbei Sicherheitszuschläge zu machen.

Zu den für das Bohren und Ölfördern ermittelten Werten des Energiebedarfs müssen noch diejenigen aller anderen Antriebe, Pumpen, Kompressoren, Werkstattmotoren, ferner der Beleuchtung, der elektrischen

Heizung, des Eigenbedarfs des Kraftwerkes hinzugezählt werden, um den gesamten Verbrauch, der von den Generatoren erzeugt werden muß, zu erhalten. Für kurzzeitige Überlastungen ist bei ausgedehnten Anlagen kein Zuschlag zu machen, hingegen wäre die Leistung eines Kraftwerkes, das lediglich zur Speisung weniger Motoren für intermittierenden Betrieb dient, nicht nur auf Grund der Effektivleistung dieser Motoren, sondern auch der Spitzenleistung nach gewissen Grundsätzen festzulegen. Bei der Bemessung der Leistung der Stromerzeuger sind ferner die Fernleitungs- und Transformationsverluste zu berücksichtigen.

Der Energiebedarf größerer Gebiete mit zahlreichen Antrieben unterliegt nur geringen Schwankungen während 24 Stunden, da in der Erdölindustrie im allgemeinen Tag- und Nachtbetrieb eingeführt ist.

Ein Kraftwerk von der Bedeutung eines Werkes, welches ein ganzes Grubengebiet mit Energie zu versorgen hat, muß natürlich über genügend Reserve für den Fall verfügen, daß infolge einer Störung der eine oder andere Teil der Anlage aus dem Betrieb genommen werden muß. Es braucht sich dabei nicht um eine gewaltsame Störung zu handeln. Streng genommen ist auch das Abschalten eines Teiles der Anlage zwecks Vornahme einer Revision, Ausführung einer Prüfung oder Messung, Nachfüllen von Öl als Störung zu bezeichnen. Die Stromlieferung darf darunter nicht leiden, der außer Betrieb gesetzte Teil muß durch einen anderen gleichwertigen, und zwar ohne Betriebsunterbrechung, ersetzt werden. Bei Stromerzeugern nebst ihren Antriebsmaschinen und, wenn es Dampfmaschinen sind, auch bei den Kesseln, müssen Reserven vorhanden sein. In der Schaltanlage wird die Frage der Reserve durch entsprechende Schaltmöglichkeiten, die sich auf dem doppelten Sammelschienensystem aufbauen, gelöst. Wichtig ist es, daß die Forderung nach Reserve folgerichtig in der ganzen Anlage durchgeführt wird, und man sie nicht bloß auf einzelne Teile, die scheinbar am meisten gefährdet sind, beschränkt. Kommen die als Reserve angesehenen Teile auch nicht gleichzeitig mit den dauernd im Betrieb befindlichen zur Aufstellung, so müssen sie zweckmäßigerweise auf Lager gehalten werden. Dies bezieht sich hauptsächlich auf kleinere, leicht herbeizuholende und aufstellbare Gegenstände, oder auf Teile von größeren Gegenständen, wie Wicklungen von Generatoren, Motoren und Transformatoren, Kontakte von Apparaten, Isolatoren usw. Die Zahl der sofort aufzustellenden Reserven und die Menge der auf Lager zu haltenden Reserveteile richtet sich nach der Art des Betriebes und nach den örtlichen Verhältnissen und muß von Fall zu Fall überlegt werden. Die beste Reserve liegt jedoch in allen Fällen in der gewissenhaften Betriebsaufsicht und in der wohldurchdachten und sorgfältigen Betriebsführung. Deshalb soll an Kontroll- und Meßinstrumenten, die

die Aufsicht in allen Teilen der Anlage erleichtern und Störungen rechtzeitig anzeigen, nicht gespart werden.

3. Wahl der Größe und Zahl der Stromerzeuger.

Für die Wahl der Größe der Einheiten der Stromerzeuger nebst ihren Antrieben, bei Wärmekraftanlagen auch der Kessel usw., sind nicht nur die Belastungsverhältnisse maßgebend, sondern auch, wie wir gesehen haben, die notwendige Reserve. Ausgehend von der höchsten Dauerbelastung des Kraftwerkes, worunter ein sich auf mehrere Stunden erstreckender Höchstverbrauch zu verstehen ist (auf einzelne kurzzeitige Spitzenwerte innerhalb der Belastungsgrenzen braucht keine Rücksicht genommen zu werden), unterteilt man diese in gleiche, möglichst große Einheiten, wenn nicht besondere Gründe vorliegen, von dieser Norm abzuweichen. Die Gleichheit der Maschinensätze erleichtert wesentlich die Lagerhaltung der Ersatzteile, trägt zur Einheitlichkeit des Aufbaues bei, erleichtert die Aufstellung, fördert die Übersichtlichkeit und vereinfacht die Betriebsüberwachung. Durch die Wahl von möglichst großen Einheiten wird der Wirkungsgrad gehoben, der Raumbedarf kleiner, die Baukosten werden geringer, die Anlagekosten erniedrigt und die Ausgaben für Bedienungspersonal verringert.

Die Zahl der Einheiten sucht man den in den Erdölbetrieben besonders stark schwankenden Verhältnissen in der Weise anzupassen, daß die gleichzeitig im Betriebe befindlichen Stromerzeuger möglichst bis zu ihrer normalen Leistungsfähigkeit ausgenutzt werden. Bei steigendem Energiebedarf des Netzes wird man die Vorkehrungen für das Zuschalten eines weiteren Maschinensatzes treffen, jedoch vorher die im Betriebe befindlichen Sätze bis zur zulässigen Überlastungsgrenze ausnutzen. Nach erfolgter Zuschaltung eines neuen Maschinensatzes soll die Belastung der einzelnen Sätze möglichst nicht unter die $^3/_4$-Last sinken, damit ihr Wirkungsgrad nicht zu sehr verschlechtert wird. Bei sinkendem Energiebedarf verfährt man im umgekehrten Sinne durch Abschalten von einem Satz oder mehreren Maschinensätzen.

Je nach der Größe des Kraftwerkes und der Gesamtzahl der Maschineneinheiten wird man die Zahl derjenigen Einheiten wählen, die über die normale Betriebsreserve hinaus für außerordentliche Fälle in Bereitschaft stehen müssen. Die Leistung dieser Art von Reserveeinheiten schwankt zwischen $^1/_4$—$^1/_2$ der normalen Gesamtleistung der gleichzeitig im Betrieb befindlichen Einheiten. Über diese Zahl geht man in der Regel wegen der Verteuerung der Anlage nicht hinaus, sondern sieht lieber einen zweiten Bauabschnitt vor und ist schon bei dem Entwurf des ersten Bauabschnittes auf spätere Erweiterungsmöglichkeiten bedacht.

4. Wahl der Stromart.

Die für alle im Erdölgebiet vorkommenden Antriebe geeignetste Stromart ist der Drehstrom. Bei Einführung der elektrischen Antriebsart hat man vereinzelt auch Gleichstrommotoren, beispielsweise in Rußland, verwendet, weniger deshalb, weil sie für den Antrieb geeigneter wären, als aus dem Grunde, weil zu der Zeit die Drehstrommotoren noch nicht bekannt waren. In gewissen Fällen, beispielsweise beim Antrieb von Haspelanlagen, kann Gleichstromantrieb mittelbar in der Leonardschaltung verwendet werden. Die Anwendung dieses Antriebes dürfte aber nur auf ganz wenige Ausnahmefälle beschränkt bleiben, und zwar bei Sonden von einer außergewöhnlich hohen Ergiebigkeit und großer Teufe, bei welchen die für hohe Leistungen benötigten Drehstrom-Steuerapparate zu schwer ausfallen würden.

Der Drehstrom gestattet die einfachste, betriebssicherste und wirtschaftlichste Übertragung der Energie von den Erzeugern zu den Verbrauchern. Er läßt sich bequem auf alle vorkommenden Entfernungen ohne große Verluste fortleiten mit und ohne Zuhilfenahme von betriebssicher zu bauenden und keine Aufsicht oder Wartung erfordernden, ruhenden Transformatoren. Hinsichtlich Betriebssicherheit, insbesondere in explosions- und feuergefährlichen Räumen, sind die Drehstrommotoren den Gleichstrommotoren überlegen, bezüglich Regelbarkeit stehen sie ihnen nicht nach. Die Wartung der Drehstrommotoren erfordert lange nicht diese Aufmerksamkeit wie die der Gleichstrommotoren, die Anlagekosten sind bei Drehstrom niedriger als bei Gleichstrom, besonders mit Rücksicht darauf, daß Drehstrommotoren sich betriebssicherer für höhere Spannungen herstellen lassen als Gleichstrommotoren und dadurch an Leitungskupfer gespart werden kann. Die Vorteile der Drehstrommotoren gegenüber den Gleichstrommotoren in ihrer Gesamtheit, insbesondere bezüglich ihrer bereits erwähnten Eigenschaft der Explosionssicherheit, führten dazu, daß die Bergbehörden in ihren für den Erdölbergbau erlassenen Vorschriften die Verwendung von Drehstrommotoren, und zwar in der Ausführung als Drehstrom-Asynchronmotoren, verlangten. Gleichstrommotoren oder Drehstrom-Kommutatormaschinen werden nur dort zugelassen, wo eine Feuersgefahr nicht besteht, oder wo durch besondere, allerdings recht kostspielige Vorkehrungen die Zündungsgefahr durch Funken am Kollektor beseitigt wird.

5. Wahl der Spannung.

Die Höhe der Betriebsspannung des Kraftwerkes richtet sich nach den Entfernungen, auf welche die Energie zu übertragen ist, und nach der Größe der zu übertragenden Energiemengen. Maßgebend für die Wahl der Kraftwerksspannung kann auch die Spannung der im Erdölgebiet verwendeten Motoren sein. Die Motoren sind in der Regel für gewisse Normalspannungen gewickelt, die z. T. von den Bergbehörden vorgeschrieben sind. Im rumänischen Erdölgebiet beispielsweise lassen die Vorschriften nur Motoren von 500 und 1000 V für den Antrieb der Bohr- und Schöpfeinrichtungen zu, im russischen Ölgebiet hat sich die Spannung von 2000 V eingebürgert, in Galizien werden die großen Motoren für 3000 V ausgeführt.

Ist das vom Kraftwerk zu versorgende Gebiet nicht groß, so wird man die Spannung der Stromerzeuger nur um 5—10% größer wählen als die der Verbraucher, um den Betrieb möglichst einfach zu gestalten und an Anlagekosten zu sparen. Erst wenn die Spannungs- und Energieverluste in den Leitungen vom Kraftwerk zu den Verbrauchern bei den üblichen Leitungsquerschnitten zu groß werden, erhöht man die Spannung des Kraftwerkes und schaltet zwischen Erzeuger und Verbraucher Transformatoren ein. Da sind wiederum zwei Fälle denkbar, nämlich die einfache oder die doppelte Transformierung. Im ersten Falle wird man für die Stromerzeuger die ihrer Leistung entsprechende höchste Spannung wählen und diese für die Verteilung der Energie zu den im Grubengebiet liegenden Transformatoren benutzen, oder man wählt für die Stromerzeuger eine ihrer Leistung entsprechende normale Spannung, transformiert diese im Kraftwerk auf eine höhere, verteilt mit dieser die Energie zu den in den hauptsächlichsten Belastungszentren liegenden Transformatoren, welche ihrerseits die Hochspannung auf die Motorspannung herabsetzen. Letztere Art wird dann angewendet werden müssen, wenn ganz große Gebiete oder räumlich weit voneinander getrennte Gebiete von ein und demselben Kraftwerk aus mit Energie versorgt werden müssen.

6. Wahl des Aufstellungsortes.

Nach den vorangegangenen Ausführungen über die Kraftübertragung mittels Drehstroms, deren Kennzeichen die Überwindung größter räumlicher Entfernungen von der Erzeugerstelle zu den Verbrauchern ist, wird es einleuchten, daß man das Kraftwerk ohne Rücksicht auf die Länge der Kraftübertragung an derjenigen Stelle zu errichten sucht, wo sich die Energiequellen befinden. Als solche sind das Wasser, die Kohle, das Erdgas und das Erdöl zu bezeichnen. Neuerdings tritt auch der Wind hinzu, doch dieser Energieträger hat zunächst für die Erdölindustrie wenig Bedeutung. Auch die Kohle spielt eine verhältnismäßig untergeordnete Rolle, während dem Wasser als Energiequelle ein größeres Interesse entgegengebracht werden muß besonders in Gegenden, wo genügend Wasser bei entsprechendem Gefälle vorhanden ist. Die Zahl der das Erdölgebiet mit Strom versorgenden Wasserkraftanlagen dürfte jedoch verhältnismäßig gering sein, so daß auch hierauf nicht näher eingegangen werden soll.

Die für die Energieversorgung der Erdölindustrie wichtigsten Energiequellen sind das Erdgas und das Erdöl. Sie stellen im Vergleich mit sonstigen Heizgasen oder mit der Kohle hochwertige Wärmeenergieträger dar, ein Umstand, der auf die Höhe der Anlagekosten sowohl bei Verbrennung unter Kesseln, als auch in Verbrennungsmaschinen sehr günstig einwirkt. Beide Energieträger sind in den Erdölgebieten vorhanden, sie können also für die Erzeugung der elektrischen Energie unmittelbar verwendet werden. Mit Rücksicht auf den hohen Wert des Rohöls wird man in der Regel dem Erdgas als Betriebsstoff der Verbrennungsmotoren oder als Heizmittel für die Kessel den Vorzug geben. Während man früher die den Sonden entweichenden Gase unbenutzt in die Luft entweichen ließ, sucht man heute durch rationelle Gewinnungsmethoden und Ausbau der Gaswirtschaft das Naturgas weitestgehend nutzbar zu machen. Es werden neuerdings selbsttätige Gasauffänger bei den Gas- und Ölsonden angewendet und aus den wenig ergiebigen Sonden das Gas mit Hilfe von Gassaugern gewonnen. Ein ausgedehntes Gasrohrleitungsnetz in Verbindung mit Hoch- oder Niederdruckkompressoren dient zur Fortleitung des gewonnenen Gases in die Gasolinfabriken, wo vorerst durch Kompression die im Gas vorhandenen leichtsiedenden Kohlenwasserstoffe, Benzine, entfernt und als Gasolin gewonnen werden. Dann wird das Restgas seiner Bestimmung, nämlich der Wärme- oder elektrischen Energieerzeugung zugeführt.

Für die Wahl des Bauplatzes des Kraftwerkes im Erdölgebiet ist jedoch nicht nur das Bestreben, die Gas- oder Rohölleitung für die Kesselanlage und die elektrischen Leitungen für die Versorgung des Gebietes mit elektrischem Strom möglichst kurz zu halten, maßgebend, sondern auch die Speise- und Kühlwasserbeschaffung, der Baugrund und das Vorhandensein von Zufahrtsstraßen und möglicherweise eines Eisenbahnanschlusses für die Herbeischaffung des Baumaterials und den Transport der Maschinenteile in das Maschinenhaus und aus demselben. Von allen diesen Gesichtspunkten ist die Wasserfrage die wichtigste. Einerlei, welche Antriebsart für die Stromerzeuger gewählt wird, Gas- Öl- oder Wärmekraftmaschinen, das Vorhandensein von möglichst reinem, von chemischen Beimengungen freiem Wasser ist eine unerläßliche Bedingung. Ist diese Voraussetzung nicht erfüllt, so muß die Wasserversorgung durch Wasserleitungen oder kostspielige Wasserreinigungsanlagen erfolgen, wodurch der Betrieb erschwert, unter Umständen sogar gefährdet und verteuert wird, und zwar nicht nur infolge der erhöhten Betriebskosten, sondern auch durch die gesteigerten Anlagekosten. Die Ausführung des baulichen Teiles der Kraftwerke richtet sich nach den örtlichen Verhältnissen und den zur Verfügung stehenden Baumaterialien. Je nachdem wird man massive Steinbauten oder Fachwerkbauten mit Beton- oder Ziegeleinlagen ausführen. In Gegenden mit Erdbebengefahr wird man die Hochbauten durch niedrigere Gebäude ersetzen und sich mehr in der Grundfläche ausdehnen. Statt gemauerter Schornsteine wird man Blechschornsteine in Verbindung mit künstlichem Zug vorziehen.

7. Wahl der Kraftmaschinen.

Ist nun unter Beachtung der vorher genannten Gesichtspunkte eine Entscheidung über die Wahl des Bauplatzes getroffen und die Zuführung des Gases oder Rohöls, ferner die Beschaffung des Wassers für die Wärmekraftanlagen gesichert worden, dann wird man über die Wahl der Antriebsmaschinen schlüssig werden müssen. Die im Gas und Rohöl enthaltenen Energien lassen sich sowohl unmittelbar in Gas- oder Dieselmotoren in mechanische Energie umwandeln, als auch mittelbar durch Verbrennung unter Kesseln zur Dampferzeugung verwenden, wobei der Dampf sowohl in Kolbenmaschinen als auch in Dampfturbinen ausgenutzt werden kann. Man hat also die Wahl zwischen Kolbendampfmaschinen, Dampfturbinen, Gasmotoren und Dieselmotoren. Zu welcher Antriebsart man sich endgültig entschließt, hängt von der Art der Belastung, im Zusammenhange damit der Betriebsführung, der Größe der zu erzeugenden Energiemenge, im Zusammenhange damit der Größe der Einheiten, der Menge und Zusammensetzung des Gases, der Menge und Beschaffenheit des vorhandenen Wassers und den örtlichen Verhältnissen, namentlich des zur Verfügung stehenden Platzes für die Erstellung des Kraftwerkes, der Wirtschaftlichkeit und dem Preis der Gesamtanlage einschließlich Baulichkeiten ab. Alle diese Gesichtspunkte zusammengefaßt, wird man danach trachten müssen, die größte Leistung bei kleinstem Raum, höchster Betriebssicherheit, geringstem Brennstoffverbrauch, günstigstem wärmetechnischen Wirkungsgrad, niedrigsten Anlage- und Betriebskosten zu erzielen.

Ist die Belastung während des 24stündigen Betriebes ziemlich gleichmäßig, d. h. sind keine größeren Spitzen zu erwarten, so wird man bei kleineren Kraftwerksleistungen bis etwa 2000 PS mit Vorteil Gasmotoren zum Antrieb der Stromerzeuger verwenden können. Dies setzt voraus, daß man für diese Leistung stets genügend Gas von gleichmäßiger Beschaffenheit zur Verwendung hat. Um gewisse Schwankungen in der Zusammensetzung und der Menge des Gases auszugleichen, wird man das gewonnene Gas nicht unmittelbar den Gasmaschinen zuführen, sondern erst in Gasbehältern von angemessenem Fassungsraum sammeln. Dadurch wird auch eine gewisse Betriebsreserve bei plötzlichem Ausbleiben des Gases geschaffen, und man wird nicht gezwungen sein, die Anlage stillzusetzen. Es gelingt nicht immer, das Gas ohne Beimengung von Luft aus den Bohrlöchern zu erhalten. Beim Vorschalten von Gasbehältern findet eine genügende Mischung zwischen Gas und Luft statt, und man läuft nicht Gefahr, daß die Gasmotoren plötzlich zu viel Luft erhalten, was zu Fehlzündungen und sonstigen Betriebsschwierigkeiten führen könnte. Die Anordnung von Gasbehältern ist auch bei Verbrennung des Gases unter Kesseln vorteilhaft, wenn es hierbei auch nicht so sehr darauf ankommt, ein Gas von gleichbleibender Beschaffenheit zu verwenden. Sind die Belastungsschwankungen groß, welcher Fall meistens eintreten wird, wenn die Kraftwerksleistung im Verhältnis zu der Zahl der Bohr- und Schöpfmaschinen gering ist und stark ausgeprägte Spitzenbelastungen vorhanden sind, so wird man von Gasmaschinenantrieben aus dem Grunde absehen müssen, weil sich Gasmaschinen nicht in dem Maße überlasten lassen wie Dampfmaschinen. In solchem Falle wird man bei kleineren Kraftwerksleistungen vorteilhafter Kolbendampfmaschinen wählen, d. h. das Gas erst unter Kesseln verbrennen, welche gewissermaßen als ein elastisches Zwischenglied zwischen die Erzeugung und den Verbrauch geschaltet werden können. Es dürfen natürlich hierbei die Kessel nicht zu klein gewählt werden, da sonst der Vorteil des elastischen, allen Belastungsverhältnissen folgenden Betriebes hinfällig wird.

Wenn ausgedehnte Gebiete mit einem größeren oder ganz großen Energieverbrauch mit Strom versorgt werden müssen, so wird man unter Berücksichtigung der genannten Gesichtspunkte sich zu der Aufstellung von Dampfturbinen, die den Vorteil der Betriebssicherheit mit der Überlastbarkeit und Wirtschaftlichkeit hinsichtlich Brennstoffverbrauchs verbinden, entscheiden. Es ist festgestellt worden, daß bei ganz großen Leistungen sowohl der bebaute Flächenraum, wie auch die Anlage- und Betriebskosten in Dampfturbinenanlagen trotz der hierbei erforderlichen Kesselanlagen geringer werden als in Anlagen, die nur mit Gasmotoren ohne Abwärmeverwertung ausgerüstet sind. Dampfturbinen lassen sich in viel größeren Einheiten herstellen als Gasmotoren, ihre Wartung erfordert auch weniger Aufmerksamkeit als die von Gasmotoren.

Mitunter werden auch gemischte Kraftwerke erstellt mit Gasmotoren und Dampfmaschinen bzw. Dampfturbinen, wobei die Gasmotoren die Grundbelastung des Werkes zu übernehmen haben und die Dampfmaschinen diejenigen Stromerzeuger antreiben, welche lediglich zur Stromlieferung bei Spitzenbelastungen herangezogen werden (Abb. 162). Die Wirtschaftlichkeit solcher gemischten Kraftwerke muß jedoch genau geprüft werden, und zwar mit Rücksicht darauf, daß eine gewisse Anzahl der Kessel dauernd, auch in Stunden des geringen Energieverbrauches, unter Druck gehalten werden muß, wenn die Dampfmaschinen als Puffermaschinen ihren Zweck erfüllen sollen.

In den bisher für die Erdölindustrie erbauten Kraftwerken sind Dieselmotoren verhältnismäßig selten und wenn doch, dann nur in kleineren Einheiten zur Aufstellung gelangt. Man zieht es in der Regel vor, das Rohöl oder Rohölrückstände unter Kesseln zu verfeuern und Dampf zum Antrieb von Dampfmaschinen zu erzeugen.

Aus dem vorher Gesagten ist ersichtlich, daß es schwierig ist, bei dem Entwurf eines Kraftwerkes von vornherein zu sagen, welche Antriebsart zu wählen ist. In der Regel wird es die Aufgabe des Inge-

Abb. 162. Teil des Kraftwerkes der Astra Romana in Moreni.

nieurs sein, die verschiedenen Möglichkeiten zu erwägen, unter Berücksichtigung der besonderen Verhältnisse eine Vergleichsberechnung für die verschiedenen Antriebsarten anzustellen und aus dieser dann die Schlußfolgerung für die günstigste Antriebsart zu ziehen.

Für die Wahl der einen oder anderen Antriebsart wird immer die Wirtschaftlichkeit maßgebend sein. Alle Schwierigkeiten lassen sich durch die Technik überwinden, es wird aber stets die Frage gestellt werden müssen, ob das erstrebte Ziel nicht auf einfachere und billigere Weise erreicht werden kann. Einzelne günstige Momente, durch die sich eine bestimmte Antriebsart auszeichnet, sind allein nicht ausschlaggebend, nur die vergleichende Zusammenfassung aller ihrer Vor- und Nachteile, beginnend von der Bauausführung bis zur Stromlieferung, ist für die Wahl der Antriebsmaschinen maßgebend. Wird dieser Grundsatz als richtig anerkannt, dann wird man auch vor Enttäuschungen und falschen Hoffnungen, die man in die Wirtschaftlichkeit gesetzt hat, bewahrt. Man wird unter Umständen sowohl die höheren Anlage- und Betriebskosten für eine bestimmte Antriebsart im Interesse der Betriebssicherheit in Kauf nehmen. Alles drückt sich schließlich in der Wirtschaftlichkeit aus, und man muß bedenken, daß in erdölindustriellen Betrieben, wo es auf eine möglichst hohe Förderungsziffer ankommt, eine Stunde Betriebsausfall einen viel größeren geldlichen Verlust nach sich ziehen kann als die Aufwendung höherer Anlage- und Betriebskosten.

8. Thermodynamischer Wirkungsgrad und Preis der Kilowattstunde.

Aus der Fülle der Fragen, die für die Beurteilung der Wirtschaftlichkeit maßgebend sind, sollen einige, und zwar gerade diejenigen herausgegriffen werden, die, wenn sie losgelöst von anderen Fragen für sich allein betrachtet würden, zu falschen Schlußfolgerungen führen könnten. Solche Fragen sind beispielsweise der thermodynamische Wirkungsgrad, die Anlage- und Betriebskosten bzw. der aus diesen errechnete Preis einer Kilowattstunde.

Der thermodynamische Wirkungsgrad eines Stromerzeugersatzes, einerlei ob der Antrieb des Stromerzeugers durch Dampfmaschine, Dampfturbine, Gasmotor oder Dieselmotor erfolgt, wird allgemein ausgedrückt durch das Verhältnis der für eine Kilowattstunde theoretisch aufzuwendenden zu der für diese Leistung wirklich verbrauchten Wärmemenge. Die theoretisch aufzuwendende Wärmemenge beträgt unabhängig von der Art der Maschine 860 WE/kWh. Die verbrauchte Wärmemenge wird am besten an Hand einer Wärmebilanz bei jeder Maschinenart festgestellt und ergibt sich aus der Summe der in der Maschine selbst verbrauchten Wärmemenge, der Verluste in den einzelnen Teilen der Maschinenanlage und der abgeführten Wärmemenge. In der Regel ist man bestrebt, die in der Maschine selbst nicht ausgenutzten Wärmemengen in Abwärmeverwertungsanlagen noch weiter zu verwenden und so den thermodynamischen Wirkungsgrad der gesamten Anlage zu verbessern. Insbesondere trifft dies auf den Gasmotorenantrieb zu, bei welchem ein großer Teil der dem Gasmotor zugeführten Wärmemenge noch zur Krafterzeugung in Dampfturbinen oder für Koch- und Heizzwecke ausgenutzt werden kann, da die von der Gasmaschine abgeführte Wärmemenge noch ein bedeutendes nutzbares Wärmegefälle enthält.

a) Gasmotorenantrieb.

Die Abb. 163 gibt ein anschauliches Bild der Ausnutzungsmöglichkeiten der zugeführten Wärmemenge bei Gasmotorenantrieb. Zugrundegelegt ist die größte Leistung, für die zurzeit Gasmaschinen in einer Tandemeinheit hergestellt werden, nämlich 5000 PS. Dieser Leistung entspricht unter Annahme eines Wirkungsgrades von 0,935 für den Generator eine abgegebene Leistung von 3440 kW. Der Gasmotor

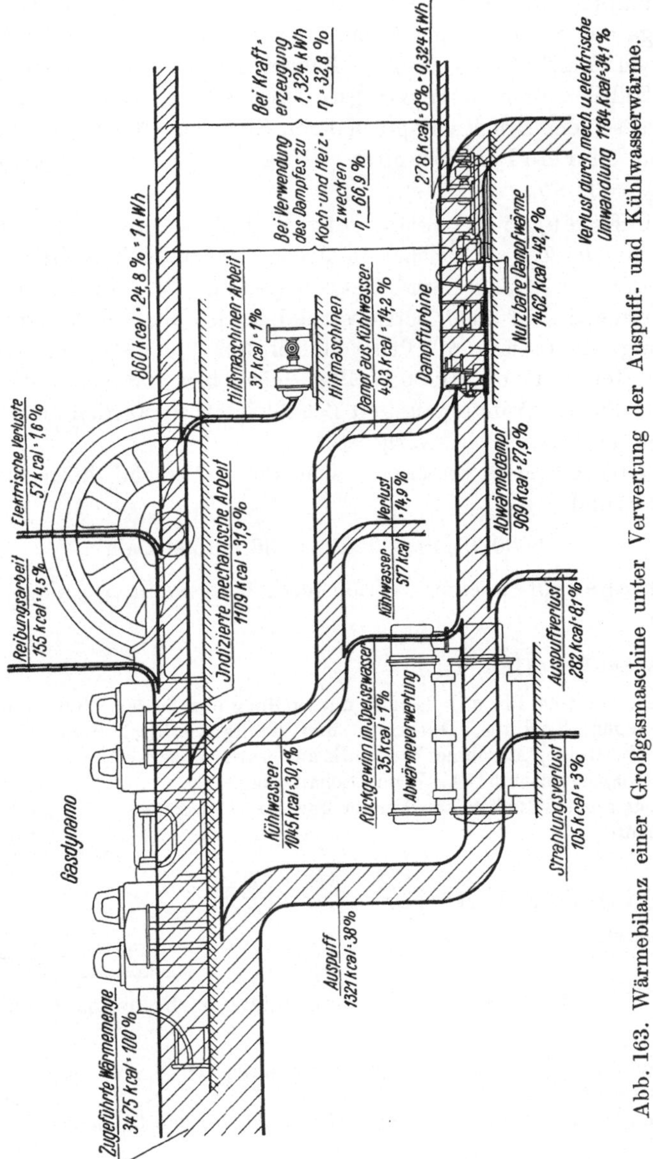

Abb. 163. Wärmebilanz einer Großgasmaschine unter Verwertung der Auspuff- und Kühlwasserwärme.

ist unmittelbar mit dem Drehstromerzeuger gekuppelt. Er arbeitet nach dem Verfahren der Leistungssteigerung durch Spülen und Nachladen, ist mit einer Abwärmeverwertungsanlage ausgestattet und ferner mit Einrichtung zur Dampfgewinnung aus dem Kühlwasser versehen. Der Gasmotor arbeitet im doppeltwirkenden Viertakt. Die Dampfspannung im Abwärmekessel beträgt 16 atü bei 375° C, diejenige der Siedekühlung 5 atü. Der Abwärmedampf wird in einem Zweidruck-MAN-Turboaggregat, Bauart Brünn, von einer Leistung von 1120 kW zur Krafterzeugung verarbeitet. Der Siedekühldampf wird der seinem Druck entsprechenden Stufe zugeführt. Hierbei ergibt sich ein thermodynamischer Wirkungsgrad der Gesamtanlage von $\eta_{th} = 32{,}8\%$.

Die Erzeugungskosten einer Kilowattstunde sind abhängig von der Zeit, in welcher die Anlage im Laufe eines Jahres benutzt wird, und den Anlage- und Betriebskosten. Bei den nachstehenden Berechnungen sind 8000 Betriebsstunden im Jahr bei dauernder Vollbelastung, ein Preis von 7 Pf/kg Heizöl, 3,5 Pf/m³ Gas zugrundegelegt und ein Heizwert von 10000 WE/kg Heizöl bzw. m³ Gas angenommen worden. Für die Aufstellung und Betriebsführung werden die in Europa üblichen Verhältnisse vorausgesetzt.

Dementsprechend errechnen sich die in einem Jahre erzeugten kWh zu rund

$$8000 \cdot (3440 + 1120) = 36\,500\,000 \text{ kWh}.$$

Die Anlagekosten einer betriebsfertig aufgestellten Anlage ergeben sich zu:

1. Maschineller Teil:

1 Gasmaschine 5000 PS, $n = 94$/min. mit Spülung und Siedekühlung	GM.	390000
Rohrleitungen, Spülluft-, Druckluft- und Kühlwasserbeschaffung, Zündbatterien, Maschinenhauslaufkran, Abwärmeverwertung	GM.	165000
1 Drehstromgenerator 3440 kW mit Schaltanlage	GM.	200000
1 Turboaggregat 1120 kW zur Verwertung des Abdampfes	GM.	170000
Fundamente	GM.	60000
	GM.	985000

2. Baulicher Teil:

Gebäudekosten	GM.	120000
Anlagekosten:	GM.	1105000

Die jährlichen Betriebskosten setzen sich demnach zusammen aus:

Verzinsung 10%, Tilgung 7½%, Unterhaltung 1½% für den maschinellen Teil	GM.	187150
Verzinsung 10%, Tilgung 4%, Unterhaltung 1% für den baulichen Teil	GM.	18000
Bedienung	GM.	18850
Putz- und Schmiermaterial	GM.	30000
Brennstoff 0,262 m³ Gas je kWh zu 0,035 GM./m³	GM.	334000
Betriebskosten:	GM.	588000

Hieraus errechnen sich die Erzeugungskosten einer Kilowattstunde zu

$$\frac{588000 \cdot 100}{36500000} = 1{,}61 \text{ Pf.}$$

Wird der Dampf statt zur Krafterzeugung für Heiz- und Kochzwecke verwendet, so wird die gesamte Ausnutzung günstiger, da die Verluste bei der Umwandlung von Wärme in Kraft fortfallen. Der thermodynamische Wirkungsgrad beträgt in diesem Falle 66,9%. Die auf gleicher Grundlage durchgeführte Berechnung der Erzeugungskosten einer Kilowattstunde ergibt unter Berücksichtigung, daß in diesem Falle nur rund

$$8000 \cdot 3440 = 27500000 \text{ kWh}$$

im Jahr erzeugt werden, folgendes Bild:

Die Anlagekosten einer betriebsfertig aufgestellten Anlage ergeben sich zu

1. Maschineller Teil:

1 Gasmaschine 5000 PS, $n = 94$/min mit Spülung und Siedekühlung	GM. 390000
Rohrleitungen, Spülluft-, Druckluft-, Kühlwasserbeschaffung, Zündbatterien, Maschinenhauslaufkran, Abwärmeverwertung . . .	GM. 165000
1 Drehstromgenerator 3440 kW mit Schaltanlage	GM. 200000
Fundamente	GM. 50000
	GM. 805000

2. Baulicher Teil:

Gebäudekosten	GM. 100000
Anlagekosten:	GM. 905000

Die jährlichen Betriebskosten ergeben sich aus:

Verzinsung 10%, Tilgung 7½%, Unterhaltung 1½% für den maschinellen Teil	GM. 152950
Verzinsung 10%, Tilgung 4%, Unterhaltung 1% für den baulichen Teil.	GM. 15000
Bedienung	GM. 12050
Schmier- und Putzmaterial	GM. 25000
Brennstoffkosten 0,3475 m^3 je kWh zu 0,035 GM./m^3	GM. 334000
Betriebskosten:	GM. 539000

Von diesen für ein Jahr errechneten Betriebskosten ist der Wert des aus der Abwärme gewonnenen Dampfes, welcher für Heiz- und Kochzwecke verwendet wird, in Abzug zu bringen. Für die Bewertung des Dampfes sei sein Wärmeinhalt und der zur Erzeugung in Kesseln notwendige Gasverbrauch maßgebend. Es ergibt sich dann der Wert des in der Abwärmeverwertungsanlage aus den Auspuffgasen gewonnenen Dampfes zu 3,35 GM./t, desjenigen aus dem Kühlwasser gewonnenen zu 2,90 GM./t.

Erzeugt werden aus den Auspuffgasen je kWh 1,46 kg, insgesamt daher

$$\frac{1,46 \cdot 27500000}{1000} \approx 40000 \text{ t Dampf/Jahr.}$$

Diese Dampfmenge hat einen Wert von 40000·3,35 = GM. 134000 Aus dem Kühlwasser in der Siedekühlung werden gewonnen je kWh 0,75 kg, insgesamt daher rund

$$\frac{0,75 \cdot 27500000}{1000} = 20000 \text{ t Dampf/Jahr.}$$

Diese Dampfmenge hat einen Wert von 20000 . 2,9 = GM. 58000. Der Wert des gewonnenen Dampfes beträgt zusammen je Jahr GM. 192000.

Aus den oben errechneten Betriebskosten von GM. 539000 abzüglich des Wertes des aus der Abwärme gewonnenen Dampfes von GM. 192000 erhält man die tatsächlichen Betriebskosten: Gm. 347000.

Daraus errechnet sich der Preis der erzeugten Kilowattstunde zu:

$$\frac{347000 \cdot 100}{27500000} = 1,26 \text{ Pf.}$$

Würde man bei dem Gasmotor auf die Verwertung der Abwärme, welche in den Auspuffgasen und in dem abfließenden Kühlwasser enthalten ist, verzichten, ein Fall, der bei Großgasmaschinen mit Rücksicht auf die wirtschaftlichen Nachteile heute wohl nicht mehr in Betracht kommt, dann würde die Ausnutzung der Anlage wesentlich ungünstiger werden und der thermodynamische Wirkungsgrad nur 24,8% betragen.

b) Dampfturbine.

Stellen wir nun der Wärmebilanz einer Gasmaschine von 5000 PS diejenige einer Dampfturbine, Bauart MAN-Brünn (Abb. 164), mit 2 Gehäusen, Oberflächenkondensation und gasgefeuerten Kesseln von 35 atü Druck im Kessel bei 425° und 32 atü Dampfdruck vor der Turbine bei 400°, Kühlwassertemperatur 15°, gegenüber, so ergibt sich, daß der thermodynamische Wirkungsgrad der Dampfturbine nur 21,2% beträgt, d. h. nur 21,2% der Dampfwärme zur Erzeugung einer Kilowattstunde ausgenutzt werden. Die Ausnutzung der Turbinenanlage gegenüber Gasmaschinenanlage ist also selbst in dem Falle ungünstiger, wenn auf die Abwärmeverwertung bei letzterer verzichtet wird. Die Wärmeausnutzung der Turbinenanlage kann günstiger gestaltet werden durch stufenweise Dampfentnahme zum Zweck der Speisewasservorwärmung. Sie wird aber trotzdem nie den hohen Grad der Wärmeausnutzung von Gasmaschinenanlagen mit Abwärmeverwertung erreichen, besonders nicht, wenn Kondensationsturbinen für den Antrieb der Stromerzeuger gewählt werden.

Wesentlich günstiger würde sich die Wärmeausnutzung von Turbinenanlagen gestalten, wenn sie, ähnlich wie bei den Gasmaschinen erwähnt, mit Anlagen kombiniert würden, welche für ihren Betrieb Heiz- oder Kochdampf benötigen. Diese Möglichkeit ist bei Wärmekraftanlagen für die Zwecke der Erdölindustrie nicht außer acht zu lassen. Würden die Kraftwerke in der Nähe von Raffinerien, die für die Behandlung des Rohöles sehr viel Heizdampf benötigen, errichtet oder umgekehrt, der Schwerpunkt also nicht mehr allein in der Krafterzeugung, sondern auch in dem Verbrauch großer Dampfmengen zu Koch- und Heizzwecken liegen, so ließe sich durch die Verwendung von Gegendruck oder Anzapfturbinen die Wärmeausnutzung der Turbinenanlage wesentlich steigern. Die Gasmaschine hat in solchen Fällen keine Berechtigung mehr, sondern muß das Feld der Dampfturbine überlassen, da die aus den Abgasen der Gasmaschine erzielbare Dampfmenge im allgemeinen nicht ausreicht, den Bedarf an Heiz- und Kochdampf zu decken. Infolgedessen kommt dann ein wirtschaftlicher Vergleich zwischen beiden Maschinenarten auch gar nicht in Frage.

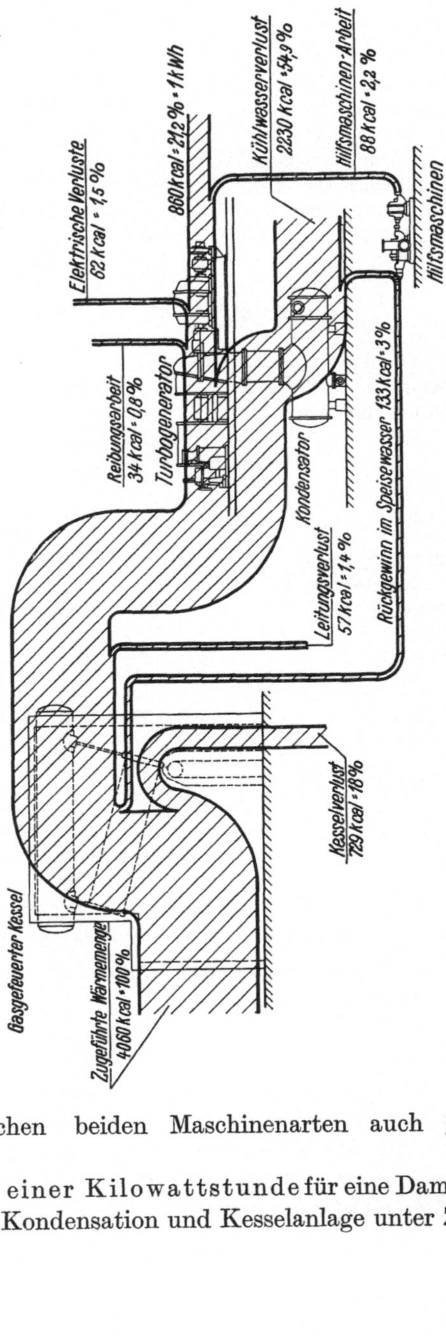

Abb. 164. Wärmebilanz einer Dampfturbine.

Die **Erzeugungskosten einer Kilowattstunde** für eine Dampfturbinenanlage einschließlich Kondensation und Kesselanlage unter Zugrundelegung einer jährlichen Leistung von rund

$$3440 \cdot 8000 = 27\,500\,000 \text{ kWh}$$

ergeben sich aus folgender Berechnung:

1. Maschineller Teil:

1 Turbosatz 3440 kW einschl. Kondensationsanlage	GM. 290000
3 gasgefeuerte Kessel von je 200 m² Heizfläche (davon 1 zur Reserve)	GM. 186000
Rohrleitungen innerhalb des Maschinen- und Kesselhauses einschl. Speisevorrichtungen	GM. 60000
Maschinenhauslaufkran	GM. 20000
Turbinenfundamente, Kesselfundament, Einmauerung	GM. 62000
Nicht besonders aufgeführte Teile	GM. 12000
	GM. 630000

2. Baulicher Teil:

Maschinenhaus.	GM. 60000
Kesselhaus	GM. 100000
Schornsteinanlage	GM. 30000
	GM. 190000
Anlagekosten:	GM. 820000

Die jährlichen Betriebskosten ergeben sich aus:

Verzinsung 10%, Tilgung 7½%, Unterhaltung 1½% für den maschinellen Teil	GM. 119700
Verzinsung 10%, Tilgung 4%, Unterhaltung 1% für den baulichen Teil.	GM. 28500
Bedienung	GM. 21800
Schmier- und Putzmaterial	GM. 4000
Brennstoffkosten 0,406 m³/kWh zu 0,035 GM./m³	GM. 390000
Betriebskosten:	GM. 564000

Preis der kWh

$$\frac{564000 \cdot 100}{27500000} = 2{,}05 \text{ Pf.}$$

Es soll nun die Berechnung der Erzeugungskosten einer Kilowattstunde einer zweigehäusigen Gegendruckturbine Bauart MAN-Brünn, unter Zugrundelegung einer jährlichen Leistung von rund

$$3440 \cdot 8000 = 27\,500\,000 \text{ kWh}$$

bei einem Gegendruck von 5 ata folgen, wobei aber nochmals ausdrücklich betont werden soll, daß ein schiefes Bild entstehen würde, wenn die auf Dampfverwertung hinzielende Gegendruckturbine mit einer in erster Linie zur Krafterzeugung bestimmten Gasmaschine verglichen würde.

1. Maschineller Teil:

1 Turbosatz 3440 kW	GM. 216000
3 gasgefeuerte Kessel von je 500 m^2 Heizfläche (davon einer zur Reserve)	GM. 412000
Rohrleitungen innerhalb des Maschinen- und Kesselhauses einschl. Speisevorrichtungen	GM. 20000
Maschinenhauslaufkran	GM. 12000
Turbinenfundamente, Kesselfundamente, Einmauerung	GM. 105000
Nicht besonders aufgeführte Teile	GM. 10000
	GM. 775000

2. Baulicher Teil:

Maschinenhaus, Kesselhaus, Schornsteinanlage	GM. 150000
Anlagekosten:	GM. 925000

Die jährlichen Betriebskosten ergeben sich aus:

Verzinsung 10%, Tilgung 7½%, Unterhaltung 1½% für den maschinellen Teil	GM. 147250
Verzinsung 10%, Tilgung 4%, Unterhaltung 1% für den baulichen Teil	GM. 22500
Bedienung	GM. 21000
Schmier- und Putzmaterial	GM. 4000
Brennstoffkosten (0,83 m^3/kWh zu 0,035 GM./m^3)	GM. 800000
	GM. 994750
Dampfgewinn aus der Gegendruckturbine 300000 t zu je GM. 2,90	GM. 870000
Betriebskosten:	GM. 124750

Preis der kWh

$$\frac{124750 \cdot 100}{27500000} = 0{,}46 \text{ Pf.}$$

c) Dieselmotor.

Der Vollständigkeit halber ist in der Abb. 165 die Wärmebilanz eines Dieselmotors von 5400 PS Leistung wiedergegeben. Für diese Leistung kommt die Ausführung als doppeltwirkender Zweitakt mit Lufteinspritzung in Betracht. Die Ausnutzung der Auspuff- und Kühlwasserwärme ist vorgesehen. Von der zugeführten Wärmemenge werden in diesem Falle 31,9% zur Erzeugung einer Kilowattstunde benötigt, der thermodynamische Wirkungsgrad beträgt daher 31,9%. Die Wärmeausnutzung eines Dieselmotors ist also günstiger als diejenige einer Gasmaschine ohne Abwärmeverwertung oder einer Kondensationsturbine gleicher Leistung.

Die Erzeugungskosten einer Kilowattstunde bei dieser Antriebsart ergeben sich bei 8000 jährlichen Betriebsstunden und 3720 kW abgegebener Leistung, also 29760000 jährlichen kWh aus folgender Berechnung:

1. Maschineller Teil:

1 Großdieselmotor 5400 PS mit allem für den Betrieb erforderlichen Zubehör	GM. 871000
1 Drehstromgenerator 3720 kW mit Schaltanlage	GM. 280000
Fundamente	GM. 42500
Abwärmeverwertungsanlage	GM. 30000
	GM. 1223500

2. Baulicher Teil:

Gebäudekosten und Auspuffschornstein	GM. 45000
	GM. 1268500
Aufrundung:	GM. 1500
Anlagekosten:	GM. 1270000

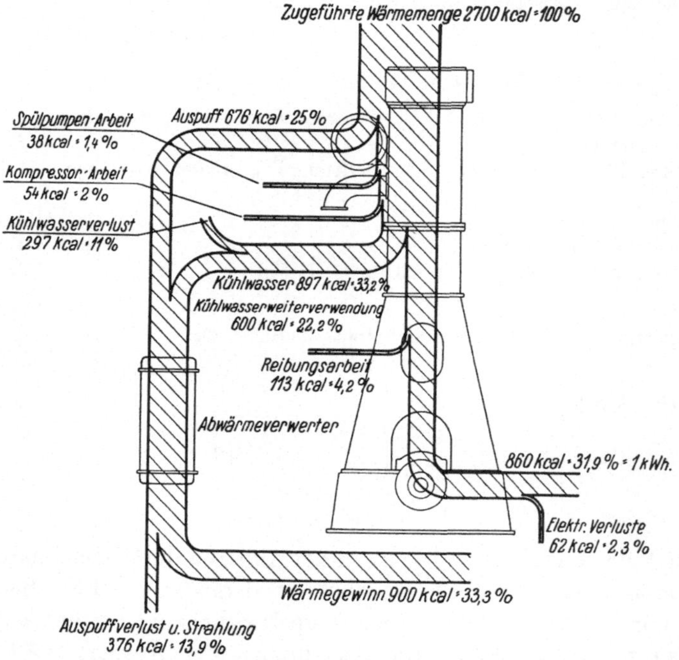

Abb. 165. Wärmebilanz eines Dieselmotors unter Verwertung der Auspuffgas- und Kühlwasserwärme.

Die jährlichen Betriebskosten ergeben sich aus:

Verzinsung 10%, Tilgung 7½%, Unterhaltung 1½% für den maschinellen Teil; Verzinsung 10%, Tilgung 4%, Unterhaltung 1% für den baulichen Teil	GM. 239500
Bedienung	GM. 19000
Schmier- und Putzmaterial	GM. 39000
Brennstoffkosten 0,27 kg Rohöl je kWh zu 0,07 GM./kg.	GM. 560000
	GM. 857500

Gewinn aus Abwärme:

Etwa 30% der gesamten Wärme und damit der gesamten Brennstoffkosten	GM. 168000
Betriebskosten:	GM. 689500

Preis der kWh

$$\frac{689500 \cdot 100}{29760000} = 2{,}3 \text{ Pf.}$$

Es kommen mitunter Fälle vor, daß die neugebohrten Sonden eine Zeitlang Erdgas und erst später Erdöl liefern oder Stockungen in der Erdgasversorgung auftreten. Es tritt daher die Frage auf, ob es möglich ist, die für den Erdgasbetrieb vorgesehenen Gasmotoren auch mit Erdöl oder Dieselmotoren mit Erdgas zu betreiben. Diese Fragen können nach dem heutigen Stande der Technik bejahend beantwortet werden, allerdings mit einer gewissen Leistungsbegrenzung nach oben. Legt man auf diese Umstellbarkeit Wert, so muß man demnach unter Umständen auf die Wahl ganz großer Einheiten verzichten und die mit der Aufstellung kleinerer, für den Betriebsstoffwechsel ausführbarer Einheiten verbundenen höheren Anlagekosten in Kauf nehmen.

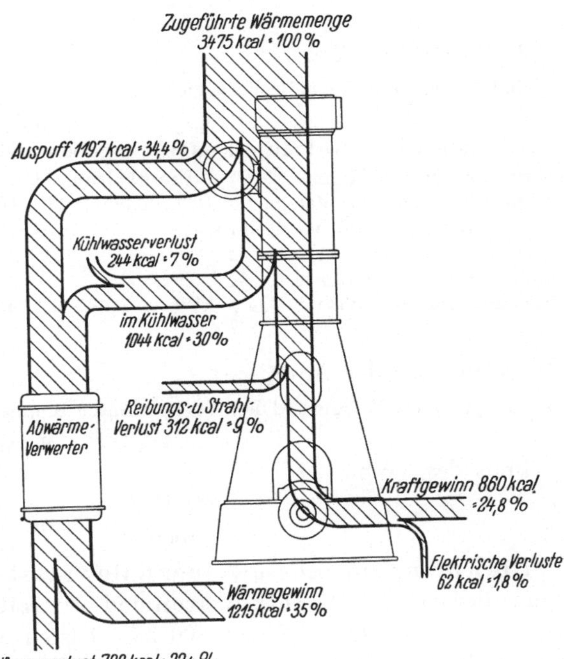

Abb. 166. Wärmebilanz eines Dieselmotors bei Erdgasbetrieb.

In der Abb. 166 ist die Wärmebilanz eines 8-Zylinder-Viertakt-**Dieselmotors** mit einer Leistung von 2500 PS bei **Erdgasbetrieb** mit Ausnutzung der Abwärme aus Auspuff und Kühlwasser dargestellt. Der thermodynamische Wirkungsgrad ist geringer als bei Erdölbetrieb und beträgt bei der genannten Leistung nur 24,8%, ist also gleich demjenigen eines Gasmotors von 5000 PS ohne Abwärmeverwertung.

Die Erzeugungskosten einer Kilowattstunde unter Zugrundelegung von zwei 8-Zylinder-MAN-Großdieselmotoren von je 2500 PS Leistung bei Erdgasbetrieb bei 8000 Betriebsstunden im Jahr und insgesamt 3400 kW abgegebener Leistung, also 27 200 000 jährlichen kWh ergeben sich aus folgender Berechnung:

1. Maschineller Teil:

2 Großdieselmotoren je 2500 PS für Erdgasbetrieb mit allem für den Betrieb erforderlichen Zubehör	GM. 1 024 000
2 Drehstromgeneratoren je 1700 kW mit Schaltanlage	GM. 300 000
Fundamente	GM. 80 000
Abwärmeverwertungsanlage	GM. 40 000
	GM. 1 444 000

2. Baulicher Teil:

Gebäudekosten und Auspuffschornstein	GM. 150 000
Anlagekosten:	GM. 1 594 000

Die jährlichen Betriebskosten ergeben sich aus:

Verzinsung 10%, Tilgung 7½%, Unterhaltung 1½% für den maschinellen Teil; Verzinsung 10%, Tilgung 4%, Unterhaltung 1% für den baulichen Teil rd.	GM. 297 000
Bedienung	GM. 35 000
Schmier- und Putzmaterial	GM. 75 000
Brennstoffkosten (0,353 m^3 Gas je kWh zu 0,035 GM./m^3)	GM. 336 000
	GM. 743 000

Gewinn aus der Abwärme:

35% der gesamten Wärme und damit der gesamten Brennstoffkosten rd.	GM. 117 600
Betriebskosten:	GM. 625 400

Preis der kWh

$$\frac{625400 \cdot 100}{27200000} = 2,3 \text{ Pf.}$$

Die Erzeugungskosten einer Kilowattstunde unter Zugrundelegung der gleichen Dieselmotoren und Generatoren, welche bei Erdölbetrieb je 3400 PS bzw. 2300 kW leisten, dementsprechend bei 8000 Betriebsstunden im Jahr insgesamt 36 800 000 kWh erzeugen, ergeben sich aus folgender Berechnung:

1. Maschineller Teil:

2 Großdieselmotoren je 3400 PS für Erdölbetrieb mit allem für den Betrieb erforderlichen Zubehör	GM. 1 024 000
2 Drehstromgeneratoren je 2300 kW mit Schaltanlage	GM. 300 000
Fundamente	GM. 80 000
Abwärmeverwertungsanlage	GM. 40 000
	GM. 1 444 000

2. Baulicher Teil:

Gebäudekosten und Auspuffschornstein	GM. 150 000
Anlagekosten:	GM. 1 594 000

Die jährlichen Betriebskosten ergeben sich aus:

Verzinsung 10%, Tilgung $7^1/_2$%, Unterhaltung $1^1/_2$% für den maschinellen Teil; Verzinsung 10%, Tilgung 4%, Unterhaltung 1% für den baulichen Teil . . . . GM. 297000
Bedienung . . . . GM. 35000
Schmier- und Putzmaterial . . . . GM. 75000
Brennstoffkosten (0,27 kg Erdöl/kWh zu 0,07 GM./kg) . . . . rd. GM. 695000

rd. GM. 1102000

Gewinn aus der Abwärme:

35% der gesamten Wärme und damit der gesamten Brennstoffkosten . . . . rd. GM. 243000

Betriebskosten: GM. 859000

Preis der kWh

$$\frac{859000 \cdot 100}{36800000} = 2{,}33 \text{ Pf.}$$

Die Ergebnisse dieser Berechnungen seien übersichtlich in folgender Tabelle zusammengestellt:

Antriebsart	Thermodyn. Wirkungsgrad in %	Preis einer kWh in Pf.
Gasmotor ohne Abwärmeverwertung	24,8	—
Gasmotor mit Abwärmeverwertung für Krafterzeugung	32,8	1,61
Gasmotor mit Abwärmeverwertung für Koch- und Heizzwecke	66,9	1,26
Kondensationsturbine, Bauart MAN-Brünn .	21,2	2,05
Gegendruckturbine, Bauart MAN-Brünn . .	—	0,46
Dieselmotor 5400 PS mit Abwärmeverwertung	31,9	2,3
2 Dieselmotoren 2500 PS mit Abwärmeverwertung bei Erdgasbetrieb	24,8	2,3
2 desgl. bei Erdölbetrieb 3400 PS	—	2,33

Die gegenübergestellten Werte können durch die verschieden auftretenden Belastungen, dann durch die Möglichkeit, Art und Größe der Abwärmeverwertung wesentlich beeinflußt werden.

Aus alledem ist ersichtlich, wie schwierig es ist, bei den besonders in den Erdölbetrieben vorkommenden, unvorhergesehenen Betriebs- und Belastungsverhältnissen von vornherein zahlenmäßige Werte für die Wirtschaftlichkeit rechnerisch zu ermitteln.

9. Kesselanlagen.

a) Vorteile der zentralen Dampferzeugung.

In früheren Jahren, als die ausschließliche Verwendung des Dampfantriebes üblich war, wurde der Dampf für mehrere Sonden meistens in kleinen Kesselanlagen erzeugt. Auf diese Art erfolgt die Dampferzeugung auch heute in Erdölgebieten, wo die Umstellung auf elektrischen Betrieb noch nicht restlos durchgeführt wurde. Die Kesselanlagen bestehen hierbei je nach der Zahl und Größe der zu speisenden Dampfmaschinen und Vorratsbehälter mit Betriebs- und Heizdampf aus einer größeren oder kleineren Zahl von Kesseln, die in einer Reihe angeordnet und für Gas- oder Rohölfeuerung eingerichtet, Dampf von 6 bis 10 atü liefern. Es sind gewöhnliche Flammrohrkessel mit normal 60 m² Heizfläche. Ihr Wirkungsgrad beträgt etwa 60%.

Mit dieser Art der dezentralisierten Dampferzeugung sind viele Nachteile verbunden, die bei den Kesselanlagen für Kraftwerke vermieden werden können. Der umständliche Transport der Kessel über das Gelände, die Herstellung der Fundamente für die verstreut liegenden Kessel und Kesselhäuser, die Bauausführung der letzteren, verursachen hohe Kosten, die bei den zentralen Kesselanlagen und der elektrischen Stromversorgung gespart werden. Bei der Verlegung der Energieerzeugung in ein elektrisches Kraftwerk wird sowohl die Wasserbeschaffung als auch die Heizstoffzuführung vereinfacht, infolgedessen verbilligt. An die Stelle eines Netzes von Verteilungsdampfleitungen treten die elektrischen Leitungen. Diese lassen sich aber mit wesentlich einfacheren Mitteln verlegen als Dampfleitungen, die sorgfältig verflanscht oder zusammengeschraubt, gedichtet und mit einer Wärmeschutzmasse umgeben werden müssen, um die Verluste an Dampf nicht zu groß werden zu lassen. Die Führung und Überwachung des Betriebes zentraler Kesselanlagen erfordert nicht so viel Personal wie der vielen im Felde zerstreut liegenden Kessel, der Wirkungsgrad großer Kesselanlagen ist wesentlich höher als der vielen kleinen Kessel, besonders bei Verwendung der heute allgemein üblichen hohen Dampfdrücke und einer starken Überhitzung.

b) Allgemeine Gesichtspunkte für den Bau von Kesselanlagen.

Der Entwurf und die Ausführung der Kesselanlagen von Dampfkraftwerken erfordern sorgfältige Erwägungen, wenn sie allen Anforderungen des Betriebes genügen und auch der Wirtschaftlichkeit Rechnung tragen sollen. Die Gesichtspunkte, die bei den Kesselanlagen der Kraftwerke, die der Stromversorgung des Erdölgebietes dienen, zu beobachten sind, sind im wesentlichen die gleichen wie bei anderen Dampfkraftwerken für industrielle Betriebe mit starken Belastungsschwankungen. Das, die Kesselanlagen der für die Erdölindustrie errichteten Kraftwerke, kennzeichnende Merkmal ist die Feuerung durch hochwertiges Erdgas, oder durch Rohöl und Rohölrückstände, welche im Falle des Ausbleibens des Gases oder ungenügender Gaslieferung zugefeuert werden. Dementsprechend sind die Kessel in der Regel sowohl mit Gas-, als auch mit Rohölbrennern ausgerüstet, und es wird der Ausbildung der Brenner und der gesamten Feuerungsanlage, da von ihnen die Sicherheit des Betriebes im wesentlichen abhängt, große Sorgfalt zugewendet. Nur in seltenen Fällen sind die Kessel für Rohölfeuerung allein vorgesehen.

Was die übrigen Einzelheiten, die Kesselbauart, Dampfspannung, Überhitzung, Vorwärmung und Reinigung des Kesselspeisewassers, Schornstein- und Saugzuganlage, Brennstoffzuführung, Rohrleitungsanlage, Meß- und Kontrolleinrichtungen anbelangt, sei auf die einschlägige Literatur verwiesen.

10. Schaltanlagen.

Auch auf die Schaltanlagen von Kraftwerken soll hier nicht näher eingegangen werden. Sie weisen gegenüber den normalen Ausführungen keine Sonderheiten auf, sie müssen entsprechend den örtlichen und betrieblichen Anforderungen gebaut werden und volle Betriebssicherheit in allen vorkommenden Fällen bieten. Da viele Erdölfelder in Gebieten mit starken atmosphärischen Entladungen liegen, ist der Frage der Schutzvorrichtungen besondere Aufmerksamkeit zu schenken. Bei den in der Regel sehr ausgedehnten Freileitungsnetzen besteht die Gefahr von Erdschlüssen, die durch entsprechende, bekannte Vorrichtungen, die fast immer im Kraftwerk selbst angeordnet werden, behoben werden kann.

II. Energie-Verteilung.

Die Verteilung der elektrischen Energie in ausgedehnten Erdölgebieten, in welchen eine größere Anzahl Motoren mit elektrischem Strom versorgt werden müssen, geschieht in der Regel derart, daß die vom Kraftwerk ausgehenden Leitungen zu einzelnen Transformatorenstationen geführt werden, die eine Gruppe von Motoren mit Energie versorgen. Die Speiseleitungen vom Kraftwerk zu den Transformatoren werden meistens als Freileitungen verlegt; ausnahmsweise kommen jedoch auch Kabel zur Verwendung. Im Interesse der Betriebssicherheit ist es zweckmäßig, die Speiseleitungen nicht nur strahlenförmig vom Kraftwerk ausgehend anzuordnen, sondern die einzelnen Transformatorenstationen auch durch eine Ringleitung in der Weise miteinander zu verbinden, daß bei Störungen in der direkten Speiseleitung die Transformatoren auf einem Umwege über benachbarte Transformatorenstationen gespeist werden können, ähnlich wie es die Abb. 167 zeigt. Die Transformatorenstationen haben in ausgedehnten Anlagen hauptsächlich den Zweck der Kupferersparnis. Würde man die Stromversorgung der einzelnen Motoren unmittelbar mit

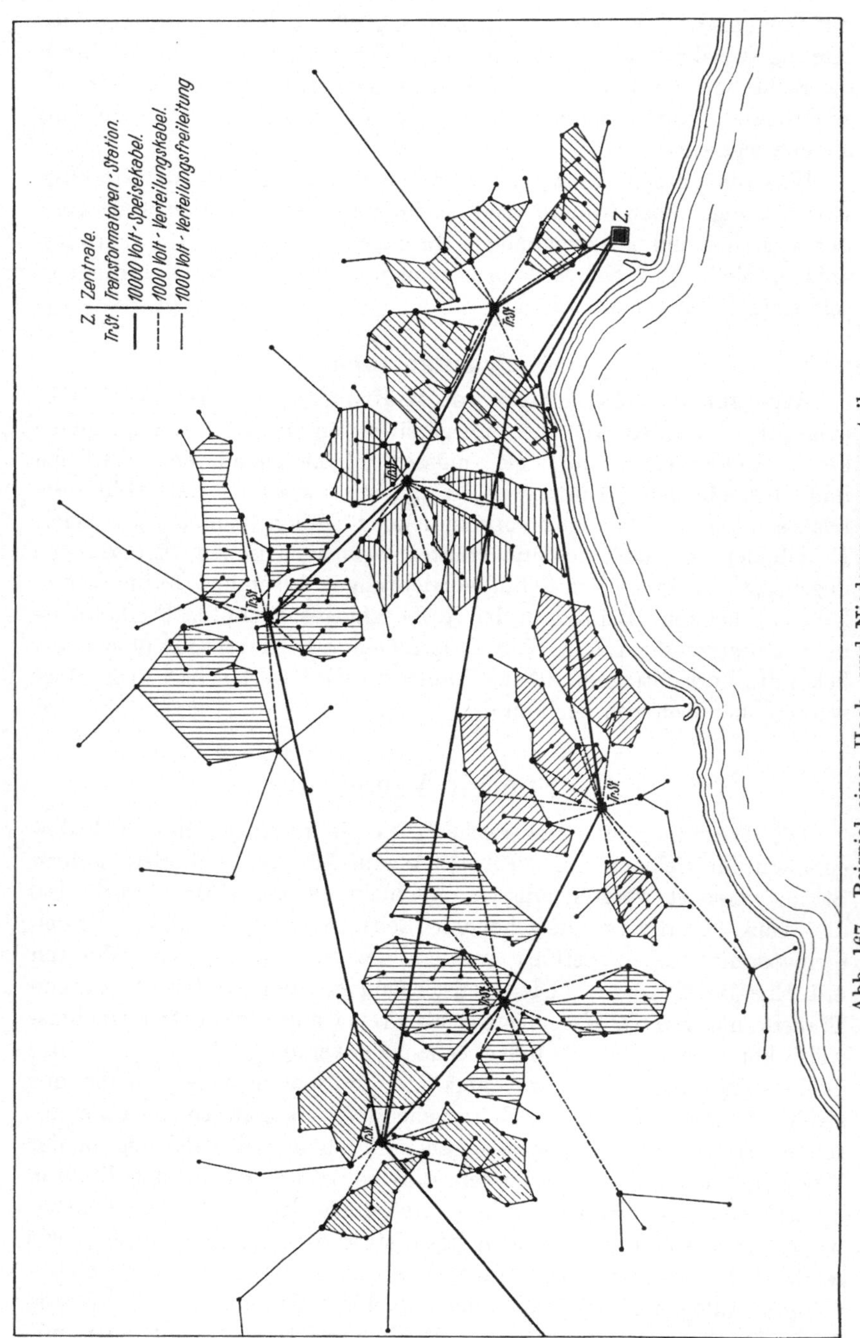

Abb. 167. Beispiel einer Hoch- und Niederspannungsverteilung.

derjenigen Spannung vornehmen, für welche sie gebaut werden, beispielsweise 500 V, so würden mitunter sehr große Kupferquerschnitte erforderlich sein. Außerdem könnten im Kraftwerk eine so große Zahl von Abzweigen, wie sie bei unmittelbarer Speisung der Motoren mit dem Kraftwerkstrom erforderlich würden, kaum vorgesehen werden.

Die in den Transformatorenstationen befindlichen Transformatoren erhalten, wie schon vorhin bei Erörterung der Wahl der Spannung für die Kraftwerke erwähnt wurde, den Strom entweder unmittelbar von den Stromerzeugern oder den durch Transformatoren im Kraftwerk hinauftransformierten Strom und übersetzen die Spannung auf die Gebrauchsspannung der Motoren. Die Bemessung der Leistung der Transformatoren erfolgt nach der Zahl der an die Transformatorenstationen angeschlossenen Motoren, wobei die gleichen Gesichtspunkte beachtet werden wie bei der Bemessung der Größe der Stromerzeuger. Die Transformatoren müssen demnach so groß gewählt werden, daß sie auch die von den Motoren herrührenden Überlastungen innerhalb der vorgeschriebenen Grenzen aushalten können. Mit Rücksicht darauf, daß an eine Transformatorenstation in der Regel mehrere Motoren angeschlossen werden, die bei gleichzeitigem Arbeiten eine einigermaßen gleichbleibende Grundbelastung ergeben, wird es genügen, die Transformatoren entsprechend der Summe der effektiven Leistungen der gleichzeitig im Betrieb befindlichen Motoren zu wählen. Die Zahl der gleichzeitig im Betrieb befindlichen Motoren verhält sich zu der Zahl der insgesamt angeschlossenen Motoren erfahrungsgemäß wie 1 : 2 bis 1 : 1,5. Der erste Wert gilt bei einer großen, der zweite bei einer kleineren Zahl von Motoren. Um eine gewisse Reserve für die Stromversorgung der einzelnen Antriebsgruppen zu haben, wird man in der Regel nicht nur einen Transformator in den Stationen aufstellen, sondern mindestens zwei Transformatoren, von denen jeder für die Hälfte der Gesamtenergie bemessen ist. Will man ganz sicher gehen, so wird man noch einen gleichgroßen dritten Transformator als Betriebsreserve vorsehen. Tut man dies jedoch mit Rücksicht auf Ersparnis der Anlagekosten nicht, so wird man beim Defektwerden des einen der beiden Transformatoren mindestens noch die Hälfte der angeschlossenen Verbraucher mit Strom speisen können.

Die zur Aufstellung gelangenden Transformatoren werden meistens — besonders auf dem europäischen Festlande — als Drehstromtransformatoren ausgeführt. In Amerika werden vielfach statt eines Drehstromtransformators drei Einphasentransformatoren aufgestellt und ein vierter Einphasentransformator als Reserve vorgesehen. Bei dieser Ausführungsart liegt die Reserve in dem vierten Einphasentransformator, und es braucht infolgedessen die Gesamtleistung nicht in einzelne Transformatoren unterteilt zu werden.

Über die Schaltung der Transformatorenstationen ist etwas Besonderes nicht zu sagen. Es empfiehlt sich, wie das Schaltbild (Abb. 168) zeigt, die Transformatoren ober- und unterspannungsseitig durch besondere Ölschalter abschaltbar zu machen und auch in den abgehenden Leitungen

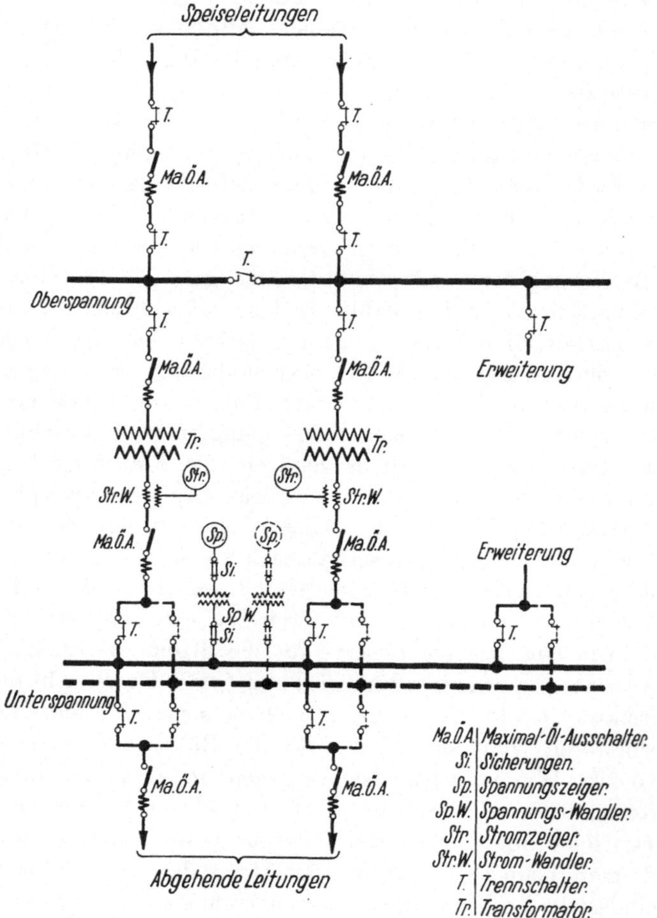

Abb. 168. Schaltbild einer Transformatorenstation.

Ölschalter vorzusehen. Auf diese Weise ist man in der Lage, ohne Betriebsunterbrechung alle erforderlichen Schaltungen vornehmen zu können. In der Regel werden in den Transformatorenstationen auch Meßinstrumente — zumindest für jeden Transformator ein Stromzeiger — angeordnet, um die Lastverteilung auf die einzelnen Transformatoren überwachen zu können. Wenn erforderlich, werden auch die nötigen Überspannungsschutzapparate in den Transformatorstationen eingebaut. In europäischen Erdölgebieten werden die Transformatorenhäuser als fest verschlossene Häuser aus Backstein oder Wellblech ausgeführt (Abb. 169). In Amerika, der Heimat der Freiluftstationen, zieht man es vor, die Transformatoren auf Masten anzuordnen. Hochspannungsseitig werden die Transformatoren durch abschaltbare Sicherungen geschützt, außerdem sind besondere Überspannungsschutzvorrichtungen vorgesehen, die auf dem Mast angeordnet sind. Die Transformatoren werden in der Regel auch in Amerika so groß bemessen, daß sie eine größere Anzahl von Pumpenmotoren speisen

Abb. 169. Ansicht eines rumänischen Ölfeldes mit einer Transformatorenstation.

können. Beim Bohren wird gewöhnlich jeder Bohrmotor mit einem besonderen Transformator ausgerüstet, der in seiner unmittelbaren Nähe aufgestellt wird. Dadurch soll an Leitungsmaterial gespart werden. Nach beendeter Bohrung wird der Transformator abgebaut und bei einer neuen Bohrung verwendet.

Die zur Speisung der Motoren dienenden Verteilungsleitungen werden mit Rücksicht auf die besonderen Verhältnisse in den Erdölgebieten als Freileitungen verlegt. Sie werden auf Holzmasten angebracht, und es gelten für die Verlegung der Freileitungen genau die gleichen Sicherheitsvorschriften, wie sie in anderen Anlagen beobachtet werden müssen. Wichtig ist, daß der Querschnitt der Leitungen mit Rücksicht auf den Spannungsabfall richtig gewählt wird, damit die Motoren stets die richtige Spannung an den Klemmen erhalten, für welche sie gebaut sind, und bei Überlastungen ohne starken Drehzahlabfall das erforderliche Moment ausüben können. Es empfiehlt sich, bei der Bemessung der Leitungen eine gewisse Reserve vorzusehen, mit Rücksicht darauf, daß an ein und dieselbe Leitung später eine größere Anzahl von Motoren angeschlossen wird, als dies ursprünglich beabsichtigt war. Wenn es möglich ist, so empfiehlt es sich, auch die Niederspannungsleitungen in Form eines Ringsystems, wie die Abb. 167 zeigt, auszubilden, damit die einzelnen Motoren von zwei Seiten aus mit Strom gespeist werden können.

III. Phasenverbesserung.

Die vielen Motoren, welche im Erdölgebiet an das Kraftwerk angeschlossen sind, haben in der Regel eine stark schwankende Belastung, die sich vom Leerlauf bis zu der mehrfachen Normalleistung bewegt. Das Leitungsnetz ist ein sehr ausgedehntes, und zwar sowohl das Hoch- wie auch das Niederspannungsnetz. Diese Momente tragen zu der Verschlechterung des Leistungsfaktors der Gesamtanlage bei. Die Auswirkung dieses Umstandes zeigt sich in erster Linie im Kraftwerk bei den Stromerzeugern, die nicht nur für die Erzeugung des Wirkstromes, sondern auch des Blindstromes bemessen sein müssen. In zweiter Linie zeigt sich der Einfluß des schlechten Netzleistungsfaktors in dem großen Spannungsabfall der Leitungen, denn auch diese haben außer dem Wirkstrom den Blindstrom zu führen. Man könnte zwar den Spannungsabfall verkleinern durch Wahl größerer Leitungsquerschnitte, jedoch läge darin bei dem ausgedehnten Netz ein großer wirtschaftlicher Nachteil. Man sucht daher durch andere Mittel eine Phasenverbesserung vorzunehmen, wofür verschiedene Möglichkeiten bestehen.

Das nächstliegende Mittel, den Leistungsfaktor eines Netzes zu verbessern, besteht darin, den Blindstromverbrauch an den Verbrauchsstellen zu verhüten. Zu diesem Zweck sind einige Sonderbauarten für Maschinen (sog. Phasenschieber) und Apparate durchgebildet, welche unmittelbar bei den Motoren zur Aufstellung kommen, und bei voller Belastung des Motors diesen mit einem Leistungsfaktor von 1 arbeiten lassen. Andere Bauarten ermöglichen es sogar, auch bei Vollast den Motor mit voreilendem Strom zu betreiben. Dieses Verfahren, welche in der Elektrotechnik speziell in den letzten Jahren immer weiter durchgebildet wurde, Einzelverbesserung genannt, kommt in den Erdölbetrieben nicht in Betracht, da die hierbei verwendeten Maschinen durchwegs Kollektormaschinen sind, daher nicht explosionssicher gebaut werden können, und andererseits die Motoranlage infolge der Aufstellung weiterer Maschinen nicht mehr so übersichtlich und im

Betriebe so einfach bedienbar ist. Neuerdings werden auch statische Kondensatoren verwendet, welche bei Spannungen bis 500 V unmittelbar an die Klemmen der Asynchronmotoren angeschlossen werden können. Ihre Verwendung bleibt jedoch nur auf die Verbesserung kleiner Blindleistungen beschränkt, andernfalls wird die Anlage im Vergleich zu dem erzielten wirtschaftlichen Vorteil zu teuer.

Das zweite Verfahren, die sog. Gruppenverbesserung, besteht darin, daß in denjenigen Punkten des Netzes, in welchen die Verteilung der Energie erfolgt, Blindleistungsmaschinen aufgestellt werden, welche den Blindleistungsbedarf der einzelnen an diese Verteilungsstationen angeschlossenen Verbraucher decken und das übrige Netz von der Blindstromlieferung befreien. Dieses Verfahren, welches für die Erdölindustrie am zweckmäßigsten ist, bedingt die Verwendung sog. Blindleistungsmaschinen in den Transformatorenstationen. Die Blindleistungsmaschinen können entweder Synchron- oder besonders vorteilhaft Asynchronmaschinen sein. Die Maschinen laufen im allgemeinen ohne eine mechanische Leistung abzugeben; sie können aber auch zum Antriebe der in der unmittelbaren Nähe der Transformatorenstation liegenden Maschinen verwendet werden. Voraussetzung hierfür ist, daß diese eine größere Leistung benötigen und dauernd im Betrieb sind.

Das dritte Verfahren der Phasenverbesserung, das aber nur in ganz besonderen Fällen zweckmäßig ist, ist die Aufstellung einer synchronen oder asynchronen Blindleistungsmaschine in dem Kraftwerk selbst. Sie hat nur dann Wert, wenn die Zentrale schon besteht, und die Antriebsmaschinen, sowie die mit diesen gekuppelten Generatoren wegen des hohen Blindleistungsverbrauches nicht ausgenutzt werden können. In solchen Fällen übernimmt die Blindleistungsmaschine die Erzeugung der Blindleistung, während die Antriebsmaschinen und die mit ihr gekuppelten Generatoren die Wirkleistungserzeugung durchführen. Bei neu auszuführenden Werken ist es zweckmäßig, wenn von einer Phasenverbesserung in den einzelnen Transformatorenstationen abgesehen wird, die Generatoren mit Rücksicht auf den schlechten Leistungsfaktor entsprechend groß zu wählen und in ihnen selbst die vom Netz verlangte Blind- und Wirkleistung zu erzeugen. Als Beispiel der Phasenverbesserung durch eine besondere Blindleistungsmaschine im Kraftwerk ist die Zentrale Floresti der Steaua-Electrica zu bezeichnen, bei welcher durch Aufstellung einer großen Blindleistungsmaschine die Generatoren von der Erzeugung der Blindleistung befreit werden.

Für die Entscheidung der Frage, in welchen Punkten und in welchem Maße eine Phasenkompensation durchgeführt werden soll, lassen sich allgemeine Regeln nicht aufstellen. Es ist notwendig, um für bestimmte Verhältnisse eine Entscheidung treffen zu können, eingehende Untersuchungen und Berechnungen anzustellen.

Siebenter Teil.

Motoren und Apparate.

I. Motorhäuschen.

Die zur Unterbringung der Motoren und der elektrischen Ausrüstungen dienenden Häuschen werden aus nicht brennbarem Baustoff hergestellt und vom Bohrturm räumlich getrennt angeordnet (Abb. 170). Sie sind verschließbar und nur dem hierzu berufenen Personal zugänglich. Man verwendet als Baumaterial vielfach feuerfeste Gipsdielen, welche

Abb. 170. Anordnung eines Motorhäuschens in Rumänien.

außer der Unverbrennbarkeit den Vorteil besitzen, daß sie bei Bränden in der Umgebung des Motorhäuschens unter dem Druck der von den Bohrtürmen herabfallenden brennenden Balken zusammenstürzen und eine wirksame Abdeckung somit einen Schutz des Motors gegen die Flammen herstellen. Es ist wiederholt vorgekommen, daß nach dem Löschen von Bränden der Motor aus dem Schutt der darübergefallenen Gipswände unversehrt hervorgezogen wurde. Die Abb. 171 zeigt das Innere eines Motorhäuschens der Steaua Romana.

Die Astra Romana stellt die Mehrzahl ihrer Motorhäuschen ganz aus Wellblech her. Die Abb. 170 zeigt das Äußere, Abb. 172 das Innere eines solchen Häuschens nach Entfernung der Wand, in welcher sich die Eingangstür befindet. Die Grundfläche des Häuschens beträgt 3×3 m; die Höhe 2,5 m.

Die Motoren für eine Leistung von 60 PS und mehr werden auf einem Betonfundament, diejenigen für kleinere Leistungen auf Holz-

Abb. 171. Inneres eines Motorhäuschens der Steaua Romana.

balken aufgestellt. Um den Motor sowohl seitlich als auch nach vor- und rückwärts verschieben zu können, wird er auf zwei senkrecht zu ein-

Abb. 172. Inneres eines Motorhäuschens der Astra Romana

ander stehenden Gruppen von Gleitschienen angeordnet. Durch diese Aufstellung kann eine rasche Auswechselbarkeit des Motors erzielt werden. Man rechnet allgemein mit einer Zeit von 2 Stunden für die Entfernung eines Motors und den Ersatz durch einen anderen.

II. Verwendungsmöglichkeit der verschiedenen Motortypen.

Je nach der Art und Arbeitsweise des mechanischen Teiles der Bohr- und Fördereinrichtungen wird der für ihren Antrieb geeignete Motor zu wählen sein.

Bei der Schilderung der die einzelnen Bohr- und Förderverfahren kennzeichnenden Eigenschaften ist bereits darauf hingewiesen worden, welche Arten von Elektromotoren sich im Betrieb einer nach einem bestimmten System errichteten Anlage besonders bewährt haben. Es wurde festgestellt, daß in den weitaus meisten Fällen als Antriebsmotor der Asynchron-Drehstrommotor in Frage kommt und nur in Ausnahmefällen für bestimmte Betriebsverhältnisse sich der Gleichstrommotor und der Drehstrom-Kollektormotor mit Vorteil verwenden lassen mit Rücksicht auf die einfache und verlustlose Regelung ihrer Drehzahl.

Die Verwendung von Gleichstrommaschinen ist nur dann zulässig, wenn leicht entzündbare Gase nicht vorhanden sind, oder bei ihrem Vorhandensein entsprechende Vorkehrungen gegen ihre Entzündung getroffen sind. Das gleiche gilt auch für Drehstrommotoren, die mit Kollektoren ausgerüstet sind, beispielsweise Drehstrom-Reihenschlußmotoren.

III. Gleichstrommotoren.

Die Gleichstrommotoren in offener Ausführung, soweit sie zum Antrieb Verwendung finden, werden in der für Bergwerksbetriebe allgemein üblichen, meist verstärkten Bauart mit erhöhter Sicherheit, die durch Sonderisolation erreicht wird, hergestellt. Ihre Aufstellung erfolgt in besonderen, geschlossenen Räumen mit natürlicher oder künstlicher Belüftung. Die Frischluft muß frei von entzündbaren Gasen sein.

Die Verwendung von Gleichstrommotoren in geschlossener, Ausführung ist bisher in den Erdölgebieten nur in ganz seltenen Fällen erfolgt. Auch von der Benutzung des Platten- oder Gazeschutzes ist mit Rücksicht auf die Transport- und Betriebsverhältnisse in den Erdölgebieten abzuraten, da bei geringster Verletzung dieses Schutzes die Sicherheit des Betriebes gefährdet wird.

IV. Drehstrommotoren.

Die verschiedenen für das Bohren und Fördern, zur Verwendung kommenden, in besonderen Häuschen untergebrachten und unter der Bezeichnung „Erdölsondenmotoren" bekannten

Motoren müssen in elektrischer und mechanischer Hinsicht ganz besonderen Bedingungen genügen. Die Motoren müssen der stoßweise auftretenden Belastung und den durch die schwierigen Transport- und Montageverhältnisse verursachten großen mechanischen Beanspruchungen — Hebezeuge stehen meistens nicht zur Verfügung — standhalten. Sie müssen ein hohes Anzugsmoment besitzen und stark überlastbar sein, ohne daß ihre Temperatur unzulässig hoch wird. Die Bauart der Motoren muß einen unbedingten Schutz gegen explosible Gase bieten. Die Kapselung derjenigen Teile der Motoren, an denen im Betriebe Funken auftreten können, muß so kräftig ausgeführt werden, daß sie einem Explosionsdruck von 8 at. standhalten. Die Kapselung muß ferner durch das hierfür berufene Personal — jedoch nur durch dieses — zwecks Besichtigung und Instandhaltung der inneren Teile leicht entfernt werden können. Alle dem Verschleiß unterworfenen Teile, namentlich die Bürsten, Lagerschalen usw., müssen leicht auswechselbar sein. Damit eine ständige Überwachung überflüssig wird, muß für gute selbsttätige Lagerschmierung gesorgt werden.

Die zum Antrieb von Bohr- und Schöpfvorrichtungen verwendeten Erdölsondenmotoren sind Asynchron-Drehstrommotoren in offener und ventiliert gekapselter Ausführung. Die im folgenden zu beschreibenden Motoren entsprechen hinsichtlich Überlastbarkeit und Erwärmung den „Normalien für Bewertung und Prüfung von elektrischen Maschinen und Transformatoren“ des V. D. E. Außerdem fanden bei ihnen die „Leitsätze für die Ausführung von Schlagwetterschutzvorrichtungen an elektrischen Maschinen, Transformatoren und Apparaten“ des V. D. E. Berücksichtigung. Soweit in manchen Erdölgebieten (z. B. Rumänien) besondere Vorschriften für die konstruktive Durchbildung der Motoren bestehen, wurden auch diese entsprechend berücksichtigt. Die in den Leitsätzen angedeutete „geschlossene Kapselung“ erstreckt sich nur auf diejenigen Teile, an denen betriebsmäßig Funken auftreten können. Von einer Erhöhung der vorgeschriebenen Isolierfestigkeit um 50% kann Abstand genommen werden, da die Motoren in gut gelüfteten Häusern Aufstellung finden. Im übrigen sind die Motoren mit einer Isolation versehen, die genügend Schutz gegen die Luftfeuchtigkeit gewährt. Indem der Luftspalt zwischen Ständer und Läufer vergrößert ist, wird die Sicherheit gegen Streifen des Läufers am Ständer bei Abnutzung der Lager oder durch einen starken Riemenzug verursachten zu großen Durchfederung der Welle erhöht. Infolge des sich daraus ergebenden höheren Magnetisierungsstromes werden Wirkungsgrad und Leistungsfaktor bei Vollast etwas niedriger als bei normalen Motoren.

Der Unterschied zwischen den Erdölsondenmotoren und den normalen Asynchron-Drehstrommotoren liegt hauptsächlich in der mechanischen Ausführung, wobei auf die Eigenheiten des Erdölsondenbetriebes besondere Rücksicht genommen wird. Die offenen Motoren saugen die für ihre Kühlung erforderliche Luft axial auf beiden Seiten des Läufers aus dem Betriebsraum an und blasen die warme Abluft durch die Rückenlöcher im Ständerumfang in den Betriebsraum aus. Das Gehäuse trägt die einzelnen Blechpakete, zwischen welchen Lüftungskanäle vorgesehen sind. Die Ständerklemmen liegen in einem als Kabelendverschluß ausgebildeten Schutzkasten seitlich am Gehäuse. Die Wicklungsköpfe sind gegen Berührung durch einen entsprechend weit heruntergezogenen Wicklungsschutz der Lagerschilde geschützt. Durch diese Bauart wird eine gute Ausnutzung des Motors erzielt, die durch das Verhältnis des Gewichtes zu der Leistung gekennzeichnet wird. Dies ist mit Rücksicht auf die bereits eingangs erwähnten schwierigen Transportverhältnisse im Grubengebiet eine nicht zu unterschätzende Eigenschaft. Um der rauhen Behandlung während des Transports Rechnung zu tragen, ist bei der mechanischen Ausführung die Forderung nach kräftiger Bauart bei möglichst geringem Gewicht aller Teile beachtet worden. Durch Anordnung von Rippen in den Füßen und an gefährdeten Stellen der Lagerkörper ist dafür gesorgt, daß mit möglichst geringem Materialaufwand die größtmögliche Festigkeit der einzelnen Maschinenteile erzielt wird.

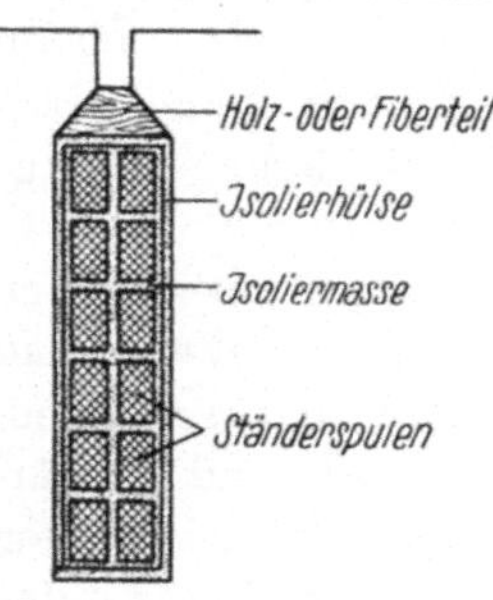

Abb. 173. Querschnitt einer Ständerwicklung.

Die Motoren in ventiliert gekapselter Bauart erhalten ein bis auf zwei Ventilationsöffnungen geschlossenes Gehäuse, welches die Wicklungen gegen mechanische Verletzungen, sowie gegen Tropf- und Spritzwasser schützt. Ein auf der Welle angebrachter Ventilator saugt Luft durch den Motor. Die Motoren dieser Bauart kommen nur selten zur Anwendung, da ein weitergehender Wicklungsschutz als bei den offenen Motoren vorgesehen, nicht notwendig ist.

Die Ständerwicklungen der Erdölsondenmotoren unterscheiden sich kaum von denjenigen der normalen in Bergwerksbetrieben verwendeten Drehstrommotoren. Mit Rücksicht auf die dauernde Betriebsbereitschaft und das ungeschulte Personal werden fast ausnahmslos halboffene Nuten zur Unterbringung der Ständerwicklung benutzt. Infolgedessen müssen die Ständerspulen einzeln in die mit Isolierhülsen verkleideten Nuten eingefädelt werden.

In Abb. 173 ist der Querschnitt einer Ständerwicklung dargestellt. Nachdem alle Wicklungen eingefädelt sind, wird durch einen Holz- oder Fiberkeil das Spulenpaket festgehalten.

Die Ausführung der Läuferwicklung soll bei den einzelnen Motortypen erläutert werden.

Die Erdölsondenmotoren werden mit zwei Lagerschilden und freiem Wellenstumpf zum Aufsetzen einer Riemenscheibe gebaut. Die Lagerschilder, Lagerschalen, die Welle und die Befestigung des Ständerpaketes sind mit Rücksicht auf die auftretenden heftigen Stöße verstärkt ausgeführt. Um die Lagerschalen leichter auswechseln zu können, werden sie zweiteilig gemacht und mit einem Weißmetall- oder Lagerbronzeausguß versehen. Die Verstärkung der Lager ermöglicht es, an Stelle der normalen Riemenscheiben Scheiben kleinerer Abmessungen zu verwenden. Die Stoßstellen zusammengepaßter Kapseln und Gehäuseteile, sowie die Auflageflächen von Deckel und Klappen sind als breite, glattbearbeitete Flanschen ausgebildet. Dichtungen sind an solchen Stellen möglichst vermieden worden. Wo sie jedoch angewendet werden mußten (Leitungsdurchführungen), ist dafür gesorgt, daß sie durch den Explosionsdruck nicht herausgepreßt werden können.

Im allgemeinen sind nachstehende Ausführungsformen von Erdölsondenmotoren im Gebrauch:

1. Motoren mit Kurzschlußläufer.
2. Motoren mit Schleifringläufer.
3. Motoren mit angebautem Fliehkraftanlasser und eingebauten Widerständen.
4. Motoren mit Schleifringläufer und eingebautem Fliehkraftschalter.
5. Motoren mit selbsttätiger Gegenschaltung.
6. Motoren mit Polumschaltung.

1. Motoren mit Kurzschlußläufer.

Diese Motoren laufen nur mit geringer Last an und nehmen beim Anlauf einen hohen Strom auf; sie werden also nur in Betrieben verwendet, bei denen die Bedingung des entlasteten Anlaufs erfüllt werden kann. Der Anlaufstrom liegt zwischen dem 6- bis 8fachen Nennstrom. Um diesen hohen Stromstoß herabzusetzen, erfolgt das Anlassen mittels eines Anlaßtransformators oder eines Stern-Dreieckschalters. Der bei Verwendung eines Anlaßtransformators auftretende Stromstoß beträgt ungefähr das 1- bis 1,5fache des normalen Stromes bei etwa $^1/_5$ bis $^1/_3$ des normalen Drehmomentes, bei Motoren, deren Leistungsfaktor kleiner als 0,83 ist; bei allen anderen Motoren beträgt der Stromstoß etwa das 1,5- bis 2fache des normalen Stromes bei $^1/_5$ bis $^1/_3$ des normalen Drehmomentes. Beim Anlassen mit Stern-Dreieckschalter beträgt der Stromstoß etwa das 1,5- bis 2fache des normalen Stromes bei $^1/_3$ des normalen Drehmomentes.

Bei Motoren mit Kurzschlußläufer wird die Bedingung der Explosionssicherheit in der Weise erfüllt, daß die Stäbe der Wicklung blank, ohne Isolation in die geschlossenen Nuten des Läufers eingezogen werden und der Kurzschlußring durch Umgießen der Stabenden je nach dem Durchmesser des Läufers mit Kupferguß oder Rotguß hergestellt wird. Durch den Fortfall jeglicher Isolation und durch das bei dem Umgießen eintretende innere Verschweißen der Kurzschlußstäbe mit dem

Abb. 174. Drehstrommotor mit Kurzschlußläufer.

Kurzschlußring gewährt diese Bauart die größte Sicherheit gegen unbeabsichtigtes Lösen der Stäbe und ist als explosionssicher zu bezeichnen, indem selbst bei größeren Überlastungen ein Durchschmelzen der Läuferstäbe oder Lösen von Lötstellen am Motor nicht eintreten kann. Die Abb. 174 und 175 zeigen einen Kurzschlußmotor in Ansicht und Schnitt.

Für den Fall, daß das Anzugsmoment größer als 25—30 % des normalen Drehmomentes der Motoren ist, ohne daß eine dauernde Drehzahlregelung notwendig ist, erscheint es zweckmäßig, einen Motor zu benutzen, der außer den guten Eigenschaften des Kurzschlußmotors — besonders mit Rücksicht auf seine einfache Bauart — ein entsprechend großes Anzugsmoment bei geringem Anlaufstrom entwickelt. Die Lösung dieser Aufgabe kann auf mehrfache Art erfolgen, entweder dadurch, daß man für Anlauf und Betrieb je eine besondere Läuferwicklung verwendet (Kurzschlußmotor mit Boucherotläufer), oder daß der Kurzschlußmotor mit Wirbelstromläufer ausgeführt wird.

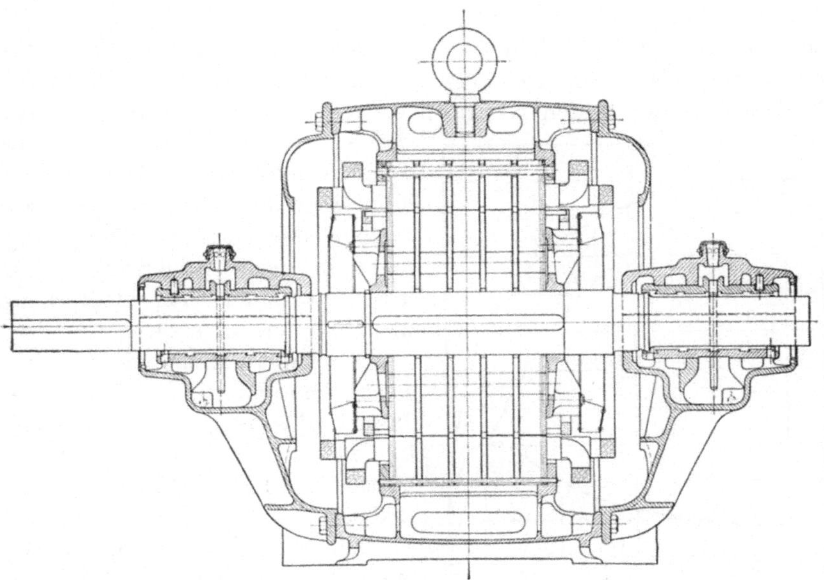

Abb. 175. Schnitt eines Drehstrommotors mit Kurzschlußläufer.

a) Kurzschlußmotor mit Boucherotläufer.

In Abb. 176 ist ein Kurzschlußläufer nach Boucherot abgebildet. Dieser Läufer hat zwei zentrisch liegende Käfigwicklungen, wobei der Käfig K_1, welcher nahe dem Läuferumfang liegt, einen hohen Widerstand hat, während der Käfig K_2, der innerhalb des Käfigs K_1 liegt,

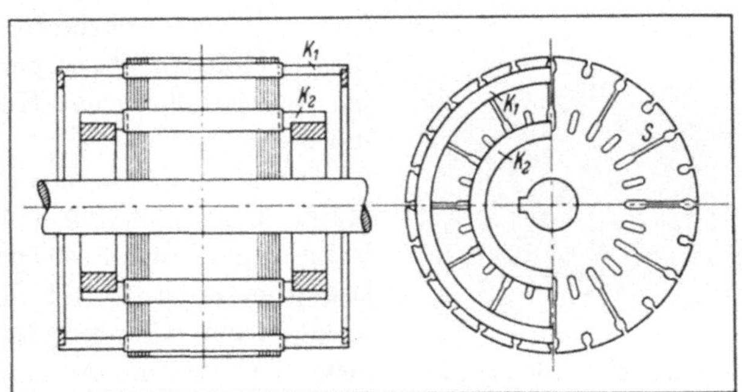

Abb. 176. Kurzschlußläufer nach Boucherot.

einen kleineren Widerstand besitzt. Die Streuung des Käfigs K_1 ist, wie beim gewöhnlichen Käfiganker des normalen Kurzschlußmotors, gering. Dagegen ist die Streuung des Käfigs K_2 sehr groß, weil sich die Streulinien durch das oberhalb dieses Käfigs liegende Eisen ausbilden können. Um diese Streuung etwas herabzumindern, werden die Nuten beider Käfige durch Luftschlitze S verbunden. Beide Käfige arbeiten sowohl während des Anlaufes wie im Lauf parallel, wobei jeder Käfig ein bestimmtes Drehmoment erzeugt. Durch entsprechende Wahl der Widerstände der beiden Käfige, der Breite der Schlitze S, der Lage des Käfigs K_2, d. h. der Tiefe der Schlitze, und der Anzahl der Schlitze, kann man bis zu einem gewissen Grade den einen oder anderen Käfig mehr in den Vordergrund treten lassen und dadurch ein entsprechendes Drehmoment erzielen.

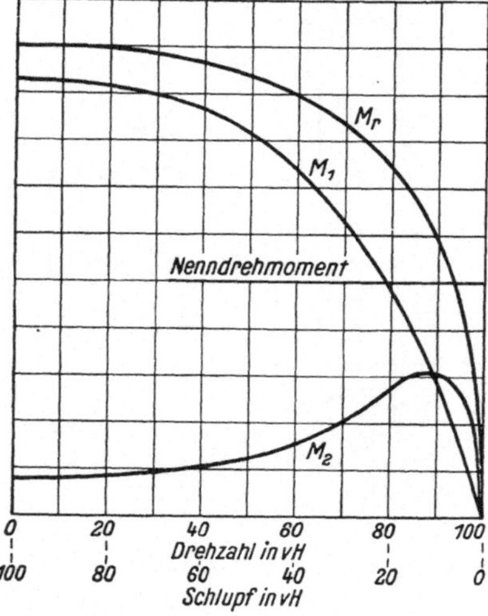

Abb. 177. Drehmomentkurven eines Drehstrommotors mit Boucherotläufer.

Das Anlaufdrehmoment eines solchen Motors ist etwa das **1,0** bis **2,4** fache des normalen Drehmomentes bei einem Anlaufstrom von der Größe des 2,9 bis 6,7 fachen Nennstromes.

Die Abb. 177 zeigt die Drehmomentkurven eines Motors mit Boucherotläufer, wobei die Kurve M_1 für den Käfig K_1, die Kurve M_2 für den Käfig K_2 gilt. Darüber ist die Kurve des resultierenden Drehmomentes M_r aufgetragen. Je nach der Ausbildung der Käfige K_1 und K_2 kann der Verlauf dieser Kurve derart beeinflußt werden, daß sie sich dem Charakter der Kurve M_1 oder M_2 nähert. Der Wirkungsgrad und der Leistungsfaktor ist bei diesen Motoren etwas geringer als bei den gewöhnlichen Kurzschlußmotoren.

Abb. 178. Ansicht eines Boucherotläufers.

Die Messung an einem solchen Motor bei hohem Anlaufmoment hat gezeigt, daß ein sehr großer Anlaufstrom auftritt und daß dieser Anlaufstrom während der verhältnismäßig langen Anlaufzeit nur langsam abnimmt. Die Motoren sind deshalb in den Fällen, wo öfteres Anlassen mit hohem Moment in Frage kommt, also für schwierige Anlaufsverhältnisse mit Rücksicht auf die geringe Wärmekapazität der Stäbe des Käfigs K_1, nicht geeignet. Es würden dann die Stäbe des Käfigs K_1 eine so hohe Temperatur annehmen, daß die Verbindungsstellen mit den Ringen darunter leiden könnten.

Der konstruktive Aufbau der Motoren mit Boucherotläufer ist, abgesehen von der besonderen Läuferkonstruktion für die Unterbringung der beiden Käfige, der gleiche wie beim normalen Kurzschlußläufer. Abb. 178 zeigt die Ansicht eines Boucherotläufers.

Das Einschalten der Motoren mit Boucherotläufer kann bei Leistungen bis etwa 100 kW ohne besondere Anlaßapparate erfolgen. Es tritt jedoch dabei der 2,9- bis 6,7fache Anlaufstrom auf. Es muß daher geprüft werden, ob die Größe der Kraftwerksleistung bzw. die Art der sonst angeschlossenen Stromverbraucher diese Stromstöße während der Anlaufperiode zulassen. Wenn dies nicht zutrifft, so muß auch bei diesen Motoren zur Herabsetzung des Anlaufstromes entweder ein Anlaßtransformator oder ein Stern-Dreieckschalter verwendet werden.

b) Kurzschlußmotor mit Wirbelstromläufer.

Die Wirkung des Wirbelstromläufers beruht auf der bekannten Erscheinung, daß in den Leitern der elektrischen Maschine durch die Wirkung des Streuflusses, welchen der die Leiter durchfließende Wechselstrom erzeugt, Wirbelströme entstehen, die den Strom auf einen Teil des Leiterquerschnittes zusammendrängen; der Widerstand des Leiters wird dadurch vergrößert. Die Stromverdrängung und somit die Widerstandsvermehrung sind um so größer, je größer die Periodenzahl des Stromes und die Höhe des Leiters sind. Durch passende Wahl der Leiterhöhe hat man es also in der Hand, bei gleichbleibender Periodenzahl die gewünschte Widerstandserhöhung der Läuferwicklung zu erhalten. Um die hohen und schmalen Läuferstäbe unterbringen zu können, muß die Nutentiefe größer gewählt werden als bei normalen Kurzschlußläufern.

Einen derartigen Motor mit hohen Läuferstäben für eine Leistung von 13 kW bei $n = 1440$ Umdr./min zeigt Abb. 179. Die Stäbe ragen über die Kurzschlußringe als Luftflügel hinaus.

Während man im Läufer des normalen Asynchronmotors die Widerstandserhöhung mit Rücksicht auf die durch sie bedingte Erhöhung der Verluste durch entsprechende Anordnung und Unterteilung der Wicklung zu vermeiden sucht, macht man sich diese im Wirbelstromläufer, wo die erhöhten Verluste für den Anlauf gerade erwünscht sind, zunutze.

Die Stromverdrängung, und somit die Widerstandsvermehrung, ist beim Wirbelstromläufer am größten im Stillstand und nimmt mit zunehmender Drehzahl ab. Dies entspricht denselben Verhältnissen, wie sie normal beim Anlassen eines Schleifringläufermotors vorliegen.

Aus der Abb. 180 ist der Verlauf der Drehmoment- und Stromkurven eines Motors mit Wirbelstromläufer ersichtlich. Das Anlaufmoment beträgt das 1,4fache des normalen Drehmomentes. Durch entsprechende Bemessung der Läuferwicklung kann jedoch erreicht werden, daß das

Anlaufmoment größer als das 1,4fache Nennmoment wird, so daß dann die Drehmomentkurve einen ähnlichen Verlauf wie beim

Abb. 179. Drehstrommotor mit Wirbelstromläufer.

Boucherotläufer bekommt. In diesem Falle wird jedoch der Anlaufstrom erheblich größer und der Leistungsfaktor schlechter. Da für die

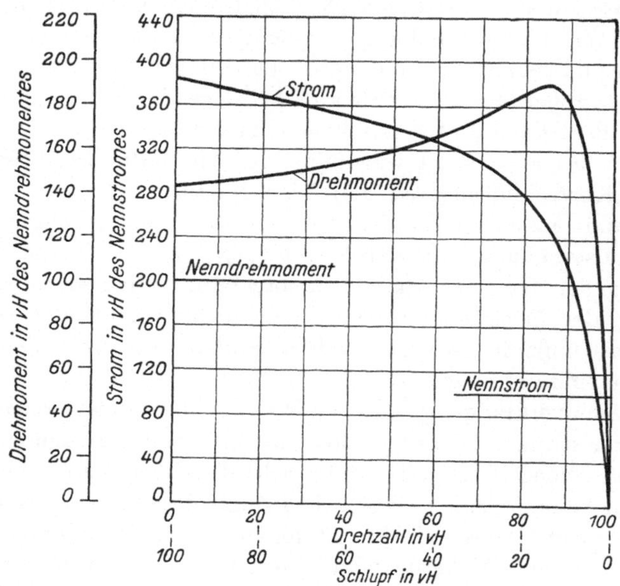

Abb. 180. Drehmoment- und Stromkurve eines Drehstrommotors mit Wirbelstromläufer.

meisten Antriebe das 1,4- bis 1,5fache Anlaufmoment genügt, werden die Motoren nur für dieses Moment bemessen. Der Motor mit Wirbelstromläufer hat also bei gleichem Anlaufstrom wie der eines normalen Kurzschlußmotors ein 2- bis 2,5mal größeres Anlaufmoment als der gewöhnliche Kurzschlußläufermotor, oder der Wirbelstromläufer nimmt bei dem dem Kurzschlußläufer gleichen Anlaufmoment nur 40 bis 50% des Anlaufstromes eines gewöhnlichen Kurzschlußläufermotors auf. Der Leistungsfaktor eines Motors mit Wirbelstromläufer ist gegenüber einem Kurzschlußläufermotor mit vergrößertem Luftspalt nur um etwa 1% geringer, während der Wirkungsgrad der gleiche ist. Während bei normalen Kurzschlußmotoren bis 150 kW mit Rücksicht auf den hohen Anlaufstrom ein besonderer Anlaßapparat notwendig ist, kann dieser bei Motoren mit Wirbelstromläufern fortfallen. Der Anlaufstrom ist beim Motor mit Wirbelstromläufer nur etwa der 3,8- bis 4,2fache, je nach der Größe des Motors. Bei Motoren von etwa 80 und 100 kW, kann mit einem Anlaufstrom gleich dem 4fachen Nennstrom gerechnet werden.

Das Anlassen der Motoren mit Wirbelstromläufer kann in gleicher Weise wie beim normalen Kurzschlußmotor mittels Anlaßtransformators oder Stern-Dreieckschutzschalters erfolgen, wenn auf das große Anfahrmoment im Interesse eines geringeren Anlaufstromes verzichtet wird.

2. Motoren mit Schleifringläufer.

Diese Motoren laufen mit einer Stromstärke an, die ungefähr dem zu leistenden Anlaufmoment proportional ist, sie können jedoch je nach der Bemessung des Anlaßwiderstandes mit einem beliebigen Drehmoment bis zum 2,5fachen angelassen werden. Das Drehmoment kann während der ganzen Anlaßperiode annähernd konstant gehalten werden.

Wie aus dem Diagramm (Abb. 181) ersichtlich, ändert sich der Anlaßstrom in den durch den Anlaßapparat festgelegten Grenzen.

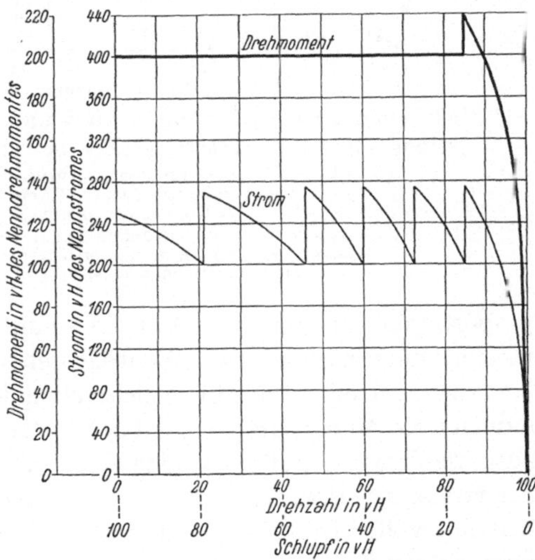

Abb. 181. Anlaßdiagramm eines Motors mit Schleifringläufer.

Für das Anlassen und Regeln der Schleifringmotoren sind Anlaß- und Regelapparate mit besonderen Widerständen im Läuferstromkreis notwendig. Die Bestimmung dieser Widerstände erfolgt mit Rücksicht auf die gewünschte Drehzahlregelung des Motors. Im allgemeinen wird man bei der Bemessung der Widerstände mit einer dauernden Drehzahlregelung von 20 % bei konstantem Moment rechnen, wobei die aufgenommene Leistung im Verhältnis der Drehzahl sinkt. Die im Betrieb häufig vorkommende, dauernde oder längere Zeit anhaltende Regelung der Drehzahl setzt voraus, daß entweder das Drehmoment mindestens

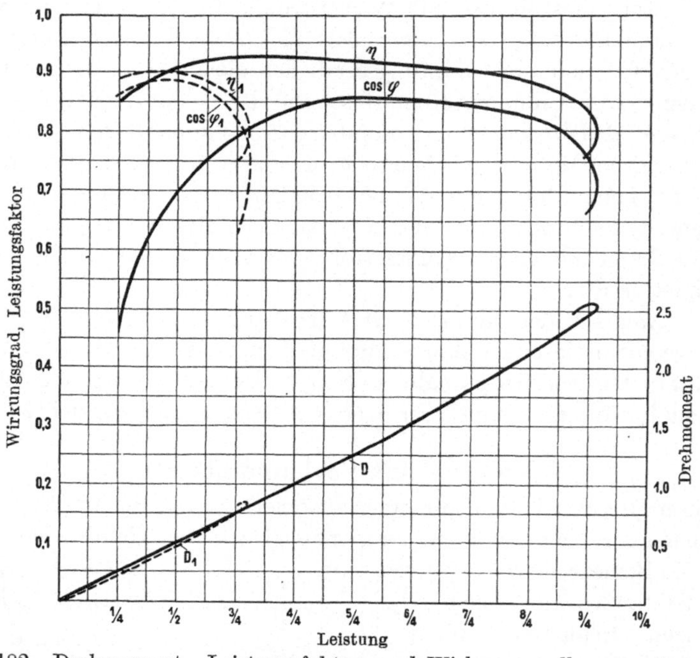

Abb. 182. Drehmoment-, Leistungsfaktor- und Wirkungsgradkurven eines Drehstrommotors mit Schleifringläufer bei verschiedenen Belastungen.

------ η_1 = Wirkungsgrad-Kurve
------ cos φ_1 = Leistungsfaktor-Kurve } bei Stern-Schaltung
------ D_1 = Drehmoment-Kurve

——— η = Wirkungsgrad-Kurve
——— cos φ = Leistungsfaktor-Kurve } bei Dreieck-Schaltung
——— D = Drehmoment-Kurve.

proportional mit der Drehzahl abnimmt, wie es z. B. beim Antrieb von Schleuderpumpen oder Ventilatoren der Fall ist, oder daß für ein bei verringerter Drehzahl gleichbleibendes oder vergrößertes Drehmoment der Motor entsprechend der verlangten Drehzahlregelung größer ausgewählt wird. Falls ein solcher Motor, der größer gewählt ist, als es der von ihm verlangten Leistung bei voller Drehzahl entspricht, längere Zeit mit voller Drehzahl bei geringerer Belastung läuft, so hat er einen ungünstigen Leistungsfaktor, wie aus den in Abb. 182 dargestellten Kurven zu ersehen ist.

Man kann den schlechten Leistungsfaktor der Motoren bei Belastungen bis etwa $^1/_3$ der normalen Leistung durch Verwendung

Abb. 183. Drehstrommotor mit Schleifringläufer.

Abb. 184. Drehstrommotor mit Schleifringläufer (Kapsel abgenommen).

eines Stern-Dreieckschalters auf einfache Art dadurch bedeutend verbessern, daß man bei diesen Belastungen den Motor mit in Stern geschalteten Wicklungen laufen läßt. Durch die Verwendung eines Stern-Dreieckschalters hat man also die Möglichkeit, einen Motor längere Zeit mit einer geringen Teilbelastung laufen zu lassen, wobei unter Umständen noch eine Verbesserung des cos φ gegenüber demjenigen bei Vollast möglich ist.

Viele Leitungsnetze weisen deswegen einen ungünstigen Leistungsfaktor auf, weil ein Teil der angeschlossenen Motoren nur gering belastet läuft. Infolgedessen muß das Kraftwerk viel wattlosen Strom erzeugen. Durch die Verwendung von Stern-Dreieckschaltern ist eine Möglichkeit für die Verbesserung des Gesamtleistungsfaktors des Netzes und Kraftwerkes gegeben.

Bei den Motoren mit Schleifringläufer werden die Schleifringe entgegen der bei normalen Motoren üblichen Anordnung außerhalb der Lagerschilde angeordnet und durch eine Stahlblechkapselung explosionssicher geschützt (Abb. 183 und 184). Ein kräftig bemessener Verschlußbügel preßt die Stahlblechkapselung an den Lagerflansch und hält sie dort fest. Nach Öffnen des Verschlußbügels kann die Stahlblechkapselung, die nur ein sehr geringes Gewicht hat, ohne weiteres abgenommen

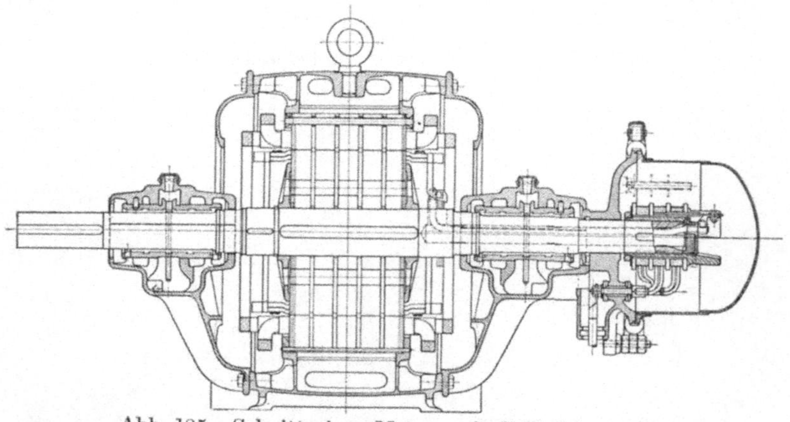

Abb. 185. Schnitt eines Motors mit Schleifringläufer.

werden, so daß die dahinter befindlichen Teile vollständig frei liegen. Der Verschlußbügel ist durch Riegel und durch Vorhängeschloß gegen unbefugtes Öffnen geschützt. Der Aufbau des Schleifringmotors ist aus der Schnittzeichnung Abb. 185 ersichtlich.

3. Motoren mit angebauten Fliehkraftanlassern und umlaufenden Widerständen.

Bei diesen werden die Widerstände so bemessen, daß die Motoren mit dem doppelten des normalen Moments anlaufen. Hierbei beträgt der Anlaufstrom ungefähr den 2,5fachen Wert des normalen. Das

Moment sinkt während der Beschleunigung des Motors annähernd proportional mit der Drehzahl. Bei etwa 60% der normalen Drehzahl erreicht das Drehmoment ungefähr den normalen Wert, der Fliehkraftschalter schaltet selbsttätig kurz, das Moment steigt wieder an, erreicht bei ungefähr 15% Schlupf seinen höchsten Wert und fällt dann wieder auf den dem Widerstandsmoment entsprechenden Wert. Der beim Kurzschließen auftretende Stromstoß ist verhältnismäßig hoch; er erreicht den 4- bis 5fachen Wert des normalen, doch man muß diesen Nachteil in Kauf nehmen, wenn man das Anlaßverfahren so

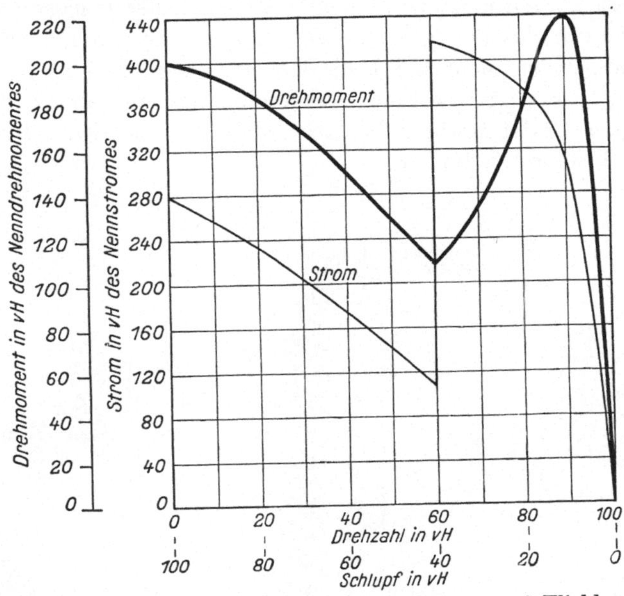

Abb. 186. Strom- und Drehmomentdiagramm eines Motors mit Fliehkraftanlasser.

einfach wie möglich machen will. Den Verlauf von Strom und Drehmoment zeigt die Abb. 186.

Bei diesen Motoren sind Fliehkraftanlasser und Widerstand außenliegend angeordnet und in gleicher Weise wie die Schleifringe bei den Motoren mit Schleifringläufer explosionssicher gekapselt. Der Fliehkraftkurzschließer ist durch Abnahme der Kapsel zugänglich.

Da der verfügbare Raum in der Kapsel beschränkt ist, können die Widerstände nur knapp bemessen werden und werden verhältnismäßig warm. Die Abführung der Wärme ist infolge der Kapselung unvollständig. Das Verwendungsgebiet dieses Motors ist infolgedessen nur auf Betriebe beschränkt, in denen ein häufiges Anlassen nicht stattfindet. Da jedoch diese Bedingung im Erdölgebiet nur selten erfüllt werden kann, kommt man von diesen Motoren immer mehr ab und verwendet die unter 4) genannten Motoren mit Fliehkraftanlasser, jedoch getrennt angeordneten Widerständen.

4. Motoren mit Schleifringläufer und Fliehkraftanlasser.

Diese Motoren besitzen bei gleichem Verhalten in elektrischer Hinsicht wie die unter 3) beschriebenen Motoren den Vorteil, daß durch die getrennt außerhalb der Kapseln erfolgte Anordnung der Widerstände eine bessere Abkühlung für diese geschaffen wird. Außerdem besitzt diese Ausführung den Vorteil, daß die umlaufenden Massen wesentlich vermindert werden und die Widerstände reichlicher bemessen und den Anforderungen des Betriebes besser angepaßt werden können, indem ihre Abmessungen nicht durch die Konstruktion des Motors bzw. der Kapselung beschränkt werden. Außerdem können je nach dem Verwendungszweck der Motoren Widerstände für verschieden hohes Anlaufmoment Anwendung finden.

Abb. 187. Drehstrommotor mit Schleifringläufer und Fliehkraftanlasser (Kapsel abgenommen).

Diese Art von Motoren erfordert neben dem Fliehkraftkurzschließer noch drei Schleifringe (Abb. 187 und 188). Die Schleifringe und Fliehkraftkurzschließer sind in gleicher Weise wie bei den vorher beschriebenen Motoren explosionssicher gekapselt. Die Schleifringe sind so reichlich bemessen, daß sie trotz der Kapselung mit dauernd aufliegenden Bürsten arbeiten können. Der Fliehkraftschalter, welcher unabhängig von der Drehrichtung des Motors wirkt, schließt den getrennt angeordneten Widerstand kurz, sobald der Motor ungefähr 60 % seiner Betriebsdrehzahl erreicht hat. Die Motoren können, wie alle anderen durch Ständerumschalter umgesteuert werden. Bei Stillstand des Motors fällt der Fliehkraftschalter in seine Anfangsstellung zurück und ermöglicht so ohne weiteres ein wiederholtes Anlassen. Zur Erreichung dieses Schaltvorganges

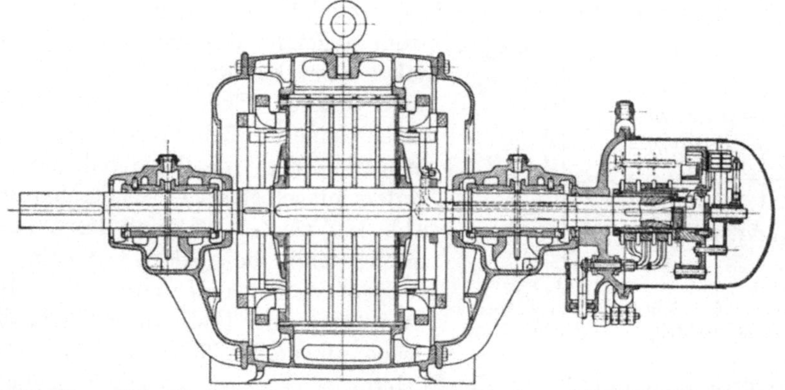

Abb. 188. Schnitt eines Motors mit Schleifringläufer und Fliehkraftanlasser.

sind die Kontakte des Fliehkraftschalters mit den Schleifringen verbunden, während die auf den Schleifringen aufliegenden Bürsten mit dem festen Anlaßwiderstand in Verbindung stehen, wie das Schaltbild Abb. 189 zeigt.

Diese Bauart stellt gewissermaßen eine Universalausführung dar, indem der Motor in gleicher Weise wie der unter 3) genannte benutzt

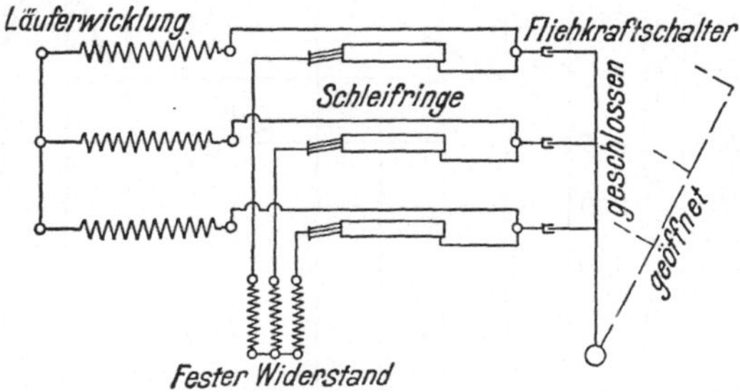

Abb. 189. Schaltbild eines Motors mit Schleifringläufer und Fliehkraftanlasser.

werden (selbsttätiger Fliehkraftanlasser) oder aber nach Entfernung der Kontakthebel des Kurzschließers und Anschluß eines Steuerschalters an die Schleifringklemmen wie ein normaler Motor mit Schleifringläufer gesteuert werden kann. Die zusammenhängenden Kontakthebel des Fliehkraftschalters können nach Entfernung eines einzigen Splintes ohne weiteres abgezogen und ebenso leicht wieder aufgesetzt werden, so daß man in kürzester Zeit von der einen auf die andere Betriebsweise übergehen kann.

5. Motoren mit selbsttätiger Gegenschaltung.

Diese verhalten sich hinsichtlich der Anlaufsverhältnisse ähnlich wie die Motoren mit eingebauten Widerständen und Fliehkraftschaltern. Das Anlaufmoment beträgt ungefähr das 1,2fache, der Anlaufstrom ungefähr das dreifache des normalen. Der Läufer besitzt zwei Wicklungen, deren Enden mit den Kontakten eines Fliehkraftkurzschließers verbunden sind, wie das Schaltbild des Läufers mit selbsttätiger Gegenschaltung (Abb. 190) zeigt. Während der Anlaufperiode sind die beiden Wicklungsgruppen gegeneinander geschaltet. Bei Erreichung einer bestimmten Drehzahl, welche ungefähr 70% der Betriebsdrehzahl entspricht, tritt der Fliehkraftschalter in Tätigkeit, schließt die Kontakte kurz und schaltet dadurch die beiden Wicklungen des Läufers parallel. Der Verlauf von Strom und Drehmoment ist durch Abb. 191 veranschaulicht.

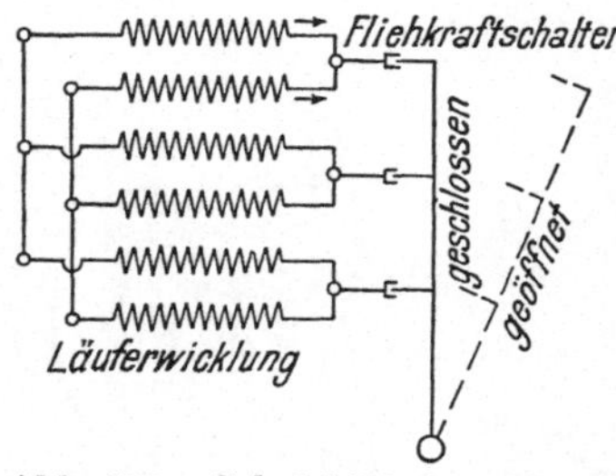

Abb. 190. Schaltbild eines Motors mit selbsttätiger Gegenschaltung.

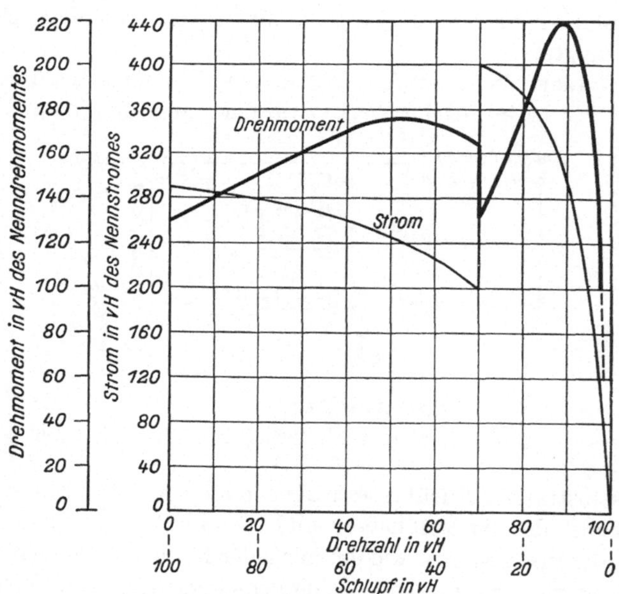

Abb. 191. Strom- und Drehmomentdiagramm eines Motors mit Gegenschaltung.

Die Motoren mit selbsttätiger Gegenschaltung entsprechen in Aufbau und Ausführung den unter 4) genannten, nur daß die Schleifringe fort-

Abb. 192. Drehstrommotor mit selbsttätiger Gegenschaltung.

fallen (Abb. 192 und 193). Der Fliehkraftkurzschließer ist fliegend angeordnet und befindet sich in einer explosionssicheren Stahlblechkapselung.

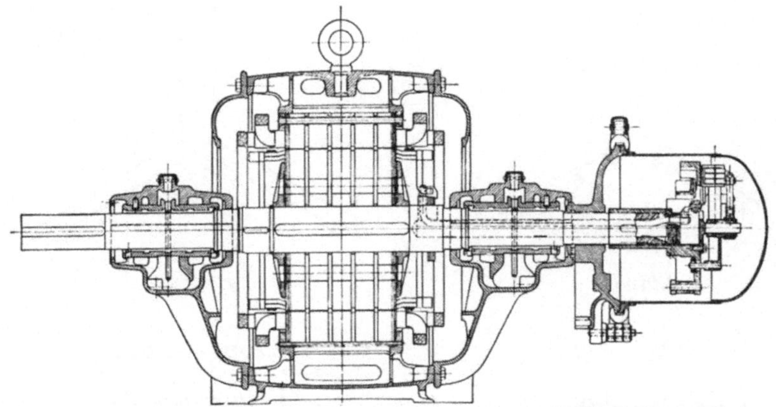

Abb. 193. Schnitt durch einen Drehstrommotor mit selbsttätiger Gegenschaltung.

6. Motoren mit Polumschaltung.

Die Verwendung dieser Motoren ist besonders dann zweckmäßig, wenn ein großer Regelbereich erforderlich ist. In den meisten Fällen genügt es, die Motoren für zwei Grunddrehzahlen auszuführen. Bei der meist üblichen synchronen Drehzahl von 750 ergeben sich dann die synchronen Drehzahlen von 750 bzw. 375 Umdr./min.

Die Motoren mit Polumschaltung können verschieden hergestellt werden, je nachdem, ob bei beiden Drehzahlen gleiches Drehmoment

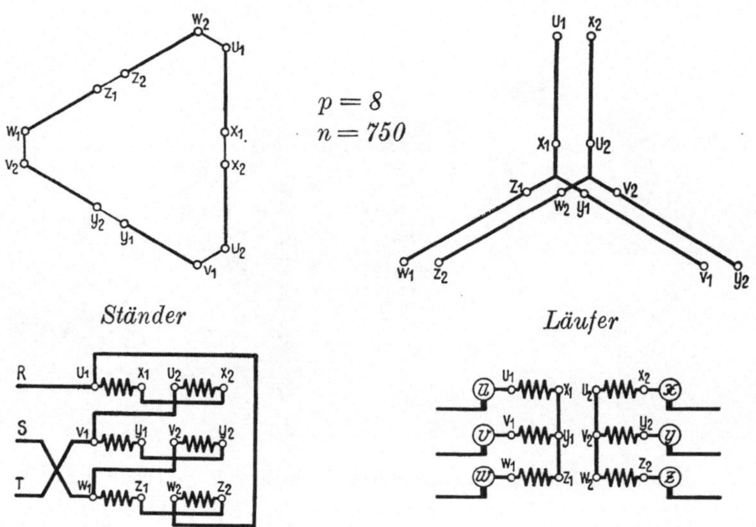

Abb. 194. Schaltung des Ständers und Läufers eines polumschaltbaren Motors bei n = 750.

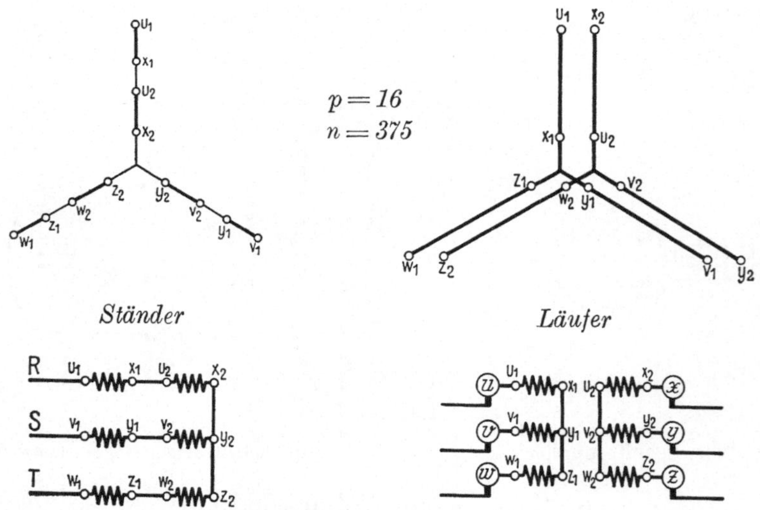

Abb. 195. Schaltung des Ständers und Läufers eines polumschaltbaren Motors bei n = 375.

oder gleiche Leistungsabgabe verlangt wird. In Erdölbetrieben begnügt man sich meistens mit Motoren von der erstgenannten Bauart.

Die allgemeine Schaltung für die Ständer- und Läuferwicklung eines polumschaltbaren Motors für ein Verhältnis der Drehzahlen von 2 : 1 und Umschaltung bei gleichbleibendem Drehmoment geht aus den Abb. 194 und 195 hervor.

Der Verlauf der Drehmomentkurven, des Wirkungsgrades und des Leistungsfaktors eines Motors bei 375 und 750 Umdr./min ist aus den Abb. 196 und 197 ersichtlich.

Wenn die Motoren für Polumschaltung mit Schleifringläufer ausgeführt werden, ist außerdem noch eine dauernde Abwärtsregelung bei beiden Grunddrehzahlen möglich; der ganze Regelbereich ist deshalb sehr groß. Gegenüber der Drehzahlregelung durch Widerstände

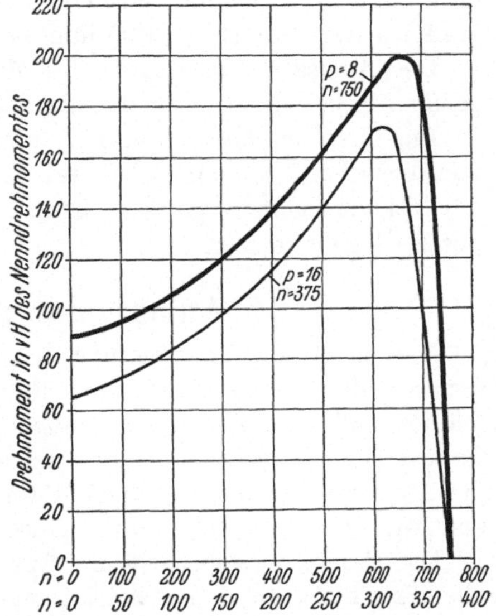

Abb. 196. Drehmomentkurven für einen Motor mit Polumschaltung.

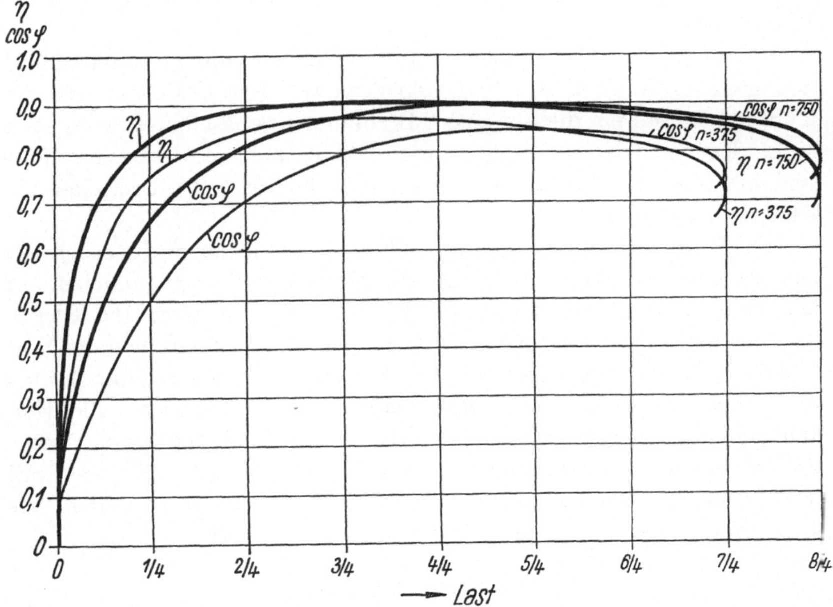

Abb. 197. Wirkungsgrad- und Leistungsfaktorkurven eines polumschaltbaren Motors bei verschiedenen Belastungen.

im Läuferstromkreis bei normalem Schleifringläufer ist der Wirkungsgrad bei den Motoren mit Polumschaltung günstiger.

Das Anlassen und Regeln des Motors mit Polumschaltung erfolgt genau wie bei einem normalen Drehstrom-Asynchronmotor.

Für das Umschalten der Pole können entweder Apparate in Form von Umschaltern oder Schaltwalzen verwendet werden, für Gebiete mit Gasvorkommen müssen diese Umschaltapparate mit Kontakten unter Öl gebaut sein.

V. Anlaß- und Regelapparate.

Ebenso wie die Motoren müssen auch die Anlaß- und Regelapparate den jeweiligen bergbehördlichen Bestimmungen entsprechen. In Rumänien sind außer den Bestimmungen, die sich auf die explosionssichere Bauart der Apparate beziehen, auch die verschiedenen Schaltungen der Apparate für die einzelnen Motorarten und die örtliche Aufstellung der Ausrüstung in dem Motorhäuschen besonders festgelegt.

Die Explosionssicherheit der Apparate wird dadurch erreicht, daß alle ihre Teile, an denen betriebsmäßig Funken auftreten können — das sind die Druck- oder Schleifkontakte — in einem reichlich bemessenen Kessel unter Öl untergebracht werden. Die Anschlußklemmen der Apparate werden so angeordnet, daß eine Lockerung unmöglich ist und daß sie gegen zufällige Berührung und Beschädigungen geschützt sind.

Die Wahl des Anlaßapparates für die Erdölsondenmotoren richtet sich ganz nach ihrer Art und Arbeitsweise. Für das Anlassen von Kurzschlußmotoren, die mit einem Drehmoment anlaufen, welches etwa 30% des normalen beträgt, werden Ständeranlasser benutzt. Diese sind entweder als Anlaßtransformatoren oder als Stern-Dreieckanlaßschalter ausgebildet.

Werden an die Antriebsmotoren hohe Anforderungen in bezug auf das Drehmoment oder auf Drehzahlregelung gestellt, so kommen nur Motoren mit Schleifringläufern in Frage, deren Anlassen und Regeln im Läuferstromkreis erfolgt. Dies erfolgt durch Steuerschalter mit Druckkontakten oder durch Regelanlaßwalzen mit Schleifkontakten in Verbindung mit getrennten gußeisernen Widerständen. Die Umkehrung der Drehrichtung geschieht durch Vertauschung zweier Phasen mittels eines Ständerumschalters mit Kontakten unter Öl, der mit dem Steuerschalter zusammengebaut werden kann, mitunter aber, wie auch bei den Steuerwalzen, getrennt aufgestellt wird.

1. Anlaßtransformatoren.

Die für das Anlassen der Kurzschlußmotoren bestimmten Anlaßtransformatoren gestatten, den Motor höchstens dreimal in der Stunde mit nur geringer Last anzulassen, wobei als Anlaßzeit höchstens $^1/_2$ Minute angenommen ist. Ist häufigeres Anlassen oder eine längere Anlaßzeit erforderlich, so ist der Anlaßtransformator für eine scheinbare Leistung zu wählen, die sich ergibt, wenn man die Gebrauchsleistung proportional der längeren Anlaßzeit oder der Zahl der Anlaßvorgänge erhöht. So muß z. B. ein Anlaßtransformator für eine Gebrauchsleistung von 50 kW und eine Anlaßzeit von 1,5 Minuten für $50 \cdot \frac{1,5}{0,5} = 150$ kW gewählt werden. Ein Anlaßtransformator für 50 kW und sechsmaliges Anlassen in der Stunde muß für $50 \cdot \frac{6}{3} = 100$ kW bemessen sein.

Abb. 198. Anlaßtransformator mit angebautem Stufenschalter unter Öl (Außenansicht).

Die Anlaßtransformatoren sind mit Stufenschaltern, deren Kontakte unter Öl liegen, fest verbunden und in einem gemeinsamen Kessel untergebracht (Abb. 198 und 199).

Abb. 199. Anlaßtransformator aus dem Ölgefäß herausgenommen.

Der Stufenschalter besitzt drei Stellungen, die als Null-, Anlaß- und Betriebsstellung bezeichnet sind. Soll der Motor angelassen werden, so wird das Handrad durch Drehung im Uhrzeigersinne zuerst in die Anlaßstellung gebracht. Hierdurch wird der Stator an eine Teilspannung gelegt, welche durch Umklemmen zu 50 %, 60 % oder 70 % der Netzspannung festgelegt werden kann. Dann wird in gleicher

Drehrichtung schnell in die Betriebsstellung geschaltet, womit das Anlassen beendet ist. Entsprechend dem häufigen Anlassen der Motoren und der rauhen Behandlung, welcher alle Apparate im Grubengebiet durch das wenig geschulte Personal ausgesetzt sind, werden die Kontakte der Stufenschalter besonders kräftig ausgebildet und leicht auswechselbar gemacht.

Die Anlaßtransformatoren erhalten meist noch einen Verriegelungskontakt, wodurch verhindert wird, daß bei Ausbleiben der Netzspannung ein Wiedereinschalten des Motors nur mit dem Ölschalter erfolgt. Es muß in diesem Falle der Anlaßtransformator wieder in die Ausschaltstellung zurückgeführt werden, erst dann gibt der am Ölschalter befindliche Nullspannungsauslöser die Freilaufkupplung des Ölschalters frei.

Freie Schraubklemmen werden vermieden und die Anschlüsse mittels vergießbarer Kabelendverschlüsse hergestellt.

2. Stern-Dreieckanlaßschalter.

Der Stern-Dreieckanlaßschalter ist für das Anlassen von Kurzschlußmotoren bis zu Leistungen von etwa 100 kW mit etwa $^1/_3$ des normalen Anlaufmomentes der einfachste Anlaßapparat. Das Anlassen mit Hilfe des Stern-Dreieckschalters wird so ausgeführt, daß das Handrad im Sinne des Uhrzeigers bis zur Anlaßstellung (Sternschaltung) gebracht und nach einer Pause von etwa 20 bis 30 Sekunden, während welcher der Motor bis auf seine normale Drehzahl hinaufläuft, in die Betriebsstellung (Dreieckschaltung) gedreht wird (Abb. 200 und 201).

Abb. 200. Stern-Dreieckanlaßschalter.

Durch Einbau von Schutzwiderständen zwischen die beiden Schaltstellungen kann der beim Umschalten von Stern auf Dreieck auftretende Stromstoß fast ganz aufgehoben werden. Es gibt verschiedene Arten für die Schaltung dieser Widerstände; die in Abb. 202 dargestellten Systembilder geben eine gebräuchliche Schaltung an, wobei die Ständerwicklung erst in Stern ohne Widerstände, dann mit parallelgeschalteten Widerständen, dann in Dreieckschaltung mit in Reihe geschalteten Widerständen und schließlich in die Betriebsdreieckschaltung gebracht wird. Die Stellungen 1 und 4 sind hierbei die Hauptstellungen; in den Zwischenstellungen darf der Schalter nicht stehen bleiben, weil sonst die Widerstände durchbrennen würden. Die Schaltung ist aus dem Schaltbild Abb. 203 ersichtlich, während der Stromverlauf beim Anlassen in Abb. 204 dargestellt ist.

Abb. 201. Stern-Dreieckanlaßschalter aus dem Ölkessel herausgenommen.

Der Stern-Dreieckschalter besitzt eine durch Gestänge mit dem Handrad verbundene Schaltwelle, welche kräftige Messerkontakte trägt,

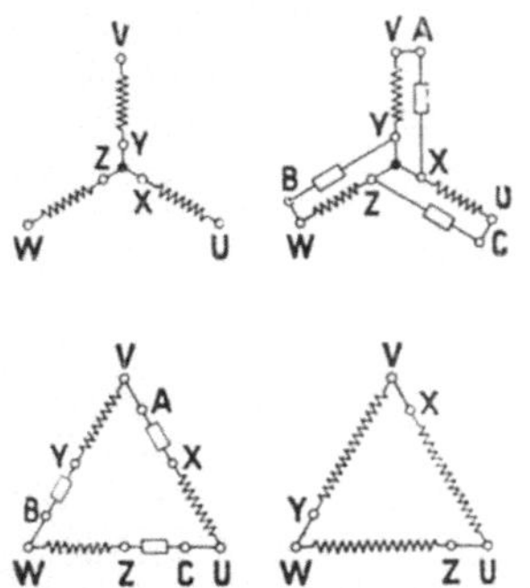

Abb 202. Systembilder für das Anlassen mittels Stern-Dreieckschalters.

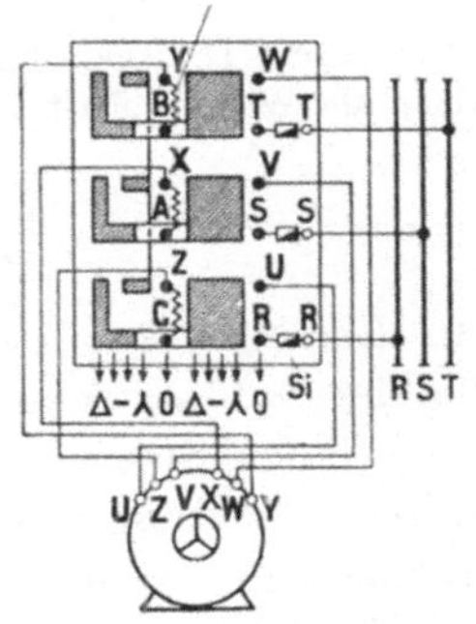

Abb. 203. Schaltbild für das Anlassen mittels Stern-Dreieckschalters.

die in an den Durchführungsbolzen befestigte Kupferkontakte eingreifen. Die Schutzwiderstände sind in dem unteren Teile des Anlaßschalters

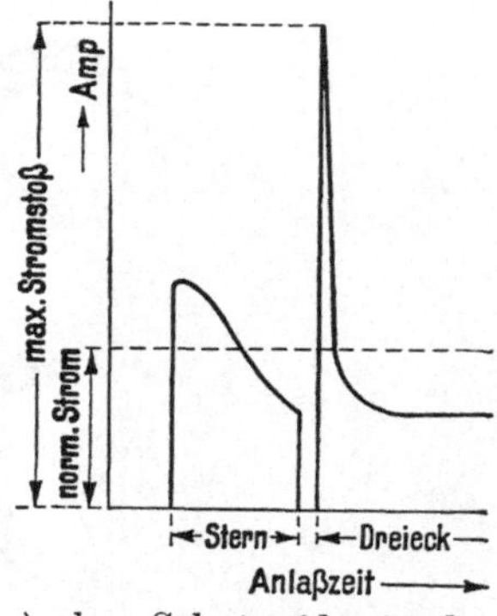

a) ohne Schutzwiderstände.

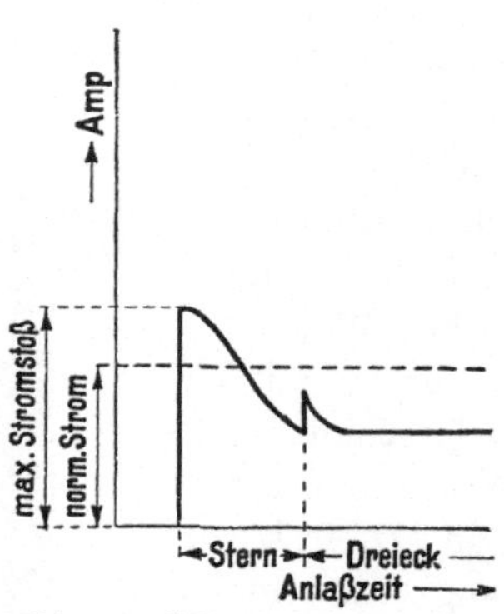

b) mit Schutzwiderständen.

Abb. 204. Stromlinie beim Einschalten eines Kurzschlußmotors mittels Stern-Dreieckanlaßschalters.

untergebracht. Alle Teile des Anlaßschalters, an denen betriebsmäßig Funken auftreten können, liegen unter Öl, so daß der Apparat als explosionssicher anzusprechen ist. Der Anlaßschalter wird meist mit Hilfskontakten ausgerüstet, so daß ein Einschalten des Motors durch den Ölschaltkasten im Falle, daß der Stern-Dreieckanlaßschalter sich nicht in der Nullstellung befindet, verhindert wird.

Abb. 205. Stern-Dreieckanlaßschalter als Walzenschalter.

Der in der Abb. 200 dargestellte Stern-Dreieckschalter wird meist mit Abdeckhaube ausgeführt, an die dann Kabelendverschlüsse angebaut werden können.

Bei der in Abb. 205 dargestellten Ausführung als Walzenschalter können ebenfalls vergießbare Endverschlüsse angebaut werden.

3. Steuerschalter.

Zum Anlassen, zur Umkehrung der Drehrichtung und Drehzahlregelung der Erdölsondenmotoren mit Schleifringläufer bis etwa 130 kW Leistung werden Steuerschalter mit eingebautem zweipoligen Ständerumschalter in Verbindung mit Gußeisenwiderständen verwendet. Sie werden meist in einem besonderen Häuschen unmittelbar neben dem Motor aufgestellt und müssen daher ebenso wie dieser aus Gründen der Betriebssicherheit explosionssicher ausgeführt sein. Dies wird bei den Steuerschaltern dadurch erreicht, daß man die Kontakte unter Öl legt und dafür sorgt, daß sämtliche Durchführungen vollkommen dicht schließen.

Der Steuerschalter (Abb. 206) ist so ausgebildet, daß bei seiner Betätigung aus der Nullage heraus stets zuerst der Ständerschalter in die der gewünschten Drehrichtung entsprechende Stellung gebracht wird und dann erst die Kontakte für die Läuferwiderstände eingeschaltet werden. Für den Anschluß des Ständerumschalters ist an jeder Längsseite des Steuerschalters ein Kabelendverschluß vorgesehen, während die nach den Widerständen führenden Läuferstromkabel nach Belieben an einer der Längsseiten angeordnet werden können. Die Steuerschalter besitzen leicht auswechselbare kräftige Kupferkontakte, welche als Druckkontakte ausgebildet sind und durch Federn gegeneinandergepreßt werden.

Abb. 206. Steuerschalter mit heruntergelassenem Öltrog.

Das Schaltwerk besteht aus einer Reihe durch eine gemeinsame Schaltwelle betätigter Einzelschalter, welche hängend in einem auf vier Füßen ruhenden eisernen Rahmen befestigt sind und in das Öl des an der Unterseite des Rahmens hängenden Öltroges eintauchen. Durch Anordnung der Kontakte unter Öl werden Funken beim Schalten vermieden. Um die Kontakte beim Nachsehen und Auswechseln leichter zugänglich zu machen, kann der Öltrog herabgelassen werden, so daß das ganze Schaltwerk freiliegt. Das Senken des Öltroges erfolgt durch eine besondere Spindelhubvorrichtung. Falls der Antrieb des Steuerschalters von außerhalb des Motorhäuschens erfolgen soll, erhält die Schaltwelle eine Gasrohrverlängerung, welche durch die Wand des Motorhäuschens führt und ein kräftiges Handrad trägt. Für Fernantrieb kann der Steuerschalter mittels Gestänge- oder Seilübertragung vom Stande des Bohrmeisters aus eingerichtet werden. Um zu verhindern, daß der Steuerschalter, wenn er losgelassen wird, in seine Anfangsstellung zurückgeht, ist eine Kurvenscheibe mit Sperrhebel und Feder angeordnet, so daß es möglich ist, mit dem Steuerschalter eine bestimmte Drehzahl einzustellen und ihn in dieser Stellung sich selbst zu überlassen. In der Ausschaltstellung besitzt der Steuerschalter eine leicht fühlbare Raste.

Um ein Einschalten des Motors bei ausgelegtem Steuerschalter zu verhindern, wird dieser mit Hilfskontakten ausgerüstet, die im Stromkreis des Spannungsrückgangsauslösers des Ölschalters liegen und das Einlegen des Schalters verhindern. Erst wenn der Steuerschalter in die Nullstellung gebracht wurde, kann der Ölschalter eingeschaltet werden.

4. Regelanlaßwalzen.

In Betriebsfällen, wo nicht ein dauerndes Anlassen und Stillsetzen der Schleifringläufermotoren vorkommt, wie beispielsweise bei Haspelantrieben, sondern eine während längerer Zeit notwendige Drehzahlregelung, wie beispielsweise beim Schlagbohren, erforderlich ist, werden mit Vorteil zum Anlassen und zur dauernden Drehzahlregelung Regelanlaßwalzen verwendet. Diese Apparate sind mit Schleifkontakten im Gegensatz zu den Steuerschaltern ausgerüstet. Sämtliche Kontaktstellen liegen unter Öl, die Schaltwalze ist mit auswechselbaren Brennstücken aus Kupfer versehen. Die Kontakte zur Umschaltung der Drehrichtung des Motors sind auf einer Nebenwalze untergebracht, welche parallel zur Hauptwelle in demselben Öltrog angeordnet ist. Der Öltrog kann heruntergenommen werden, so daß die Kontaktstellen freiliegen und zugänglich sind. Der Antrieb der Haupt-

Abb. 207. Regelanlaßwalze mit Handradantrieb.

welle erfolgt durch ein Handrad, welches entweder unmittelbar auf die Schaltwelle oder außerhalb des Motorhäuschens auf eine Verlängerung der Welle aufgesetzt wird. Die Nebenwalze hat Handhebelantrieb, kann aber ebenfalls durch ein Verlängerungsrohr von außerhalb des Motorhäuschens betätigt werden. Sie ist mit der Hauptwalze derartig verriegelt, daß die Umschaltung der Drehrichtung des Motors nur in der Nullstellung der Hauptwalze vorgenommen werden kann. Die Kabelzuführungen vom Motor und vom Widerstand sind in der gleichen Weise wie beim Steuerschalter angeordnet, und zwar ist für die Ständer- und Läuferleitungen je ein Kabelendverschluß vorgesehen. Der für die Ständerzu- und Abführungen vorgesehene Kabelendverschluß hat größere Abmessungen als der Läuferkabelendverschluß (Abb. 207 und 208).

Abb. 208. Regelanlaßwalze mit heruntergelassenem Öltrog und abgenommener Abdeckung.

5. Polumschalter.

Für die Motoren mit Polumschaltung werden zur Änderung der Grunddrehzahl besondere Umschalter benötigt und in offener oder in explosionssicherer Ausführung gebaut.

Die offene Ausführung, welche in Amerika vielfach verwandt wird, ist auf die Gebiete ohne Gasvorkommen beschränkt.

Die Polumschalter werden entweder als fünfpolige Hebelschalter, die unmittelbar am Ständer des Motors angebaut sind, oder als Umschaltwalzen gebaut. Bei Ausführung der letzteren wird meist auch gleichzeitig ein Ständerumschalter für Änderung der Drehrichtung vorgesehen. Diese Polumschalter sind möglichst in der Nähe des Motors, sowie des Steuerschalters und der Regelwiderstände unterzubringen, um kurze Verbindungskabel zu erhalten. Der Antrieb des Polumschalters und des Steuerschalters erfolgt meist durch Seil oder Gestänge vom Stande des Bohrmeisters aus; es muß daher für eine mechanische oder elektrische Verriegelung zwischen dem Steuerschalter, dem Polumschalter und dem zugehörigen Hauptschalter des Motors gesorgt werden.

Für die Gebiete mit Gasvorkommen können ähnliche Polumschalter benutzt werden; in diesem Falle sind jedoch nur explosionssichere Ausführungen zulässig. Es müssen also alle Apparateteile, an denen betriebsmäßig Funken auftreten können, unter Öl liegen.

6. Anlaß- und Regelwiderstände.

Die Widerstände werden meistens aus Gußeisen hergestellt. Sie dienen bei den Schleifringläufermotoren außer zum Anlassen auch zur Drehzahlregelung, indem sie je nach Bedarf in den Läuferstromkreis eingeschaltet werden. Ihre Aufstellung erfolgt in der Nähe des Motors neben dem Steuerschalter oder Steuerwalze, damit die Verbindungsleitungen möglichst kurz ausfallen. Sie setzen sich aus einzelnen Widerstandselementen zusammen, welche ihrer ganzen Breite nach zwischen Trägern vollkommen unbeweglich gehalten werden (Abb. 209). Jede Windung eines Widerstandelementes ist so fest eingespannt, daß eine Berührung benachbarter Elemente auch bei starken Erschütterungen ausgeschlossen ist. Die Schrauben, welche das Widerstandspaket zusammenpressen, können jederzeit von außen ohne Abnahme des Schutzbleches nachgezogen werden. Zur elektrischen Verbindung zweier Widerstandselemente dient eine Schraube mit Sechskantmutter, welche stets einen guten Kontakt gewährleistet. An diese Schraube werden auch die Zuleitungen angeschlossen. Die Widerstandskästen werden so aufgestellt, daß die Abführung der Wärme durch die natürliche Lüftung, welche durch zweckmäßige Blecheinbauten verstärkt werden kann, in keiner Weise behindert wird. Vollständige Kapselung wird mit Rücksicht auf gute Abkühlung nicht ausgeführt, ist jedoch auch nicht erforderlich, da die Ausführung und der Aufbau der Widerstände Gewähr für Explosionssicherheit bieten. Offene Funken können an keinem Teile des Widerstandes entstehen.

Abb. 209. Gußeisenwiderstand, Abdeckung abgenommen.

Mitunter ist mit einer ständigen und ziemlich weitgehenden Regelung zu rechnen, so daß die Widerstände verhältnismäßig groß ausfallen. Hierzu kommt noch, daß aus Gründen der Explosionssicherheit hinsichtlich ihrer Erwärmung bestimmte Grenzen nicht überschritten werden dürfen, was infolge der dadurch notwendig werdenden geringeren Strombelastung ebenfalls zur Vergrößerung der Widerstände beiträgt. Die für die Drehzahlregelung bestimmten Widerstände sind so zu berechnen und zu bemessen, daß auf sämtlichen Stufen, also auch auf den ersten

Einschaltstufen, dauernd geregelt werden kann. Bei richtiger Bemessung der Widerstände werden sie sich bei einer Raumtemperatur von 15° C auch bei den betriebsmäßig vorkommenden kurzzeitigen Überlastungen nicht über 150° C erwärmen.

Die Widerstände für die Schleifringmotoren mit Fliehkraftanlasser gestatten kein so häufiges Anlassen und sind für kurzzeitige Belastung bestimmt. Sie besitzen drei Anschlußklemmen, sind also einstufig und werden normalerweise für zweifaches Anlaufmoment ausgeführt. Auch in diesem Falle wird die Erwärmung 150° C nicht übersteigen.

7. Temperaturschalter.

Die Widerstände müssen nach den Vorschriften der Bergbehörde mitunter eine Sicherheitsvorrichtung erhalten, welche die Widerstände ausschaltet, sobald ihre Temperatur einen unzulässigen Wert annimmt. Da die durch die Wärmewirkung hervorgebrachte mechanische Arbeit sehr gering ist, kann das Ausschalten der Widerstände nur durch Zuhilfenahme eines Relais erfolgen, welches zweckmäßigerweise

Abb. 210. Temperaturschalter, von oben gesehen.

gleichzeitig den Motor mit abschaltet. Es genügt dann, wenn z. B. der Stromkreis des am Motorschalter befindlichen Spannungsrückgangsauslösers unterbrochen wird. Eine viel verbreitete Art

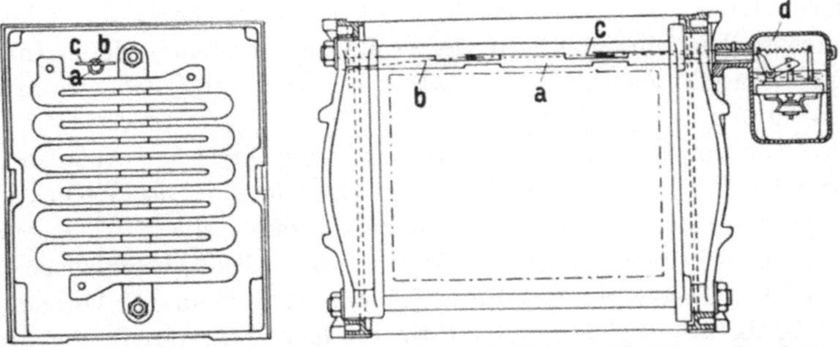

Abb. 211. Temperaturschalter in einem Gußeisenwiderstand eingebaut.

der Temperaturkontaktvorrichtungen (Abb. 210 und 211) besteht im wesentlichen aus einem unter Öl arbeitenden Schalter zur

Unterbrechung des Hilfsstromkreises und einer auf der Wärmewirkung beruhenden Vorrichtung zur Auslösung dieses Schalters. Eine dicht über den Gußeisenelementen durch den ganzen Widerstandskasten sich hinziehende Eisenröhre *a* enthält einen Stahldraht *b*, der je nach Länge der Röhre an mehreren Stellen unterbrochen ist und an diesen Unterbrechungsstellen durch ein Sicherungselement zusammengehalten wird. Das Sicherungselement besteht aus zwei dünnen Kupferblättchen *c*, zwischen denen ein Tropfen Schmelzmetall eingegossen ist. Das eine Ende des aus mehreren Teilen mit zwischengespannten Sicherungselementen bestehenden Stahldrahtes ist fest am Gehäuse verschraubt, während das andere Ende mittels einer Schlinge den Hebel des kleinen Ölschalters *d* für den Hilfsstromkreis in der Einschaltstellung festhält. Steigt nun die Temperatur im Widerstand über die zulässige Höhe, so führen die Kupferplättchen dem Schmelzmetall genügend Wärme zu, um es zum Schmelzen zu bringen. Dadurch fällt der Hebel des kleinen Ölschalters mit Unterstützung einer Zugfeder in die Ausschaltstellung. Der Stromkreis des Nullspannungsauslösers am Hauptschalter wird unterbrochen, der Ständerschalter fällt heraus und unterbricht die Zuleitung zum Motor.

Um das Auswechseln der Sicherungselemente zu erleichtern, ist die Eisenröhre oben geschlitzt und an den für die Sicherungselemente vorgesehenen Stellen mit Aussparungen versehen.

VI. Schaltapparate.

Die zum Ein- und Abschalten der Erdölsondenmotoren benutzten Schaltapparate müssen gegen die Entzündung der Gase volle Sicherheit bieten. Es werden deshalb allgemein nur Schalter unter Öl verwendet. Eine Ausnahme bilden nur die zum Abschalten von Beleuchtungsstromkreisen u. dgl. dienenden Installationsschalter, die so gebaut werden, daß ein Stehfeuer innerhalb der Apparate nicht auftreten kann und Unterbrechungsfunken nur innerhalb kleiner Räume entstehen, deren Inhalt an Explosionsgasen so gering ist, daß ihre Entzündung nicht gefährlich werden kann.

Die Schaltapparate haben den Zweck, die elektrischen Anlagen der Erdölsonden oder einen Teil davon an das Netz anzuschließen oder davon zu trennen; sie sind deshalb dazu bestimmt, die Betriebsbereitschaft elektrisch angetriebener Anlagen herzustellen oder zu beenden. Während das Einschalten von Hand erfolgen muß, kann das Abschalten durch Fernbetätigung oder selbsttätig erfolgen. Wird z. B. der elektrische Antrieb einer Sonde überlastet, so schaltet der Ölschalter selbsttätig aus und trennt somit den Erdölsondenmotor vom Netz. Nach Beseitigung der Störung kann der Motor eingeschaltet und die Anlage wieder in Betrieb genommen werden.

Im Falle eines Brandes müssen die Sonden einzeln abschaltbar sein. Zu diesem Zwecke ist in einiger Entfernung von der Sonde, an einem Maste der Freileitung, ein Ölschalter angebracht, der als Trennschalter benutzt wird. Das Ausschalten dieses Trennschalters kann mittels einer Schaltstange oder besser durch Gestänge oder Drahtseil erfolgen. Zweckmäßigerweise werden auch im Motorhaus Öltrennschalter vor dem Hauptölschalter angeordnet, damit die Beaufsichtigung und die Reparatur des Hauptschalters gefahrlos vorgenommen werden kann.

1. Schaltkästen mit selbsttätigen Ölschaltern.

Die zur Schaltung der Motoren dienenden selbsttätigen Schalter sind in einem Schaltkasten eingebaut. Um die größtmögliche Sicherheit gegen Explosionsgefahr zu erreichen, werden die Kontakte, die Auslöserspulen, die Strom- und Spannungswandler und die Spannungssicherungen unter Öl gelegt und somit der Berührung mit der umgebenden gashaltigen Luft entzogen. Da der für die Aufstellung erforderliche Raum meistens sehr beschränkt ist, sind die äußeren Abmessungen auf ein Mindestmaß herabgesetzt.

Das Gehäuse des Schaltkastens besteht aus geschweißtem Eisenblech, wodurch geringes Gewicht bei hoher Festigkeit erzielt wird; diese macht ihn für rauhe Betriebe geeignet. Die Aufstellung des Schaltkastens erfolgt entweder in freistehendem Gerüst oder mittels Konsols an der Wand, wobei die Anschlußstellen eine Blechverkleidung erhalten. Die Kabelendverschlüsse für die Stromzuführung und Ableitung werden unter dem Konsol oder in dem Untersatz untergebracht.

Der Schaltkasten besteht aus einem Unterteil, einem Oberteil und dem Deckel. Der Unterteil des Kastens ist als Ölbehälter ausgebildet und mit einem Ölstandsglas, sowie einer Ölablaßschraube versehen (Abb. 212 und 213). Im Unterteil befinden sich die Durchführungen mit Anschlußbolzen und Kontakten, die Hauptstromauslöser und der Stromwandler. Durch am Boden angebrachte Winkeleisen wird verhindert, daß der Schaltkasten beim Transport auf die Anschlußbolzen gestellt wird. Der Oberteil enthält die selbsttätige Auslösevorrichtung des Handradantriebes nebst der beweglichen Messerkontaktbrücke, die Strom- und Zeiteinstellung und die Spannungsrückgangsauslöser, ferner den Spannungswandler mit den zugehörigen Hochspannungssicherungen und den Dämpfungswiderständen, die notwendigen Verriegelungs- oder Signalkontakte. In einem Aufbau am oberen Teil sind schließlich die Meßinstrumente, gewöhnlich ein Strom- und Spannungszeiger, untergebracht.

Die Kontakte des Schalters sind kräftig ausgebildet und können leicht nachgesehen und ausgewechselt werden. Der Transport des Schaltkastens und das Herausheben der Kontakte aus dem Ölkessel erfolgt mit Hilfe eines Montagebügels, welcher in die vier seitlichen Nocken eingehängt wird.

Das Einlegen des Ölschalters erfolgt durch ein Handrad, dessen Welle mit der Antriebswelle der Schaltkontakte durch eine Freilaufkupplung verbunden ist. Das Ausschalten kann ebenfalls durch das Handrad vorgenommen werden, oder auch selbsttätig durch Federkraft bei Auftreten von Überstrom oder bei Wegbleiben der Spannung erfolgen, indem die Freilaufkupplung die Handrad- und Schaltwelle entkuppelt. Durch die Freilaufkupplung wird gleichzeitig ein versehentliches Einschalten des Ölschalters verhindert.

Damit das Einschalten nur von befugter Seite vorgenommen werden kann,

Abb. 212. Ölschaltkasten für selbsttätige Auslösung mit Strom- und Spannungszeiger ohne Untersatz.

Abb. 213. Ölschaltkasten für selbsttätige Auslösung mit Strom- und Spannungszeiger ohne Untersatz, auseinandergenommen.

wird das Handrad auf dem Vierkantkopf der Schalterwelle aufsteckbar angeordnet. Durch Anbringung einer Zugvorrichtung, welche mechanisch auf den Spannungsauslöser wirkt, kann das Ausschalten durch Fernbetätigung erfolgen. Eine Erkennungsscheibe an der Vorderseite des Handrades zeigt an, ob der Schalter ein- oder ausgeschaltet ist.

Der Schaltkasten besitzt normalerweise zwei unmittelbar auf die Freilaufkupplung wirkende Höchststromauslöser mit vom Strom unabhängiger, einstellbarer Zeitverzögerung. Die Verzögerungsvorrichtung ist ein Laufwerk mit Hemmung, das bei Überschreiten der eingestellten Auslösestromstärke vom Magneten des Auslösers in Umlauf gesetzt wird. Das Laufwerk mit Hemmung gewährt gegenüber den sonst gebräuchlichen Laufwerken mit Windflügeln den Vorteil sehr genauen Einhaltens der eingestellten Verzögerungszeiten. Die Verzögerung ist vom Strom begrenzt abhängig, wie die in Abb. 214 dargestellte Kurve zeigt, d. h. die Auslösezeit ist bei geringeren Überlastungen verhältnismäßig groß. Bei Kurzschlüssen wirkt der Auslöser innerhalb einer fest einstellbaren Zeit, unabhängig vom Überstrom. Die Strom- und Zeiteinstellung erfolgt von vorn mittels Steckschlüssels und kann gefahrlos während des Betriebes vorgenommen werden.

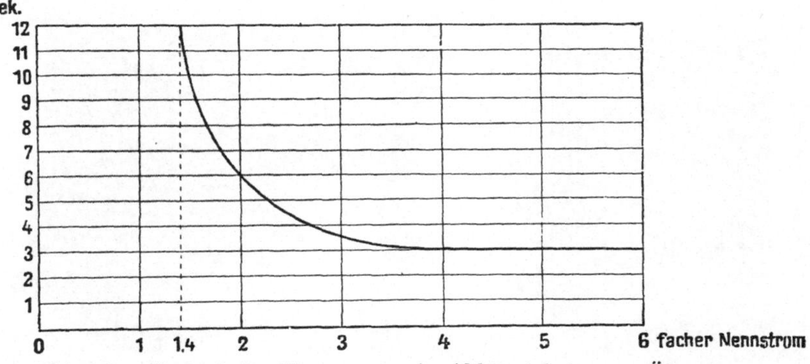

Abb. 214. Verlauf der Verzögerung in Abhängigkeit vom Überstrom.

Die Spule des Spannungsrückgangsauslösers, der ebenfalls auf die Freilaufkupplung wirkt, ist derart bemessen, daß sie ohne weiteres an Spannungen bis 550 V angeschlossen werden kann. Bei höheren Spannungen bis 1000 V werden der Spannungsspule Widerstandszylinder vorgeschaltet, welche im Ölkessel angebracht sind. Bei Spannungen über 1000 V ist ein Spannungswandler mit zugehörigen Sicherungen vorgesehen. Um den Schaltkasten von der Außenseite des Motorhäuschens ein- und ausschalten zu können, wird der Antrieb so ausgebildet, daß das Handrad leicht entfernt und auf den Wellenstumpf der Antriebsachse eine Verlängerung aufgesetzt werden kann, welche durch das Motorhäuschen hindurchgeführt wird und außen das Handrad trägt. Die Anzeigevorrichtung, an welcher man erkennen kann, ob der Schaltkasten ein- oder ausgeschaltet ist, wird dann ebenfalls nach außen verlegt.

Wenn der Einbau eines Zählers gewünscht wird, sind zwei Strom- und Spannungswandler mit Hochspannungssicherungen vorzusehen. Die Unterbringung der Wandler und Sicherungen erfolgt in einem Ölschaltkastenuntersatz neben demjenigen des Hauptölschaltkastens. Dieser Untersatz kann dann gleichzeitig zur Aufnahme eines Kabelendverschlusses benutzt werden, außerdem wird man in ihm eine Klemmenleiste zum Anschluß von Meß-, Signal- oder Verriegelungsleitungen anordnen.

2. Ölschaltkasten mit Sicherungen.

Bei kleineren Motorleistungen und bei Spannungen bis 750 V kann das Schalten der Motoren mittels eines gewöhnlichen Ölschalters mit Schmelzsicherungen unter Öl vorgenommen werden (Abb. 215 und 216).

Abb. 215. Ölschaltkasten mit Sicherungen, geschlossen.

Abb. 216. Ölschaltkasten mit Sicherungen, geöffnet.

Bei höheren Spannungen gewährleistet der Apparat keine genügende Betriebssicherheit.

Auf dem Schaltkasten kann ein Strommesser aufgebaut werden. Das Ein- und Ausschalten erfolgt durch Umlegen des Handgriffes an dem Deckel. Die Aufschriften „ein — aus“ zeigen die jeweilige Schaltstellung an. Bei dem Aufklappen des Deckels heben sich die oberen Kontakte mit den Sicherungen aus dem Öl heraus, so daß sie bequem zugänglich sind. Auf diese Weise können die Schmelzeinsätze nur bei geöffnetem Stromkreise, also gefahrlos, ausgewechselt werden. Zur Entleerung des Kastens dient eine Ölablaßschraube.

3. Öltrennschalter.

Die Öltrennschalter sind den gewöhnlichen Ölschaltern ähnlich, nur die Ausbildung der Kontakte als Messerkontakte, ferner die des Schalterdeckels und des Antriebes lassen den besonderen Zweck erkennen (Abb. 217 und 218). Die Leitungseinführung erfolgt durch sechs, bei den zweipoligen Schaltern durch vier in die Deckelplatte eingesetzte Porzellanhülsen. Die Leitungen werden mit der Isolation durch die Porzellanhülsen bis unter den Ölspiegel eingeführt, so daß sämtliche blanken Stellen unter Öl liegen und vor Berührung geschützt sind.

Abb. 217. Öltrennschalter, dreipolig, mit abgenommener Schutzhaube.

Um das Eindringen von Feuchtigkeit, Staub usw. durch die Isolatoren zu vermeiden, wird über diese eine autogen geschweißte, schmiedeeiserne Haube gestülpt und am Deckel befestigt.

Die Anschlußleitungen — Dreifachkabel oder drei einzelne Gummiadern in Gas- oder Stahlpanzerrohr — treten seitlich neben dem Ölgefäß nach unten aus der Deckelplatte. Die Deckelplatte erhält einen Anguß, mit welchem der Schalter je nach Belieben an der Wand oder am Mast festgeschraubt werden kann.

Abb. 218. Öltrennschalter, zweipolig.

Senkrecht zu der Befestigung tritt die Antriebsachse hervor, welche je nach den Ortsverhältnissen auf der einen oder anderen Seite verlängert wird und es auf diese Weise ermöglicht, den Schalter nach freier Wahl von links oder rechts zu betätigen.

Bei Mastmontage erfolgt der Antrieb mittels einer Seilwinde oder eines Gestänges, während bei den Trennschaltern im Motorraum für Kraft und für Licht abnehmbare Kurbeln vorgesehen sind.

Die Abzweigung der Zuleitung zum Lichttrennschalter erfolgt an den Zuleitungsklemmen des Trennschalters für den Motorstromkreis und liegt ebenfalls unter Öl.

Für die Erdung des Gehäuses ist eine besondere Schraube angebracht. Außerdem kann Vorsorge getroffen werden, daß bei Reparaturen usw. auch die abgeschaltete Leitung an Erde gelegt wird. Zu diesem Zwecke können am Gehäuse des Ölschalters Messerkontakte befestigt werden, in welche die drei Schaltmesser in der Ausschaltstellung eingreifen.

4. Meßeinrichtungen.

Sämtliche in Verbindung mit den Schaltkästen verwendeten Meßinstrumente sind als explosionssicher zu bezeichnen. Ihr Gehäuse ist so ausgebildet, daß es hinreichenden mechanischen Schutz gegen Beschädigungen bietet.

Die Isolation gegen das Gehäuse wird mit 2000 V Wechselstrom geprüft; außerdem wird das Gehäuse vorschriftsmäßig geerdet. Die Übertemperatur im Dauerbetrieb bewegt sich in mäßigen Grenzen.

Die Anschlüsse der Meßinstrumente erfolgen innerhalb des Schaltkastens derart, daß ein Lockern der Klemmen unmöglich ist.

Als Strom- und Spannungsmesser finden Weicheiseninstrumente Verwendung.

Die Kraftzähler sind Drehstromzähler für ungleich belastete Phasen, die Lichtzähler Einphasen-Wechselstromzähler. Die allgemeine Schaltung der Meßinstrumente ist aus den Schaltbildern (Abb. 60 bis 63) ersichtlich.

VII. Kabel- und Verbindungsleitungen.

Die Stromzuführung zu den Motorhäuschen erfolgt mittels eisenbandarmierter asphaltierter Bleikabel, welche in einer Entfernung von 15 bis 20 m von der Freileitung abgezweigt werden. An der Übergangsstelle von der Freileitung zum Kabel ist an dem für die Befestigung des Kabelendverschlusses dienenden Mast der Trennschalter mit Kontakten unter Öl angeordnet. Die Abzweigleitung wird erst nach dem Trennschalter und dann nach dem Motorhäuschen geführt.

Die Verbindungsleitungen zwischen Motor, Anlaß-, Regel- und Schaltapparaten sind als armierte Kabel oder Gummiaderleitungen, welche in Gas- oder Stahlpanzerrohr eingezogen und nach Möglichkeit auf der Wand des Häuschens verlegt sind, ausgeführt. Alle Verbindungsleitungen endigen in Kabelendverschlüssen bzw. Kabelschuhen. Dagegen sind die Verbindungen zwischen diesen und dem Motor bzw. den Apparaten nur durch Verschraubung ausgeführt. Jede Abzweigung vom äußeren und inneren Netz wird mittels Kabelschuhen durch Verschraubung hergestellt (T-Stücke und Muffen).

Die Zuleitungen zum Motor müssen so bemessen sein, daß die Spannung an den Klemmen des Motors der Nennspannung des Motors entspricht, d. h. daß in den Zuleitungen zum Motor nur ein geringer Spannungsabfall auftritt. Bei einer 10proz. Spannungserniedrigung würde der Anlaufstrom zwar nur 10% geringer sein, das Anlaufmoment des Motors sich jedoch um 19% erniedrigen.

Um gegen den Übertritt der Hochspannung in nicht spannungführende Teile gesichert zu sein, werden sämtliche Eisenteile innerhalb des Motorhäuschens, wie Gehäuse des Motors, Schalter und Anlaßapparate, Kabelendverschlüsse usw. geerdet.

Die Erdleitungen sind aus blankem Kupferdraht von mindestens 16 mm² ausgeführt. Die Befestigung dieser Anschlußleitungen an die zu erdenden Gegenstände erfolgt meist durch Eisenschrauben mit federnden Unterlegscheiben. Es ist darauf zu achten, daß die Kontaktfläche metallisch rein ist.

Die Anschlußleitungen werden dann mit der Haupterdungsleitung, welche einen Querschnitt von 50 mm² hat, verbunden. Die Haupterdungsleitung führt zu Erdplatten oder Rohrerdern.

Die Erdplatten bestehen aus feuerverzinkten Eisenplatten von 3 mm Stärke und 1 m² Fläche, die aufrechtstehend mit der Oberkante 1,0 m tief in dauernd feuchtem Erdreich eingegraben werden müssen.

Wenn der natürliche Feuchtigkeitsgehalt des Bodens gering ist, sind Rohrerder zu verwenden. Dies sind ein- bis zweizöllige feuerverzinkte Gasrohre von 2 bis 3 m Länge, die senkrecht in die Erde getrieben werden. Es werden 3 bis 4 Rohre in einem Abstand von je 3 m voneinander angeordnet und untereinander durch eine blanke Leitung von 50 mm² verbunden.

VIII. Prüfraum.

Gemäß den Bergwerksvorschriften müssen alle im Erdölgebiet verwendeten Apparate auf Explosionssicherheit geprüft werden.

Diese Prüfungen werden in einem in Abb. 219 dargestellten Prüfraum vorgenommen.

Der Prüfraum enthält einen zur Aufnahme des Motors bestimmten Behälter aus Holzbohlen, der mit Eisen armiert und an den Stirnseiten durch nachgiebige Papierwände möglichst gasdicht abgeschlossen ist (Abb. 220). Der Behälter wird mit einer explosiblen Gasmischung gefüllt, wobei dafür gesorgt wird, daß die Gasmischung überall gleichmäßig ist und auch in das Innere des Motors gelangt. Letzteres wird dadurch erreicht, daß das Gemisch mittels einer Luftpumpe in denjenigen Teil des zu prüfenden Gegenstandes gebracht wird, auf welchen sich der Explosionsschutz insbesondere erstrecken soll, also z. B. bei einem Schleifringläufermotor mit explosionssicher gekapselten Schleifringen in das Innere der Kapselung, bei Anlassern in die Kammer, in der sich die Kontakte befinden usw. In diesen Räumen erfolgt auch auf elektrischem Wege die Entzündung des darin befindlichen Gasgemisches. Bei richtiger Ausführung des Schutzes und fehlerfreiem Gehäuse pflanzt sich die im Innern der Kapselung erfolgte Explosion nicht auf das übrige Gasgemisch des Behälters fort. Weist der Schutz Fehler

Abb. 219. Explosionsprüfraum.

Abb. 220. Inneres der Explosionskiste.

auf, z. B. geringe Poren und Risse in der Wandung, so kommen die heißen Verbrennungsgase mit dem den Prüfraum umgebenden, noch unverbrannten Gasgemisch in Berührung und bringen dasselbe zur Explosion. Der Versuch wird sowohl bei Stillstand wie beim Lauf des Motors mit verschieden starken Gasgemischen 20- bis 30mal wiederholt, und nur wenn dabei kein Durchschlag erfolgt, wird der Motor als explosionssicher freigegeben. Bei einem etwa eintretenden Durchschlag, der das in dem Behälter enthaltene übrige Gasgemisch zur Entzündung bringt, wirken die Papierwände des Behälters als Sicherheitsventil. Die sämtlichen Schalteinrichtungen sowie der Apparat für die Bestimmung des Gasgemisches sind in dem Beobachtungshäuschen des Versuchsleiters vereinigt.

Durch diese Prüfanlage ist man in der Lage, die Motoren und Apparate unter Verhältnissen zu prüfen, die denen gleichen, unter welchen sie schlimmstenfalls später im Grubengebiete zu arbeiten haben.

IX. Schalter- und Transformatorenöl.

Das für die Füllung der Anlaß-, Regel-, Schaltapparate und Transformatoren benutzte Öl muß gewissen Bedingungen genügen.

1. Die Anlaß-, Regel- und Schaltapparate sollen mit normalem, wasserfreiem Öl mit einer Viskosität von 8° Engler und einer Teerzahl von 0,3% gefüllt werden. Die zu füllenden Schalter müssen vorher gereinigt und getrocknet sein. Es empfiehlt sich, die Wasserfreiheit des Öles sowohl vor wie nach der Ölfüllung durch die sog. „Spratzprobe" festzustellen.

2. Transformatoren, auch Anlaßtransformatoren und Transformatorenschaltkästen sollen mit gekochtem Öl gefüllt werden. Das Öl muß den unter 1. angegebenen Bedingungen entsprechen und ist beim Kochen auf etwa 120° C zu erhitzen, bis die Bläschenbildung aufhört, und ist dann heiß in den vorher gereinigten und getrockneten Kessel einzufüllen.

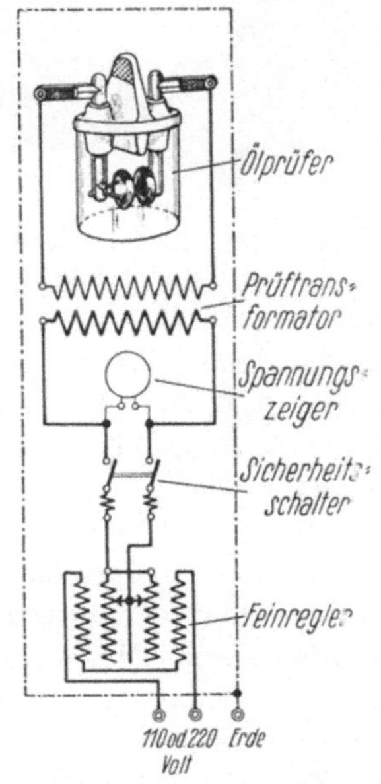

Abb. 221. Schaltung und Anordnung des Ölprüfers.

Zur Prüfung des für Schaltapparate und Transformatoren verwendeten Öles auf seine dielektrische Durchschlagsfestigkeit dient ein Ölprüfer. Die Abb. 221 zeigt die Schaltung und die prinzipielle Anordnung für diesen Apparat. Der Ölprüfer wird an eine Niederspannung von 110 oder 220 V angeschlossen und übersetzt in dem eingebauten Prüftransformator diese Spannung auf die Prüfspannung von 30000 V. In diesem Oberspannungskreis liegt eine Ölfunkenstrecke (Ölprüfer), die für die Bestimmung des Durchschlagswertes dient. Die aus Kupfer bestehenden Prüfelektroden sind als Kugelkalotten von 25 mm Halbmesser ausgebildet und auf einen Abstand von 3 mm eingestellt. Der im Niederspannungskreis eingebaute Überstromschalter schaltet bei einem Funkenüberschlag zwischen den Elektroden den Transformator ab. Die Einstellung und Regelung der Prüfspannung erfolgt mit Hilfe eines Regelwiderstandes im Niederspannungskreis. Es kann damit jede beliebige Spannung von 0 bis 30000 V eingestellt und dem Ölprüfer zugeführt werden. Für die Messung der Überschlagsspannung ist ein Spannungszeiger mit einer Skala von 0 bis 105 kV/cm vorgesehen, an dem die Überschlagsspannung in kV/cm, die entsprechend dem Kalottenabstand von 3 mm den 3,5-fachen Wert der aufgedrückten Spannung hat, unmittelbar abgelesen werden kann. Mit dieser Einrichtung, die in Abb. 222 und 223 dargestellt ist, läßt sich in kurzer Zeit eine größere Anzahl von Ölproben untersuchen.

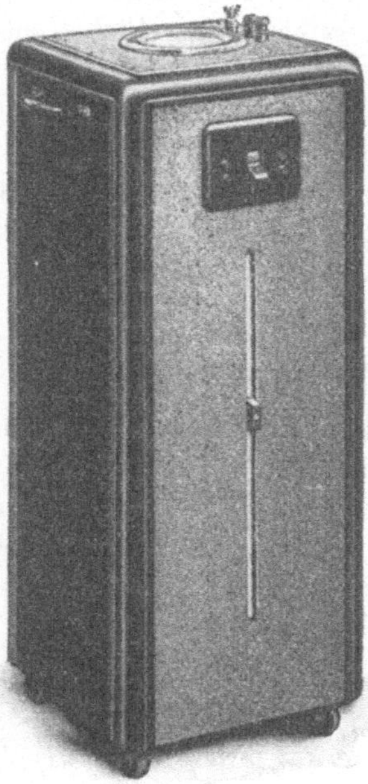

Abb. 222. Ansicht der Ölprüfeinrichtung.

Abb. 223. Innenansicht der Ölprüfeinrichtung.

Zur Vornahme der Prüfung wird zunächst das Glasgefäß des Ölprüfers mit 0,3 l Öl von 15 bis 25° C gefüllt. Das Eingießen des

Öles in das Ölgefäß muß so erfolgen, daß Luftblasen vermieden werden.

Nachdem das Öl etwa 10 Minuten im Prüfgefäß gestanden hat, wird der Überstromschalter eingeschaltet und durch Regeln des Gleitwiderstandes Hochspannung der Ölprobe zugeführt, so lange, bis der Überschlag an den Kalotten erfolgt. Sofort nach dem Überschlag ist die Spannung abzustellen. Bei der vorgesehenen Menge von 0,3 l Öl treten bei den Überschlägen nur geringe Verbrennungen des Öles auf, die keine Verschlechterung des Öles bedeuten und für die Untersuchung ohne Belang sind. Im ganzen sind 6 Durchschlagsversuche vorzunehmen, wobei der Mittelwert aus den letzten 5 Versuchen für die dielektrische Festigkeit maßgebend sein soll.

Anhang.

Auszug aus den Vorschriften über die Verwendung der Elektrizität im rumänischen Erdölgebiet.

Die grundlegenden Vorschriften wurden vom rumänischen Industrie- und Handelsministerium mit Beschluß-Nr. 15038 vom 5. 6. 1913 als „Vorschriften der Bergpolizei für die Verwendung der Elektrizität in den Petroleum-Betrieben“ festgelegt und im Monitorul Oficial No. 52 vom 9. 6. 1913 veröffentlicht. Änderungen hierzu sind erfolgt:

durch Beschluß Nr. 46179, veröffentlicht im Monitorul Oficial No. 176 vom 6. 11. 1913,

durch Beschluß No. 48680 vom 5. 2. 1915, veröffentlicht im Monitorul Oficial No. 248 vom 10. 2. 1915.

Im Jahre 1916 sind die im Jahre 1913 erlassenen Vorschriften und deren Zusätze bzw. Änderungen nochmals bearbeitet und neu festgelegt worden.

A. Lichtinstallation in Bohrtürmen.

1. Für die Beleuchtung ist nur eine Spannung von 110 V Einphasenwechselstrom zugelassen.

Bereits vorhandene Installationen mit 220 V Spannung können weiter im Betrieb bleiben unter der Bedingung, daß dieselben gemäß den vorliegenden Vorschriften ausgeführt sind.

a) Falls Kraftanschluß nicht vorhanden, kann für eine Anzahl von Sonden, die sich auf derselben Parzelle befinden, für Licht auch Gleichstrom oder Wechselstrom von 220 V zugelassen werden.

b) Für neue Sonden, die nach dem 1. Februar 1915 erbohrt werden, soll der Lichtstromkreis mittels Einphasentransformators vom Kraftstromkreis abgezweigt werden. Der Lichtstromkreis ist hoch- und niederspannungsseitig zu sichern. Als Betriebsspannung für diese Lichtinstallation kommen nur Spannungen bis 110 V in Frage.

2. Die eigentliche Installation, sowohl die innere als auch die äußere, muß mit Gummiaderleitungen, welche in geschlossenen Stahlrohren an den Wänden bzw. an der Decke der Baulichkeiten verlegt sind, ausgeführt werden.

Es ist strengstens untersagt, auf Porzellanisolatoren verlegte Litzen zu verwenden.

Die Stahlrohre sind mit Schellen und nicht mit gebogenen Nägeln zu befestigen.

Sämtliche Abzweig- und Verbindungsdosen müssen gasdicht geschlossen und gut verschraubt sein.

Falls nicht sämtliche Einführungen einer Dose verwendet werden, müssen die nicht verwendeten durch Abschlußschrauben verschlossen werden.

Die zur Verbindung der Leitungen im Innern der Abzweigdosen verwendeten Klemmen sind auf Porzellansockeln zu befestigen.

3. Als Ausschaltapparate und Sicherungen dürfen nur die vom Ministerium genehmigten verriegelbaren Systeme verwendet werden, bei welchen die Sicherungen nicht eher herausgeschraubt werden können, bevor nicht der zugehörige Schalter ausgeschaltet ist.

4. Als Beleuchtungskörper sind nur diejenigen zu verwenden, welche vom Ministerium zur Sondenbeleuchtung zugelassen sind. Im Motorhäuschen kann auch ein Pendel mit wasserdichter Armatur, mit Glas, Schutzkorb und emailliertem Blechschirm verwendet werden.

5. Der Lichttransformator soll für Einphasenstrom und eine Niederspannung bis 110 V und 50 Perioden gebaut sein. Er muß auf der Oberspannungsseite mit einem zweipoligen Trennschalter und zwei Sicherungen unter Öl versehen sein, auf der Niederspannungsseite müssen die Transformatoren ebenfalls einen Schalter und Sicherungen unter Öl besitzen. Sämtliche Anschlüsse des Transformators müssen mit Schutzdeckeln versehen sein.

6. Die Verwendung anderer als der vorerwähnten Apparate und Beleuchtungskörper ist strengstens untersagt; desgleichen ist die Verwendung von Handlampen verboten.

B. Lichtinstallation im Sondengebiet.

7. Zur Beleuchtung der Wege im Sondengebiet ist eine Spannung bis 220 V Wechselstrom zugelassen.

Wo kein Wechselstrom vorhanden, gilt das unter 1a Gesagte. Die Beleuchtungskörper sind an den Masten, welche die Freileitung für 220 V tragen, anzubringen. Jeder Lichtstromkreis muß in der Transformatorenstation für sich ein- und ausgeschaltet werden können.

Falls es erforderlich sein sollte, die eine oder andere Lampe einzeln auszuschalten, muß am Maste ein verriegelbarer Sicherungsschalter mit Steckschlüssel verwendet werden.

C. Lichtinstallationen in Wohnräumen, Bureaus, Werkstätten, Pumpenstationen und Lagerschuppen im Sondengebiet.

8. Alle obenerwähnten Installationen sind gemäß den neuesten Vorschriften des Verbandes deutscher Elektrotechniker (V. D. E.) für eine Höchstspannung von 220 V Wechsel- oder Gleichstrom auszuführen.

D. Kraftanlagen im Sondengebiet.

9. Für Kraftanlagen ist nur Drehstrom bis 1000 V, 50 Perioden zugelassen.

10. Für den Antrieb der Bohrkrane und für die Antriebe der Werkstätten und Pumpstationen sind nur Drehstrommotoren für Spannungen bis 1000 V und 50 Perioden zugelassen. Die Motoren müssen nachstehende Eigenschaften besitzen:

a) Die Wicklung muß mit einer Ätz- und Feuchtigkeitsschutzisolation versehen sein.

b) Die Schleifringe der Schleifringläufermotoren, die Fliehkraftkontakte, sowie die Anlaßvorrichtung bei den Gegenschaltungsmotoren müssen gasdicht und explosionssicher gekapselt sein. Die Kapselung ist aus Stahlguß oder Stahlblech herzustellen und muß einem Innendruck von mindestens 8 at. standhalten. Das Gewicht der Kapselung soll dabei nicht mehr als 35 kg betragen, damit dieselbe während der Kontrolle von einem Mann gehoben werden kann. Diese Kapselung muß so aufgepreßt werden können, daß ein gasdichter Abschluß gewährleistet wird. Um das Öffnen der Kapselung zu verhindern, ist dieselbe durch ein Vorhängeschloß, dessen Schlüssel der behördlich geprüfte Elektriker besitzt, zu verschließen.

c) Die Motorenlager müssen mit Rücksicht auf den rauhen Betrieb kräftig gebaut sein.

Die Lagerschale muß möglichst groß bemessen sein, um einen geringen Auflagedruck zu erhalten. Die Schmiernuten sind so anzuordnen, daß eine gleichmäßige Schmierung der Zapfenoberfläche gesichert ist, um ein Heißlaufen zu verhindern.

d) Die Lüftungsöffnungen der Motorgehäuse müssen mit Drahtgeflecht oder gelochtem Blech abgedeckt sein.

e) Bezüglich der Überlastung müssen die Motoren in allen Teilen den neuesten Vorschriften des V. D. E. entsprechen.

11. Zum Anlassen bzw. zur Regelung sind nachstehende Apparate zu verwenden:

a) Für Schleifringläufermotoren: Steuerwalzen oder Steuerschalter mit getrennten Widerständen.

b) Für Kurzschlußläufermotoren: Anlaßtransformatoren oder Stern-Dreieckschalter.

c) Für Gegenschaltungsmotoren: Ölausschalter.

12. Zum Ein- und Ausschalten des Motorstromkreises ist ein Schaltkasten, enthaltend:

3 einpolige Trennschalter bzw. 1 dreipoliger Trennschalter unter Öl, 1 dreipoliger Ölausschalter mit 2 Überstrom- und 1 Spannungsrückgangsauslöser zu verwenden.

13. Zur Änderung der Drehrichtung von Kurzschluß- und von Gegenschaltungsmotoren sind zweipolige Ölumschalter zu verwenden.

14. Die unter 11. und 12. angeführten Apparate müssen nachstehende Bedingungen erfüllen:

a) Die Steuerwalzen müssen sowohl in elektrischer als auch in mechanischer Hinsicht kräftig gebaut sein.

b) Die Kontakte müssen unter Öl liegen.

c) Die Wände des Ölkastens müssen aus mindestens 3 bis 4 mm dickem Eisenblech, der Boden aus Stahlguß hergestellt sein, damit sie gegen Stöße widerstandsfähig sind; der Deckel, auf welchem sich die Anzeigevorrichtung befindet und die Führungslager des Walzenzapfens trägt, soll ebenfalls kräftig gebaut sein.

d) Der Kasten muß mit einem Ölstandsanzeiger versehen werden, welcher derart gebaut ist, daß derselbe während des Transportes und des Betriebes nicht beschädigt werden kann.

e) Die Steuerwalze muß für Fernantrieb gebaut sein (Kegel- oder Seilräder).

f) Der Steuerschalter muß dieselben Bedingungen wie die Steuerwalze erfüllen. Die Kontakte sollen für eine Stromstärke gleich dem doppelten Normalstrom des Motors bemessen sein. Die Daumenkontakte müssen derart durch Federn befestigt sein, daß ein gleichmäßiges Aufliegen auf der ganzen Fläche und mit demselben Druck gewährleistet wird.

Das Steuerschaltergehäuse ist aus Gußeisen herzustellen und muß kräftig bemessen sein, während der Ölkasten auch aus Eisenblech von 3 bis 4 mm Stärke hergestellt werden kann.

Für den Anschluß der Ständerleitungen muß ein Endverschluß aus Gußeisen vorgesehen werden, während für die Leitungen zu den Widerständen Porzellandurchführungen, welche durch einen gemeinsamen Deckel geschützt sind, genügen.

Wie die Steuerwalze, muß auch der Steuerschalter für Fernantrieb eingerichtet sein, indem auf der Achse des Steuerschalters ein Gasrohr angebracht wird, welches am anderen Ende ein Handrad besitzt. Ein Ölstandsanzeiger und ein Ölablaßhahn sind erforderlich.

g) Die Steuerapparate müssen Kontakte für Anlassen und Regelung besitzen. Sie müssen so ausgebildet sein, daß das Verbleiben auf einem Regelkontakt nach Belieben erfolgen kann.

h) Die Widerstände können aus Gußeisen oder Nickelindraht auf Porzellanisolation aufgewickelt hergestellt sein. Sie dienen sowohl zum Anlassen als auch zur Regelung des Motors und sind mit einer Abdeckung zum Schutze gegen Fremdkörper zu versehen.

Mit Rücksicht auf die Anforderungen des Bohrbetriebes müssen die Anlaß- und Regelwiderstände derart bemessen sein, daß sie jeder auftretenden Belastung genügen, ohne daß ihre Temperatur 150° C überschreitet. Hierbei wird die Temperatur des Raumes, in welchem sie sich befinden, also die des Motorhäuschens, mit höchstens 35° C angenommen. Die Widerstände sind mit einer Temperaturkontaktvorrichtung zu versehen, welche den Motorstromkreis unterbricht, falls die Temperatur der Widerstände 150° C überschreiten sollte.

Die Widerstände sind derart zu bemessen, daß sie ein 30maliges Anlassen i. d. Stunde, ohne sich unzulässig zu erwärmen, gestatten.

i) Der Anlaßtransformator muß der Leistung des Motors entsprechen und kann aus 2 oder 3 Einphasentransformatoren bestehen.

Der Anlaßtransformator muß so eingerichtet sein, daß er das Anlassen des Motors mit etwa der halben Betriebsspannung gestattet, wobei die Anlaßdauer höchstens eine halbe Minute betragen darf.

Die Stufenschalterkontakte müssen für die dreifache Stromstärke des Motors bemessen sein. Der Stufenschalter ist so auszuführen, daß ein Verbleiben auf einer Zwischenstellung zwischen den normalen Schaltstellungen ausgeschlossen ist.

Der Stufenschalter wird mit seinen sämtlichen stromführenden Teilen in einem Ölbad untergebracht, in welchem sich auch der darunterliegende Transformator befindet. Der Eisenblechkasten hat eine Wandstärke von 3 bis 4 mm. Der Anlaßtransformator muß auch für Fernantrieb gebaut sein.

k) Der Umschalter, welcher bestimmt ist, die Drehrichtung des Motors durch Vertauschen zweier Phasen zu ändern, soll als zweipoliger Ölumschalter ausgebildet werden und mit Fernantrieb versehen sein.

l) Der Bedienungsschaltkasten muß dreipolig sein, und die Kontakte sind derart zu bemessen, daß sie, ohne unzulässige Erwärmung mit dem zweifachen Normalstrom belastet werden können.

Die Kontakte und Auslöser müssen so tief unter Öl liegen, daß in der Ausschaltstellung die Entfernung zwischen dem höchsten Punkt des Kontaktes und dem Ölspiegel nicht weniger als 80 mm beträgt.

Höchststromauslöser über Öl sind nur bei denjenigen Schaltkästen zugelassen, bei welchen durch eine Verriegelung das Berühren der Höchststromauslöserkontakte unter Spannung verhindert wird, d. h. der dreipolige Trennschalter und der Schaltkasten müssen zwangläufig so miteinander verriegelt sein, daß ein Öffnen des Raumes, in welchem sich die Höchststromauslöser befinden, nicht eher möglich ist, bevor der Schaltkasten spannungslos ist.

Das Gehäuse des Schaltkastens soll aus Gußeisen oder aus Blech von mindestens 3 bis 4 mm Stärke ausgeführt sein und muß mit einem Ölstandsanzeiger, sowie einem Ölablaßhahn oder einer Ölablaßschraube versehen sein.

Unter dem Schaltkasten muß ein Raum zur Aufnahme des dreipoligen Trennschalters, der Kabelendverschlüsse, sowie der Verbindungsleitungen vorgesehen werden. Dieser Raum muß eine Blechumkleidung aus 3 bis 4 mm starkem Blech erhalten.

m) Der dreipolige Trennschalter soll mit Kontakten, die den vorkommenden Strombelastungen entsprechen, ausgerüstet sein.

Die Kontakte sind genügend tief unter Öl anzuordnen. Das Ölgefäß ist mit einer Ölablaßschraube zu versehen.

n) Der Masttrennschalter, durch welchen bei Feuersgefahr die brennende Sonde vom übrigen Netz abgeschaltet wird, soll ähnlich wie unter m) ausgeführt sein. Eine Erdungsvorrichtung in der Ausschaltstellung der Messer muß vorgesehen sein. Das Gehäuse des Schalters soll für Mastmontage eingerichtet sein.

E. Instrumente.

Alle in dem Motorhäuschen verwendeten Meßinstrumente für die Bestimmung der Stromstärke, Spannung und der verbrauchten elektrischen Energie müssen gasdicht gekapselt und möglichst explosionssicher sein.

Als Zähler sind nur Motor- oder Induktionszähler zugelassen; Pendelzähler sind verboten.

Die Gehäuse der Meßinstrumente sind aus Gußeisen und möglichst kräftig herzustellen. Die Klemmen sind gegen Berührung zu schützen.

F. Verbindungsleitungen im Innern des Motorhäuschens.

Die Verbindungsleitungen zwischen dem Motor und den Apparaten sind für die in Betracht kommende Höchststromstärke zu bemessen. Es sind Gummiaderleitungen oder armierte Bleikabel zu verwenden.

Die Verwendung von Kabeln mit Harzisolation zwischen den Leitern ist untersagt.

Alle Verbindungsleitungen sind mit Kabelendverschlüssen und Kabelschuhen zu versehen, die Verbindungen mit den Klemmen des Motors bzw. der Apparate sind durch Verschraubung herzustellen.

Gummiaderleitungen als Verbindungsleitungen müssen durch Verlegung in Stahlrohre mechanisch geschützt sein.

G. Anschluß an das Freileitungsnetz.

Der Anschluß an Freileitungen ist durch armierte Kabel oder säure- und wetterbeständige Gummiaderleitung herzustellen. Es darf nur ein Leiter pro Phase verwendet werden, welcher für den doppelten Normalstrom des Motors bemessen sein muß.

Der kleinstzulässige Querschnitt bei Verwendung von Gummiaderleitung soll 16 mm², bei Verwendung von Kabel 10 mm² betragen. Der Anschluß muß stets von einem dem Motorhäuschen nächstliegenden Freileitungsmast erfolgen, damit bei Ausbruch eines Feuers in einer Sonde das Abschalten derselben von dem Freileitungsnetz durch den Mastschalter erfolgen kann.

Für die Einführungen der Gummiaderleitungen sind Dreifach-Porzellaneinführungen vorzusehen, welche auf ein Gasrohr von 2″ ∅ aufzusetzen sind.

H. Freileitungen.

1. Die Querschnitte der Freileitungen sind entsprechend einer Strombelastung von 3 A/mm² und einem Zug bis 16 kg/mm² zu bemessen.
2. Als kleinster Querschnitt ist 16 mm² zulässig.
3. Der Abstand zwischen zwei Leitungen muß mindestens 0,50 m betragen.
4. Bei Freileitungen für Spannungen über 220 V muß der tiefste Punkt in Gegenden mit stärkerem Verkehr und bei Straßenkreuzungen mindestens 7 m, sonst 6 m über dem Erdboden liegen.
5. Verteilungsleitungen im Sondengebiet müssen mit Schutznetzen oder gleich-

wertigen Sicherheitsvorrichtungen ausgerüstet sein. Die Leitungen müssen während des Betriebes streckenweise spannungslos gemacht werden können.

6. Der Abstand des niedrigsten Punktes des Schutznetzes muß mindestens 5 m vom Erdboden betragen.

7. Der Abstand zwischen Freileitung und Sonde bei Spannungen über 1000 V muß den von der Bergbehörde erlassenen Vorschriften entsprechen.

8. Freileitungsmaste können als Gitter-, Eisenbeton- oder Holzmaste ausgeführt werden. Gittermaste müssen für einen Spitzenzug von 1500 kg/cm², Holzmaste für einen Spitzenzug von 110 kg/cm² bemessen sein.

9. Holzmaste müssen eine Zopfstärke von mindestens 15 cm haben und mindestens $^1/_6$ ihrer Gesamtlänge im Erdboden eingegraben sein.

10. Der Abstand der Gittermaste muß ihrer Festigkeit entsprechen, derjenige der Holzmaste darf höchstens 50 m betragen. Größere Abstände bei Holzmasten sind nur dann zugelassen, wenn die Beschaffenheit des Geländes die Einhaltung der vorgeschriebenen Entfernung nicht erlaubt.

11. Freileitungsisolatoren unter Regen sind für die doppelte Betriebsspannung zu bemessen. Die Isolatoren müssen durch Eisenstützen am Maste oder auf einer Eisentraverse befestigt sein.

12. Leitungen mit verschiedenen Spannungen dürfen nicht auf demselben Maste verlegt werden. Ausnahmen sind bei Spannungen bis 1000 V zugelassen. Telephonleitungen können auch mit anderen Leitungen auf demselben Maste verlegt werden, sie müssen jedoch dann durch ein Schutznetz von den anderen Leitungen getrennt sein.

J. Transformatorenhäuser im Sondengebiet.

Die Transformatorenhäuser sind aus nicht brennbarem und hitzebeständigem Material herzustellen.

Das Innere der Transformatorenhäuser muß durch eine isolierende Wand in zwei Teile geteilt werden. In dem einen Teil sind die Transformatoren mit allen Hochspannungs- und Überspannungsschutzapparaten (5000, 10000 oder 25000 V), in dem anderen Teil die Niederspannungsverteilung einzubauen.

Es dürfen nur Öltransformatoren verwendet werden. Jeder Transformator muß auf der Hochspannungsseite (5000, 10000 oder 25000 V) mit 3 einpoligen Trennschaltern unter Öl und einem Ölschalter mit 2 Höchststromauslösern, auf der Niederspannungsseite mit einem selbsttätigen Ölschalter ausgerüstet sein.

Der Transformator muß gegen Überspannungen durch 3 in jeder Phase der Hochspannungsseite hinter dem Ölschalter liegende Drosselspulen geschützt werden.

Jede ankommende Hochspannungsspeiseleitung muß unmittelbar vor der Station durch einen dreipoligen Mastschalter abgeschaltet werden können. In der Transformatorenstation ist jede Hochspannungsspeiseleitung mit einem Überspannungsschutzapparat zu versehen.

Ein Überspannungsschutzapparat hat aus:
1 dreipoligen Trennschalter unter Öl,
1 dreipoligen Widerstand unter Öl und
3 Hörnerableitern
zu bestehen.

Sind in einer Transformatorenstation mehrere Transformatoren untergebracht oder mehrere Hochspannungsspeiseleitungen vorhanden, so sind letztere nicht unmittelbar an die Transformatorenklemmen zu führen, sondern mittels Trennschalter unter Öl an die Hochspannungssammelschienen anzuschließen. Der Anschluß jedes Transformators ist dann unter Verwendung der obengenannten Apparate an diese Sammelschienen vorzunehmen.

Die Aufstellung der Transformatoren und aller Apparate muß so erfolgen, daß eine Überwachung ohne Lebensgefahr möglich ist.

Die Überspannungsschutzapparate sind in besonderen Zellen, welche durch Schutzgitter abzuschließen sind, einzubauen.

Für eine ausreichende Belüftung der Transformatorenhäuser ist zu sorgen, damit eine Temperatur über 35° C im Innern verhindert wird.

In jedem Transformatorenhaus muß ein Schaltbild der Anlage, aus welcher der Stromlauf sowie die Anordnung der Apparate in den einzelnen Stromkreisen hervorgeht, angebracht sein. An den Eingangstüren müssen Warnungsschilder aus Eisen mit der Aufschrift

„Lebensgefahr"

befestigt sein.

Die Transformatorenhäuser, in welchen höhere Spannungen als 1000 V umgewandelt werden, sind in der von der Bergbehörde vorgeschriebenen Entfernung von den Sonden aufzustellen.

Die Beleuchtungstransformatoren, sowie die zugehörigen Schaltapparate müssen auch wie die Transformatoren für Kraft unter Öl sein.

Sämtliche Transformatorenhäuser müssen geschlossen gehalten werden, der Zutritt ist nur dem Dienstpersonal gestattet.

K. Kraftwerke im Sondengebiet.

Kraftwerke im Sondengebiet müssen den neuesten Vorschriften des V. D. E. entsprechen und in der von der Bergbehörde vorgeschriebenen Entfernung von den Sonden errichtet sein.

L. Allgemeine Sicherungsmaßnahmen.

a) Schutz gegen Berührung.

1. Alle blanken und isolierten Teile der unter Spannung befindlichen Einrichtungen müssen durch ihre Lage, Anordnung oder eine besondere Vorrichtung gegen Berührung geschützt sein.

2. Bei Anlagen für eine höhere Betriebsspannung als 110 V müssen sämtliche metallischen Teile, welche nicht spannungführend sind, aber unter Umständen Spannung annehmen können, unter sich durch Kupferleitungen verbunden und geerdet sein.

b) Übertritt von Hochspannung.

Um den Übertritt von Hochspannung in Verbrauchsstromkreise bis einschließlich 1000 V, sowie das Entstehen solcher in ihnen zu verhindern oder unschädlich zu machen, müssen folgende Maßnahmen getroffen werden:

1. Verwendung von kurzschließenden oder erdenden Sicherungen.
2. Erdung von verschiedenen Hauptpunkten des Stromkreises.

c) Isolationszustand.

1. Die Isolation jeder Anlage muß so ausgeführt sein, daß ein Erdschluß ausgeschlossen ist.

2. Die Elektromotoren müssen derart aufgestellt sein, daß etwa im Betriebe auftretende Funken keine Zündung nach außen hervorrufen können.

3. Das Gehäuse und die Gleitschienen der Elektromotoren müssen gut geerdet sein.

4. Das Ölgefäß und der obere Teil der Transformatoren müssen geerdet sein.

5. Die Schalttafeln und deren Gerüste müssen aus nicht brennbarem Material, wie Marmor oder Eisen, ausgeführt sein. Die Umrahmung darf nicht aus Holz bestehen.

Bei Schalttafeln, welche mit einem Bedienungsgang auf der Rückseite versehen sind, muß der Gang hinreichend breit und hoch sein. Die Entfernung zwischen blanken oder isolierten spannungführenden Teilen und der gegenüberliegenden Wand muß bei einer Betriebsspannung bis 250 V mindestens 1 m,. bei Betriebsspannungen über 250 V 1,5 m betragen.

Alle in dem Bedienungsgang niedriger als 2,5 m eingebauten hochspannungführenden Teile müssen gegen Berührung geschützt werden. Alle Metallteile der Schalttafel müssen geerdet sein.

6. Die Apparate für Spannungen bis 1000 V müssen mit isolierten Handrädern oder Betätigungshebeln versehen sein, um eine Gefährdung der Bedienungsperson zu verhindern.

Alle stromführenden Teile der Apparate müssen unter Öl liegen oder so geschützt sein, daß jede Berührung ausgeschlossen ist.

Die Gehäuse der Apparate müssen geerdet sein.

d) Erdung.

Die Erdung verhindert, daß Teile einer Anlage, welche in normalem Zustande nicht unter Spannung stehen, unerwartet gefährliche Spannung annehmen können.

Unter gefährlicher Spannung versteht man eine Spannung über 110 V.

Als Erde wird betrachtet:

Die natürliche Erde, auf der Erde errichtete Eisenkonstruktionen, Rohrleitungsnetze, sowie jeder Metallgegenstand, welcher in direkter Verbindung mit der Erde steht.

Es müssen daher alle Metallteile, welche sich in der Nähe oder in Berührung mit den stromführenden Teilen befinden, geerdet werden, insbesondere:

1. Alle Teile von Maschinen, Transformatoren, Apparaten und Gehäusen der Meßinstrumente, welche betriebsmäßig nicht unter Spannung stehen und nicht isoliert aufgestellt oder durch besondere Vorrichtungen gegen Berührung geschützt sind,
2. die Umrahmungen der Schalttafeln, sowie Eisengerüste der Schaltanlagen,
3. die Kabelendverschlüsse, Isolatorenstützen, sowie die Betätigungsvorrichtungen der verschiedenen Apparate,
4. bei den Freileitungen: alle Gittermaste, Eisenbetonmaste, Isolatorenstützen und Verankerungen,
5. bei den Freileitungen, welche auf Holzmasten im Grubengebiet verlegt sind, müssen die Holzmaste unmittelbar unter den Leitungen mit einem Eisenring versehen sein, dieser Schutzring ist zu erden.

e) Ausführung der Erdung.

Die Ausführung der Erdung ist nach den neuesten Vorschriften des V. D. E. auszuführen.

M. Vorschriften über die Ausführung der Montage von Licht- und Kraftanlagen.

1. Das Motorhäuschen muß möglichst aus feuersicherem Material hergestellt sein, z. B. aus Wellblech oder Gipsplatten, und ist von dem übrigen Sondengebäude durch einen mindestens 0,5 m breiten Gang zu trennen. Die Tür des Motorhäuschens muß ebenfalls aus feuersicherem Material hergestellt sein. Die Mindestabmessungen für das Motorhäuschen betragen $3 \times 4 \times 2{,}5$ m, um zwischen dem Motor und den übrigen Apparaten einen Bedienungsgang von mindestens 1 m zu erhalten.

2. Der Motor muß auf einem Ziegel- oder Betonfundament aufgestellt werden. Für Motoren mit einer Leistung bis 60 PS können auch Holzbalken verwendet werden.

3. Die Bedienungswelle des Ölschalters muß mittels eines Gasrohres so verlängert werden, daß die Betätigung von außen durch ein Handrad oder einen Hebel aus Ebonit oder anderem Isolationsmaterial erfolgen kann.

4. Der Anlaßtransformator bei den Motoren mit Kurzschlußläufer muß neben dem Ölausschalter aufgestellt werden.

5. Die Steuerwalzen oder Steuerschalter für die Motoren mit Schleifringläufer müssen so aufgestellt werden, daß ihre Betätigung durch Fernantrieb mittels Kegelräder bzw. Seilräder oder Gasrohr von außerhalb des Motorhäuschens (siehe Ölausschalter) erfolgen kann.

6. Der Zähler muß zwischen dem Ölausschalter und Motor, nicht aber zwischen dem Netz und dem Ölausschalter angeschlossen werden.

7. Die Verbindungsleitungen zwischen Motor und Regel- und Anlaßapparaten sind im Fußboden des Motorhäuschens zu verlegen. Alle Verbindungsleitungen sind mit Kabelendverschlüssen oder Kabelschuhen zu versehen, während die Verbindungen mit den Klemmen des Motors oder der Apparate durch Verschraubung erfolgen muß.

8. Jeder Abzweig muß durch Abzweigklemmen mit Schrauben (Längs- und T-Muffen) ausgeführt werden.

9. Der Anschluß an das Freileitungsnetz ist durch armiertes Kabel oder säure- und wetterbeständige Gummiaderleitung auszuführen.

Auf dem Maste, an welchem der Anschluß an die Freileitung erfolgt, muß ein dreipoliger Trennschalter mit Kontakten unter Öl und Erdungskontakten befestigt werden. Die Abzweigleitung wird zuerst durch den Öltrennschalter und dann zum Ölausschalter im Motorhäuschen geführt.

Wenn der Freileitungsanschluß mit Gummiaderleitungen ausgeführt wird, sind die Leitungen durch ein Stahlrohr zu führen, welches an dem Motorhäuschen befestigt und am oberen Teil mit einer Porzellantülle versehen ist.

10. Die Beleuchtungskörper sind in kräftiger Ausführung, ohne lange Arme, auf dem Stahlrohre zu befestigen.

11. Der Anschluß des Lichtzählers muß auf der 110 V-Seite zwischen dem Ölausschalter und dem Lichtstromkreis erfolgen.

12. Die Leitungen des Lichtstromkreises und die Verbindungsleitungen im Innern des Motorhäuschens müssen als Gummiaderleitungen, in Stahlrohr verlegt, ausgeführt werden.

13. Der verriegelbare Sicherungsschalter des Lichtstromkreises muß von außen bedient werden können. Zu diesem Zwecke muß die Wand des Motorhäuschens an entsprechender Stelle mit einer Öffnung versehen sein.

14. Die Verbindungen zur Erde müssen aus blanker verzinnter Kupferleitung hergestellt werden, und zwar sollen für Apparategehäuse Leitungen von 16 bis 25 mm², für das Motorgehäuse Leitungen von 35 mm² verwendet werden. Jede dieser Leitungen muß getrennt an die Haupterdleitung geführt werden. Die Haupterdleitung muß einen Querschnitt von 50 mm² haben und an eine verzinkte Eisenplatte von mindestens 1 m² Fläche und 2 mm Stärke angeschlossen sein.

Die Erdplatte muß in einer Tiefe von mindestens 1,5 m eingegraben sein. Falls der Boden zu trocken ist, müssen um die Platte herum 4 bis 5 Eisenrohre von 2 bis 3 m Länge eingeschlagen und mittels Leitungen von 50 mm² unter sich und mit der Platte verbunden sein.

15. Die Erdleitungen müssen im Motorhäuschen gegen mechanische Beschädigung geschützt werden. Die Anschlußstellen sind für die Überwachung zugänglich zu halten.

Auszug aus den Bergpolizeilichen Vorschriften für den Erdölbergbau der Berghauptmannschaft Krakau.

Auf Grund des § 73 des Gesetzes vom 22. 3. 1908 (Naphta-Landesgesetz für die Erdölbetriebe in Galizien), das im Landesgesetz und Verordnungsblatt Nr. 6, Wien, veröffentlicht wurde, hat die Berghauptmannschaft Krakau am 24. 6. 1911 Bergpolizeivorschriften erlassen, welche mit den Änderungen vom 10. 10. 1913 bis 1924 Geltung hatten. Die neuesten Bergpolizeilichen Vorschriften der Berghauptmannschaft Krakau wurden am 30. 5. 1924 veröffentlicht.

A. Allgemeine Bestimmungen.

1. In den Erdölbetrieben werden bezüglich der elektrischen Einrichtungen zwei Gefahrzonen unterschieden.

Die erste Zone (der geringeren Gefahr) umfaßt nur solche Gebäude, in welchen Gas oder Rohöl weitergefördert wird und in welche das Gas nur infolge Undichtigkeit der Röhren, der Stopfbüchsen und dgl. eindringen kann.

Die zweite Zone (der größeren Gefahr) umfaßt einen Kreis von einem Halbmesser von 30 m um das Bohrloch bzw. einen Streifen von 30 m Breite um die offenen Rohölbehälter. Unter einem offenen Behälter versteht man einen solchen ohne feuersichere Abdeckung. Ein Rohölbehälter unter 2000 kg Rauminhalt, sowie ein Gasbehälter mit einem Rauminhalt bis 5 cbm, fallen nicht in die zweite Gefahrzone. In die zweite Gefahrzone gehören nicht nur das Innere, sondern auch die Umgebung der Gebäude, soweit sich diese innerhalb des genannten Kreises bzw. Streifens befinden. Für die Maschinenhäuser, in welchen sich elektrische Einrichtungen befinden, sind besondere Vorschriften erlassen (Abs. 19—21).

2. Die einzelnen Teile der elektrischen Einrichtungen werden nach zwei Gefahrgruppen unterschieden.

In die erste Gruppe (der kleineren Gefahr) gehören solche Teile der elektrischen Einrichtungen, bei denen Funken nur durch zufällige Beschädigung entstehen können. Hierzu gehören Leitungen jeder Art, Wicklungen von Maschinen und Apparaten, Glühlampen und Heizkörper.

Zur zweiten Gruppe (der größeren Gefahr) gehören solche Maschinenteile und Apparate, bei welchen Funken betriebsmäßig auftreten können. Hierzu gehören demnach Schalter, Steuerschalter, Steuerwalzen, Sicherungen, Blitzschutzvorrichtungen, sowie die Kollektoren und Schleifringe der Motoren, soweit sie nicht gasdicht gekapselt sind oder sich nicht im Öl befinden.

3. Für den elektrischen Betrieb der Erdölbetriebe ist sowohl Drehstrom von 50 Perioden, als auch Gleichstrom zulässig. Hierbei gelten für Drehstrom als normale Betriebsspannungen 3000 V für große Motoren, bis 380 V für kleine Motoren und für Heizungen und 120 V für Beleuchtung. Für Kraftübertragung dürfen höhere Spannungen verwendet, jedoch dürfen die Leitungen nicht durch die erste oder zweite Gefahrzone geführt werden. Andere Betriebsspannungen (höhere und niedrigere) dürfen nur nach vorheriger Genehmigung der Bergbehörden angewendet werden. Für die Kraftübertragung können auch alle normalen Gleichstromspannungen, für Beleuchtung höchstens 120 V verwendet werden.

4. Die gesamten elektrischen Einrichtungen der Erdölbetriebe müssen vor allem den technischen Vorschriften, herausgegeben von den polnischen Staatsbehörden, entsprechen; soweit solche nicht vorhanden sind, unterliegen sie den jeweiligen „Vorschriften für die Errichtung und den Betrieb elektrischer Starkstromanlagen nebst Ausführungsregeln“ des V. D. E. („Sicherheitsvorschriften“).

Überdies muß die Ausführung der Maschinen und Apparate den V..D. E.-Normalien entsprechen, besonders in den unten angeführten Fällen den „Leitsätzen für die Ausführung von Schlagwetter-Schutzvorrichtungen an den elektrischen Maschinen, Transformatoren und Apparaten" des V. D. E. („Schutzvorrichtungen") und schließlich, soweit sich die Maschinen u. s. w. in der ersten oder zweiten Gefahrzone befinden, den folgenden Bestimmungen bezüglich Bau und Betrieb genügen.

B. Ausführungsbestimmungen.

I. Die erste Gefahrzone.

1. Motoren.

5. Die Hoch- und Niederspannungsmotoren zum Antrieb der Maschinen in der ersten Gefahrzone sind, soweit sie offener Bauart sind, in getrennten Gebäuden und von den gefährdeten Räumen durch eine Wand getrennt aufzustellen.

6. Hoch- und Niederspannungsmotoren können in der ersten Gefahrzone auch unmittelbar aufgestellt werden, falls sie als Kurzschlußmotoren oder mit geschlossener Kapselung der Schleifringe ausgeführt sind.

7. Wird der Motor in einem besonderen Raume aufgestellt, so darf der Antriebsriemen nicht durch die Trennungswand durchgeführt werden. Die Kraftübertragung in den gefährdeten Raum darf nur durch eine abgedichtete Welle erfolgen.

2. Apparate der ersten Gefahrgruppe.

(Zähler, Meßinstrumente, Transformatoren, Meßwandler, Bremsmagnete, Drosselspulen, Auslöserspulen usw.)

8. In den Räumen der ersten Gefahrzone dürfen Apparate und Instrumente in normaler Ausführung aufgestellt werden, mit Ausnahme der Beleuchtungs- und Heizkörper, die den Bedingungen der Absätze 13 bis 16 entsprechen müssen.

3. Apparate der zweiten Gefahrgruppe.

(Schalter, Sicherungen, Anlasser, Steuerschalter usw.)

9. Sämtliche Apparate der zweiten Gefahrgruppe, welche in der ersten Gefahrzone gebraucht werden, müssen, sofern sie sich nicht in einem von der ersten Gefahrzone durch eine Wand getrennten Raum befinden, explosionssicher sein und zwar im Sinne der Schutzvorschriften des Abs. 4. Die Apparate, welche sich in den durch eine Wand getrennten Räumen befinden, die also außerhalb der ersten Gefahrzone liegen, können in normaler Ausführung hergestellt werden.

10. Widerstände müssen mechanischen Beanspruchungen standhalten und so bemessen sein, daß sie ohne künstliche Kühlung die Temperatur von 175° C nicht überschreiten.

Die Widerstandsdrähte brauchen nicht gasdicht gekapselt zu sein und können zwecks weiterer Herabdrückung der Erwärmung im normalen Betrieb künstlich belüftet werden.

4. Leitungen.

11. Die Verbindungsleitungen zwischen den Schaltapparaten, Motoren und Anlassern müssen in der ersten Gefahrzone als armierte Bleikabel ausgeführt werden, oder als isolierte Leitungen mit einer öl- und säurefesten Isolation, welche entsprechend den Sicherheitsvorschriften in ein Rohr verlegt oder durch Anordnung in Kanälen gegen mechanische Beschädigung geschützt sind.

12. Freileitungen in der Nähe der Gebäude, die in der ersten Gefahrzone liegen, unterliegen keinen besonderen Einschränkungen.

5. Beleuchtung.

13. Die elektrischen Beleuchtungskörper in den Räumen der ersten Gefahrzone müssen als geschlossene Armaturen mit Glasglocke und Schutzkorb ausgeführt sein. Schalter und Sicherungen müssen gasdicht gekapselt sein. Die Verwendung von Handlampen ist verboten. Die Hauptabzweige müssen allpolig ausschaltbar sein.

14. Beleuchtungseinrichtungen in den Motorräumen, welche von den Räumen der ersten Gefahrzone getrennt sind, können normal ausgeführt werden.

15. Für die Abzweige von den Hauptleitungen werden entsprechend kräftige, verschraubbare oder gleichwertige Klemmenverbindungen zugelassen, dagegen ist die Herstellung der Verbindungen durch Verdrillen der Leitungen verboten.

6. Beheizung.

16. Heizkörper sind bis zu 380 V zulässig. Die Heizwiderstände sind in gasdichten Eisenrohren einzubauen; die letzteren sind mit Sand oder Öl auszufüllen. Die Rohre selbst müssen geerdet sein. Die Anschlußleitung ist als eisenarmiertes Bleikabel mit einfachem Kabelendverschluß oder als isolierte Leitung, wie im Abs. 11 vorgeschrieben, auszuführen. Die Temperatur der Heizkörper darf keinesfalls 175° C überschreiten.

II. Die zweite Gefahrzone.

1. Motoren.

17. In den Gebäuden, die mit Bohrtürmen verbunden sind, können die Motoren, soweit Spülverfahren angewendet wird in normaler Ausführung aufgestellt werden, jedoch nur solange, als keine Gase vorhanden sind. Beim Auftreten von Gasen sind nur Motoren mit Kurzschlußläufer oder Schleifringläufer mit explosionssicher gekapselten Schleifringen zu verwenden.

18. Mit Ausnahme des in Abs. 17 vorgesehenen Falles dürfen weder im Bohrturm noch in anderen mit Bohrtürmen verbundenen Gebäuden irgendwelche Motoren aufgestellt werden; in anderen Räumen der zweiten Gefahrzone dürfen nur Niederspannungsmotoren bis 380 V zur Aufstellung gelangen. Diese Motoren müssen entweder Kurzschlußläufer oder Schleifringläufer mit explosionssicherer Kapselung der Schleifringe erhalten. Eine Ausnahme hiervon bilden die im besonderen Maschinenhaus (siehe Abs. 19—21) aufgestellten Motoren.

19. In der zweiten Gefahrzone dürfen die Hochspannungsmotoren und Apparate, die zum Bohr- oder Haspelbetrieb erforderlich sind, nur in einem gesonderten Maschinenhaus, in einer Entfernung von mindestens 12 m vom Bohrloch und den Öl- oder Gasbehältern aufgestellt werden. Dieses Maschinenhaus ist getrennt vom Bohrturm zu errichten und muß durch einen mindestens 1 m breiten freien Gang von demselben getrennt sein. Es muß entweder gasdicht oder mit Belüftung durch Frischluft ausgeführt werden.

20. Das Maschinenhaus muß aus feuerfestem Material hergestellt werden. Die Eingangstüren sind auf der dem Bohrloch entgegengesetzten Seite anzubringen, die Fenster müssen dicht verschließbar sein. Die Motorwelle, sowie die Steuergestänge, die vom Motorenhaus in die Bohrräume führen, müssen ebenfalls abgedichtet sein. Die Riemenscheibe muß sich außerhalb des Maschinenhauses befinden. Der Antriebsriemen muß mit einer Verschalung versehen sein.

21. a) Die Belüftung des Maschinenhauses ist so durchzuführen, daß die Frischluft mittels besonderer Ventilatoren und Rohrleitungen von einer 30 m von der Mitte des Bohrloches und 4 m über dem Erdboden befindlichen Stelle angesaugt wird.

Die Abluft aus dem Maschinenhaus ist so abzuführen, daß ein Zurückströmen in das Motorhaus unmöglich wird. In den so ausgeführten Maschinenhäusern können Hochspannungs- und Niederspannungsmotoren, sowohl für Gleichstrom als auch für Wechselstrom in normaler Ausführung aufgestellt werden. Demgemäß können dort auch Leonard-Umformer und Kollektormotoren in normaler Ausführung verwendet werden.

b) Das Maschinenhaus kann auch durch unmittelbare Luftzuführung durch die Wände, aber nicht von der Seite des Schachtes belüftet werden. In den so ausgeführten Maschinenhäusern können Hochspannungs- und Niederspannungsmotoren, jedoch nur mit Kurzschlußläufer oder mit Schleifringläufer und explosionssicher gekapselten Schleifringen aufgestellt werden.

22. Bei Förderschächten mit kleinen und aufgefangenen Gasmengen kann die Bergbehörde in Ausnahmefällen Motoren in normaler Ausführung in den Gebäuden mit Belüftung nach Abs. 21b zulassen. Falls das Gas jedoch erneut in das Motorhaus eindringt, muß der Betrieb eingestellt werden, bis die Gase abgeführt sind oder der Raum eine künstliche Belüftung nach Abs. 21a erhält.

23. Der Bremsmotor, der im Haspelraum aufgestellt wird, ist für Niederspannung bis 380 V vorzusehen und muß mit Kurzschlußläufer oder Schleifringläufer mit explosionssicher gekapselten Schleifringen versehen sein

2. Apparate der ersten Gefahrgruppe.

(Zähler, Meßinstrumente, Transformatoren, Meßwandler, Bremsmagnete, Drosseln, Auslöserspulen usw.)

24. In den Gebäuden, welche mit dem Bohrturm verbunden sind, dürfen nur Meßinstrumente in gekapselter Ausführung im Sinne des Abs. 4, sowie Beleuchtungs- und Heizkörper, deren Ausführung in den Abs. 35—37 erläutert wird, zur Aufstellung gelangen.

25. In den anderen Gebäuden, welche zur zweiten Gefahrzone gehören, mit Ausnahme des Maschinenhauses (Abs. 19), können sowohl Meßinstrumente als auch andere Apparate der ersten Gefahrgruppe, jedoch nur gekapselt, aufgestellt werden.

26. In Maschinenhäusern können die Apparate der ersten Gefahrgruppe in normaler Ausführung verwendet werden.

3. Apparate der zweiten Gefahrgruppe.

(Schalter, Sicherungen, Anlasser usw.)

27. In den Gebäuden, die mit dem Bohrturm verbunden sind, dürfen Apparate der zweiten Gefahrgruppe in normaler Ausführung nicht benutzt werden.

28. Alle Apparate der zweiten Gefahrgruppe, welche sich in der zweiten Gefahrzone, mit Ausnahme des Maschinenhauses, welches künstlich belüftet wird, befinden, müssen explosionssicher sein.

29. Flüssigkeitsanlasser, sowie andere Apparate der zweiten Gefahrgruppe können in den künstlich belüfteten Maschinenhäusern in normaler Ausführung verwendet werden.

4. Leitungen.

30. Die Anschlußleitung vom Netz zur Bohranlage ist in der zweiten Gefahrzone als eisenarmiertes Kabel mit Bleimantel zur Verlegung im Erdboden vorzusehen.

31. Alle Verbindungsleitungen in den Gebäuden der zweiten Gefahrzone sind als Bleikabel oder als isolierte Leitungen mit einer öl- und säurebeständigen Isolation auszuführen, die entsprechend den „Sicherheitsvorschriften“ zum Schutz-

gegen mechanische Beschädigung entweder in Rohren oder Kanälen zu verlegen sind.

32. Freileitungen sind in der zweiten Gefahrzone nur als Niederspannungsleitungen mit einer wetterfesten Isolation zulässig.

33. Die Entfernung zwischen Hochspannungsfreileitungen und Bohrlochmitte muß mindestens 30 m betragen. In Ausnahmefällen kann die Entfernung auf 15 m verringert werden, sofern die „Sicherheitsvorschriften" eingehalten sind. In diesem Falle darf die Spannweite zwischen zwei Holzmasten höchstens 20 m betragen. Die Entfernung der Freileitungen von den Gas- und Ölbehältern muß bei Verwendung von Holzmasten mindestens gleich der Masthöhe sein. Falls dies nicht zutrifft, müssen Eisenmaste verwendet werden. Die Leitungen sind mit zweifacher Sicherheit zu berechnen und müssen mindestens 5 m über die Rohöl- oder Gasbehälter geführt werden.

34. Die elektrische Einrichtung jeder Bohranlage muß von einer Stelle aus, welche außerhalb der zweiten Gefahrzone liegt, abgeschaltet werden können. Zu diesem Zweck sind an dieser Stelle, die als Verteilungspunkt für eine oder mehrere Bohranlagen bestimmt ist, für jeden Abzweig besondere Schaltapparate aufzustellen.

5. Beleuchtung.

35. Die Beleuchtung des Motorhauses kann so ausgeführt werden wie die Beleuchtung der Räumlichkeiten der ersten Gefahrzone (Abs. 13).

36. Für die Beleuchtung des Haspelraumes in der zweiten Gefahrzone sind elektrische Beleuchtungskörper zu verwenden, welche hinsichtlich Explosionssicherheit den bergbehördlichen Vorschriften entsprechen. Die Benutzung von Handlampen ist untersagt.

6. Beheizung.

37. Heizkörper sind nur bis zu 380 V zulässig. Die Heizwiderstände sind in gasdichten Eisenrohren einzubauen; die letzteren sind mit Sand oder Öl auszufüllen. Die Rohre selbst müssen geerdet sein. Die Anschlußleitung ist als eisenarmiertes Bleikabel auszuführen. Die Verbindung mit dem Heizkörper ist gasdicht mittels eisernen Kabelendverschlusses auszuführen. Die Temperatur der Heizkörper darf keinesfalls 175° C übersteigen.

C. Mechanischer Teil.

38. Die Einrichtungen zum Bohren und Fördern müssen den bergpolizeilichen Vorschriften entsprechen. Im Kolbbetrieb müssen Vorkehrungen getroffen werden, daß beim Zuhochfahren des Kolbens die Stromzuführung selbsttätig unterbrochen und die Sicherheitsbremse zum Einfallen gebracht wird.

D. Betriebsvorschriften.

39. Jede elektrische Starkstromanlage auf den Erdölgruben ist vierteljährlich mindestens einmal durch einen von der Bergbehörde anerkannten sachverständigen Elektroingenieur auf ihren, obigen Vorschriften entsprechenden Zustand zu prüfen. Das Ergebnis jeder Prüfung soll in ein Kontrollbuch der Grube eingetragen werden. Die Anlage muß täglich mittels eines Isolationsprüfers auf ihren Isolationszustand geprüft werden. Falls ein Isolationsfehler vorliegt, muß der fehlerhafte Teil der Anlage sofort außer Betrieb gesetzt und die Betriebsleitung verständigt werden.

40. Die dauernde Beaufsichtigung und Instandhaltung der Anlage darf nur von einem fachmännisch ausgebildeten und durch die Bergbehörde geprüften Elektromonteur ausgeübt werden.

41. Die Bedienung der elektrischen Einrichtungen und ihrer einzelnen Teile darf nur zuverlässigem Personal, das mit den Betriebsvorschriften vertraut ist, überlassen werden.

42. Von der Betriebsleitung sind besondere Betriebsvorschriften zu verfassen, die der Bergbehörde zur Bestätigung vorzulegen und im Arbeitsraum auszuhängen sind.

43. Die in den Betrieben beschäftigten Arbeiter sind gelegentlich der vierteljährlichen Überprüfung über die Bedienung der elektrischen Einrichtungen zu unterrichten. Ferner ist außer dem Aufsichtspersonal eine genügende Anzahl Arbeiter über die erste Hilfeleistung bei Unglücksfällen im elektrischen Betriebe zu belehren.

44. Alle Räume, in welchen sich elektrische Maschinen und Apparate befinden, sind rein zu halten, und dürfen in denselben nur die für den elektrischen Betrieb erforderlichen Gegenstände aufbewahrt werden.

45. Die elektrischen Betriebsräume dürfen nur von dem hierfür bestimmten Bedienungs- und Aufsichtspersonal betreten werden.

46. Im Falle eines Öl- oder Gasausbruches, welcher nicht sofort abgefangen, abgesperrt oder abgeleitet werden kann, ist die elektrische Anlage auf die Dauer dieses Zustandes außer Betrieb zu setzen.

47. Im Falle eines Brandes ist die Anlage mit Hilfe des in Abs. 34 angeführten Schalters vom Netz abzuschalten.

48. Die Inbetriebnahme jeder neuen elektrischen Anlage darf nur nach Überprüfung durch die Bergbehörde unter Zuziehung eines Sachverständigen erfolgen.

Verfahren und Einrichtungen zum Tiefbohren

Kurze Übersicht über das Gebiet der Tiefbohrtechnik

Von

Ingenieur **Paul Stein**

Zweite, gänzlich umgearbeitete Auflage

Mit 20 Textfiguren und 1 Tafel. (37 S.) 1913. 1.20 Reichsmark

Aus den Besprechungen:

Die Abhandlung, welcher ein vom Verfasser im Vereine deutscher Ingenieure zu Berlin gehaltener Vortrag zugrunde liegt, enthält das Wichtigste über die verschiedenen Verfahren und Einrichtungen für Tiefbohrungen zur Gewinnung von Erdöl und Wässern, sowie zur Erschürfung von Kohle, Salzen und Erden, nach dem gegenwärtigen Stande der Technik.

Die Ausführungen beginnen mit einer Unterscheidung der Tiefbohrungen nach ihrem Arbeitszwecke, dem Antriebe und ihrer Einteilung nach Arbeitsmethoden. Hieran reihen sich Erläuterungen über:

A. Drehbohrung, Trockendrehbohrung, Spüldrehbohrung mit Stahlbohrer, Rotationsspülkernbohren mit Stahlkrone, mit Diamantkrone, (Diamantbohrung) und mit Schrotkrone.

B. Stoßbohrung, Gestängestoßbohren, steifes Trockenstoßbohren von Hand, System Fauvelle, Kanadische Bohrung, Freifallbohrung, Schnellschlagbohrung (mit Seilschlagbohrung).

Zum Schlusse folgen Bemerkungen über Bohrpersonal, Stratigraphen, Kombinierung verschiedener Systeme, Verrohrung, Förderwerke, Fangarbeiten, Schiefbohren und Lotapparate.

In kurzer, aber dennoch alles Wesentliche berücksichtigender Form führt die Schrift in das Gebiet der Tiefbohrtechnik ein und gewährt einen klaren Überblick.

(Österreichische Zeitschrift für Berg- und Hüttenwesen.)

Ⓦ **Grundzüge der Gesteinbohrtechnik.** Handbuch für Bergwerks- und Steinbruchbesitzer, Bauunternehmer, Eisenbahn- und Straßenbauer, Maschinen- und Bergingenieure. Von Dipl.-Ing. **Desiderius Ernyei.** Mit 77 Abbildungen. (206 S.) 1919. (Technische Praxis, Band XXV.)

Pappband gebunden 2 Reichsmark

Ging Ende 1924 von der Waldheim-Eberle A.-G. (Wien) in meinen Verlag über.

Diamantbohrungen für Schürf- und Aufschlußarbeiten über und unter Tage. Von Dipl.-Bergingenieur **G. Glockemeier.** Mit 48 Textfiguren. (58 S.) 1913. 2 Reichsmark

---

Das Sprengluftverfahren. Von Bergassessor **Leopold Lisse.** Mit 108 Textabbildungen. (116 S.) 1924. 5 Reichsmark

---

Wissenschaftliche Grundlagen der Erdölverarbeitung. Von Prof. Dr. **L. Gurwitsch,** Baku. Zweite, vermehrte und verbesserte Auflage. Mit 13 Abbildungen im Text und 4 Tafeln. (405 S.) 1924.

Gebunden 18 Reichsmark

Die mit Ⓦ bezeichneten Werke sind im Verlag von Julius Springer in Wien erschienen.

Lehrbuch der Bergbaukunde mit besonderer Berücksichtigung des Steinkohlenbergbaues. Von Prof. Dr.-Ing. e. h. **F. Heise,** Direktor der Bergschule zu Bochum, und Prof. Dr.-Ing. e. h. **F. Herbst,** Direktor der Bergschule zu Essen. In 2 Bänden.

Erster Band: Gebirgs- und Lagerstättenlehre. Das Aufsuchen der Lagerstätten (Schürf- und Bohrarbeiten). Gewinnungsarbeiten. Die Grubenbaue. Grubenbewetterung. Fünfte, verbesserte Auflage. Mit 580 Abbildungen und einer farbigen Tafel. (645 S.) 1923. Gebunden 11 Reichsmark

Zweiter Band: Grubenausbau. Schachtabteufen. Förderung. Wasserhaltung. Grubenbrände. Atmungs- und Rettungsgeräte. Dritte und vierte, verbesserte und vermehrte Auflage. Mit 695 Abbildungen. (678 S.) 1923. Gebunden 11 Reichsmark

---

Die Drahtseile als Schachtförderseile. Von Dr.-Ing. **Alfred Wyszomirski.** Mit 30 Textabbildungen. (98 S.) 1920. 3 Reichsmark

---

Die Bergwerksmaschinen. Eine Sammlung von Handbüchern für Betriebsbeamte. Unter Mitwirkung zahlreicher Fachgenossen heraus gegeben von Diplom-Bergingenieur **Hans Bansen,** Tarnowitz.

Dritter Band: Die Schachtfördermaschinen. Zweite, vermehrte und verbesserte Auflage, bearbeitet von **Fritz Schmidt** und **Ernst Förster.**

I. Teil: Die Grundlagen des Fördermaschinenwesens von Privatdozent Dr. **Fritz Schmidt,** Berlin. Mit 178 Abbildungen im Text. (217 S.) 1923. 8.40 Reichsmark

II. Teil: Die Dampffördermaschinen. Bearbeitet von Dr. **Fritz Schmidt.** In Vorbereitung.

III. Teil: Die elektrischen Fördermaschinen. Von Prof. Dr.-Ing. **Ernst Förster,** Magdeburg. Mit 81 Abbildungen im Text und auf einer Tafel. (161 S.) 1923. 6 Reichsmark

Vierter Band: Die Schachtförderung. Bearbeitet von Dipl.-Berging. **H. Bansen** und Dipl.-Ing. **K. Teiwes.** Zweite Auflage. Mit etwa 402 Textfiguren. In Vorbereitung.

Fünfter Band: Die Wasserhaltungsmaschinen. Von Dipl.-Ing. **K. Teiwes.** Mit 362 Textfiguren. Vergriffen.

Sechster Band: Die Streckenförderung. Von Dipl.-Bergingenieur **Hans Bansen.** Zweite, vermehrte und verbesserte Auflage. Mit 593 Textfiguren. (456 S.) 1921. Gebunden 18 Reichsmark

---

Lehrbuch der Kraft- und Bergwerksmaschinen. Von Dr. **H. Hoffmann,** Ingenieur. Mit 523 Textabbildungen. (380 S.) Erscheint im Februar 1926.

Berechnung elektrischer Förderanlagen. Von Dipl.-Ing. **E. G. Weyhausen** und Dipl.-Ing. **P. Mettgenberg.** Mit 39 Textfiguren. (94 S.) 1920. 3 Reichsmark

---

Hebe- und Förderanlagen. Ein Lehrbuch für Studierende und Ingenieure. Von Prof. Dr.-Ing. e. h. **H. Aumund,** Berlin. Zweite, vermehrte Auflage.

Band I: Allgemeine Anordnung und Verwendung. Mit 414 Abbildungen im Text. (464 S.) 1926. Gebunden 33 Reichsmark

Band II: Anordnung und Verwendung für Sonderzwecke. Ergänzung zu Band I. Mit etwa 350 Abbildungen im Text. Erscheint Anfang 1926.

Band III: Kräftelehre einschließlich der Mechanik und Statik der Hebezeuge und Förderanlagen. In Vorbereitung.

Band IV: Maschinenelemente der Hebezeuge. In Vorbereitung.